生人类学教程

封孝伦　薛富兴 / 著

贵州大学出版社
Guizhou University Press

图书在版编目（CIP）数据

酒人类学教程/封孝伦，薛富兴著. -- 贵阳：贵州大学出版社，2021.8
ISBN 978-7-5691-0448-6

Ⅰ.①酒… Ⅱ.①封… ②薛… Ⅲ.①酒文化-高等学校-教材-中国 Ⅳ.①TS971.22

中国版本图书馆CIP数据核字(2021)第159311号

酒人类学教程
JIU RENLEIXUE JIAOCHENG

著　　者：封孝伦　薛富兴

出 版 人：闵　军
责任编辑：钟昭会　吴亚微
装帧设计：陈　艺　陈　丽

出版发行：贵州大学出版社有限责任公司
　　地址：贵阳市花溪区贵州大学北校区出版大楼
　　邮编：550025　电话：0851-88291180
印　　刷：贵阳精彩数字印刷有限公司
开　　本：787毫米×1092毫米　1/16
印　　张：23.75
字　　数：467千字
版　　次：2021年8月第1版
印　　次：2021年8月第1次印刷

书　　号：ISBN 978-7-5691-0448-6
定　　价：68.00元

版权所有　违权必究
本书若出现印装质量问题，请与出版社联系调换
电话：0851-85987328

序一

中国酒文化博大精深,源远流长。白酒、黄酒是中国的国酒,它们和威士忌、白兰地、伏特加、红酒、啤酒一样,是人类酿酒文化的重要组成部分。它们共同组成了人类酿酒、饮酒的多色谱系,并证明人类酿酒、饮酒文化的普遍性。酿酒与饮酒显示着人类作为类存在的独有特性。

因此,在化学、生物化学学科日渐成熟、深化,人类历史和考古学所获资料日渐丰富的条件下,回头看一看人类在酿酒和饮酒文化上的种种表现,追问一下人类什么时候开始酿造酒,为什么酿造酒?会不会永远都需要酒?会不会努力创造出更加丰富多彩的酒和关于酒的文化?这是人类必须面对和回答的问题。

封孝伦、薛富兴两位教授撰写的《酒人类学教程》,不但追溯了酒的起源与发展,并且对酒在人类文化的方方面面所发挥的作用做了全面的介绍和论述,从而强有力地证明了酒对于人类生活的价值、意义和人性的本质特征。他们当然也看到了有的民族和宗教对酒的禁忌,并提出了要对这些民族、宗教的忌酒文化给予充分的理解与尊重的观点。但这并不妨碍相关科学、人类学对人类普遍存在的酿酒和饮酒现象作广泛深入的研究和讨论。

酒色红、白、黄,酒香浓、清、酱,酿酒工艺有发酵、蒸馏、勾调等。这些不同的酒类所体现出来的特质,既值得化学家、生物化学家去研究和解析,也值得人类学家去做饶有兴味以及富有人性的考察。本教材由两位文科教授写来,既有文字的轻松流畅,又有哲学的深度与审美雅趣,书成之后,继续充实发展,必将成为一部长期广受欢迎的学科教材。

更为可贵的是,他们从人类学的角度研究酒,创建"酒人类学",不仅拓宽了酒类研究的学科视野,也对酒的酿造与人类生存、人性需要的关系做了独特的解读,为酿酒事业的发展提供了重要的人类学依据。这必将为酿酒工艺的提高,酿酒文化的丰富,酿酒

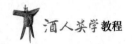

科学的繁荣带来新的助力。人类酿酒与饮酒在多学科的支撑下，将会变得更有滋味、更有趣味、更为幸福，也更为健康和有益。

所以说，中国酒文化如此博大精深，酒人类学在中国诞生正当其时。

是为序。

中国工程院院士
北京工商大学校长
孙宝国
2020 年 12 月 23 日

序二

人类酿酒是科学现象也是文化现象。科学更多的是从酒的物质构成、酿造机理和对人类生理功能的积极作用等方面对之进行的科学研究。但作为社会文化现象，人文学者也要对其进行人类学的解释。人类为什么会喜欢酒？为什么会酿造出风格各异的酒？微生物学、分子生物学以及风味化学，阐明了不同酒类不同香型不同构造的生化原理，而人类学则要解说它在人类文明发展中存在的必然性和必要性。

江南大学于2014年9月在国际上发表了白酒研究领域的一项突破性成果，首次在中国白酒中检测并鉴定出非挥发性大环脂肽类化合物地衣素。国内外研究报道，脂肽化合物具有重要的生物活性，包括抗癌活性、抗病毒活性、溶纤活性和抑菌活性等功能。这项研究证明了白酒在抗菌、抗病毒、抗肿瘤、抗凝血、降胆固醇等方面的功效，从而揭开了其健康、平衡功能背后的秘密。传统固态发酵白酒中除了含脂肽类物质，还含有多种"吡嗪类化合物"，这类化合物是心血管的卫士。例如，四甲基吡嗪能够扩张血管，改善微循环及抑制血小板聚集。《汉书·食货志》中记载"酒，百药之长"，这是我国古人对酒在医药上应用的高度评价。另外，古人在饮酒过程中还发现，酒具有"通血脉、散湿气"，"行药势、杀百邪恶毒气"，"除风下气、开胃下食"，"温肠胃、御风寒"，"止腰膝疼痛"等作用。因此，适量饮酒有益身心健康。

在前面研究的基础上，最近江南大学酿造微生物与应用酶学研究室联合美国夏威夷大学癌症中心与上海交通大学附属第六人民医院转化医学研究中心，通过动物实验并结合现代组学的方法，首次科学证实了中国白酒中潜在的生物活性成分对酒精诱导的肝损伤具有明显的缓解作用。该研究通过建立小鼠动物模型，并通过系统的表型、生化和肝脏病理分析发现白酒干预造成的肝损伤程度显著低于酒精。该研究系统科学地证实了中国白酒不等同于酒精。

人们往往觉得饮酒有幸福感，但却有影响健康的担忧。科学家通过研究探索得出酒

与人的生命的某些方面的关系,并对人们的饮酒习惯提出建议,确保既可以饮酒又能增进健康。但是,人类最早酿酒是在什么时候,人类为什么要酿酒,为什么那样喜爱饮酒,酒是偶然产生的还是必然产生的,酒与人类社会及人类文化有什么关系,酒在人类文明进程中的价值和意义是什么,人类是否要坚持酿造并饮用美酒,这是学习酿酒,研究酿酒首先要反思的问题。这些问题是人文社会科学必须面对和回答的。学生只有明白了这些道理,学习酿造并从事酿酒事业才是有底气、有信心、有前途、有追求的。

这便是"酒人类学"所要探索和解决的问题。

酿酒工程,今天已然成为大学的一个专业,也必将形成可以深入研究的学科。莘莘学子不但要学习酿造,同时也要研究、揭示酒中的秘密。大学的专业教育,科学之旁有人文。向学子和社会大众回答上述问题,是酿造相关专业的必修功课。

这也便是这本《酒人类学教程》出版的意义。教材的作者在回答这些问题上做了比较深入的思考和研究,搜集、列举了大量历史文化资料,由于史料和考古材料有限,虽不能完全回答上述问题,但提出问题本身就具有深刻的意义。相信读者通过本教材的学习,一定会获益良多并深受启发,进而推进"酒人类学"的建设和发展,推动酿酒事业的发展,为人类的健康与幸福做出积极贡献。我们应该对他们的工作表示感谢!

是为序。

徐 岩

江南大学副校长、博士生导师

2020年12月22日

自序

创建一所在酿酒领域展开学科教育、专业群研究的本科大学,不能不首先考虑从文化上对学生说明,酿酒学科和专业是值得深入学习且有长远发展前途的专业。这也就不能不说明酿酒、饮酒与人类生存与生活的关系。必须追问,在人类的文明进程中,酿酒、饮酒是不是必然会发生,人类的生活可不可以没有酒,酒在人类文明与文化发展中有何作用和贡献。

这是"人类学"——酒人类学——需要回答的问题。

在学科分类上,"酒人类学"当然属于"人类学","人类学"又从属于"社会学"。所谓人类学(Anthropology),是从生物和文化全方位对人类的起源和发展进行研究的学科群。人类学起源于针对地理大发现时期欧美学者对现代西方技术文明之外的"野蛮""原始""部落"社会的研究。发展至当前,人类学的研究领域已经扩展到现代社会内部,包括人类行为的普遍问题,并力图对社会和文化现象进行溯源性、整体性的描述。

人类学的两个主要领域是体质人类学和文化人类学。它们与其他学科间的互相交流,产生了许多有价值的研究方向和学科。例如经济学家依据人类学的比较图式,提出了"经济人"的概念,形成经济人类学。因此,当代人类学的研究一般有两个面向:一个是人类的生物性和文化性,一个是追溯人类今日特质的源头与演变。自从 Franz Boas 与 Bronislaw Malinowski 在 19 世纪晚期与 20 世纪早期从事人类学研究后,人类学就逐渐独立成长为一门影响较大的显学。在美国,当代人类学通常划分为四大分支:社会文化人类学、考古学、语言人类学、生物人类学(也称为体质人类学)。这四大分支的人类学也反映在许多大学教科书的编写,以及许多大学的人类学课程的建设中。

人类学是以人作为直接研究对象,并以对人的综合理解为目的的学科。如果我们简单把人看作为动物的人,或者简单看作文化的人,分开来进行研究和描述的话,那就不可能全面地去理解人。人类学是以综合研究人体和文化(生活状态),阐明人体和文化的

关联为目的的。

酿酒与饮酒,是一个独特而又普遍的人类文化现象。从酿酒与饮酒的角度研究人类确实是一个令人产生较高兴趣的课题。因此我们提出了"酒人类学"。"酒人类学"无疑是庞大的文化人类学下面的一个小小的分支或一个小小的课题。《酒人类学教程》就是我们试图解决和回答这个课题的知识体系。

本教程考察了人类生活与酒的文化关系的方方面面。对酒与人类生活的关系作了初步的描述和探讨。但宥于考古材料的限制,我们对人类酿酒的最初动因和原始形态还缺乏清楚的认知。但既然称之为"酒人类学",也就表明了我们对酿酒文化源头的关注和追踪的方向。

人类社会,有的族群限制饮酒,甚至禁止饮酒。这并不能成为否定"酒人类学"成立的理由。既然要"禁"方能"止",或者"禁"而不"止",就说明它有不"禁止"就"欲罢不能"的支配人类生命、生活的力量。这个力量是从哪里来的,与人类的生命与生活有何关系,我们也要试图揭示其秘密。

总之,酿酒、饮酒,是人类特有的文化现象。动物,如猿猴——如有的动画作品显示——可能食用过发过酵的水果而醉过,但它不能主动酿造酒,更不可能形成酒文化。而人类不但饮酒、而且主动酿造各种美酒,并形成了丰富的酒文化。它最早溯源于何时,起于何人,在过程中哪些因素左右了酒的酿造并决定了它介入人类生活的深度,等等,酒人类学有义务对这种专属于人类的文化现象做出研究和解释。目前我们还做得不够到位,但方向既已确定,回答它只是时间问题。它既需要老师的引导,也需要学生的齐心协力。我们不能等待万事俱备才起步,既然目标已然确定,我们现在就出发。

是为序。

封孝伦
2021 年 4 月 28 日

目 录

导论 001

第一编　酒艺 027
  第一章　酒品与酒器 028
    第一节　酒品 028
    第二节　酒器 044
  第二章　品酒与酒兴 056
    第一节　品酒 056
    第二节　酒兴 078
  第三章　酒令、酒礼与酒累 097
    第一节　酒令 097
    第二节　酒礼 115
    第三节　酒累 126

第二编　酒与人生 139
  第一章　酒与健康 140
    第一节　酒与医疗 140
    第二节　酒与养生 151
  第二章　酒与交际、趣味、创造 159
    第一节　酒与交际 159
    第二节　酒与趣味 169
    第三节　酒与创造 184

第三编　酒与社会 192

第一章　酒与农耕文明 193
第一节　农耕文明 193
第二节　饮食文化 201
第三节　酿酒 213

第二章　酒与社会治理 227
第一节　社会治理 227
第二节　作为社会治理的酒政 236

第三章　酒与经济 248
第一节　社会经济 248
第二节　作为社会经济的酒政 259

第四编　酒与文化 271

第一章　酒与文字 272
第一节　语言与文字 272
第二节　酉部汉字 280

第二章　宗教学视野下的酒 296
第一节　早期宗教崇拜中的酒 296
第二节　宗教对酒的利用与反思 301

第三章　酒与艺术 307
第一节　艺术 307
第二节　艺术中的酒 313

第四章　酒与哲学 333
第一节　哲学 333
第二节　酒与哲学 339

结语：关于酒文化 354

参考文献 365

后记 367

导 论

酒是人类日常生活中常见的饮食材料，是人类文化的重要物质成果。那么到底应当怎样认识酒对于人类个体生活与群体文明的价值？我们在这里提出一些基本思路。

酒的概念

酒，用粮食、水果等含淀粉或糖的物质经过发酵制成的含乙醇的饮料，如葡萄酒、白酒等。①

简单地说，"酒"是一种有机化合物，可以自然生成，是由含有足够糖分的水果、植物根茎或含有足够淀粉质的谷物或食物等材料通过发酵、蒸馏或勾兑等方法生产出含有食用酒精（乙醇）的饮料。②

酒首先是一种食物、一种饮料，与其他食物一样，酒实际上是人们日常生活的常见之物，古已有之，且遍布中外。

也许正因为酒是人们饭桌上的常见物品，正因它太常见、太普通，为人们所熟悉，因而我们很容易以平常心对待之，不习惯对它做任何严肃之思，更难以想象它可以成为一种专门的系统性学问。然而，我们亦可反其道而思之：也许，正因为它太普通，几乎存在于人们日常生活的各个环节，所以它很重要，需要我们用心地去研究酒为何在人们的日常生活中如此重要？我们需明确意识到，虽然酒属于食品，但它并非人类最为基础、重要的食品，光饮酒并不足以充饥解渴，相反，酒喝多了还会伤身体、出问题。既如此，人们为何还会对酒如此钟情呢？

进一步考察我们会发现，其实，酒并非我们日常生活中的平常之物，它并非普通食物。它不仅与每个人的日常生活相关，甚至还与人类群体的社会生活、历史，以及世界

---

① 《现代汉语词典》，商务印书馆，2008，第731页。
② 吴振鹏：《葡萄酒品鉴：一本就够》，中国纺织出版社，2015，第8页。

各民族的文化系统和传统高度相关。实际上，酒是人类社会、文化与文明中的重要因素。后面的讨论将会向我们展示：酒是人类文化、文明史上极为重要的发明，它关乎人类的物质科技、社会制度、宗教信仰、文学艺术和民间风俗。事实上，酒已全面、深刻地嵌入人类文化系统，成为人类极重要的文明成果，在世界各民族的文化史上，酒都发挥着极为独特、又极其微妙的作用。

"杯里乾坤大，壶中日月长。"现在让我们凝聚自己的时间、情感与智慧，用心地对酒做一番专题性考察，把酒的秘密当成一门学问，较为系统地了解其特性、功能、历史，以及它对人类个体和群体所具有的意义，它在人类文化、文明史上所具有的特殊价值。

"认识你自己！"这是古希腊先贤给我们的忠告。把酒放在人性的天平上，看它到底满足了人类哪些生命需求，以便我们充分了解人类到底为什么需要酒，这个世界上为什么会出现酒？把酒放在人类的整个文化系统中，我们可以了解酒到底在人类生活、社会、文化结构与文明成果中，究竟处于什么样的位置，深入地理解酒对于人类文化系统各领域的意义。我们也可以将酒作为一面人类自我观照的镜子，通过酒透视人类自我之欲望与人性，深入了解酒对人类文化各领域的独特功能。

也许，酒是人类所发明的最神奇的魔液。一方面，酒实乃人类自我观照的绝妙之镜，透过酒杯，我们可以更真切地意识到自己更追求、留恋什么，厌恶和逃避什么，让我们更清晰地认识人类的欲望、情感与理性，给自己一个准确之影像；另一方面，我们又清楚地意识到：酒乃人类之自我奖赏，所以酒的秘密并不在酒杯之中，而在人之内心。因此，我们只有更明确地了解自己，深刻地洞察人欲、人性及其各项文化、文明成果，才能真正地做酒之知音，更精准地认清酒之个性、酒之功能，酒之魅力、酒之狡诈，以及酒之功德、酒之无奈。

作为食物的酒

酒是什么？

首先，酒属于人类的一种食物。具体地说，它是一种饮料。其用料或为树木之果实，比如葡萄、蓝莓、苹果；或为粮食作物，比如小麦、稻谷、玉米、高粱等。作为食物之一，酒最典型地出现于人类的餐桌，满足着人们的口福。与酒相伴者多为各式主食与菜肴，故而在人们的日常语言中，"美酒"常与"佳肴"相配。

曾孙之穑，以为酒食。（《诗经·小雅·信南山》）

彼有旨酒，又有嘉肴。(《诗经·小雅·正月》)

"酒""食"并用，餐桌与宴席是酒出现的最常见的语境，这足以说明酒的最基本属性与功能——它是食物，是流质食物——饮料，它属于人类的器质文化，是人类所创造的一种特殊物质产品，具体地，它属于世界各民族的饮食文化成果。食物或食品，是我们对酒的基础定义，是我们理解和阐释酒的第一个方位。

显父饯之，清酒百壶。其肴维何？炰鳖鲜鱼。(《诗经·大雅·韩奕》)
有兔斯首，炮之燔之。君子有酒，酌言献之。(《诗经·小雅·瓠叶》)

酒是人类饮食文化自觉——用火制作熟食技术的副产品，酒也是人类饮食文化发生的新飞跃——不仅为腹而食——求饱，而且为口腔（特别是舌头）和鼻子而食——求味道和气味，实现了"味之自觉"的产物。

作为食物之一，酒虽然参与了人类的日常饮食行为，然而与人类所创造的其他基础性固体食物（比如米饭）和液体食物（比如羹汤）不同，它并不能很好地满足人们充饥或解渴之类的基本生理需求。在此意义上，我们必须明确意识到，无论我们如何歌颂、赞美酒，它都不属于人类所创造的最重要的食物。就人类最基本的生理需求而言，酒并非人类的生存必需品；没有它，人类并不会饿死或渴死。相比之下，一般的日常饮用水或粥汤，以及米饭、馒头、面条等更重要得多，因为没有了后者，每个人确有生存危机。所以，作为食物之一，酒的准确定位是：它也许是人类食物中最为独特的食物，它之重要并不在其普通性，而在其特殊性。

那么，在人类食物系统中，酒之个性究竟在何处？酒之所以能在人类世界各民族的饮食文化系统中一枝独秀，在于它所包含的酒精，在于它因酒精成分而产生的独特味道与强烈气味，以之使人特别关注、引人好奇、引人品尝、引人留恋，甚至引人畏惧。简言之，酒是因其所独具的特殊滋味与气味才为自己在人类饮食系统中找到不可替代的存在合理性的。作为人类饮食系统中饮料之一种，酒之所以特殊，并且特别地引人关注与喜好，正因其发酵——淀粉糖化过程中所产生的强烈、独特味道。它先冲击了人的鼻子，继而又刺激了人的口舌。一言之，因其味也。人类最基本的饮料——饮用水及人工熬制的羹汤主要用来补充水分，解渴（滋补）。作为饮料之一，酒的功能则并非如此，它不能解渴，喝多了还会更渴。人们饮用它主要是用来满足人的舌头与鼻子，即满足人的味觉与嗅觉。

　　酒既不属于饮食必需品，为什么还会在人类饮食系统和饮食文化史上占据重要位置，甚至成了最为"抢眼"的食物？显然，酒并不必然地是一种最为重要的人类食物。酒之所以重要，甚至越来越重要，乃是一种历史性事件。它是人类饮食文化自身进化的结果。简言之，当人类的饮食文化发展到已然超越了为果腹而食，进入到一个为口腔和鼻子而食——为味而食的新阶段后，酒的价值才会被发现、确立和巩固，才会从一种偶然诞生的小角色逐步成为人类饮食文化系统中的后起之秀。在此意义上，我们可以将酒理解为人类饮食文化发展到高级阶段——"求味"阶段的优秀产品，是为"味道"而存在的人类饮食文化之典型代表。

　　于是，酒的发明代表了人类饮食文化史进入了极为重要的新阶段。如果说一切饮食文化产生的起点是基础性的——满足人类为维持个体生存而补充必要的生理能量——热量或营养需要，即为胃口而存在之饮食，那么酒的出现则标志着人类饮食发展史已然进入了一个新阶段——为了滋味与气味而制作饮食，为口腔和鼻子而制作饮食。前一类食物消费所带来的快乐属于果腹之乐或胃的快乐，后一类食物消费所生产的快乐则属于口腔与鼻子之乐。

　　若作酒醴，尔惟曲（麴）糵。（《尚书·说命下》）

　　从技术上说，酒（特别是白酒）这种极为独特的饮料到底是怎样出现的，它凭什么特质与其他饮料区别开来？关键环节乃发酵技术——使酒液能产生独特气味与口味的技术。人工发酵的关键媒介物——促使和强化食物原料发酵的独特中介物——酒曲（酒母）的出现，是人类酒文化史，乃至整个饮食文化史上的重大事件。白酒酿造技术的这一关键环节是由中国人突破的。酒曲的发明是中华民族对世界酒文化史的重要贡献之一，这是一种自觉应用化学手段促进食物材料发酵的方法，它使人类满足口舌鼻之欲，随心所欲地制作特殊气味和味道的技术自觉化和稳定化，从而使人类饮食文化史稳稳当当地进入了一个"味"的时代。

　　自此，人类的饮食行为与动物界明确地区别开来，要求也越来越高，除了果腹解渴之外，还要求有味道，而且对味道的讲究也越来越多样化、精细化与复杂化。首先，人们要求酒要色泽透明，曰"清"：

　　尔酒既清，尔肴既馨。（《诗经·大雅·凫鹥》）

继而要求酒的口感要柔和：

兕觥其觩，旨酒思柔。（《诗经·小雅·桑扈》）

继而又要求酒的味道要醇厚耐品，曰"醹"：

曾孙维主，酒醴维醹。（《诗经·大雅·行苇》）

自此，我们可以将酒理解为人类饮食文化追求之典型对象，因为人们在它上面寄托了对于饮食审美的全面要求——色、香、味俱全。至少，中国饮食史表明，由于人们在饮食上所表现出的兴趣与要求越来越细、越来越繁、越来越刁，以至引起思想家的高度警觉，于是在先秦时代，出现了思想家对饮食文化中人们无止境地追求味道的严厉批判：

五色令人目盲，五音令人耳聋，五味令人口爽。（《老子》第十二章）

同时，饮食文化的发展，特别是人们对食物味道的追求也产生了超越性的积极思维成果，那便是基于"五味"调和的辩证思维：

齐侯至自田，晏子侍于遄台，子犹驰而造焉。公曰："唯据与我和夫。"晏子对曰"据亦同也，焉得为和？"公曰："和与同异乎？"对曰："异。和如羹焉，水、火、醯、醢、盐、梅，以烹鱼肉，燀之以薪，宰夫和之。齐之以味，济其不及，以泄其过。君子食之，以平其心。（《左传》昭公二十年）

春秋战国时代，中国的饮食文化已达到很高水平，出现了伊尹、易牙等知名度很高的厨师，他们的厨艺绝活儿被演义成种种传奇。出现了与"五色""五音"相对的"五味"概念，还有儒、道、墨思想家们对人类饮食文化的严肃、深入反思。这些现象说明：早在先秦时代，中华民族对饮食口味的讲究，追求饮食味道的个性化与丰富化，已成为一种普遍的社会现象。更重要的是，饮食与音乐、医疗一起，由形而下的专门生活技术被当时的思想家们概括、提升为普遍性、形而上的抽象哲学原则——"和而不同"的辩证思维，最终构成"和"这一先秦时代重要的哲学观念。

作为人类社会与精神生活媒介的酒

如上所述,酒并非只是食物,只是饮料,它并不是简单的饮食文化的成果。它还有其他食物并不具有的特殊功能。虽然酒属于食物,经常出现在餐桌上,可它并非人类日常生活中的基础性食物,它既不能用来充饥,也不能用来解渴,且不可以随意、大量地饮用。对先民而言,酒并非人类日常生活之必需品。因此,酒并非普通食物,而是特殊食物。它并不是人类物质生活中满足每个人生存最基本的生理需要,为个体提供最基本的营养、热量的低层次的基础食品。酒虽然在物质形态上属于食物,但其主要物质功能并非用来果腹,而是餐桌上的附属性、拓展性和提升性的食品。

人类为何如此迷恋酒,酒为什么作为食物之一,几乎无处不在、时时可见,为什么会出现"无酒不成席"的现象?

我有旨酒,以燕乐嘉宾之心。(《诗经·小雅·鹿鸣》)
酒既和旨,饮酒孔偕。(《诗经·小雅·宾之初筵》)

此乃宴席上聚众群饮的场面。某种意义上说,酒是一种社会性饮料,虽然一个人也可以独饮,可是大多数情形下,人们似乎更喜欢"朋友来了有好酒",与他人共享这种气味强烈、味道浓厚的奇怪饮料。那么,酒在人的社会性交际活动中到底起什么作用,为什么它会成为人们社交活动中必须出场的重要角色呢?

酒食者所以合欢也。(《礼记·乐记》)

在酒精的作用下,饮酒者可以一下子兴奋起来,不再矜持。一杯酒下肚,话匣子便打开。它可以使陌生者熟悉之,熟悉者亲近之,矜持者放达之,忧郁者开怀之,活泼者痛快之。酒可以在社交场合中让熟悉程度不同的人们短时间内较为自然地冲破社会身份和性格差异,主动地相互攀谈,建立起新的人际关系。简言之,酒可以让人们相互熟悉、亲近,促进交往,持续和谐。在此情形下,酒便不再是简单满足人的生理需要的食物,它同时也是人类个体间社会交往的重要物质媒介,是人与人之间建立联系、增进友谊、维护群体和谐的重要中介物,酒在社会大众乃至国际交流中一直扮演着极为重要的角色。

这便是酒的第二种功能——社会交际功能。在此意义上,我们可以借用孔子的话对酒的社会性功能做出明确的界定——"酒可以群"。

昔人谓酒为欢伯，其义见《易林》。盖其可爱，无贵贱、贤不肖、华夏戎夷，共甘而乐之，故其称谓亦广。①

何以解忧？惟有杜康。（曹操：《短歌行》）

人为什么喜欢饮酒？这里给出新的，同时也许是最为重要的答案——饮酒可以给人以精神安慰，它可以使忧者忘忧，乐者增乐。故而在酒席上，酒与其说是一种满足人的生理需求的食物，在更多的情形下不如说它是人们娱乐自我的取乐之具：

铿钟摇簴，揳梓瑟些。娱酒不废，沈日夜些。……酎饮既尽，乐先故些。（宋玉：《招魂》）

鱼在在藻，有颁其首。王在在镐，岂乐饮酒。（《诗经·小雅·鱼藻》）

这说明虽然酒仍然是一种饮料，其物质属性并没有发生变化，然而饮酒者的心理态度却发生了变化，他们不再出于生理需求——仅仅为了它的特殊气味或味道而饮酒，虽然这也可以成为其与酒结缘的一个理由。更为重要的是，人们是为了追求心理愉快，为了让自己开心而饮酒。在此情形下，酒这种食物、饮料的功能已经发生了质变，即从普通的物质产品跃升为全新的精神产品，成为为满足人的精神需求而存在的观念文化对象。那么在人类精神生活领域，酒会具体地出现于哪些特殊语境呢？

为酒为醴，烝畀祖妣，以洽百礼。（《诗经·周颂·载芟》）

祭以清酒，从以骍牡，享于祖考。（《诗经·小雅·信南山》）

这是酒出现于人类宗教崇拜活动之情形。酒成为先民祭祖、祭神的重要物质媒介。由于酒液具有对饮酒者产生生理与心理刺激的神奇作用，自从世界各民族的先民们从自然发酵中发现这种神奇功能，并成功地把握了这种发酵技术，自主性地酿造出这种神奇液体之后，便自然将它视为神物，献之于祖，献之于神，施之于宗教祭祀活动，酒便成为了人类敬神祭祖仪式中的一种重要媒介物。自此，酒便参与了人类的特殊精神生活——宗教信仰，在世界各民族的宗教生活中，特别是在原始巫术活动中，几乎都能发现酒的影子。

---

① 窦苹：《酒谱》，中华书局，2010，第15页。

酒既和旨，饮酒孔偕。钟鼓既设，举酬逸逸。(《诗经·小雅·宾之初筵》)

子有酒食，何不日鼓瑟？且以喜乐，且以永日。(《诗经·唐风·山有枢》)

"瑟"乃乐器之一种，弹拨弦乐。这里"酒""瑟"并举，说明酒神与缪斯女神已然相遇，且相知甚深。于是酒与人类精神生活的又一重要领域——艺术成功结缘，造福于美的创造与欣赏，为美的王国增光添彩。人们总是一喝酒便高兴，一高兴便情不自禁地"手之舞之，足之蹈之"，载歌载舞起来。这些酒席上的歌词若记录下来，便是文学艺术之一种——诗歌，也许还是某一民族文学史上的不朽篇章，或诗歌之经典。

酒是什么？酒乃诗之媒、舞之媒、歌之媒、书画之媒。酒与艺术结缘既是艺术的幸运，也是酒的幸运。艺术王国因酒的介入，艺术家更加灵感乍见、思如泉源，酒乃艺术家创作的助产婆。酒因艺术的介入大大拓展、丰富了自己的内涵，使之从纯物质饮料、普通食物一跃而成为一种有品味、有内涵、有灵魂、有意义的文化液体，一种关乎饮酒者精神生活广度、深度和细腻度的食品。从美学的角度看，人类对酒的需求并非一种粗糙的物欲，乃是一种人生诗情。有了它，生活开始变得多彩，饶有趣味。一言之，酒乃艺之媒，就像爱神身边不能没有丘比特一样。

于是，酒由此而超越人类的物质生活范围，进入人类的精神世界，人类从此便对它产生了深刻、持久的精神依恋，成为人类一切精神生活难以摆脱的特殊物质媒介，成为人类宗教、艺术活动的重要因素。世界各民族进入文明时代之后，作为饮料，酒参与餐桌的主要功能便非仅仅满足人之口味，而同时可以丰富人之心灵。此时，如果说酒仍然属于食物，它也是一种已然超越了果腹目的，主要为了满足人类观念性精神生活的特殊物质媒介，比如用酒敬神、庆贺节日、沟通情感、引发画意诗情，等等。在此情形下，酒已然越出了人类粗疏的物质生活世界，进入到细腻、深广的精神世界。

与茶一样，酒乃人类饮食文化中的超越性环节。虽然在人类饮食文化的基础性环节——饭、菜与汤中，调味品的发明与应用已然具备了多于果腹的超越性因素，然而当且仅当酒与茶这两种非生理需求必需品的特殊食物产生之后，我们才可以说：在人类饮食文化中，专门、典型的超越性形态与领域已然出现，人类在饮食文化中的超越性追求始有其专门形式。自此，酒与茶这些原来在饮食文化中表达超越性的附庸性因素转而发展为独立王国，就像艺术最终成为人类表达其观念性审美趣味的独立性形式一样。

概言之，一方面，酒根本地属于人类饮食文化系统，乃食物之一种；另一方面，酒并非单纯的仅满足人的生理需求之食物，乃是一种综合性的多功能食物，它具有丰富滋味、凝聚人情、开拓精神等多层次价值，是人类饮食文化系统中极为独特的高级食品。

人类文化系统

文化，人类知识、信仰与行为的整合方式，它既从属于人类学习与传播知识以延续后代的能力，也是其结果。因此文化由语言、观念、信念、习惯、图腾、符号、制度、工具、技术、艺术品、礼节、仪式与符号构成。在人类进化中，文化发挥了关键作用。正是文化使人类为自己的意图而适应环境，而不是仅仅依赖自然选择而获得适应性成功。每个人类社会都有其自身的独特文化或社会文化系统。文化之间的差异性可归因于不同因素，诸如物理居住环境和资源，个体的态度、价值、观念与信仰极大地取决于他所生存的社会群体之文化。当生态、社会经济、政治、宗教或其他基础性因素影响了一个社会时，文化便发生了变化。[①]

人类学家们在19世纪研究人类区别于自然界其他动物的物种特性时，想解决一个问题：人与自然界其他动物的区别到底在哪里，该怎样为人这个物种下定义，是什么使人区别于自然界其他动物？最后他们发现了一个概念，叫"文化"。在他们看来，正是"文化"才将人与其他动物区别开来，因此，也唯"文化"一词方可准确地描述"人性"。在此意义上，所谓"人性"即是指"文化"，所谓"文化"便是用以描述"人性"的东西。什么是人？人是一种有文化或从事文化活动的动物，文化是人类界定自我，使其区别于自然界其他动物之本质特征。

由于"文化"是人类学家用以描述人类物种最抽象特性的概念，因此其外延必然至广。何为"文化"？文化乃人类为自身生存、发展而自觉创造的一切成果与生存方式之总和。在内涵上，由于人类学家创造这一概念之本义即是为了将人类这一物种与自然界其他物种区别开来，因此其内涵又必然至简：义指"人为的"或"非自然的"。在一定意义上说，"文化"与"人类"可以相互替代，甚至有点儿同义反复、循环互指。何为"人类"？曰："文化"；何为"文化"？曰："人类"。

对人类学家而言，"文化"一词内涵甚明，就是指人类的物种特性。可是对社会大众而言，这一概念由于外延太广，将属于人类的一切事物包含俱尽，反而会觉得内涵太抽象，不知所云。为了让自己对"文化"这一人类学核心概念有更为深入、细致的了解，我们可以将文化的定义问题转化为关于人类文化的要素结构问题：假定我们对何为文化已然有了基础性认识——人类之所创、人类之特性，那么接下来的问题便是：人类所自

[①] 《不列颠简明百科全书》（英文版），上海外语教育出版社，2008，第430页。

创、自证的文化到底包括哪些必不可少的要素，这些要素间到底形成怎样的结构体呢？此乃需从更具体、细致的环节了解人类文化。

进一步考察我们会发现：其实，人类的文化是一个包括了不同要素的系统。与之外部平行、对应的是整个包括了天地万有的自然界。于是关于这个世界，我们得出了第一项认识，可用一对概念标识之：人与自然或文化与自然。如何对人类文化内部之情形有进一步的认识，这便需要对人类文化系统内部之要素构成进行分析。此种分析的简要结论便是关于人类文化系统的三层次划分。

器质文化（Physical Culture）

器质文化是人类文化系统的基础层面，人类所创造的文化成果的第一种形式，人类文化成果的物质形态，它包括人类利用自己所发明的各式工具，经对自然界各种物质性材料（无机的与有机的）进行加工、改造，最后形成符合人类自身生理需求的所有物质劳动产品，从最原始、粗糙的石器工具、日常食物，到现代化的建筑物、交通工具以及电子产品，亦即为人类所创造，满足人类生命需求的所有物质对象。

人类与动物界其他物种的区别，首先在其食谱上区别开来：吃什么、用什么，在此方面人类与其他动物大异。一般而言，自然界其他动物只是消极地利用自然界现有的材料以满足其食与居之基本需求；人类则在自觉生命理性的指导下，积极地谋求对各式自然资源不同程度的改造，比如发明各式工具极大地改变了自然材料之外在物理形态，利用火以改变自然物之内在结构，金属器具和金属器皿的出现即是以人为的手段极大地变化了各式矿物质的内在化学与物理结构，因而形成性质更为优良，更符合人类需求的新物品，大大提高了人的生存质量，也使人类离自然界愈远。

制度文化（Institutional Culture）

制度文化乃指人类群体的内部组织方式，人类群体为维护共同体内部统一而创设的生产、生活制度，即人类群体性生存的秩序安排。此种制度之安排，其核心在于以理性、和平、有序的方式组织生产、分配利益，以减少因个体、群体间利益差异而产生的不必要的过度竞争，维持共同体之存在，确保抱团式生存这一极为古老的生存智慧。其刚性表现形式是世界各民族久远、普遍存在的各式政治、经济和法律制度，其柔性的表现形式则体现为世界各民族的生活传统、民俗礼仪等。制度文化是关于人类独特生存方式的文化，它介于器质文化与观念文化之间。它比器质文化更柔性，因为它不再可以用感觉器官触摸；它比观念文化更刚性，因为它有明确的善恶是非标准，刚性制度有明确的行为规范条文，违反了会受到严厉的惩罚。

人类制度文化之所以必要，是由于人类自身的两项矛盾事实：一是每个个体只能最强烈地感受到自身之生命需求，因而是自利的；另一方面，由于个体生命能力有限，因而人们又不得不采取抱团式生存之策略。于是，同一共同体内部的个体成员间，便难免经常性地发生利益冲突。动物界的解决方案是靠暴力，奉行强者优先的生存真理。人类社会为了减少共同体内部不必要的过度竞争，便创设了日益细密的利益冲突解决方案，选择了以更为理性、和平的方式解决共同体内部利益冲突的道路。这些利益解决方案所形成的系统便构成了人类的制度文化。正是这一制度文化建设之自觉，才使得人类种群在整个动物界不仅以质取胜，同时也以量取胜，稳定地获得在动物界之生存优势。相反，若人类各共同体整天为了一个馒头争夺到血流成河，整天相互残杀，那么人类仅仅在种群数量上也不可能在动物界占据优势地位。其实，绝大多数动物物种亦已有此抱团式生存的生物智慧。

只要人类愿意走出"丛林状态"，开始建设自己的制度文化，便有如此信念：所谓制度，就是人类关于如何抱团生存，最大限度、尽可能均衡地照顾到共同体内部所有成员的合法利益，理性、和平地协调利益冲突的社会矛盾解决方案，就是关于人类如何抱团生存的"游戏规则"。就算是一项最不公正、最愚蠢的游戏规则也略优于毫无规则。游戏规则没有尊严，游戏参与者便不可能有任何尊严。游戏规则之遵守没有保障，游戏参与者之权益便不可能有任何保障。当人类社会处于一个毫无规则的状态时，便只剩下一条规则：强者为王，拳头即真理，那便又回到了"丛林状态"。

观念文化（Conceptual/Ideological Culture）

观念文化乃指人类的语言发明之后，自身的精神世界开拓之后，为了满足自身理性认识与感性体验能力和需求而创造出的各式精神成果，它具体地表现为世界各民族至今所积累，且仍在不断持续积累的宗教、艺术、科学与哲学等领域之产品，它是人类心理世界之影像、精神能力之证明。它为人类提供超生理需求的价值关怀、意义安慰，是仅属于人类才有的文化现象，是人类文化系统中居于最高端、抽象的文化形态，属于人的观念世界。观念文化仅为人的心理世界而存在，它为人的精神幸福而生产。艺术、宗教、科学与哲学乃人类观念文化的四种最为典型的形态，各文化成熟之民族均有这四方面的成果。世界各民族只要进化出心理能力、心理需求，便会有上述四方面的观念文化成果，其共享的普遍性功能就是服务于人类的自我心灵安慰，服务于人类的精神幸福。

反观世界各民族的观念文化史我们会发现，世界各民族诞生之初期，以及此后漫长

的古典时代,由于交通工具尚不发达,无法跨越地理山川之阻隔,世界各民族大致在相互独立的状态下,各自创设了自己的语言,各自独立地发展出属于本民族的艺术、宗教、科学与哲学。然而,值此全球化时代,我们突然意识到,外在地观照,各民族文化在上述观念文化四大领域的成果面目各异,意味纷呈。内在地考察,各民族文化关于这个世界是什么、人是什么,人怎样度过自己的一生才有意义等人生根本问题上,答案各不相同,甚至在关键性价值观念上,在真与误、美与丑、善与恶等评判标准上存在不小差异。于是,在人生核心价值观问题上如何缩小旧的差异,积累新的共识,是当代人类在观念文化生活方面需要严肃思考、努力解决的重大问题。

简言之,人类文化系统由器质文化、制度文化与观念文化三者构成,它们既可以理解为人类文化系统之三大基本要素,亦可理解为人类文化系统之三个层次。

现在返回来思考这一问题:酒与人类文化之关系。如果说文化是对人类物种个性之总体描述,它包括了人类为自身创造的一切东西,那么酒当然也属于人类文化系统,乃人类文化整体系统中之一微物,人类所创造万千文化成果中之一种。如果说人类的文化是一个大系统,其包括了各种不同的东西,那么酒在人类文化系统中到底处于怎样的位置,该如何准确地标定酒在人类文化系统中的地位呢?在人类文化整体系统下观照酒,准确地认识人类文化系统各领域对酒的深刻、丰富的影响,准确地认识酒对人类文化各领域活动、成果之独特影响,此乃本教材之核心目标。

酒与人类文化间的关系到底当如何理解?酒人类学就是要系统地梳理此二者间之关系。一方面,在人类文化系统整体视野下考察酒,这为我们深刻地理解酒这一人类文化微观、独特成果提供了一个深广的整体背景,有助于我们内在地理解酒为什么会产生,人类酒文化产生的必要器质、社会与观念基础——人类整体文化系统下的酒乃本教材之核心视野及阐释前提,它用以回答人类整体文化系统为酒做了什么的问题;另一方面,我们又用心考察酒与人类文化系统各部门间之内在联系,以此完善地理解酒对于人类文化系统各领域之广泛、独特而又深刻的影响,使酒的文化内涵丰满起来,它用以回答酒对人类文化系统各领域贡献了什么的问题。

以人类文化系统为参照,我们发现了关于酒的第一项基本事实:酒属于人类文化,乃人类文化成果之一。具体地,它属于人类器质文化成果之一,是人类器质文化子系统——饮食文化要素之一,它是食物,是食物中之特殊饮料,人类饮食文化之重要成果。更为重要且令人惊喜的发现是:虽然人类文化是一个宏大的系统,酒仅乃其中之一微物而已;然而它又乃一极奇妙之微物。实际上,酒并非简单、纯粹的器质文化成果,它不仅是食物,并非仅仅用以满足人的生理需求,它是一种综合性、多功能的食物。用心考察我们会发现：其实，酒已然全面渗透于人类文化系统的三大要素、三种形态、三个层次。

作为人类社会生活的重要媒介物，酒已然参与到人类的制度文化建设之中。在中国古代社会礼仪中，酒礼，即饮酒规则是儒家所创设政治制度文化建设中必不可少的要素。在世界各民族文化史中，酒很早就卓越地发挥着和谐人群之独特功能。作为人类精神生活的重要物质媒介，酒在世界各民族早期宗教中，在各民族古典艺术中，均留下其浓厚的痕迹，且有不俗的表现。酒与人类文化系统的联系是广泛、深刻的，它与人类文化系统三要素、三形态与三层次建立了久远、深厚的联系，全方位地参与、影响着人类的文化创造，完善地展示着其独特风采。

酒首先是一种饮食文化成果，是一种重要、独特的饮食发明，它服务于人的味觉与嗅觉，满足着人们的口舌与鼻腔。酒也服务于人们的社会交际，维护着共同体团结。人们乐于以酒结缘，认识新友，维持旧谊，以酒营造欢乐、祥和的人际环境，故而酒成为社交之花。

酒一经问世，便成为一种人类精神生活不可或缺的"魔水"。酒已广泛、深入地走进人类的内在精神世界，影响着人类的思维方式、价值观念与情绪、情感，成为全人类在宗教、科学、艺术和哲学领域的观念文化创造。

总之，酒已全方位地渗透到人类日常生活的各个领域，在人类文化系统各领域中都发挥着其魔术般的神奇作用，成为人类普通日常生活、社会交际，以及精神生产中不可或缺的奇妙"精灵"。

人类生命需求结构

通过上面对文化的概念及人类文化系统之初步阐释，我们从宏观上认识到酒在人类文化系统中的位置，以及它对人类文化系统各领域之普遍影响，认识到酒对作为群体性存在的人类整体之意义。现在，我们认真地思考另一个微观却也极为重要的问题：作为个人，一个人为什么会喜欢酒，为什么其一生中几乎难以躲避酒缘，酒对个体人生究竟有何魅力、有何作用呢？

回答上述问题也是本教材的核心任务之一，也是同学们学习本教材的基本目的之一。要回答上述问题，逻辑上有两条完全不同的路径。一是对酒本身的追问，看酒这种饮料到底有何特性与功能。对此问题，我们前面已然有了基本认识：酒乃食物、饮料，它可以满足人的生理需求——对特殊味道之追求，酒也是人类社会与精神生活之重要物质媒介，可以以之交际，以之激发灵感等等。另一种路径是反其道而行之——并不会追问酒

乃何物，酒可以干什么，而是去追问饮酒者：一个人为什么会去饮酒，他对酒到底有何要求、有何渴望？某种意义上说，酒的秘密并不在其自身，而在饮酒者身上，在人这里。一个人如果对自身生命未能实现充分自觉，未能深刻了解一些人之所以为人的基本事实，未能真切理解一个人来世上度过其一生到底有哪些必不可少的基本生命需求，那么他对酒便不可能有深刻、完善的认识，因为酒实因人而生，酒在这个世界上出现、存在与发展的内在理由并不是其自身，而在其消费者——人的身上。据此思路，我们可以得出如此认识：若立足人类个体立场认识酒，那么集中回答人究竟为何物，一个人来到世上到底对这个世界有哪些最基本需求的人生哲学，乃深入阐释酒文化的又一必要理论基础。

作为人生哲学的"三重生命"学说

人生哲学集中阐释个体人类之最基本事实，以及个体人生的价值或意义问题。我曾提出"三重生命"学说，这是一个简约而又完善的人生哲学框架。

人的精神生命和社会生命是一个客观存在的事实。它不但存在，而且对人的生命行为有巨大的支配作用，我们单一从生物生命不能、单一从精神生命不能、单一从社会生命也不能全面合理地解释人的生命行为。只有从人有三重生命这个客观事实的基础上，才能合理地认识人的所有生命体验和生命行为。①

据此理论，每个个体人类，即单个的人来这个世界走一遭，要想实现自我生命意识的自觉，需意识到以下的人生基本事实，即每个鲜活、完整的个体人类生命实际上由如下三个层次构成。

（1）生物生命

这是一种生物学意义上的存在。在此意义上，人类中的每个个体，即每一个单个的人，无论男女老幼，与这个地球上的其他任何动物物种中之个体相比，并无任何本质上的不同：都首先追求活着，然后追求无病痛地活着。在此基础上，若有可能的话，还要追求能吃得更好一些，住得更舒适一些，活得更长一些，等等。继而又追求能将自己的生物基因复制下来，得到延续——"子子孙孙无穷尽焉"。这是一种生理意义或动物层次的生命。此乃个体人生之第一层面。

---

① 封孝伦：《生命之思》，商务印书馆，2014，第330页。

(2) 社会生命

这是个体人生事实与意义的第二个层面，它是人类个体对自身生物生命的超越形式。在成功满足个体生理需求、物质利益的基础上，若有可能的话，许多人还想继而在其所属共同体内部能发挥其支配其他成员生产、生活之社会性作用——权力欲望。其次，作为社会生命，每个人来世界走一遭，他一方面追求获得自身所在共同体（家庭、家族、同事、朋友、国家等）其他成员对其个人人生成就的充分、广泛认可，即在心理上有一种获得来自他人好评的需求，即荣誉感。这种来自自己所属共同体内部其他成员的好评，大家对某个人的积极性评价，以及持久的心理记忆，乃是特定个人对其所属群体的广泛社会影响力，是其个体人生价值的空间拓展。因此，"活在他人的积极评估与持久记忆中"，便成为个体人类人生追求的又一重要表现形式。这是因为每个自觉的个体均清醒地意识到：每个生物意义上个体人生的意义均极其有限——止于其生命存在之日。"活在他人的记忆中"便成为以"社会生命"的形式自觉超越其个体生物生命有限性的有效途径之一。

个体要想获得来自他人的积极评价与持久记忆，便需自觉超越上述第一种人生境界——生物生命，即只为满足自身生理需求或物质利益而存在，同时需要有能力，且有意愿为他人的利益与福祉而奋斗，需要有一种舍己为人的公益精神或奉献精神。良好、广泛而又持久的社会性荣誉乃是个体人类在满足自身顺利生存基础上，自觉且成功地为其所属共同体其他成员利益奋斗之后自然而然的回报，一个极端自利者不可能获得此种回报。

(3) 精神生命

这是个体生命的最高层次，是人类生命与其他动物生命之本质区别。作为已然进化出精神能力与精神需求的生命形式，每个人来世一遭，除了追求个体生命的健康、安全与长寿，以及来自共同体内部其他成员的广泛、持久的认同外，还进一步拓展出一种超越性的生命空间——精神生命。这个层次的个体生命追求情感之细腻、丰富与深刻，追求以自己的理性能力广泛、深入地认识自我和认识世界，以活得明白。在此意义上，在上述两种生命事实——生物生命与社会生命之外，人类还追求以观念的方式，当然也需借助特定的物质性媒介，建构出一个在物理属性上能超越于现实世界的时空局限，专属于人类心灵，更为自由的独立时空——精神世界。于是，人们便开拓出科学研究、宗教崇拜、德性培育、美的创造与欣赏，以及最抽象层次的对世界和人生本相的思考与概括——哲学等精神活动领域。在现代文明社会，每个充分自觉了的个人，只要有条件，都想在上述领域发挥自己的感性与理性心理能力，充分展示自我、满足自我，以精神创

造的形式拓展与超越自我，以丰富自己的人生印迹。

子曰："君子疾没世而名不称焉。"（《论语·卫灵公》）

大上有立德，其次有立功，其次有立言。虽久不废，此之谓不朽。（《左传》襄公二十四年）

对于上述"三重生命"——生物生命、社会生命和精神生命，一方面我们可以理解为个体现实生命的三种形态或三个层次。只有将个体生命具体地理解为或分解为这三种形态或三个层次，每个人对自身生命事实的理解才算具体、深入；另一方面，我们只有同时从这三个方面把握和理解人，才算是对个体生命的形态与层次有了一种较为完善的理解。

然而，我们还可从较为主观的方面理解个体生命，即把三重生命不仅理解为个体生命的三项最基本事实、构成要素或形态，三种生命能力或功能；同时也理解为每个活生生的个体生命来世界一遭所必需的三项主观性的生命需求、欲望或本能，或者是个体生命的三项最基本的生命追求。立足于此，我们可以重新发问：每一个人，每一个现实、活生生的个人来世界走一遭，他到底自觉地追求什么，甚至不自觉地不得不、一定会追求什么？我们有理由相信：他至少，亦可理解为最多会追求下面三样东西。

作为生物生命，他一定会追求生理层次的欲望——食、色之性。他追求有食物享用，以维持其个体有机体之持存；他追求性的满足，以实现其个体生命基因之复制。

作为社会生命，他追求来自他人的心理认同，从而进行职业合作，有对他人的心理依赖，要求能在共同体内部得到亲情、爱情和友情，进而得到来自他人的良好、广泛与持久的评价。

作为精神生命，他追求能充分地开拓自己的感性与理性的心理能力，希望能在人类的观念文化生产领域（宗教、伦理、艺术、科学、哲学等）能有所创造，有所表现。

上面是"三重生命"人生哲学对个体生命事实与价值的最简要的解读。现在，以此为参照，我们来回答前面所提出的问题：作为个体生命，一个人为什么需要酒、喜爱酒，甚至躲不开酒？

首先，作为生物生命，每个人都有其生理层面的本能性需要，要求满足自己的食欲，追求能吃饱且吃得好。酒作为食物之一种，恰恰满足了人的生理层次的生命需求。当然，这是一种拓展性需求——果腹之后对食物味道的需求。酒的强烈气味与浓厚、持久滋味，正满足了人的"味欲"。

其次，作为社会生命的人，他有追求与他人抱团的心理需求，需要与他人进行广泛、持久的职业合作。酒作为一种特殊饮料，恰恰可以助人打开话匣，敞开心扉，增进人与人之间的相互了解与合作，可以帮助个人与他人建立起各种职业合作关系，维持社会和谐。

最后，作为精神生命的人，每个人都希望能在观念文化领域表达自己的情感与智慧。酒精恰恰可以刺激人的神经，让有志于从事精神生产的人们进入亢奋状态，使自己的精神生产得以顺利进行，能借酒精的帮助建构出一个独特、美妙、宽广、深远的精神时空。至少，对某些个体艺术家来说，酒乃其进入精神生活的重要媒介。

如果说酒是人类重要的文化成果之一，它对人类文化活动的各个方面——经济、政治、社会、宗教与艺术等均有所参与，因而具有普遍性的影响。那么，作为社会群体一分子的个体，无论男女老幼，也都难以脱离这种因素。换言之，对许多个人而言，酒也将忠实地伴随其一生，参与其日常生活的重大环节，影响其人生的方方面面。只是有时候，我们能清醒地意识到它的存在，比如朋友聚会、婚礼庆典的时候；而有时候我们可能完全没有意识到它的存在，比如在你接受医生治疗，或醉酒状态下干了蠢事的时候。"酒与人生"这样的话题正面展示了酒与个体人类间所存在的全范围联系，从而高度自觉地解析酒与个体人生全方位、深刻和细腻的内在联系。

厌厌夜饮，不醉无归。（《诗经·小雅·湛露》）
宾既醉止，载号载呶。（《诗经·小雅·宾之初筵》）

酒当然是种好东西，能够让饮酒者一下子进入一种特殊的兴奋状态，比如成全你写出一首好诗或是一幅超常发挥的书法作品，为平凡的日常生活添彩。然而，"物无善恶，多必为灾"，这种神奇的液体有时也会闯祸，让你误事。正因如此，世上才有"戒酒"一说。

因此，酒也许是人类饮食文化系统中一种最为特殊、复杂的食物，就其内在的价值功能而言，酒也许是一种最不像食物的食物。它的形态是物质的（流体食物——饮料），它所处的环境是物质的（餐桌），然而其核心价值则是超物质、超生理的，主要的功能乃其社会性、精神性功能。酒乃一种综合性食物，它是以物质面目出现的社会性、精神性产品。酒是一种神奇的食物，它的最主要功能不在物质、生理领域，而在它对人类社会生活（人际关系）与精神世界（宗教、艺术、个体心理等）所发挥的普遍、深刻、细腻的作用。

简言之，酒是一种以物质形态出现的人类观念的文化产品，是人类社会与精神生活的一种神奇的物质媒介。有谁真的把酒当水喝便极大地误解了酒的精神，不足以成为酒的知音。我们需重视酒与人类精神生活的关系，酒在人类精神生活的各方面，诸如宗教、人际心灵沟通和审美中，均有重要作用。以"酒"这一独特切入点、支点而展开一部人类心灵史，当是一项视角独特、意趣盎然的工作。

正是在此意义上，即主要地关注酒的超物质之社会、精神功能，我们决意对酒进行专题性探讨，使它成为我们这本教材的主题，甚至提倡设立一种新的专门之学——集中研究酒之综合性物质、社会与精神价值的学科——"酒人类学"。

酒的历史

酒，就也，所以就人性之善恶，从水从酉。酉亦声。一曰造也，凶吉所造也。古者仪狄作酒醪，禹尝之而美，遂疏仪狄。杜康作秫酒。[1]

昔者，帝女令仪狄作酒而美，进之禹。禹饮而甘之，遂疏仪狄，绝旨酒，曰："后世必有以酒亡其国者。"（《战国策·魏策二》）

这是中国关于制酒的传说。据此，中国的制酒史可追溯到夏代，即距今约4000年前的时代。已出土的考古文物——饮酒器——山东城子崖龙山文化时期的黑色陶酒杯，其年代约为公元前2010年至公元前1530年，足见中国酒文化之悠久。

分子考古学技术研究揭示了：距今约9000年的河南省舞阳县贾湖文化遗址发现的世界上最早的陶罐内液态实物，含有醇类化合物，可被誉为"人类酒鼻祖"，其发酵原料可能是黍、蜂蜜和山楂的混合物。[2]

研究中国酿酒史的专家认为，中国酿造黄酒的历史迄今大概有4000至5000年的历史。[3] 酒是人类所发明、制作的食物之一。制酒若要可能，首先当以制酒所需原料的栽培技术为前提。所以，一部酒史当首先是一部农耕文明史，农作物栽培技术的成熟为制酒提供了必要的原料基础。中国处于东亚广阔的北温带地区，四季气候变化鲜明，又有黄河与长江处于其间，很适合农耕文明之发展。中国古代文明基本上是一种农耕文明，我们的祖先在自觉地观察四季气候寒暑变化与地上各种植物生成规律的基础上，开始驯化

---

[1] 许慎：《说文解字》，中华书局，1963，第311页。
[2] 方益防、江晓原：《通天兔酒祭神忙——＜夏小正＞思想年代新探》，《上海交通大学学报》2009年第5期。
[3] 洪光住：《中国酿酒科技发展史》，中国轻工业出版社，2011，第3页。

各野生植物,对之精耕细作,最终摆脱了靠采集野果而生的自然状态,进入到大量、稳定地生产农作物的自觉农耕文明阶段。世界上最早出现农业生产的地区是西亚。考古学家在今土耳其境内的萨约吕发现了约距今 1 万年前种植小麦的证据。在中国浙江余姚的河姆渡文化遗址,考古学家发现了大量碳化的稻谷,经鉴定,约为 6700 年前之遗物,同时还发现了制作精良的骨耜。① 此乃中国最早的农业之证。战国时代出现的"二十四节气"乃中国古代农业进入精耕细作时代之有力证明。

> 清醯之美,始于耒耜。(《淮南子·说林训》)
> 我仓既盈,我庾维亿。以为酒食,以享以祀。(《诗经·小雅·楚茨》)

一方面,酿酒需要以水果或谷物为原料,没有农耕文明的产生,便不能想象酒的制作;另一方面,由于酒并非基础性食物,即酒并不用来满足人类最基本的生理需要,因其不足以果腹与解渴。所以,当各民族的农业生产水平十分低下,农作物产量十分有限,不能满足或仅能满足特定社会群体成员的最基本的生理需求时,大量的酿酒行为是不可想象的。所以,我们只能如此理解:人类的酿酒现象当出现于各民族农耕文明或农业生产技术相当发达之后,即农作物产量在满足特定社会群体内部全体成员最基本的需求之后,还有一定的剩余,人们才会用这些多余的水果或谷物来酿酒。

其次,在各民族最初的酿酒时代,酿酒即使成功,出酒率也当相当有限,不可能首先用来满足人的口福之乐,而当首先用以敬神祭祖,即酒这种特殊食物,其最初的应用很可能并不是人的食物,乃是神食或灵食,是人类作为观念精神生产活动的宗教祭祀之特殊物质媒介。只有当世界各民族的酿酒技术有了进一步的提高,酒液不再是极稀有之物,而因技术成熟有了较为稳定的产量,才会进一步从敬神之圣物转化为贵族阶层的特殊奢侈品,由敬神进入到娱人的阶段,成为世俗的贵族食品。饮酒盛行于民间大众,当是古代社会酿酒技术非常成熟、普遍之后的事。

> 丰年多黍多稌,亦有高廪。万亿及秭,为酒为醴。(《诗经·周颂·丰年》)
> 八月剥枣,十月获稻,为此春酒,以介眉寿。(《诗经·豳风·七月》)

简言之,从酿酒业的材料来源——水果与谷物看,人类的酒文化、酒史,当首先理

---

① 潘永祥:《自然科学发展简史》,北京大学出版社,1984,第 6 页。

解为世界各民族农耕文明或农业生产技术达到相当程度的副产品——在满足本群体最基本的生理需求之后还有大量剩余粮食方为可能。没有这样一个具体背景，我们就失去了理解人类酒文化、酿酒行为的最重要基础。

当然，有一种理论与我们的理解相反：酿酒的需要，才是农耕文明发展的前提，而不是像我们上面所论及的那样——农耕文明乃人类酿酒行为之必要条件。

加拿大考古学家海登（B. Hayden）提出了与农业发展的人口压力理论相左的竞争宴享理论（the competitive feasting theory），农业可能起源于资源丰富且供应较为可靠的地区，这些地区的社会结构会因经济富裕而相对比较复杂，于是一些首领人物能够利用劳力的控制来驯养主要用于宴享的物种，驯养这些物种的劳动力投入比较高，却是某种美食或可供酿酒，因此它们只有在复杂化程度比较高的社会中产生……早在1937年，我国历史学家周其昌先生也根据对甲骨文、钟鼎文和古文献的考证，认为远古时代人类的主要食物是肉类，农业的起源是为了酿酒，与上述竞争宴享理论不谋而合。①

面对上述异见，本教材愿意坚持自己的理解，因为上面的理论即使符合特定区别之特殊情形，也很难符合全球酿酒业发展之普遍情形。

从酒制作的加工环节看，各民族酿酒技术的产生并不独立，它是另一种更广泛文化的副产品，它从属于人类食物制作之饮食文化或饮食技术。更恰当的理解应当是将酿酒技术理解为整体上的人类各民族饮食文化成果或食物制作技术之一部分或其独特表现，而不是一种全然独立自足的技术与文明。野生植物驯化与培育，农作物之栽培、耕作技术，乃酿酒材料来源的技术。对农作物进一步加工、制作成可食用食物的技术则属于另外一个领域，那便是饮食文化、饮食技术，正是这一领域的技术进步，为酒的出现提供了更为切近的实现基础。

饮食文化与技术何以可能？火的发明乃其最重要的基础。虽然自然火乃人类用火之根源，然而人为地利用与制造火，以及控制火的技术，是人类最伟大的文明成果之一，其影响不止于饮食文化。

对于人类的饮食行为——食物制作而言，火的发明意味着人类可以对自然形态的植物——粮食与动物——野生或家养动物之肉进行加热，通过对食物进行加工，即通过

---

① 方益防、江晓原：《通天兔，酒祭神忙——＜夏小正＞思想年代新探》，《上海交通大学学报》2009年第5期，第43-49页。

烧或煮熟再食用，人类的饮食行为从此与自然界其他动物告别，人类由此最终进化为一种独一无二的物种。用火加工之后的食物对人类的胃来说意义有二：一是更易于消化，二是出现了果腹之外的新需求——对食物味道的讲究，以至于人类一旦适应了用火制食——熟食之后，他的胃与口腔对食物的适应都发生了不可逆转的变化。自此之后若再吃生食，一是胃难以消化；二是口舌觉得不好吃、没味道。火的发明与应用推动了人类饮食文化史，体现为先民们制作固体与流体食物对烹饪技术——煮、蒸的运用，以及口味的自觉——不仅要求吃饱喝足，还要求其食物味道鲜美、独特与丰富。这种人类饮食文化的进步为酒的时代，即专求于味的时代之到来打下了良好基础。

就中国古代制酒史而言，最早出现的是黄酒制作，大约在4000至5000年前的新石器时代——仰韶文化时期。制作红酒的最早文献见于元代关于浙江天台红酒的酿造记录，最早的红酒制作当早于此时期。今天的红酒多指葡萄酒，但古代中国的红酒并非如此，而是用糯米制作。关于中国白酒的起源，有东汉、唐、宋和元等不同说法。中国古代酒品以黄酒和白酒为主。黄酒酒精度一般低于15%，可直接饮用。白酒属于高度酒，需要专门的蒸馏工艺。

杯斝滟滟红烧酒，风露盈盈紫笑花。（陆游：《客思二首·其一》）

但有青钱沽白酒，犹堪醉倒落梅前。（陆游：《偶读山谷老境五十六翁之句作六十二翁吟》）

此似可证南宋时已有白酒与烧酒之名，未知其实与今同否。洪光住认为，更直接的证据则指向元朝起源说。[①]

烧酒，其酒始自元时创制。用醲酒和糟入甑，蒸令气上，用器承取滴露。凡酸坏之酒，皆可蒸烧。近时唯以糯米或粳米、或黍米、或秫、或大麦蒸熟，和曲酿瓮中七日，以甑蒸取。其清如水，味极浓烈，盖酒露也。[②]

由于白酒代表了古代酒类酿造的最高水平，所以白酒也就成为中国古代酒的典型代表。

[①] 洪光住：《中国酿酒科技发展史》，中国轻工业出版社，2011，第201页。
[②] 李杲编，李时珍参订，姚可成补辑《食物本草》（点校本）卷十五，人民卫生出版社，2018，第369页。

安得西国葡萄酒,满酌南海鹦鹉螺。(陆游:《行牌头奴寨之间皆建炎末避贼所经也》)
浅倾西国葡萄酒,小嚼南州豆蔻花。(陆游:《对酒戏咏》)

葡萄酒乃果类酒之代表,中国古代用葡萄酿酒的记录最早出现于秦汉时期。用本土葡萄酿酒的记录出现于唐代。19世纪末,张裕葡萄酒公司创始人张弼士从西方引进葡萄优良品种160多种,抗战后尚余30多种。

多数史学家认为,酿酒葡萄栽培始于公元5000年前的南高加索地区。2006年,宾夕法尼亚大学博物馆实验室的麦戈文博士(McGovern)和他的同事用"基因映射法"分析了超过110种现代葡萄品种,将其起源地缩小到了格鲁吉亚(Georgia)……另外,麦戈文博士还在格鲁吉亚公元前6000年的新石器时代遗址出土的古陶罐上发现了酒石酸,这将葡萄酒的起源进一步向前推进向了8000年前的南高加索地区。①

法国南部初种葡萄在公元前600年;可是公元前3000年的埃及古墓里面已经有酒坛子,封口的泥土上面还盖着举杯作乐的印记儿。早期诸朝的国王各有一个特置的葡萄园,专造祭祀所用的酒。可是埃及人并不把酒的用途限制在祀典上。上等阶级人,每餐之后都要斗酒,太太们站在一旁,大概也不是滴酒不入……总之,葡萄始种于近东,要是没有叙利亚和埃及,今日之下法国人也不用享受他的波尔多和勃艮第(Burgundy)。②

这是欧洲葡萄酒酿造史发端之基本情形。

啤酒大半是用大麦酿出来的,这才是埃及的真正国粹呢。种地的、打鱼的、放羊的,都喝的是啤酒,上流社会也喝它。大约公元前1800年光景,每天进呈宫廷的有一百三十坛之多。最古的记录已经列举好多牌子。巴比伦的记录也有多种牌号,还给我们留几张公元前2800年左右的酿酒方子,那方子在现今可以算是最古的了。③

啤酒(Beer)是这个世界上最古老的饮料之一,其渊源最早可追溯到公元前3100至3500年前新石器时代的美索不达米亚地区的酿酒史。伊朗西部的苏美尔人留下了制作啤

---

① 吴振鹏:《葡萄酒百科》,中国纺织出版社,2015,第12页。
② 罗伯特·路威:《文明与野蛮》,吕叔湘译,北京三联书店,1984,第38页。
③ 罗伯特·路威:《文明与野蛮》,吕叔湘译,北京三联书店,1984,第38-39页。

酒的文献。资料显示，啤酒在公元前 3000 年由日耳曼和凯尔特人带到欧洲。酒花作为添加剂要到公元 822 年才被提及。公元 7 世纪时，啤酒在欧洲修道院生产，但家庭作坊仍是其主要生产机制。工业革命后，啤酒制作始由家庭作坊转为工业化生产。如今，啤酒生产遍布全球，芬兰、丹麦、澳大利亚、德国和爱尔兰是当今世界的五大啤酒国。中文"啤酒"一语在 1922 年才出现。

这是世界范围内啤酒生产的简要历史。

人类学与酒人类学

人类学

人类学（anthropology），"人类之学"（the study of humanity）。人类学家研究人类的范围从生物学、智人（Homo sapiens）进化史到决定性地将人与其他动物物种区别开来的社会与文化特征。由于它包括了不同的主题，特别是在 20 世纪中期，人类学变成了更多专业领域之集合。体质人类学（physical anthropology）专注于人类的生物学与进化方面；研究人类集团社会与文化结构的分支则分属于文化人类学（cultural anthropology）/人种学（ethnology）、社会人类学（social anthropology）、语言人类学（linguistic anthropology）和心理人类学（psychological anthropology）。考古学（archaeology），自从 19 世纪后半期成为一种自觉的学科后，它作为调查史前文化的方法，已成为人类学的有机部分。①

人类学是一门志在全面地把握人类自身文明成果与文化行为的基础上，实现人类深度自觉的学科，此乃其宏观的系统性学术视野，在此意义上，它最接近于人文学科中的智慧之学——哲学。在最抽象的意义上，我们可以将人类学理解为"人学"。19 世纪人类学立学者的目的就是要通过研究人类的独特体质与社会、文化行为，弄清楚人猿之别，找出人类这一物种之生存特性，它志在高屋建瓴、全面而又深刻地把握人类的文明特性。

人类学一方面欲揭示人类与自然界其他动物相区别的物种特性，其实亦即人类自身范围内其所有成员所拥有之共性——普遍人性；另一方面，在人类物种范围内，作为人种学或民族学的人类学，又专注于揭示人类社会内部因地理、生理、语言、信仰等因素而形成的世界上各民族群体的文化特性。在 19 世纪人类学创学之始，人类学家最先注意到的是世界各民族所表现出来的文化差异，当代人类学则可以对各民族文化的共享性给

---

① 《不列颠简明百科全书》（英文版），上海外语教育出版社，2008，第 70-71 页。

予更多关注。

拉丁文的"人类学"出现于16世纪,德国学者用以指称对人的解剖学与生物学研究。人类学的真正开创者为英国人类学家泰勒(E. B. Tylor),他从19世纪60年代始开始从事人类学的调查研究,为人类学提供了理性主义的思想与研究方法。美国人类学家博厄斯(Franz Boas)则提供了反理性主义的人类学研究视野。

人类学之构成

当代人类学由以下几个分支学科构成:(1)体质人类学(physical/biological anthropology),其着重研究人类与其他动物物种在生理躯体方面的区别;(2)文化人类学(cultural anthropology)/民族学(ethnology),它将人类物种特性的考察集中于人类在社会组织、物质创造、技术发明与承传,以及观念性的宗教、科学、艺术等领域。民族学则专注于人类物种内部各民族集团间在上述文化行为方面的差异研究,即研究人类文化内部的文化差异性;(3)考古学(archaeology),其集中考察史前,即书面文字发明阶段以前人类文明与人类文化行为,以此追踪人类文化行为的早期情形。(4)语言学(linguistics/anthropological linguistics),其研究特定社会群体如民族之语言,特别是其非书面语言与其特定文化传统间的关系,因为语言是一个族群基础性的文化要素与媒介。

从研究方法与学术视野看,人类学有三项特征。

其一,就其核心学术旨趣看,人类学是一种理论性、哲学性的学科,它谋求从整体上全面地把握、理解人,而且是从理论或根本方向上理解人类与地上其他动物物种的根本性区别,故而可称其为哲学性的人学。

其二,从其内部学科构成看,人类学是一门沟通文理的学科,就其对人类文化活动各领域的关注与阐释看,它应当是一种人文学科与社会学科,就其体质人类学与考古学的部分而言,特别是关于人类生理构造特殊性的分析,比如对人类颅骨测量的部分,当是典型的自然科学。

其三,如果说人类学对人类整体性文化行为的概括体现出其强烈的理论性、哲学性趣味,那么它对人类群体内部各民族、集团内部文化特性的考察则极力强调参与性的田野调查与社会学统计,乃是一门典型的形而下的描述性的学科。

概而言之,从研究方法上看,人类学是一门将哲学视野、人文科学、社会科学与自然科学方法综合在一起的综合性科学。在此,哲学整体性、社会学统计与实地田野调查三者都很重要,是一门形而上的理论思维能力与形而下的实证研究相结合的学科。

酒人类学

酒人类学（anthropology of wine）是一门由本教材作者之一——封孝伦教授所倡导的创新性学科，它旨在运用人类学的视野与方法，全面、系统、深入地揭示酒这一人类文化产品对人类各民族群体与个体在体质、社会、心理、文化等各方面广泛而又深刻的独特价值。一方面，它志在人类文化大系统下呈现酒对人类文化、文明之独特价值；另一方面，它又立足于酒之生产与消费而理解人类文化，充分展示酒对世界各民族文化创造与文明史之普遍、内在的价值。迄今为止的人类学研究所强调的是人类文化的整体性，所面对的是人类文化的某一整体性领域，尚未将人类学学术视野聚集于人类文化中某一特殊、具体的成果。因此，"酒人类学"的提出和创设，乃是对人类学这一传统学科的创新性拓展，它以人类文化中的一项具体成果——酒为研究对象，将人类学的整体性宏观视野与对人类文明专项成果的微观考察结合起来，是对人类学的内在式深化，是对人类学学科领域拓展模式的一种更新。

酒人类学又是一种对酒的人文式系统研究，属于文化人类学的分支学科。由于人类学学科的介入，对酒的人文式系统考察便获得一种最为广泛、深入的视野。它将酒置于人类文化大系统下，最为充分地体现了酒的文化属性，为酒的人文研究赋予丰厚、深刻的内涵。同时，由于酒与人类文化系统各领域、要素与环节均发生了系统性关联，这同时也就充分体现了酒对人类文化、文明的系统性意义，呈现了酒对人类文化、文明不可替代的独特价值与地位。

人类学的终极学术目标——系统、整体、根本地理解与把握人类的文化与文明，与创设"酒人类学"的核心学术理念——全面、深入地揭示酒与人类文明、文化，以及个体人生的诸多内在联系，全方位地阐释酒在人类文明、文化中的地位，及其对个体人生的意义不谋而合，其格局也大，其致思也深。

酒人类学属于人类学的一个分支学科——文化人类学，是对文化人类学的细化。在研究方法上，酒人类学应当总体上全面继承人类学的双重属性——其宏观整体的哲学与人类文化视野，其自觉的理论意识与哲学趣味，以及其具体研究过程中自觉的实证研究风格，强调具体、扎实的田野研究与社会学调查，如此方可同时保持其理论品格与踏实学风，继承人类学的总体学术品格。

拓展阅读文献

[1] 庄孔韶. 人类学通论（第三版）[M]. 北京：中国人民大学出版社，2016.

[2] 林惠祥. 文化人类学 [M]. 北京：东方出版社，2013.

[3] 封孝伦. 生命之思 [M]. 北京：商务印书馆，2014.

思考题

1. 人类文化系统由哪几个部分构成？
2. 作为个体的人类有哪些最基本的生命需求？
3. 如何在人类文化系统中理解酒的价值？
4. 酒人类学的学术意义是什么？

第一编 酒艺

虽然酒人类学的主题是呈现酒与人类文化各领域间之广泛联系，然而本编的主旨则是相对集中地展示作为人类文化系统具体成果与活动的酒与饮酒，即对酒本身进行简要描述。

虽然酒是人类重要的器质文化成果之一，根本地属于人类饮食文化，乃人类各民族饮食系统中的重要因素之一。然就饮食活动而言，饮酒基本上不属于人类满足其基本生理需求的行为，即饮酒不是为了解渴，不属于人类对其最基本液体食物（水或羹汤）的生存性需求，而属于一种超越性的社会与观念需求。在世界各民族饮食文化发展史上，人类的制酒行为一开始便处于其超越性环节——求味而不求饱。作为人类器质文化成果之一的酒，人们对其质量的追求一开始就围绕着味道——酒味而展开。作为处于人类饮食文化超越性环节的饮酒活动，饮酒者最关注的是饮酒活动所能营造的群体性和谐气氛与个体的心理愉悦，所以，酒乃人类饮食文化的一种高度精致化成果，饮酒活动基本上出于饮酒者的社会与观念性追求，其中充满了饮酒者对意义、情感、气氛、技艺与才华等的期待，从而发展为一种内涵复杂的综合性文化活动。因此，我们在此将人类的饮酒活动本身称之为"酒艺"(art of wine/ art of wine-drinking)。需补充者，本编所言之"艺"并不包括酿酒环节之技术与工艺，而仅指作为人类器质文化产品的酒液本身之质量、特色，特别是作为人类社会、观念文化活动的饮酒过程所体现的饮酒者的交际能力、学识才华、审美趣味等。

第一章　酒品与酒器

作为人类重要的器质文化成果，酒首先是一种物质性材料，日常饮食系统中之基本饮料。了解酒就包括了解这种特殊液体的特性与质量。作为器质文化成果，酒液的发明与享用又离不开另一种几乎同样重要的固体材料，那便是用以盛放酒液的特殊器物——酒器。本章首先从器质文化，即物质产品的角度考察酒，简略介绍酒的类型、质量的区分以及饮酒器具的审美价值。

第一节　酒品

当然，作为人类自身所发明、创造的特殊液体，日常生活饮食文化的重要成果、基本材料的酒液，才是酒文化之本体。了解酒文化正当从对酒液的考察开始，从感知和认识酒液的特性开始，本节主要讨论酒液之基本类型与内在品质。

梅非斯托（拿着锥子，向弗若施）：你说，你想尝哪种名酒？

弗若施：这话怎么说？带那么齐全？

梅非斯托：可以随你们各人的心愿。

阿特迈尔（向弗若施）：哈哈！你开始在咂咂舔舔！

弗若施：要选我就选莱茵葡萄酒，祖国的特产味道最醇厚。

梅非斯托（在弗若座前桌边上钻眼）：弄点蜡来，马上做个瓶塞！

阿特迈尔：哦，原来是魔术家的买卖！

梅非斯托（向卜然德）：那么你呢？

卜然德：我要喝香槟，而且还得要泡沫翻滚！

梅非斯托钻眼，一人用蜡作瓶塞封口。

卜然德：外国的也不应该老是提防，好东西常常来自远方，德国男子汉都恨法国佬，而喝法国酒却十分欢畅。

思倍尔（向走近坐处来的梅非斯托）：实不相瞒，我不爱酸水，地道的甜酒来上一杯！

梅非斯托（钻眼）：那就让酕凯酒马上流呗！"①

酒的品类

酒正掌酒之政令，以式法授酒材。凡为公酒者，亦如之。辨五齐之名：一曰泛齐，二曰醴齐，三曰盎齐，四曰缇齐，五曰沉齐。辨三酒之物：一曰事酒，二曰昔酒，三曰清酒。辨四饮之物：一曰清，二曰医，三曰浆，四曰酏。掌其厚薄之齐，以共王之四饮、三酒之馔，及后、世子之饮与其酒。（《周礼·天官·酒正》）

这是中国古代最晚至战国秦汉时代对酒的分类，已经分得很细。"五齐"之"齐"，乃指未去酒糟之浊酒，虽是浊酒其仍然会分为五种。"泛"为浮沫之酒，"醴"为一宿而成之甜酒，"盎"为白沫之酒，"缇"为红沫之酒，"沉"为沫在底不浮之酒。"三酒"则是据酿造时间之长短、酒味之薄厚而分。"事酒"乃因事临时而酿之酒，时短而味薄。"昔酒"乃冬酿春成之酒，因储久而味厚。"清酒"则为冬酿夏成之酒，时更长，味更厚。当然，去渣无糟，视觉清亮亦乃其重要特点。"四饮"则是含义更广的饮料类型。"清"为去糟后之甜酒，即醴。"医"乃稀粥中加酒曲而成之甜粥，当是保健养生食物。"浆"为用酒糟制成的略酸的饮料，"酏"乃稀粥。

现代汉语的"酒"是一个关于酒的总概念。从导论的介绍中我们已然知道：在古代中国，元代之前的"酒"主要指用稻谷酿制的黄酒，元代之后，"酒"则指用高粱酿制的白酒。英语中似并无类似汉语的"酒"之总名，而是用不同的词语指称不同种类的酒，比如白酒（wine）、葡萄酒（wine grape）和啤酒（beer）等。立足现代社会，我们可根据不同标准对酒做出不同的分类。若从原料上划分，我们可将世界各地的酒液区分为谷物酒与果酒两大类，前者有白酒与啤酒，后者有葡萄酒。若论酒的制作工艺，我们可将酒划分为酿造酒、蒸馏酒与混配酒三大类。其中酿造酒又可分为果类酿造（如葡萄酒、苹果酒、梅酒等）与谷类酿造（如黄酒与啤酒）；蒸馏酒可分为果类蒸馏酒（如白兰地、苹果白兰地）、谷类蒸馏酒（威士忌、金酒、伏特加与中国白酒）与其他蒸馏酒（如朗姆酒、龙舌兰）。混配酒可分为混合酒（如鸡尾酒和开胃酒）与配制酒（如利口酒和甜食

---

① 歌德：《浮士德》，樊修章译，译林出版社，1993，第 111-112 页。

酒)。① 混配酒可用数种酿造基酒、香料及药材为原料，根据饮酒者对甜度、香气、酒精度、及医疗保健功能等不同要求，按不同比例将上述原料调制合成为新的不同酒品，中国的药酒与西方的鸡尾酒乃其代表。

若论酒液所含酒精成分之多少，即酒味的浓烈度，我们又可将酒区分为低度酒和高度酒。一般而言，前者多用发酵工艺酿造而成，故又称"发酵酒"，后者在发酵工艺的基础上又增加了蒸馏的环节，故又称"蒸馏酒"。前者如米酒，后者如白酒。发酵是一种很古老的技术，古代的酒多为发酵酒。蒸馏技术的发明是提高酿造酒酒精度的关键环节，故而蒸馏酒出现较晚。专家们认为，中国的蒸馏酒即白酒或烧酒最晚出现于元代。

若按功能划分，则可将白酒划分为普通饮用酒与医疗保健酒。中医很早就发现了酒精的医疗价值，故而不仅很早就将酒作为医疗手段，还将中药材作为酿酒辅料使用，开发出具有明显医疗养生功能的专用酒品，比如魏晋时即已知名的"竹叶青"。

啤酒是不用蒸馏法制作的淀粉基酒精类饮料大家族的一员。在当今工业化世界中，啤酒通常用大麦芽酿造，为降低成本、丰富质地、继承传统，酿造时还会添加大米、玉米、小麦或燕麦等谷物，并会使用酒花调味……任何一种淀粉植物——只要你想象得到——都用于酿造啤酒，包括树薯和小米。②

啤酒可谓世界最佳饮料，它能解渴、亦能滋养，可凉爽、亦可温暖，简单、亦值得深思：它是一种有千般香味、缤纷色彩的饮料；它的品质丰富多样，酿造、享用啤酒的人也形形色色；它拥有一万年的历史，众神和英雄们纷纷称颂它的伟大，人们也用歌声赞美它的光荣。③

总体而言，啤酒属于谷物酒一类。细而言之，若依主要原料划分，我们可将啤酒分为大麦啤酒、小麦啤酒、稻谷啤酒和玉米啤酒，当然也有其中以水果为辅料的水果啤酒。若依发酵方法划分，则又可将啤酒分为上发酵啤酒、下发酵啤酒和自然发酵啤酒三种。若从地域上划分，历史上形成的主要啤酒类型有英式爱尔（Ale）、德式格拉、比利时啤酒、混合型啤酒以及美国等地生产的手工精酿啤酒。当然，也有以色泽来描述啤酒者，如深

---

① 吴振鹏：《葡萄酒品鉴：一本就够》，中国纺织出版社，2015，第12-13页。
② 兰迪·穆沙：《啤酒圣经：世界最伟大饮品的专业指南》，高宏、王志欣译，机械工业出版社，2014，第6页。
③ 兰迪·穆沙：《啤酒圣经：世界最伟大饮品的专业指南》，高宏、王志欣译，机械工业出版社，2014，第5页。

色（Dunkel）啤酒、琥珀啤酒（Amber）、棕色（Brown）啤酒和白啤酒（White）等。

葡萄酒是典型的果酒，葡萄乃其核心原料。若按酒体的颜色分，葡萄酒可分为红葡萄酒、白葡萄酒、黄葡萄酒、玫瑰红葡萄酒和淡红葡萄酒。若按酿造方法划分，葡萄酒可分为静态葡萄酒、起泡葡萄酒和强化葡萄酒三种。若依酒液中的含糖量划分，可分为干型（含糖量0.5%以下）、半干型（含糖量0.5%-12%）、半甜型（含糖量1.2%-5%）和甜型（含糖量5%以上）。

酒的品级

酒的品类是根据各类酒液自身特性对酒液外在类型的划分；酒的品级则是对同一类型酒液所做的内在质量高低纵向之区分。汉语"品"字既有前者之品种、类型之义，又有后者之品质、品级之义。此处之"品"则取后者之义。本节之"酒品"乃言对特定类型酒液内在质量高低、精粗之鉴定、区别与评价。

作为动词，汉语之"品"指对特定物品内在质量、特性，用心、完善的感知、体验、区别和评价，它是一种同时从感官感知和理性意识两方面对特定物品内在质量与特性的鉴赏和评判活动。"品"之本义乃是"品味"，源于饮食品尝环节，源于饮食文化，后来又被借用到艺术鉴赏，如对诗文、书画的品鉴。

人类从何时开始对酒进行内在质量与个性的区别与评定，从何时开始关注酒的质量高低？它遵从总体上的人类文化创造与发展规律，那就是由量而质、转粗为精。作为饮食文化系统之一部分，人们对酒像其他食物一样，总是外在条件与内在要求相平衡，总体上的食物制作技术或能力决定着人们的口味，而不是相反，至少在世界各民族饮食文化之初期当如此。

无论是哪一种酒，世界各民族酿酒之初期，酿造技术低级、粗疏，出酒量极为有限。在此情形下，酒文化发展的核心是如何提高酿酒技术以增加酒液的产量，以便能让更多的人享用酒，从而不可能对酒的口味过分在意。如前所述，即使最初有能力酿造出高质量、味道醇厚的酒，也是献之于神、祭之于祖的，而不是用来满足人对味道的追求。世界各民族的酿酒史与饮酒史必然会呈现出如此规律：其第一个阶段当是求量的时代，然后才是一个求质或求味的时代。酿酒技术发展史也当首先是一个提升出酒量技术的时代，然后才是提升酒液品质和口味技术的时代。人类对酒味的追求当受制于特定时代酿酒技术的发展水平，因此关于酒的口味追求时代的来临，不过是对酿酒技术，特别是发酵技术，包括储酒技术——久储以厚味的自觉肯定而已。只有在技术与饮食口味两个层面的

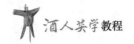

"精致化"——"转粗为精"高度自觉并实现之后,品酒时尚才有其现实基础。

无论是哪一种食物,人类饮食文化发展到一定地步,人们便不满足于数量之丰富,转而要求品质之精致、细腻,酒的制作与饮用亦如此。以白酒为例,中国人很早就对酒的质量进行区别。在古代中国,人们如何区别和鉴定酒的质量差别呢?有两对关键词:一曰清浊,二曰薄厚。清浊乃是根据酒液的视觉清晰度来评判酒质之优劣。

钟鼎山林各天性,浊醪粗饭任吾年。(杜甫:《清明二首·其一》)
情亲有还往,清酒引樽壶。(苏轼:《归去来集字十首·其二》)

醪即酒糟,或谓醪糟。最初的代表性酒乃米酒,一宿而成,味甜,并无过滤环节,往往是酒、醪一体,酒、醪并食。在此情形下,酒液中往往会泛有渣滓,故称为"浊"。将糟滤尽后的酒液纯净清澈,仅饮其液者即为"清"。过滤后的清酒酒味更纯,酒质更高,因其纯净清洁,故而一开始往往专用来祭祀敬神奉祖,后来才成为人们日常生活所享用的对象。关于酒之清浊古人有另一对雅称。

鲜于辅进曰:"平日醉客谓酒清者为圣人,浊者为贤人。"(陈寿:《三国志·魏书·徐邈传》)

"圣"与"贤"乃中国古代儒家对理想人格的划分,比如尊孔子为"圣",以颜渊为"贤"。以"圣""贤"言酒,乃中国古代精英知识分子文化观念渗透酒这一器质文化成果的典型案例,它丰富了酒的文化内涵,使饮酒行为更有趣味。对酒质更为内在的划分则是根据其味道之薄厚,其实是酒味之浓淡,即酒液气味刺激性强弱区别之。从酿造工艺角度看,酒味之薄厚实由酿造后酒液储藏时间的长短决定,味道醇厚者必因久藏,时短则必味薄。酒味厚者曰醇,淡者曰薄:

昨想玉堂空冷彻,谁分银榼送清醇。(苏轼:《正月八日招王子高饮》)
薄酒不自酌,夕阳须汝归。(陆游:《统分稻晚归二首·其二》)

又曰"醇"与"醨"。厚者为"醇","薄"者为"醨":

樽中有官酝,倾酌任醇醨。(王禹偁:《北楼感事》)

蝉声渐已变秋意，得酒安问醇与醨。（欧阳修：《答圣俞》）

味道醇厚不仅是人们对优质白酒的要求，啤酒与葡萄酒亦以味厚者为佳。

很多德国啤酒厂只在自己的酒吧里提供未经过滤的"本店啤酒"。这种啤酒有一种淡淡的牛奶般的浑浊，喝起来非常清新，跟同种啤酒过滤后的版本相比，其感觉尤为深厚香醇。窖藏啤酒就相当于德国的散装爱尔，它会让你意识到过滤到底带起了什么作用。①

好酒首先有自然健康的酒体，颜色纯正、香气丰富复杂、口感平衡协调，饮用后余味长久，整体有层次感和质感，最后还应该有明显的葡萄品种特征及原产地风土特征。②

在古代社会，人们对酒质之评判总体而言属于纯感知性鉴定。从现代酒业发展的标准看，这样的评判方式既不全面也不精细，它可用于社会大众的日常饮酒行为，对于高度自觉、发达的现代制酒业而言，古人的那种纯品尝性鉴定似乎太简陋、主观了些。

酒品鉴定系统

二年洞庭秋，香雾长噀手。今年洞庭春，玉色疑非酒。贤王文字饮，醉笔蛟龙走。既醉念君醒，远饷为我寿。瓶开香浮座，盏凸光照牖。方倾安仁醽，莫遣公远嗅。要当立名字，未用问升斗。应呼钓诗钩，亦号扫愁帚。君知蒲萄恶，正是嫫母黝。须君滟海杯，浇我谈天口。（苏轼：《洞庭春色并引》）

这是苏轼对宋时名酒"洞庭春色"的赞誉——玉色、远香、醇味。简言之，对古人来说，色纯而味厚乃是对好酒的总体性要求。在极为漫长的古代社会，中国并未发展出一套较为系统、精细的酒品鉴定技术体系。现代酿酒业有发达的技术支撑，它对酒品的要求比社会上一般饮酒者的要求更为精细，因而要求有一套更为专业、完善和精细的酒品鉴定系统。

世界上主要的葡萄酒产国都将葡萄酒划分了严格的等级。法国葡萄酒质量最初分为四级：最高级是法定产区的原产地质量控制命名酒 AOC；第二级是优良地区的优质酒

---

① 兰迪·穆沙：《啤酒圣经：世界最伟大饮品的专业指南》，高宏、王志欣译，机械工业出版社，2014，第174页。

② 吴振鹏：《葡萄酒品鉴：一本就够》，中国纺织出版社，2015，第198页。

ADQS；第三级是地区餐酒 VDP（Vinde Pays）；第四级是日常餐酒 VDT（Vinde Table）。2009 年 8 月，法国对葡萄酒分级进行改革，由四个等级变成三个等级，取消了 ADQS 的分级：第一级是法定产区葡萄酒 AOP，相当于原来的 AOC 级别；第二级是地区餐酒 IGP，相当于原来的 VDP 级别；第三级是日常餐酒 VDF，即酒标上没有产区提示的葡萄酒，相当于原来的级别。欧洲旧世界葡萄酒国家基本上采用法国的质量分级模式，以产地作为葡萄酒质量优劣的标准，而美国等新世界国家则不强调产区，只针对葡萄酒本身的质量进行分级。①

中国葡萄酒质量划分等级尚没有统一的规范，大多是以年份来划分等级的，目前只有张裕解百纳葡萄酒实行与新世界国际标准接轨的分级制度，将葡萄酒进行分级：(1) 大师级，深宝石红色。香气醇正浓郁，具有成熟果香、黑加仑浆果香气、陈酿香气以及浓郁的橡木香气，橡木香气与酒香完善协调，入口柔和圆润，口感丰满，芳香持久，具有较强的结构感，典型性强。(2) 珍藏级，深宝石红色。香气纯正优雅愉悦，具有成熟浆果香气和典雅的陈酿香气，橡木香气和酒香协调，入口柔和圆润，口感醇厚，芳香持久，有骨架，具有品种特性。(3) 特选级，宝石红色。香气纯正优雅，果香和橡木香较浓郁，口感舒顺醇厚，有结构和品种典型性。(4) 优选级，宝石红色。香气纯正，果香浓郁，具有橡木香，口感协调舒顺，具有品种典型性。②

进入 20 世纪，中国白酒酿造业建立起了较为完善的酒品质量评价技术体系。我国第一次全国性的白酒（蒸馏酒）质量评比始于 1953 年。全国白酒评比所用评比表如下。

白酒评比记录表

轮次　　年　　月　　日　　评员

酒样编号	评酒记分					评语	评次
	色10分	香25分	味50分	格15分	总分		

---

① 白洁洁、孙亚楠：《世界酒文化》，时事出版社，2014，第 24 页。
② 白洁洁、孙亚楠：《世界酒文化》，时事出版社，2014，第 24 页。

"格"谓风格，即特定白酒与相邻其他白酒相比较而体现出来的总体风格、独特性。从此评酒表的标准体系可以看出：

其一，这是一个由色、香、味、格四要素构成的酒品质量评价体系，较之于古人仅以清浊与薄厚论酒，显然其评价标准更为周全。

其二，酒质之高低不再是一种主观、粗率的感知判断，而成为一种精准、量化的客观性评判，它以酿酒过程中企业质量控制环节的精准测量技术为前提，没有酿酒环节的酒质量化测评技术，品酒环节的量化酒质评定便没有意义，因为它无法反馈到酿酒环节，切实促进酿酒质量之提升。

其三，用于评价酒质的标准系统，与人们用来评价美食的质量标准体系高度吻合。当美食家们评价美食时，也采用"色、香、味"三要素或"色、香、味、意"四要素评定法。这印证了本教材的一个基本思想——在人类饮食文化系统下理解酒，对酒进行基础性定位。更为内在的原因是：人们享用和品评酒与其他食物的特性与品质时，他们所运用的感官、审美趣味，以及更为广泛的文化观念是高度一致的。

其四，在上面所展示的色、香、味、格四要素评价体系中，"味"显然是核心要素，这再次印证了我们将酒根本地理解为人类饮食文化系统要素的正确性：评酒的核心价值标准与评价其他食物的核心标准高度一致——"味"，味道如何乃酒质等级鉴定之核心标准。

中国是白酒酿造业特别发达的国家，然而长期以来，我们尚未培育起白酒标准化建设的意识，只注重博览会获奖名次等个体性荣誉，未能建立起可以促进酒业健康发展的整体性行业标准，像欧美地区所建立起的葡萄酒标准体系那样。

酒味的个性化

在古典时代，人们曾以"清浊"与"薄厚"（"醇醨"）论酒质之差别。对于好酒更喜以一语赞之，曰"旨"、曰"美"：

我有旨酒，以燕乐嘉宾之心。（《诗经·小雅·鹿鸣》）
葡萄美酒夜光杯，欲饮琵琶马上催。（王翰：《凉州词》）

在酒文化发展史上，经过早期的追求出酒量提升阶段之后，一部酿酒史的主题便是如何不断地提高酒液的内在品质，使之由浊而清，由薄而厚。对白酒而言，蒸馏技术的出现可谓古代酿酒史上酒质提升的一大突破，酒史据此而大大改观。自此，人们有能力酿造出酒精度很高的酒，并进入一个以高度酒为主导的烧酒，即白酒的时代，饮酒者的口腔和神经刺激需求大大地得到满足。

然而现代酿酒史的实践已然证明：以白酒为例，人类在酒的厚味追求道路上的前景并非无限。一方面，从酒精提纯技术上讲，现代酒业将酒液的酒精度提升到近乎百分之百，其实并非难事，那么至此之后，整个酿酒业又当如何开拓其酒质、酒味提升之路呢？另一方面且更重要者，虽然酿酒业有能力酿造出酒精含量极高的酒，饮酒者在生理上却并不能承受此烈度。相反，饮酒者若饮用了酒精度极高的酒会有生命危险，这说明对饮酒者而言，并不是酒精度越高越好；对制酒企业而言，通过提高酒液酒精含量而提升酒的品质和味道，这条道路是行不通的。通过增加酒液储存时间而优化酒液口感的策略也存在类似问题：虽然总体而言，酒味厚者优于其薄，久藏者其味更佳。然而久藏与味厚并非绝对的制胜法宝。以葡萄酒为例，若非收藏型，大部分葡萄酒酒液的生命期以十年内为最佳，过久则酒液的酒质与其酒味反而会下降。不管是哪一类酒液，过久的年头带来的也许是其收藏意义上的文化价值的增值，而并非更佳的饮用口感。

于是我们明白：对酒而言，其品质或味道并不能仅用其浓度，特别是烈度来描述，酒的品质与口味并不单向度地限定在一个方向上——其浓度与烈度上。酒之品与酒之味应当有更广泛、丰富的内涵。也许，在酒的品质与口味的追求上，存在着一条截然相反的道路，那就是从单一的纵向浓度、烈度追求转换为横向的口味个性化、丰富化追求，从追求一种越来越强烈的味道转换为追求越来越多样化、特色化或差异化的口味类型。纵向烈度追求的前景极为有限，横向口味个性化的可能性则几乎无限，且并不会给饮酒者的生理健康带来伤害。

我们可将上述认识称之为人类酒文化史上"味"的第二次自觉——追求酒味的个性差异或丰富性，而不是像"味"的第一次自觉那样，仅追求滋味与气味之浓度与烈度。所以，当代酒业的更广前景并不在提升酒的烈度与浓度上，而在横向拓展更多个性化口味的酒品上。

在1979年第3届全国评酒会上，我国白酒业将全国白酒据其香型划分为酱香型、清香型、浓香型与米香型四大类。在1989年第5届全国评酒会上，白酒业又将白酒香型拓展为酱香型、浓香型、清香型、米香型与其他香型，后者则细分为药香、豉香、兼香、凤香、特型与芝麻香6类。当代中国白酒业香型概念的提出和确立具有重要的意义。一方面，此可理解为实现了上面所论及的"味"的第二次自觉——自觉地追求酒液口味和气味的个性化（对某种特定的酒品而言）和丰富化（对特定阶段所有白酒之品味而言）。

另一方面，所谓香型，即以香论酒，本质上仍然当理解为以"味"论酒。因为酒品的核心价值追求仍然是针对口腔而来的滋味，而非针对鼻腔而来的气味。所以，此"香"依然主要是指酒液的口味之香，而非仅其气味之香。在此意义上，"香型"之"香"，与上述评酒表内的"香"是两个概念，后者乃是狭义的专指酒液气味的香气，而非其口味之香味。一言之，新建立的关于白酒酒味之香型概念，其核心内涵应当指酒液的个性化口味或滋味，在此基础上，亦包括了其个性化的香气。

上面所讨论者仅是白酒内部的酒品个性化。那么如何理解白酒、葡萄酒与啤酒三者总体上的酒味风格差异呢？

可是它的喧嚣的泡沫，
不合乎我的脾胃，
所以明白懂事的我，
现在已经更喜欢"波尔多"。
对于"阿逸"我更不行，
"阿逸"近似爱人，
艳丽，轻浮，活泼，
而且又任性，又空虚……
可是你，"波尔多"，近似朋友，
它，在悲哀里在不幸里
随时随地是一个友伴，
准备给我们慰藉，
或是分享安静的闲暇。
祝"波尔多"，我们的朋友健康！①

若论自然与人工两大要素在酿酒中所起的不同作用，我们可据此而列出这样一种次第：葡萄酒——白酒——啤酒。葡萄酒最看重的是其原料——葡萄自身之植物特性，它是葡萄酒个性与酒品之决定性因素，因而葡萄酒最重大的自然恩惠是特定地区的优质葡萄品种。啤酒最值得炫耀的则是酿酒师独出心裁的创造性工艺，不同的工艺导致独到的口感，因而虽以谷物、酒花为原料，然而啤酒本质上是一种"文化液体"，比拼的是酿酒

---

① 普希金：《叶甫盖尼·奥涅金》，吕荧译，人民文学出版社，1954，第138页。

师制作工艺上的创造性。与之相比，白酒虽然口味最烈，但在自然与人工这两端的偏重上则更像是一个谦谦君子，乐守其中道。

若论酒液对饮酒者心理影响的强烈度，亦即酒精度的高低而言，则我们可以排出另一种顺序：啤酒——葡萄酒——白酒，白酒代表了酒精作用之典范。与之相比，啤酒可谓最温柔的含酒精饮料：

毫无疑问，发源于西海岸的酒花炸弹对大多数人来说——即使是手工精酿啤酒的爱好者——也远不如社交啤酒好喝，而且其目的更多地在于给人刺激、让人兴奋，而不是消磨时光。如果一支啤酒的浓度普通，但有足够的特点和深度让你保持兴趣，而其精妙之处又能让你着迷，直饮三杯方可罢休，那么这支啤酒就很不简单了。①

在此意义上，我们似乎可将酒的魅力分为三种风格：白酒代表激烈火热的酒神精神，啤酒代表温柔似水、清淡凉爽的日神精神，介于此二者间的则是具有一种极高明而道中庸气质的葡萄酒。

他们谈论他们外国葡萄酒——香槟和明亮的摩泽尔白葡萄酒——
并且认为因为它们是来自国外，所以我们必定也得喜欢它们，
它们诉说着美妙的故事，诉说着它们的种种好处；
但无论或酸或甜，它们都不能打败一杯陈年英式爱尔。
如果我不能每天都和"老约翰大麦"握手，
我的眼睛能否如此明亮，我的心能否如此轻快、高兴？
不，不；禁酒主义者会抱怨麦芽和酒花，
可我对他们开怀一笑，畅快地痛饮我的陈年英式爱尔。②

那么，到底哪一种酒最好，类型、产地，还是哪一种酒品？上面我们概括出的一些总体性原则，便于我们对酒液有整体性理解。然而在具体的酒液消费——饮酒活动中，很难得出令所有人都满意的标准，因此多元化、相对主义是更为明智的策略。准此，到

---

① 兰迪·穆沙：《啤酒圣经：世界最伟大饮品的专业指南》，高宏、王志欣译，机械工业出版社，2014，第 67 页。

② 兰迪·穆沙：《啤酒圣经：世界最伟大饮品的专业指南》，高宏、王志欣译，机械工业出版社，2014，第 147 页。

底什么是好酒？这要看饮酒者本人的口味追求。毕竟，世界上有这么多不同品类的酒，又有这么多倾向性不一的饮酒嗜好。总体而言，对于酒品与酒味还是持一种较为中庸的审美态度为好——"趣味无争辩"：各好其所好。这样，酒的世界会更为丰富，人们的选择也更为自由。

酒的价值

葡萄酒的消费价值主要体现在感官享受、文化内涵和社交场合三个方面。普通葡萄酒以体现质量和口感为主，文化成分较少。而高级佳酿相对比较复杂，尤其是价值万元以上的葡萄酒，不仅能带来优越的感官享受，还具备丰富的文化内涵。因此，天价葡萄酒卖的是：高昂的成本、优越的品质、复杂的口感、丰富的文化内涵和稀有的产量。[1]

酒到底有什么用，对人类而言有何价值？概而言之似有三。

其一曰快人之口，此乃酒之器质性价值，乃其作为人类器质文化成果价值的具体呈现。联系到前面所介绍的酒的各种物质特性，便要提及其香气、色彩与口感等对饮酒者诸生理感官的吸引力，以及饮酒者自觉、充分地感知和体验酒的上述诸特性后所获得的巨大生理快感——饮酒者从酒液享用过程中所获得的饮食之乐，或曰"口福"，这是酒的基础性价值。

其二曰助人之缘，此乃酒之社会性价值，饮酒主要是一种群体性行为，一杯美酒在手，没有谁会孤独。酒是个体与群体中其他成员相识、相惜之重要媒介。在此意义上，我们可以说"酒可以群"。

嘤其鸣矣，求其友声。相彼鸟矣，犹求友声；矧伊人矣，不求友生。（《诗经·小雅·伐木》）

呦呦鹿鸣，食野之芩。我有嘉宾，鼓瑟鼓琴。鼓瑟鼓琴，和乐且湛。我有旨酒，以燕乐嘉宾之心。（《诗经·小雅·鹿鸣》）

所谓人的社会生命就是指人的一种社会性存在方式，指人的结群本能，个体对同类他者的心理依赖。由于每个人从深层的内在心理真实上都不能忍受太多的孤独，所以自

---

[1] 吴振鹏：《葡萄酒品鉴：一本就够》，中国纺织出版社，2015，第201页。

从有了酒这一神奇魔液后，就会自觉地以酒为媒，到处去访友，乐于以酒敞开心扉，缔结友谊。在促进人类友谊、和谐与温情方面，酒的功劳可谓至伟。

其三曰发人之兴，辟人之境，此乃酒的观念性价值之典型体现。酒中所含酒精对饮酒者神经与心理刺激作用为人类暂时性超越当下物质生活环境之种种局限，在心理亢奋状态下开辟出一种新的精神时空，以之抒情，以之畅想，以之创造，以之洞悟，过一种精神生活，营造出一种广阔、深邃而又超迈的观念性境界。也许，此乃酒对人类之最大功德：它让人丰富，让人细腻，让人温柔，让人开阔。故而只要不太过量，不太痴迷，一个人与酒结缘当为美缘，因为当你用心品味每一款酒的独特魅力时，同时也丰富了自我、拓展了自我、超越了自我，并因此而成为一种有趣味、有境界的人。

美酒之由

完全将人类的酿酒行为与酒的质量理解为一种人类文化行为，理解为人类农业文明与饮食技术的进步，这是很不全面的。实际上，我们可以从完全相反的两个角度阐释人类的酒文化。

诚然，若没有发展到一定程度的农耕文明就不可能有酒的产生，比如人类对野生动植物的栽培与驯化，比如农耕文明充分发展所带来的谷物与各类树木果实之充盈，此乃人类酿酒行为普遍化的重要条件。再比如，在饮食文化范围内，世界各民族对人类食物，包括固体食物与液体饮料味道的讲究，烹饪技术之进步与精致化，这都是人类酿酒与饮酒行为得以产生与发展的重要基础。更具体地，对白酒而言，人类酿酒业的发展依赖于三项核心技术——发酵、储藏与蒸馏（对高度酒而言），此均在世界各民族饮食技术发达背景下方可以想象，这些都可以理解为世界各民族农耕成就与饮食技术进步之骄傲。

然而我们又必须意识到：仅有这些因素并不足以成就人类的酿酒与饮酒事业，因为它们均属于人类的文化行为，它们是人类酿酒业产生与发展的必要条件，但并非其充分条件。人类各民族酿酒技术之发展还有一项十分重要的条件，那便是人工、人类文化之外的东西，即自然要素与自然环境。酒这一神秘之物看似纯为人工之巧，其实也属天然之妙。各地域、各民族之知名美酿不仅是特定民族、时代人类农耕与饮食成就之结晶，同时也是大自然的特定赏赐。因此，离开了对自然要素与自然环境之感知与深度理解，我们也就失去完善地理解酒文化的重要依据，必然会导致人类的盲目自大，失去传承既有各式优秀酒文化传统的必要思维能力，在酒文化的未来发展道路上走上误区，导致不必要的重大损失。

无论哪一种既有的酒类名品优浆，实际上均由两种性质截然相反的要素组成。属于人工的部分，即各式独特的酒浆酿造工艺及蒸馏技术，各家名酒虽然在配方与工艺流程上有所不同，然而它们在配料、酿造与储藏各环节上精益求精的态度则完全相同——用料之精与工艺之细乃是生产优质酒的必要条件、普遍法则。

同时我们又需意识到：决定各类酒液气味与味道特色的并不限于酿造与储藏技术之独特与精密，还有人工之外的自然因素。酿酒环节中的自然因素有宏观与微观两种。微观的自然因素首先表现为酒料（谷物或水果），不同区域的粮食作物或林木果实的营养成分与味道会有很大差异，此乃各地区土壤矿物质含量，以及特定区域气候条件不同所致。其次表现为酿酒所需之水，不同地区的地表水（河水、泉水）与地下水（井水），其纯净度、甜度，以及所含矿物质微量元素不同，因而导致用料与酿造工艺完全相同的情形下，所酿酒之味与质仍会大为不同。这便使世界各地的名品优质酒质量与风格具有了不可异地复制性。宏观的自然因素则表现为特定区域的整体性生态环境，由特定区域的植物、动物、微生物与矿物，以及气候条件综合而形成的整体性生态效果与特色。特别是无机界的矿物质与有机界的微生物是人类最难破译、分析与移植的酿酒业自然条件。这两项因素合起来，共同形成人类酿酒工业、酿酒文明难以超越的自然限制。对此限制，积极的理解是：特定区域历史上已然形成了特别优越的酿酒自然条件，因而成就出某种美酒名酿，我们对此应当感恩自然，以之为天赐。消极的理解是：特定区域所成就的美酿名品难以被移植到其他地方，我们当理解为自然对人类贪欲所下的一条禁令，我们当自愿谨守，不起违背超越之妄念，应当对自然起敬畏之心。总之，万不可贪天赐以为己功，不可将人类酿酒行为仅理解为人类的巧智与勤劳。

对人类酿酒行业的一种完善观照与理解应当是天赐（不期然而然的特定自然要素与条件）与人巧（精益求精之工匠精神，具体地，精酿与久储）之和谐融合，斯为善矣。因此，我们应当将酒文化总结为感恩天地与精益求精的两端，而不能仅言人工或人巧。

酒与茶

茶（tea），山茶科植物茶树的新梢芽叶泡在新滚开的水中制成的饮料。茶可作热饮，亦可作冷饮。世界有约一半的人饮茶，但茶的商业价值次于咖啡，这是因为世界茶叶产量中的相当一部分在产地消费。将茶用作饮料的历史悠久，但已不可考。中国传说是神农于公元前2737年左右最早将茶用作饮料。但现代学者认为可信的是，约公元前350年中国古代辞书《尔雅》最早提到茶。据信种茶始于中国的内陆省份四川，后来渐渐沿长江推广到沿海省份。茶树种植大约于 6 世纪最后 10 年间随中国文化的其他方面一同传入日本……茶的类型按加工方式分类，主要的类型包括红茶（发酵茶），可泡成色如琥珀、味浓而不苦的饮料；乌龙茶（半发酵茶），能泡出微苦、浅棕绿色的饮料；绿茶（非发酵茶），能泡出味淡、微苦、浅绿黄色的饮料。茶砖由茶叶以及茶树的其他部分压成，主要在西藏和亚洲内部地区消费。①

与黄酒（发酵酒）和白酒（蒸馏酒）一样，茶也是中国对人类饮食文化的一大贡献，构成中国传统饮食文化的重要组成部分，并对人类全体之饮食文化正产生日益广泛的影响。

我持金壶斟上这碗茶，
饮了这茶心肝肺腑都平静；
我持银壶斟上这碗酒，
饮了这酒体态容颜都年轻。②

应当将茶与酒理解为同胞姐妹，因为它们同属于人类的饮食，具体地，同属于饮料。它们借助人类古代饮食制作的核心技术——发酵，在人类饮食进化的核心动力——对食物滋味的普遍追求下，对大致相同的原材料——水这一生命之源做了神奇、高超的加工改造，成就了人类饮食文明的美妙成果。它们都基于人类对液体食物的最基础性需求——解渴，但又都超越了此基本需要，转化为一种超越性的需求——对食物丰富味道的追求，从而将饮水这一最质朴的生存性活动升华为一种为友谊、为心情、为修行而饮的精神境界。

甘寝每憎茶作祟，清狂直以酒为仙。（陆游：《题斋壁四首·其二》）
龙茶与羔酒，得失不足评。（陆游：《雪夜作》）
舌根茶味永，鼻观酒香清。（陆游：《懒趣》）
酒惟排闷难中圣，茶却名家可作经。（陆游：《题庵壁》）

---

① 《不列颠百科全书》（国际中文版）第 16 卷，中国大大百科全书出版社，2007，第 509 页。
② 降边嘉措、吴伟编《格萨尔王全传》下卷，五洲传播出版社，2006，第 377 页。

这大概便是中国古代诗人往往喜欢酒、茶并提的内在原因吧。然而细察之，酒茶这对姐妹的年资阅历与内在气质又大不相同。

作为姐姐的酒当出世最早，直早到人类刚刚学会崇拜天地、祖先与众神灵，因此作为一种液体饮料，酒参与了人类心灵发生史之最初篇章。至晚到商末酒与妲己一起见证了中国早期王朝政权更迭之重大历史事件。与之相比，茶出现的时间要晚许多。虽然古人将茶的历史远追到神农氏，然而能拿出书面证明的则是战国时期之《尔雅》。虽然那时即出现了"茶"之名称，然而作为一种著名、普遍化的特殊饮料，茶则出现于中晚唐之时。至宋代，茶在士大夫阶层才取得与酒大致相当的地位，成为一种体现文人闲适生存状态与饮食口味精致化的特殊饮料。

若论其性格，我们能否这样说：抽象论之，酒乃烈女子，茶为淑夫人，前者外向热烈，口味浓郁；后者内敛娴静，淡雅韵长。前者属于崇高，后者属于优美。若与酒中诸品相较，则茶在大众性上近于啤酒，在自然性上近于葡萄酒，唯红茶之浓郁略近于黄酒。

环非环，玦非玦，中有迷离玉兔儿。一似佳人裙上月，月圆还缺缺还圆，此月一缺圆何年。君不见斗茶公子不忍斗小团，上有双衔绶带双飞鸾。（苏轼：《月兔茶》）

需补充者，作为中国茶文化的优秀继承者，日本人将从中国引进的茶文化内涵提升到了一个新高度——茶道，将茶这一近于西方啤酒，较为世俗性的饮料转化为一种"神圣饮料"，一种哲学性和宗教性的饮料。

茶道（tea ceremony）按照仪节饮茶之风，始于中国。镰仓时代（1192—1333）由禅宗高僧传入日本，僧众参禅饮茶以提神，最后形成该宗纪念其祖师菩提达摩的一种主要仪式。15世纪时，宾朋相聚，在一种恬静闲适的气氛中，品茗论画，蔚为风气，有的则在壁龛陈以插花，品题茶具之优劣。最有名的茶道提倡者是16世纪的千利休，他曾供职于丰成秀吉部下，也是一位艺术鉴赏大师，首创茶道闲适恬静的风格，提出"简素清寂"为茶道四要，迄今仍流行于日本国内。茶道大师的恬静之风导致器物简朴的崇尚，此类茶具遂应运而生。①

---

① 《不列颠百科全书》（国际中文版）第16卷，中国大百科全书出版社，2007，第509页。

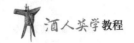

据其加工工艺之异，茶在滋味浓淡上有红茶、乌龙、绿茶由浓而淡的程度次第之别。作为整体与酒相较，茶当以淡取胜，淡而有味。日本人将茶之总体淡味转化为味之素、器之简、境之清与心之寂一整套体系化的追求，最终归之于心寂，使饮茶活动成为一种心性之学，一种自我提升之心的修行，一种饮食的宗教、饮食的哲学。用庄子的话说，它实现了由技而道之升华，岂不伟哉？

拓展阅读文献

[1] 兰迪·穆沙. 啤酒圣经：世界最伟大饮品的专业指南 [M]. 高宏, 王志欣, 译. 北京：机械工业出版社, 2014.

[2] 吴振鹏. 葡萄酒百科 [M]. 北京：中国纺织出版社, 2015.

[3] B·范霍夫. 啤酒百科全书 [M]. 赵德玉, 郝广伟, 译. 青岛：青岛出版社, 2011.

[4] 凯文·兹拉利. 世界葡萄酒全书 [M]. 黄渭然, 王臻, 译. 海口：南海出版社, 2011.

[5] 白洁洁, 孙亚楠. 世界酒文化 [M]. 北京：时事出版社, 2014.

思考题

1. 应当从哪些方面评价各种酒的内在质量？
2. 决定高质量酒生产的主客观条件是什么？

第二节　酒器

储酒、斟酒与饮酒之具——酒器也是人类酿酒与饮酒行为中必不可少的重要因素之一，是酒文化的重要载体。从酿酒环节看，在人类有能力制作具有一定容量，且坚固耐用的液体容器——储酒器之前，专业、成规模的酿酒行为不可想象。凿石以为器固然坚固，然时间成本太高，效率低下。就酿酒史的古考实物看，陶器时代的到来——约5000年前的仰韶文化之兴起，为中国古代的酿酒业，以及整个饮食文化的发展创造了必要的器具条件。从饮酒环节考察，则酒器——斟酒器与饮酒器之于酒，有更丰富、深刻的内涵。进入古典时代，饮酒者一般不再将酒器仅仅理解为酒液持存的必要物质条件，而更主要地关注各式器具之色彩与形态，将它与酒液自身之色彩、气味融合在一起，理解为酒与饮酒行为审美价值、文化内涵的重要因素,理解为对酒液之美的重要拓展与补充,它极大地丰富了酒液本身的视觉魅力。

作为工艺美的酒器

第二天清早,她的侍女,一些美丽温柔的神女们,都忙着来替她们的女主人整理屋子。一个侍女用紫色毡毯铺垫椅子,第二个侍女在椅子旁边安置银几,并在上面摆上金篮。第三个侍女在大银碗里调和美酒,并摆出黄金的酒杯,第四个侍女则汲取清泉,倒入支在火上的炊鼎里。①

楚人有卖其珠于郑者,为木兰之椟,薰以桂椒,缀以珠玉,饰以玫瑰,辑以翡翠。郑人买其椟而还其珠。此可谓善卖椟矣,未可谓善鬻珠也。(《韩非子·外储说左上》)

这是汉语成语"买椟还珠"的来历。《韩非子》的原意是说故事中的卖珠者对其珠玉做了不必要的过度装饰,用来装玉珠的匣子太漂亮、太吸引人的眼球,以至于买珠者最后干脆拿走了匣子,拒绝了珠玉。所以其作者评价说:这种过度装饰的行为对卖珠者而言是愚蠢的,不算是一个成功的珠宝商。但是,这个故事对我们读者而言却另有启发,那就是对饰物价值的新认识,它让我们反思酒与酒器的关系。

工艺审美指人类在自己创造的物质产品上,有意识地从形态、色彩、声音等方面做形式外观的美化装饰,使这些对象在满足人们日常物质生活需求的同时,还能引起人们的视听美感,有悦目赏心的审美效果。②

酒器是用来盛酒的,酒器的价值就在于盛酒。在此意义上,能盛酒、有一定的容量,可以密不透风地容纳酒液便是好酒器,可这只是基本情形。从美学上讲,人类在满足自身物质需求的过程中,同时又发展出审美需求,于是便有了"工艺美"这一概念。工艺美的基本思路便是实用即审美,在美善兼顾中同时实现器物之物质功利价值与审美价值。这一审美观念应用于酒器便有了如此现象:先民在酒器制作工艺水平达到一定阶段后,其酒器之制作便不再简单地满足于一般的盛酒功能,不再只讲究坚固耐用,而会同时讲

---

① 斯威布:《希腊的神话和传说》(下),楚图南译,人民文学出版社,1984,第703页。
② 薛富兴:《文化转型与当代审美》,人民文学出版社,2010,第197页。

究美观，通过造型、装饰、图案等因素寄托了特定时代、阶层的审美需求、宗教观念与社会身份。于是，酒器就从纯物质性的日常生活器具转化为具备审美趣味与更广泛文化观念意义的特殊物质对象，成为一种美的对象，一种"有意味的形式"。酒器从原来的附属性"工具"，转化为一种自身具有相对独立价值的"目的"——美观的审美对象，成为工艺美的特殊形态。

> 陛下，就是青年也大可信任，
> 他不知不觉就会出落成人。
> 我也设想一番明天的大典：
> 我将布置出餐厅豪华不尽，
> 一色器皿明晃晃都是金银，
> 更为陛下选出绝色的杯子；
> 威尼斯透明酒杯别饶神韵，
> 能使酒味醇厚而绝不醉人。
> 但对宝杯的作用不宜过信，
> 还是陛下饮酒要节制要紧。①

在酒席上，人们所在意的不止于酒本身，还有盛酒之器——酒杯，酒杯的丰富造型与华美色泽同样可以营造特殊的审美气氛，它与琼浆玉液的香气水乳交融，形成一种综合性的酒文化魅力。

作为盛酒之具的酒器，由于寄托了制作者与使用者的特殊审美趣味，具有突出、丰富、精致的形式美感和造型趣味。于是在日常饮酒过程中，能令饮酒者赏心悦目的不仅酒本身，作为日常生活审美对象的酒之美，不仅指酒液的味道与酒液的饮用过程，优美精致、造型独特、装饰细腻的酒器对饮酒者而言也是一种挡不住的审美诱惑。于是饮酒者在饮酒过程中，在把玩酒器的过程中，在群体性饮酒的交际过程中，在杯盏交错之际，不仅体验到美酒的味道，同时也会为酒器之美所吸引，会对酒器赏其型而观其色，辨其饰而听其音。实际上，饮酒是一种全方位地调动与刺激感官的活动。因此在饮酒过程中，酒器自身之美——工艺美也成为饮酒活动之重要因素，它作为酒文化的辅助性因素加入到总体性的饮酒活动中。酒具之考究本身即成为生活品质、生活美感之重要表现途径。

---

① 歌德：《浮士德》，樊修章译，译林出版社，1993，第580-581页。

它与酒的色泽、芳香融为一体，汇为整体性的饮酒之乐。

酒器的类型

从功用上分，我们可将酒器分为储酒器、斟酒器与饮酒器三种。在现代社会，狭义的酒器多仅指饮酒器——酒杯，因为它是饮酒环节中出现最频的酒器主角。

我国最早的酒器是陶酒器，如龙山文化所出土的黑陶高脚酒杯。据容庚的《殷周青铜器通论》中的分类统计，在50类青铜器中酒具占24类。西周时期，朝廷有专门掌管酒器之官——"郁人"。先秦时期的酒器主要是青铜酒器，其器型多取自陶器，但功用趋于专一化。周代始，酒器制作多以型制与特殊纹理体现礼制的等级特征，其艺术性因而增强。先秦时期酒器的大致形态以及储酒器种类如下。

卣（you）　椭圆大腹敛口圆足，有盖和提梁。

厘尔圭瓒，秬鬯一卣。（《诗经·大雅·江汉》）

彝　青铜酒器之总名。

且夫大伐小，取其所得以为彝器。（《左传》襄公十九年）

罍（lei）　罍本盛酒瓦器，若以青铜为之，则曰"金罍"。

我姑酌彼金罍，维以不永怀。（《诗经·周南·卷耳》）

牺尊　牛形酒器。

白牡骍刚，牺尊将将。（《诗经·鲁颂·閟宫》）

兕觥（gong）　腹部椭圆或方形，圈足，有带角兽头形器盖，或整体作兽形。

兕觥其觩，旨酒思柔。（《诗经·小雅·桑扈》）

禁　大型方型储酒器，类于彝、尊。

尊于房户之间，两甒有禁。(《仪礼·士冠礼》)

属斟酒器者有：
勺　舀酒器。

瑶浆蜜勺，实羽觞些。(宋玉：《招魂》)

瓒　祭祀时用玉柄舀酒器。

瑟彼玉瓒，黄流在中。(《诗经·大雅·旱麓》)

盉（he）　圆口、深腹、三足，有长流、鋬和盖。

余谓盉者，盖和水于酒之器，所以节酒之厚薄者也。①

属饮酒器者有：
爵　青铜酒器，有流、柱、鋬和三足。

酌彼康爵，以奏尔时。(《诗经·小雅·宾之初筵》)

斝（jia）　青铜圆口三足酒器。

或献或酢，洗爵奠斝。(《诗经·大雅·行苇》)

斗　有柄酒器。

酌以大斗，以祈黄耇。(《诗经·大雅·行苇》)

---

① 谢维扬、房鑫亮主编《王国维全集》第8卷，浙江教育出版社，2009，第90页。

觚（gu）：

子曰："觚不觚，觚哉！觚哉！"（《论语·雍也》）

觯（zhi） 酒器，圆腹侈口，圈足。

宗庙之祭……尊者举觯，卑者举角。（《礼记·礼器》）

杯与钟：

烹羊宰牛且为乐，会须一饮三百杯。（李白：《将进酒》）
人生行乐在勉强，有酒莫负琉璃钟。（欧阳修：《丰乐亭小饮》）

我国的酒器制作，春秋至两汉时上层社会饮酒以漆制酒器为主。三国两晋时出现了青瓷酒器，唐时有瓷酒器，著名者有夜光杯、羽觞以及荷叶杯。宋代有瓷杯与玉杯。汉代之后，最能体现工艺水平的酒器并非瓷酒器，而是金、银、玉、牙、水晶、异木等材料制成的珍宝型酒器。

帝好为牛饮，荒淫无度，常锻银叶为杯，赐群下饮。银叶既柔弱，因目之为冬瓜片，又名曰醉如泥。[①]

大酒器谓之"酒海"：

就花枝，移酒海，今朝不醉明朝悔。（白居易：《就花枝》）

宋代似已有玻璃酒杯：

忆在洛阳年各少，对花把酒倾玻璃。（欧阳修：《寄圣俞》）

---

① 吴任臣：《十国春秋》卷九十二，收入《文渊阁四库全书》史部载记类第466册，台湾商务印书馆，1986，第197页。

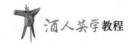

对葡萄酒而言，酒器家族则包括酒杯、开酒器、醒酒器与冰酒器。啤酒盛酒器有桶有罐，然饮用环节的饮酒之器仍以杯为主。虽然啤酒酒器在历史上曾使用过陶器、石器与银器，然而在现代社会，啤酒器与葡萄酒器一样，特别是在饮用环节中，用玻璃制作的酒器占了主导。葡萄酒器则又以水晶材料体现其典雅尊贵，这是因为，用玻璃和水晶制作的酒器能最充分地呈现，甚至张扬葡萄酒和啤酒液体丰富、细腻的色泽之美，同时还可以自由地展示酒器自身多样化的造型之美。

现代社会为酒器所增加的新成员则为玻璃杯与水晶杯。酒器的历史性变化有两类，一是因材料加工技术发展而出现的新材料，比如现代社会酒器中之玻璃杯与水晶杯。二是在材料固定的情况下，在造型、纹饰与图案方面的新变化，这是因审美趣味而产生的变化，是工艺美的内在因素。总体而言，在古代社会，除实用与美观外，决定酒器材料与形态的关键因素是酒器形态所代表的社会角色意义，是酒器的礼仪制度功能。其时，盛酒器、斟酒器与饮酒杯均代表特殊的社会地位与权威。在现代社会，审美因素乃酒器演变的主要因素，因而饮酒器成为酒器工艺美属性的重要代表。总而言之，决定酒器历史性发展变化的有三项核心因素。

其一，用以制作酒器的材料。从工艺审美的角度看，特定材料的物理与化学特性决定了此酒器独特的材质、音声之美，决定了此种材料在造型与装饰方面的可能性与限制性。新材料的引入会为酒器家族增加新成员，新材料出现的关键因素则是特定时代之材料加工技术。

其二，古典时代，特定材料酒器造型除了特定的实用目的——酒液之储存、分配与饮用外，最重要的目的是体现酒器使用者的特定社会地位，以及酒液使用场合（宗教祭祀、婚庆宴会，还有日常小饮），要用酒器的特定造型、纹装、图案等传达特定的社会、文化意义。必待久远之后，这种原初的社会、文化意义才会减弱，继而转化为纯审美的趣味。就中国而言，先秦之后，酒器的社会角色呈现出的意义日益减弱，纯审美趣味——形式美追求日益成为酒器造型的主导性因素。然而什么样的材质可以加工成什么样的形态，除审美趣味的推动外，仍然在很大程度上取决于特定时代对该材料的加工技术。一言之，材料处理和加工技术乃酒器造型史上又一关键因素。

其三，工艺审美趣味即表现为工艺品的欣赏活动。具体而言，工艺品之美又可很大程度上理解为此类物品的外在形式之美，如色彩造型、声音、材质等。这种形式美趣味具体地体现在以下三个方面：一是在不影响酒器使用功能的条件下，普遍、持久地强化酒器的形态、色彩、纹理、图案等视听形式因素，简言之，欲使酒器有突出的形色、声音之美。二是在不影响酒器正常使用功能的条件下，酒器在造型、色彩、纹饰、声音等方面追求日益个性化、丰富化，形态、色彩、纹饰等日益繁复。三是无论哪一种材料，在追求形式美的途中，总是表现为在细节上日益精巧、细腻，即追求形式美各要素的精致化——精益求精。

<h2 style="text-align:center">酒器的审美欣赏</h2>

几千年来，专业啤酒器皿是啤酒文化中珍贵的一部分。这些啤酒杯大小不一、形状各异、质地大相径庭，但目的都是一样的：把啤酒以一种突出的、愉悦的甚至是宗教仪式般的方式送至唇边。它们要能和质地交相辉映，要是能让人眼花缭乱的话，那就更好了。①

立足于美学，我们在前面提出理解与欣赏酒器的基本概念——工艺美，其基本内涵乃是美善兼顾，即既能盛酒，又具有突出的形式美因素。作为酒席上的审美欣赏者，我们对酒器的物质之善——盛酒功能自然可以存而不论。于是，酒器审美欣赏的重点便集中体现在对酒器的形式美欣赏了。具体而言，作为工艺美对象的酒器，其形式美因素主要体现在以下几个方面。

材质之美

酒器由具有不同物理与化学性能的各式物质材料，用不同的工艺技术制作而成。材料与工艺的选择自然首先是为了物质性功利目的——盛酒之便。然而，一旦成功地实现了此基本目的，材质就有了新的意义——从审美欣赏的角度看，不同的材质会呈现出不同的视觉、触觉与音响效果，同时还会与所盛之酒形成不同的视听觉的合作关系。历史上，曾出现过由不同的物质材料所铸造的酒器，先是陶酒器，之后是青铜酒器，此后则又有瓷、玉、金、银、牙、木等酒器，现代社会则又有玻璃酒器与水晶酒器。可以看到，一部酒器史首先是一部材料工艺发展史，不同时代的材料加工技术成就了不同材质的酒器。从审美欣赏角度看，酒器的材料之美主要表现为不同材质所呈现的独特、丰富的视觉、触觉、音响效果，特别是将不同材质的酒器拿来进行对比时尤其如此。陶之质朴、青铜之古雅凝重、玉之温润、金银之华丽富贵、水晶与玻璃之纯洁与宁静，它们都各有

---

① 兰迪·穆沙：《啤酒圣经：世界最伟大饮品的专业指南》，高宏、王志欣译，机械工业出版社，2014，第106页。

其独特的质感、光彩与气质。

工艺之美

此处之"工艺"乃其狭义，有所特指，仅指不同材质的酒器之加工技术，特别是指加工技术之熟练与精细度，最终对各式酒器形态特征的影响——其品质的精细度与独特性。狭义的酒器工艺美，主要是指不同材质酒器制作的精致、细腻度，包括选材之精——用料讲究，上乘材质、加工之精——打磨精细与装饰之精——巧妙而细腻。比如奥地利的"Riedel"和德国的"Zwiesel Kristallglasag"，便是葡萄酒器精细打造之典型。

酒器造型之美主要指酒器超越盛酒实用目的之上，即体现为其内外在形态的独特性与丰富性。决定酒器造型的当然首先是其材质与加工技术。除此之外，便是由审美趣味决定的造型之独特性与丰富性。酒器造型主要有两种，一是抽象造型与具象造型。前者表现为方与圆两种几何形态及其变化性组合。此类酒器的造型之美主要表现为不同类型几何造型的独创性与组合的巧妙性。后者则表现为对现实动、植物对象与人像之着意摹拟，此类造型之美主要表现为所摹拟对象的形态似真性——以假乱真。

凤姐乃命丰儿："到前面里间屋，书架子上有十个竹根套杯取来。"丰儿听了，答应才然要去，鸳鸯笑道："我知道你这十个杯还小。况且你才说是木头的，这会子又拿了竹根子的来，倒不好看。不如把我们那里的黄杨根整抠的十个大套杯拿来，灌他十下子。"凤姐儿笑道："更好了。"鸳鸯果命人取来。刘姥姥一看，又惊又喜：惊的是一连十个，挨次大小分下来，那大的足似个小盆子，第十个极小的还有手里的杯子两个大；喜的是雕镂奇绝，一色山水树木人物，并有草字以及图印。因忙说道："拿了那小的来就是了，怎么这样多？"凤姐儿笑道："这个杯没有喝一个的理。我们家因没有这大量的，所以没人敢使他。姥姥既要，好容易寻了出来，必定要挨次吃一遍才使得。"刘姥姥唬的忙道："这个不敢。好姑奶奶，饶了我罢。"贾母、薛姨妈、王夫人知道他上了年纪的人，禁不起，忙笑道："说是说，笑是笑，不可多吃了，只吃这头一杯罢。"刘姥姥道："阿弥陀佛！我还是小杯吃罢。把这大杯收着，我带了家去慢慢的吃罢。"说的众人又笑起来。鸳鸯无法，只得命人满斟了一大杯，刘姥姥两手捧着喝。贾母、薛姨妈都道："慢些，不要呛了。"①

葡萄酒器造型不同，当然首先是为了适应各类酒液自身之特性。然而在实现此目的

---

① 曹雪芹：《红楼梦》（上），人民文学出版社，2008，第 546-547 页。

的同时，酒器造型的多样化也充分地展示了酒器自身的形式美，特别是各式酒器在空间造型形态上的丰富性。比如三角形鸡尾酒杯、碟形香槟杯、笛形利口杯、大肚白兰杯、球形葡萄酒杯、郁金香形香槟杯等。饮酒者可以在品味各式酒液独特滋味的同时，还能悉心地观赏各式酒杯匠心独具的精美造型，满足他们的视觉美感。

纹饰之美

造型指酒器的整体形态，纹饰则是对酒器造型在内外空间的细节性丰富与补充。这种装饰通常表现为独立性图案与非独立性纹理两种。图案往往是具有整体性的微型绘画作品，是寄生于酒器空间上的美术作品，是雕塑体上之绘画，其往往具有叙事因素与文学寓意。纹饰则是要素性、附属性的抽象几何线条的组合。在不同时代、不同民族文化的背景下，特定纹饰往往又具有特殊的超形式观念意蕴。无论图案还是纹理都是附属性的装饰因素，都发挥着丰富酒器内外在形态空间的作用。

色彩之美

酒器之色彩由两个部分构成。首先是不同材质自身所呈现出的整体性、基础性色彩，它奠定了特定酒器的色彩基调与气质。金杯之辉煌、银杯之宁静、玉杯之温润、水晶杯之莹澈，此乃各式材质本身所奠定的酒器色泽基调。其次则在此基础上，酒器制作者以纹理与图案的形式对酒器进行色彩丰富与装饰。此类色彩往往与材质的基础色形成或对比或丰富的关系。当然，也存在图案与纹理仅以线刻形式出现，不另加新色彩的情形，银器纹饰往往如此。

音声之美

喝葡萄酒碰杯时，还会带来一种独特的感官享受，那就是品酒当中的五官之一"声感"。葡萄酒杯材质为玻璃或水晶玻璃，在碰杯时会发出一种缭绕的清脆声，从而带来一种听觉乐趣。因此，喝葡萄酒碰杯时与传统碰杯方法有别。传统碰杯方法容易撞碎酒杯或将酒液溅出，而且声音沉闷。正确碰杯方法，碰撞的位置是酒杯中间突出的最高点，如此可降低酒杯破碎几率，防止酒液飞溅，并且撞击声音像金属般清脆悦耳，余音缭绕，具有较高的观赏性。[①]

[①] 吴振鹏：《葡萄酒品鉴：一本就够》，中国纺织出版社，2015，第8页。

音声之美指由特定材质的物理属性所决定，且通过饮酒者敲击或酒盏碰撞而产生的悦耳之音。它基本上可理解为材质之美的特殊表现形式——材质之美的听觉表现形态。不同材质酒器的击打声音效果自然不同，同一材质的不同薄厚处理，以及同一材质酒器不同部位的薄厚变化，进而杯盏交错的不同力度，都会使酒器的音声之美充满变化，此其妙也。

意蕴之美

无论何种工艺对象，在何种时代，对于何种民族，形式美趣味发展到一定地步都不会满足于纯形式美的欣赏，而倾向于赋予特定形式（外在整体形态与寄寓其上的纹理或图案）之外或之上超视觉形态的深层观念（政治、伦理、宗教、民俗等）意义。于是，这种由特定视觉造型，与往往是由特定的共享同一文化传统社会群体所有成员约定俗成的特定观念性文化内涵所结合的综合性审美意义，被称为工艺对象的意蕴之美。如故宫所藏的金质龙凤酒杯，不仅其金质体现了皇家的富贵气，杯体上的龙凤图案也隐含了古代民俗中"龙凤呈祥"以及"琴瑟和谐"之寓意，成为典型的"有意味的形式"或文化符号。

融映之美

葡萄美酒夜光杯，欲饮琵琶马上催。（王翰：《凉州词》）
四海诸公常在座，绿酒金尊终日醉。（陆游：《日出入行》）
炉红酒绿足闲暇，橙黄蟹紫穷芳鲜。（陆游：《醉眠曲》）
酒翻银浪红螺皲，墨涌玄云紫玉池。（陆游：《醉后作小草因成长句》）

融映之美是指酒器的上述诸要素与所盛酒液之色泽、形态、气味等所形成的综合性审美效果。酒器与酒液之结合所形成的关系大致有二：一是对比性关系，如金杯与碧液，红酒与玻璃杯、水晶杯，谓之映衬；二是融合性关系，如白酒与玻璃杯、水晶杯的搭配，此乃酒器之美欣赏的高级形态。于是，对酒席的主办方与参与者而言，如何处理酒液与酒器的关系，或对比，或融合，各有不同的审美效果，会产生不同的美感与气氛，正需着意体会。酒文化之精致细腻正在于斯。

在此方面，由玻璃和水晶制作的葡萄酒器与由玻璃制作的啤酒酒器在充分展示和发扬酒液色泽与形态的"融映之美"方面，堪称典范。晶莹透亮的玻璃和水晶酒器将自身的存在隐藏得最为彻底，以自己的谦逊冷色调极大地反衬各式酒液的形、质与色，极大地释放了各式酒液的自身魅力。然而这样的谦逊并未损失酒器自身的魅力，反而让饮酒者体会到如此这般具自谦之德的酒器，使其反倒成为葡萄酒与啤酒不可或缺的最佳伴侣与知音，它们必将与酒同在，同享其美。

拓展阅读文献

[1] 徐兴海. 中国酒文化概论 [M]. 北京：中国轻工业出版社，2017.

[2] 兰迪·穆沙. 啤酒圣经：世界最伟大饮品的专业指南 [M]. 高宏，王志欣，译. 北京：机械工业出版社，2014.

[3] 吴振鹏. 葡萄酒百科 [M]. 北京：中国纺织出版社，2015.

思考题

1. 工艺美的内涵是指什么？
2. 如何从工艺美的角度欣赏各式酒器自身之美？

第二章 品酒与酒兴

对酒文化的考察可以有两个重心。其一，若立足于酒业从业人员的角度看，酒液制造与销售的环节当是理解人类酒文化成果的最重要部分。其二，若立足于社会大众，则对酒液之消费性感知和体验，即饮酒环节才构成了解酒文化的最重要活动。本教材同时关注这两个环节，然本章只讨论饮酒活动，即对酒液之品味、体验，且主要回答一个问题：饮酒者应当怎样体验酒液之魅力。

第一节 品酒

对普通社会大众而言，了解酒文化最有效的环节显然是饮酒：立即倒上一杯白酒、啤酒或葡萄酒，端起来认真地品尝，感受这种神奇的液体，记住它的感性特征。对不了解酒的人来说，他所面临的第一个问题便是到底应当如何合理、恰当地感知每一种酒液的特性与质量？请看一位啤酒品鉴师的饮酒经验记录。

请研究一下杯中液体那饱满的色泽和轻微的黏度，注意光线在闪烁的亮点上跳动的样子。观察那些气泡，它们慢慢形成，在啤酒中慵懒地升起，徐徐进入顶部那堆奶油般的泡沫中，然后安静下来，如落雪一般静谧。

请将酒杯举至唇边，不，请先停下来，先吸入酒香，然后再品这香气。请吸入作为基础的面包味、焦糖味或烘烤味的麦芽、与之相对应的活泼的绿色酒花、令人眩晕的满满一厨柜的香料以及水果、泥土和木头。这些香味向你记忆中那些被遗忘的幸福角落发射光波，带给你所有艺术形式所能给你带来的强大体验。

最后，请尝上一口。啤酒涌入嘴里，或凉爽、清脆或温暖、浓郁。留意第一口滋味带给你的红晕和碳酸带给你的刺痛感。啤酒在你的嘴里渐渐温暖起来，这时它又释放出新一轮的口味和感觉：麦芽的甜味、轻快的草药型酒花和些许烘烤味——所有这一切都引领你走向一个又甜又苦的胜境。这不是某种单一的味觉，这是不断变化的电影般的体验,你一边喝,它一边上演,轻轻地吸一口气,又搅动了新一波的啤酒香。这种乐趣人们已经享受了上千年。①

通过上面啤酒专家、有心人的品酒记录我们可以明白:饮酒与喝水大为不同,需要一套极为发达、细腻的感官系统,需要一份特别的专注与耐心。若能如此,则饮酒便是一份极为难得的人生享受,是对人类饮食文化成果的全方位体验。

本节主要从审美欣赏的角度描述饮酒活动——饮酒者对酒液特性与价值之全方位感性感知与体验。具体言之,品酒乃是饮酒者对酒液饮食价值之感知与体验,对酒液的消费与享受。对一般饮酒者而言,品酒主要是对酒液特性之全方位感受;对专家级饮酒者而言,品酒过程除了对酒液气味、滋味的感官知觉外,还当包括理性地对酒液品质与风格做质与量两个方面的鉴定。

作为饮食审美核心观念的"品"

"饮酒"是个普通的饮食概念,与"饮水"无异,"品酒"则不同。作为动词的"品",其内涵复杂,既有感知层面的"品尝""品味"义,亦有理性层面的"品鉴""品评"义。"品"之本义乃置于食器内,用于祭礼的数块肉,后引申为对食物之"品尝"。作为名词,它还有类别、等级之义,如"品类""品第"。所以,"品"是一个发源于饮食文化的概念,它先指称肉这样的食物,然后引申为食物消费的行为。当饮食文化发展到为"味道"而制作的阶段,"品"便成为一个自觉、全面调动人的各种感官、理智以及全方位地感知、体验和理解,甚至分析、鉴定各式食物之美的概念。它是一个首先强调人的感性知觉与体验,同时也包括了人的理性分析、判断能力的概念,是一个综合性、充分体现人类高级审美能力,反映人类饮食活动复杂性,为人类的饮食审美活动量身定做的关于饮食审美的核心概念。

"品"什么?"品"食物之"味"也。于是"品味"一词正道出包括饮酒在内的人类饮食审美活动的核心内涵。这正是我们为什么选择"品酒"这一概念之根本原因。作为饮食审美概念,"品酒"指饮酒者自觉、专注、完善地调动自己的各种感官,全方位地感知、体验,甚至理解、鉴赏酒液的审美特性与价值的活动。如果说"味"这一概念体现

---

① 兰迪·穆沙:《啤酒圣经:世界最伟大饮品的专业指南》,高宏、王志欣译,机械工业出版社,2014,第Ⅳ页。

饮食制作环节的审美自觉,那么"品"这一概念则代表饮食消费环节的审美自觉:"味"为"品"而存在,"品"则是对"味"的欣赏、赞美与享受,"品""味"相济,饮食审美方为可能。

对液体饮料而言,如果说"饮"是一种纯生理行为,专为满足人的最基本生理需求,如为补充人体水分消耗而喝水,那么"品"则是一种专为感知和体验酒液之强烈、浓厚味道而进行的活动,是为满足口腔之欲、讨好舌头之味蕾以及鼻子嗅觉对香气的需求而从事的活动。在此意义上,"品酒"首先意味着全面地调动饮酒者的感官,全方位地感受酒液的滋味与气味。

作为饮食审美活动,"品"又是一种精致、细腻的欣赏行为,它并不是指将酒浆送入口中,倒入胃里,而是指在饮酒过程中,饮酒者需要特别专注、细腻地感知与体会酒液的特殊滋味,甚至它的香气,还有它的光泽。因此,这是一种从容、精致的饮食审美活动,需要调动饮酒者全部的生理感官,还需调动饮酒者的意识与情感、学识与才华,它是一种综合性的文化活动。在此意义上,"品酒"又意味着用心、细腻地感知酒液全方位的魅力,也许正因如此,古人才称饮酒为"酌"。

我姑酌彼金罍,维以不永怀。(《诗经·周南·卷耳》)

此"酌"乃细品、慢咽,悉心感知与体会酒味之义。现代汉语尚有"斟酌""酌情"等词,正言谨慎、细察、深究当下的具体情形。

正因"品"同时包括了感性与理性两个层面的因素。所以作为饮食审美概念的"品"后来便进入到文艺领域,成为一个关于文艺审美欣赏与批评的概念。魏晋之后,当人们谈论诗文、绘画、书法的欣赏与批评时,也喜欢使用"品"这一概念,诸如"诗品""画品""书品"或者"品诗""品画""品书"。"品"者,即对各类艺术作品之欣赏、鉴定与批评也。此方面的知名著作有钟嵘的《诗品》、司空图的《二十四诗品》、谢赫的《古画品录》和庾肩吾的《书品》等。

审美能力

由于本节主要立足美学阐释饮酒者对酒液之享用——人类之饮酒行为,因此理解作为整体的审美欣赏活动所需之特殊能力——审美能力,便对如何深入、细致地体验酒液之审美价值具有方向性的指导意义。在此,我们简要地阐释一位理想的审美主体——美的创造与欣赏者所需具备的诸生理、心理要素。主体从事审美活动——美的创造与欣赏所需要具备的特殊生理、心理能力，称之为审美能力，它包括以下几个方面。

形式感知力

审美作为人类的一种感性精神活动，首先是一种运用人的听觉与视觉感官感受世界的活动，美的世界首先是一个形形色色的世界。所以，敏锐的视听形式感觉能力是人类审美活动首先强调，且最为重要的审美能力。正常人均有最基本的视听感觉能力，绝大多数人都能通过视听感官获得外界信息。从这个角度讲，每个人都"天生地"具有审美能力，"天生地"是一个审美的人，"天生地"是一个合格的审美主体。但是，美学在这里强调的作为"审美能力"的视听"形式感知力"并不是指人类的这种视听感官的纯自然状态，而是指审美主体在审美活动中充分运用自己视听感官的自觉意识，是指在此自觉意识影响下对各类对象、现象感性形式超越日常平均水平的更高敏感度，其视听感官更灵敏的感受和把握力。诚然，生活中绝大部分人都不缺乏正常的视听感官，但并非人人都能在具体的审美活动中有所收获，尤其是丰富、细腻的美感。日常审美活动中"视而不见""听而不闻"是经常发生的情形，因此美育便需要特别强调作为审美能力的"形式感知力"——高度发达的形式敏感能力。

所谓形式，是指生活中各种现实物质对象、现象的质料、色彩、形状、声音及其相互关系，形式感知力是指人们对各类现实对象、现象，即上述这些要素的高度敏感，是人们能较快、较容易地感受、把握这些要素及其关系的生理、心理能力。

审美活动要求人们能在审美活动中"纯形式地"，至少是"形式优先地"看世界，要求人们面对各种现实对象，能首先发现其感性形式，能从一个本来完整的现实对象中不假思索地"剥离出"其形色，并能单单对其形式感兴趣，而不必考虑它们的其他性质与功能。作为审美能力的形式感知力是指人们视听感官的高度敏感，它诚然有先天生理倾向的因素，如有些人天生地更适合当画家、音乐家，但这样的形式感知力更多的是一种"文化能力"，是经过审美教育，在长期审美实践活动过程中不断诱导、强化的结果。换言之，形式感知力对大多数人来说是可以经后天努力习得的，它是一种特殊的文化心理素质。

有了这种形式感知力，你便具有一双观照这个世界的别样的眼睛和耳朵，世界在你面前好像完全变了样子，因为你会突然地能看到、听到许多原来不曾发现的东西。眼前这个你早已熟悉的世界会突然格外地新鲜、明亮，格外地丰富、有趣。其实，世界也还是原来的那个世界，世界并没有变，变的是你观察世界的眼睛和耳朵。从此，在日常生活中，你会格外留意各种对象、现象的声音、颜色和形态，并仅仅因为这些形式而对世

界感兴趣。你能在不经意中发现山的线条、云的层次和风的节奏,你能体会出同样一尊雕塑,用青铜和汉白玉雕出有何不同,你能对蓝天白云的色彩对比特别敏感,你能感觉到一首旋律特别简单的民间小调经过不同音色的器乐的反复演奏而变得意趣丰盈,你会对城市道路两旁各企业的形象代言人——广告牌的形色与创意驻足观望。总之,有了形式感知力,你就得到了一双欣赏形式美的眼睛和欣赏音乐美的耳朵。

联想想象力

审美毕竟是一种精神性活动,它不限于看得见、摸得着的世界,美更多地来源于超越现实时空,且更广阔、自由的想象的世界。如果你读了一个美丽的童话而不能对故事所描述的生活情景展开丰富、生动的想象,那该是件多么大煞风景的事!

联想想象力指审美活动中主体能超越当下现实情境,超越眼前审美对象的物质表象和时空限制,在意念中调动起自己相关人生经验的记忆,甚至对这些经验进行大胆的加工改造,形成新的创造性的人生情景和生动活泼的意念之象——意象。联想是审美主体在意念中将不同的日常生活经验材料组合在一起,使之发生相互联系;想象则是审美主体将日常生活经验材料进行创造性的加工和改造。联想想象力是人类审美活动中十分重要的心理能力,是人类审美活动从生理感性(已经看到或听到的)上升到精神感性(脑海中似真是幻的生活情景),从生理快感上升到心理快感,体现审美活动精神性因素的关键环节。

远远的街灯明了,
好像是闪着无数的明星。
天上的明星现了,
好像是点着无数的街灯。

我想那缥缈的空中,
定然有美丽的街市。
街市上陈列的一些物品,
定然是世上没有的珍奇。

你看,那浅浅的天河,
定然是不甚宽广。

那隔河的牛郎织女,
定能够骑着牛儿来往。

我想他们此刻,
定然在天街闲游。
不信,请看那朵流星,
那怕是他们提着灯笼在走。①

美术作品是二维的静态对象,审美活动却要求你能从中找到动态、三维现实对象的感觉;音乐是一个纯声音的世界,审美活动却要求你在稍纵即逝的声音流动中能捕捉到较为明确的"音乐形象";文学更要求你将抽象的观念文字符号转化为现实生活中人们的音容笑貌和生活场景,更不用说那些以想象力取胜的神话传奇,如《西游记》和《蜘蛛侠》。凡此种种,不过是要你能超越现实生活得来的直接经验,以间接、观念的方式积累间接经验,拓展生活世界的维度,能在现实环境和想象王国两界中自在悠游。一旦具备了联想想象力,你就在自己生物生命的基础上成功地拓展出新的精神生命,你就会充分体验到只有人才能有的那份心理飞翔和精神自由,你就开始有了自己的精神生活,成为一个更有灵性的人,活得更广阔、高远。

情感体验力

人类审美活动的感性特征在精神层面就是指审美活动会涉及人类的情感世界,会引起人们的情绪、情感运动、体验。某种意义上我们可以说:审美一旦进入精神心理的文化层面,它便往往是一种煽情活动,美感就是一种情感体验。春花令人兴奋,秋叶让你低沉,更不用说那些让人荡气回肠的文艺作品。美的世界是一个情感丰盈的世界,文艺作品往往凝结了艺术家刻骨铭心的悲欢爱憎,这就要求每个想进入审美活动的人也当是一个情感丰富、心灵高度敏感的人。西方有一句调皮话:"文艺作品是一面镜子,如果一头驴往里瞧,别期望能看到天使。"这说明审美者自身的心理素质会很大程度地影响审美效果。情感体验力无论对艺术家还是艺术欣赏者,都是一种十分重要的心理能力。没有它,美对人也就失去了感召力。

东西方智者在很早的时候就注意到文艺的情感宣泄功能。孔子(名丘,公元前551—

---

① 郭沫若:《天上的市街》,载臧克家编《中国新诗选:1919—1949》,中国青年出版社,1958,第20页。

公元前479）说："《诗》可以怨"；亚里士多德（Aristotle，公元前384—公元前322年）说："悲剧可以'激起哀怜和恐惧，从而导致这些情绪的净化'。"现实生活中，一方面人们每每失意时多，而得意时少；另一方面社会对成年人又有种种严肃规范，其未能如儿童一样大哭大笑，自然地抒情。现代精神分析学说证明：人的心理情绪、欲望若长期遭到压抑，会久积成病。情感体验能力首先指人们自觉地以审美活动进行自我心理调节的意识，指人们在日常现实生活的理性计算和严肃社会责任之外，能专门以审美的名义为自己的情感世界开辟一块天地，在各种审美活动中自由地宣泄自己的喜怒哀乐之情，让心中的心理情绪能量得以顺畅地发泄。审美是什么？审美是人生的自我心理调节术，其功能正如生活中的大哭大笑一样，令积郁者发散之，麻木者兴奋之，紧张者松弛之，以达心理平衡、精神健康之效，是一门重要的人生艺术。

　　日常生活情感常因当事人现实的物质利益得失而起，事不关己时人们往往会无动于衷，所以人们无法超越自身局限对人生、世界有更丰富、广泛的体验和了解。我是个男人就无法了解女人，我是个幸运儿就无法体会失意者的不幸。故而绝大多数人匆匆一世，着实单调、可怜。文艺审美虚构一对主人公的种种生死爱憎、悲欢离合之故事，让你这个全无关系之人为之击节，为之垂泪，为之欢腾跳跃，为之黯然神伤。正是在这种想象性的情感体验活动中，你由粗糙变得细腻，发现了许多原来未曾留意的东西，终于走出自我的小天地，看见比自己生活的小圈子不知丰富、广阔多少倍的人生百态，变得更有见识。你终于能超出自己的特定社会角度和利害关系，去同情、理解一个与你全然不同的人，心胸由此顿开，有了对别人的同情心和理解力，有了一颗博爱之心。因此，所谓情感体验能力，又指人们超越自身当下现实社会角色和利益情境，在想象性情境中产生相关情绪性心理反应的能力，能从情感认同的角度感知他人命运和人生经验的能力。你现在很得意却能对花垂泪，见月伤心，为别人的命运，为一个纯属虚构的悲剧故事而感动；你是个男人却能深入地体察女性角色的细微感情；你是个好人也能想象到恶人的心理活动，如此等等。这是一种超自我利益，超现实情境的想象性情感体验活动，是一种设身处地、换位感受的能力，是指人情感反应的灵敏度、细腻度、丰富度和自由度。这是人的一种高级心理能力，它不只利于个体心理健康，同时也益于增进社会成员间的同情心与理解力，它是营造社会和谐的重要基础，衡量人类文明程度的重要标尺。

理性领悟力

　　人类审美活动虽说是一种以感性为对象，又依靠感官的活动，可它并非全然与人的理性能力无关，并非理性的反面。感性是人类审美活动的整体特征，但是在审美活动的具体展开过程中,理性又是不可或缺的因素。古今中外有多少人曾从自然万象和文艺作品中感悟人生,表达哲理,因此审美同时也是高智商的精神活动,它要求人们具备一定的理性领悟力。

所谓理性领悟力,是指人们能够从世界的纷纭万象中当下直觉出其内在的同异关系,并由此而转化为一种对人生的理性理解,转化为一种人生的理性智慧。若夫子临清流而叹人生之易逝,屈原赏橘树而赞其自持之高洁,曹雪芹以梦喻人生,马尔克斯的《百年孤独》以羊皮纸书称人类文明等等。有此能力,审美活动才能由朴素的情感运动转化为更高的智慧境界,于情感体验的同时获得世事洞明的智性快感。美育就是要人们在对各类现实对象的观照、各种人生经验的反省中激发出人们月映万川式的直觉智慧,对百味人生能一通而百通,使你不仅心细如发,同时也能目光如炬。审美活动中这种对自然现象、人生情景的贯通和领悟虽不用抽象符号与精密推理来表达,但它所达到的深广度当毫不逊色于科学和哲学,同样也是一种智慧,它同样能使你深邃、使你豁达、使你高远。

鸟儿在疾风中
迅速转向

少年去捡拾
一枚分币

葡萄藤因幻想
而延伸的触丝

海浪因退缩
而耸起的背脊[①]

以上四种能力是人类审美活动普遍需要的生理、心理能力,它贯穿于各种具体的审美活动之中。美育首先要培养这种普遍的文化心理能力,然后才是更为具体的音乐、美术等艺术技能的训练。现在的大、中、小学学校的美育教育尚没有意识到上述整体审美

---

① 顾城:《弧线》,载阎月君等编《朦胧诗选》,春风文艺出版社,1986,第128页。

能力培养的重要性，而一直停留于各类具体门类艺术技巧的训练，停留于具体艺术技能和知识教育的层面，他们缺乏对人类审美活动精神价值与特征的整体理解，使受教育者对人类审美活动的理解停留于"技"的层面，而不能入于"道"的境界。这样不利于人们审美素质的提高，人们在审美活动中很难达到广阔高远的精神境界。

品酒力

五官感觉的形成是迄今为止全部世界历史的产物。囿于粗陋的实际需要的感觉，也只有有限的意义。①

只有音乐才激起人的音乐感；对于没有音乐感的耳朵来说，最美的音乐毫无意义，不是对象，因为我的对象只能是我的一种本质力量的确证。②

若想淋漓尽致地享受啤酒，你需要教育、经验和一个正确的心态。用心生活，一切皆如此。③

人类任何一种自觉的专门活动都需要与之相对应的独特生理、心理能力，饮酒活动也不例外。我们将饮酒者完善地感受和体验各式酒液审美与文化内涵、价值的生理、心理能力称之为"品酒力"（power of wine-experiencing/ capability for wine-tasting）。由于我们总体上将人类对酒液的感知和体验理解为一种感性活动，一种审美行为，所以上述关于审美能力的理解也就为我们阐释"品酒力"提供了基本的理论框架。一定意义上讲，我们将品酒力理解为人类审美能力在饮酒活动中的具体应用，乃审美能力的一种特殊表现形式。与审美能力一样，品酒力也由生理能力与心理能力两个层次构成。

生理层面的品酒力乃指饮酒者对含酒精饮料的生理适应性。并不是每个人都天然、必然地喜爱与擅长饮酒。若某人对酒精的适应性近于零，稍沾含酒精的饮料便会产生呕吐、眩晕、过敏等症状，此人便不宜饮酒。好在这样的人在正常人群中所占比例甚微。

你的舌头上有大约一万个的味蕾，在软腭、会咽、食道、鼻咽管及脸颊和嘴唇的内表面也存在着比这个数字少的味蕾。每个味蕾都是会对某些化学物质产生反应的敏感的探测器。味觉的进化为我们感知环境中好的和不好的东西提供了重要线索，引导我们靠

---

① 马克思：《1844年经济学哲学手稿》，人民出版社，2000，第87页。
② 同上。
③ 兰迪·穆沙：《啤酒圣经：世界最伟大饮品的专业指南》，高宏、王志欣译，机械工业出版社，2014，第1页。

近身体需要的食物并远离潜在的毒物。①

绝大多数人在鼻腔上部和喉咙后面有大约九百万个嗅觉神经元。在动物世界中，人是属于轻量级的，狗类有大约两亿两千五百万个嗅觉神经元。我们仅用一千个感应器就能分辨出大约一万种可辨别的气味。②

首先，生理层次的品酒力指能较为完善地感知酒液之色彩、香气、味道、形态等外在形式感性特征的能力，它相当于审美能力中之形式感知力。这种能力当然自有每个人先天地对酒液的色、气、味、形等方面敏感度强弱之差异，然而在更大程度上，它与心理层面的品酒力一样，是后天自觉、逐步、长期培养的结果。换言之，生理层面的品酒力也是一种可教育的能力，一种文化能力。正像欣赏音乐美的耳朵可以长期地在音乐课堂与音乐厅养成那样，欣赏酒液之美的品酒力亦可在自觉、长期的酒缘中逐步形成。

酒液之美首先是一种形式美，一种液体状态的人类工艺，它有着从色泽、香气到风味全方位的形式魅力，需要美的眼光与趣味全面发达的美之知音去发现、感知和体验。在此意义上，每当我们捧起一杯美酒不当马上就消费了它，将它灌到肚子里去，而当从容不迫、耐心细腻，全方位地感知与品味其种种形式之美，就如同我们面对一朵鲜花、一首乐曲、一段美景，都需要全方位地调动我们的眼睛、鼻子、耳朵与舌头。欣赏酒液的过程实际上是自觉、全方位的自我审美教育过程。从美育的角度讲，没有天生的审美专家，审美专家只能后天养成。于是，尊重酒实际上便是在成全自我，正是在耐心、细致地全面感受和体验酒液魅力的过程中，饮酒者从一个粗心、粗俗的人慢慢地转化为眼睛、耳朵、鼻子和舌头格外敏感和细腻的人，实现了自身审美感官的深入觉醒，实际上是审美能力的精致化。

饮酒不仅是一种饮食行为，还是一种审美活动，一种丰富、高超的精神生活，一种文化活动。饮酒从全方位调动饮酒者的感官开始，然不止于感官的应用。饮酒者是一位有健全感官的人，但他同时也是一位具有自身各种心理与文化能力的人，他有情感，有理智，有学识，有记忆。所以，每当他捧起酒杯，不仅感知与享受到了酒液的物理化学特性，同时也开启了一段与酒、社会、自然以及自我对话的文化之旅。

盛夏的午后，一杯啤酒在手。不经意间，那种熟悉的味道让你想起许多年前的生活

---

① 兰迪·穆沙:《啤酒圣经:世界最伟大饮品的专业指南》，高宏、王志欣译，机械工业出版社，2014，第31页。

② 同上书，第33页。

情景，于是，酒味将你带回到往日的时光，让你一个人发了好长时间的呆。此时，你正在发挥你的联想、想象的能力，正是这种能力让你的品酒体验内容丰富、内涵广阔。酒当然更容易激发你的情感，无论是积极的还是消极的。

饮罢别君携剑起，试横云海剪长鲸。（陆游：《野外剧饮示坐中》）
一樽强醉南楼月，感慨长吟恐过悲。（陆游：《月下醉题》）

这说明饮酒者是个情感极为丰富、细腻的人。每当酒杯在手，或伤感、或激越，总能拨动其心弦。饮酒者自我感动之时便是与缪斯相遇之时。唯有内心情感丰富、细腻的人，其饮酒过程才更富有意趣，更有文化内涵，他对饮酒的审美体验才更为丰满、厚实。

夫人之相与，俯仰一世，或取诸怀抱，悟言一室之内；或因寄所托，放浪形骸之外。虽取舍万殊，静躁不同，当其欣于所遇，暂得于己，快然自足，不知老之将至。及其所之既倦，情随事迁，感慨系之矣。向之所欣，俯仰之间，已为陈迹，犹不能不以之兴怀，况修短随化，终期于尽。古人云："死生亦大矣。"岂不痛哉！每览昔人兴感之由，若合一契，未尝不临文嗟悼，不能喻之于怀。固知一死生为虚诞，齐彭殇为妄作，后之视今，亦犹今之视昔，悲夫！故列叙时人，录其所述。虽世殊事异，所以兴怀，其致一也。后之览者，亦将有感于斯文。（王羲之：《兰亭集序》）

这是一位智者的饮酒纪录，一般人饮酒得一时之乐而已，王羲之这位以书法闻名的人，其实也是位哲学家，酒精并没有烧掉他的智商，反而让他格外地冷静，有点众人皆醉唯我独醒的样子。他从当前的春游宴饮之乐一下子想到了天下万物，想到了古人、今人与来人，洞达到天地人生之变与不变者，痛惜时光之易逝，劝人珍惜当下。这篇短文之所以能名垂千古，正因它所体现的冷静、超迈的哲学智慧，这种哲学领悟乃得之于王羲之的一次外出会饮。有的人冷静到滴酒不沾，有的人乐在当下，有的人被彻底灌醉，王羲之则留下此不朽名篇。可见，喝酒也是需要智慧的，或者说有时候喝酒也可以喝出智慧。

全面地体验酒的美

酒是为人创造的，为满足人的需要而存在。如何品酒，如何感知和评价酒液的质量与魅力，以及怎样的酒才算是好酒？要回答这些问题，表面上看其答案是：酒液是什么我们就欣赏什么，品酒便是根据酒液的特性去欣赏酒的过程。其实，反其道而行之式的理解也许更为深入：人对酒液有什么样的需要，或人有怎样的感官可以感知酒液的特性？怎样才能实现品酒的自觉？这里，我们也许需要借鉴一对佛家概念——"五根"与"五境"，以之阐释饮酒者对自身感官的全面自觉。

依佛教义理：人的五种感官——眼、耳、鼻、舌、身构成人的"五根"，人据此"五根"与外界所有对象打交道，探测外在世界各式对象与现象之"五境"——形色、声音、气味、味道与质感。据此，作为高度自觉的饮食审美活动，饮酒者在细致、深入地感知与体验酒液魅力与质量的过程中，应当充分调动自己的上述"五根"，从而全面地感知、评价与享受酒液的上述五种特性与价值，全面地体会酒液的"充实""丰富""细腻"之美。饮酒者需要培养起一套完善地感知上述酒液的各种感性品质的感官享受系统，从色、香、味三个方面感知酒液的价值。其中，味乃主体，色与香辅之。

若论古代中国人的酒审美经验，可以与酒相关的文字概念为例。比如，汉代许慎的《说文解字》中便有关于酒的丰富信息。有描述酒液清洁程度者，曰浊曰清；有描述酒液气味与滋味之强弱者，曰醨曰醇，有描述酒液颜色者，曰醏、配与醚；有描述饮酒者生理反应者，曰酣、醉、醒等。在文字发展史上，每个词语、概念之发明均有其特殊的目的，均有其明确的意义所指，故而酒类文字的发达正是古代中国人丰富酿酒与饮酒经验的极好明证。那么我们到底应当怎样感知与体验酒液，方能不负酒的品质与魅力，充分地感知与欣赏酒液之美，做酒的知音呢？在此方面古人已然积累了丰富的宝贵经验。

最初的低度酒是经宿发酵，产生甜味的醪糟，即今所称之"米酒"，古称之为"醴"：

以御宾客，且以酌醴。（《诗经·小雅·吉日》）
长安官酒甜如蜜，风月虽佳懒举觞。（陆游：《以石芥送刘韶美礼部刘比酿酒劲甚因以为戏二首·其二》）

也许，"甜"乃人类对酒味的最初记忆，这是人类最初酿造低度谷物酒所可能有的典型味道，果酒更当如此，工艺简单，时短而易得。先秦时代，中国人为了描述对酒味的美好记忆，曾发明了一个专门的概念，曰"旨"，相当于今天之"美酒"。

君子有酒，旨且多。（《诗经·小雅·鱼丽》）
尔酒既旨，尔肴既阜。（《诗经·小雅·颊弁》）

酒液的质量如何，首先可以从视觉效果上检测酒液的清洁度。最初的甜酒——醴并无渣滓过滤的程序，是连酒液带酒糟一起食用的。当酒的酿造过程加入过滤酒糟的环节后，便只有酒液，而无渣滓。有纯净度、色泽透亮的酒时，人们便对酒的质量有了区分。过滤者曰"清"，否则为"浊"。

尔酒既清，尔肴既馨。（《诗经·大雅·凫鹥》）
长歌倾浊酒，举世不知心。（陆游：《古意》）

一旦过滤成为酿酒业的普遍程序，"清酒"成了高品质的酒，以之祭祖敬神；"浊"便成为低质酒的代名词，以致后来主人招待客人时，往往将自家的酒谦称为"浊酒"。

若论酒之味，首先当以其味之浓淡区别之。久经储藏，其味醇厚者为佳，曰"醹"、曰"酤"、曰"醇"，又曰"酽"。

曾孙维主，酒醴维醹。（《诗经·大雅·行苇》）
酤，酒厚味也。①
至者，参辄饮以醇酒。（《汉书·曹参传》）
送雪村酤酽，迎阳鸟哢新。（苏辙：《次韵子瞻招隐亭》）

何以味醇味厚？久积之也，故酒以陈年者为贵。也许储藏，特别是久储当是酿酒业自过滤环节后，为提高酒质而创设的又一重要环节。储之愈久发酵愈充分、到位，其味当愈浓厚、强烈。否则为薄。

临行怪酒薄，已与别泪俱。（苏轼：《送岑著作》）
乡遥归梦短，酒薄客愁浓。（陆游：《江陵道中作》）

于是，像"浊"一样，"薄"也成为低质酒之代名词。同样，"薄"亦可用之自谦。当主人招待客人时，便可用"薄"来称呼自家的酒。

酒与水最大的区别正在其因酒精刺激而来的强烈辣味，储藏越久而味道越强劲。然而人类口腔与鼻腔接受酒精味道与气味刺激的程度又有限。人类对酒味之追求一直处于

---

① 许慎：《说文解字》，中华书局，1963，第312页。

矛盾中，过淡则嫌其味薄；过强又怨其迫人、粗野。于是对于酒味，在滋味与气味已然明显的基础上，人们更愿意找到一个平衡点——浓而不烈，曰"柔"。

兕觥其觩，旨酒思柔。（《诗经·周颂·丝衣》）

"柔"曰酒味耐品、绵长，不过分地辣人或呛人，有一种平和中正之美。对于酒味，人们还讲究其味道要能在口腔和鼻腔中持续一段时间，让饮酒者有充分时间去感受、记忆，甚至留恋它，而不是像芥末那样，一下子就让人受不了。其滋味与气味要慢慢地渗透到人的口腔与鼻腔，慢慢地拓展开来，很温柔、缠绵地驻留其间，此之谓"醇"。

昨想玉堂空冷彻，谁分银榼送清醇。（苏轼：《正月八日招王子高饮和王晋卿》）
巴楚夷陵酒最醇，使君风味更清真。（陆游：《过夷陵适值祈雪与叶使君清饮谈括苍旧游既行舟中雪作戏成长句奉寄》）

实际上，就古典诗词对美酒的描述看，"醇"即浓厚、久长之酒味，成为古人奉承酒的一个最普遍、稳定的词语，是"美酒"之代名词。当人们对自家或他家的酒很满意、很受用时，便喜欢用一个词来赞美它，曰"醇"。如果说"醇"主要用以描述酒液之口味或滋味，那么对酒液施于饮酒者鼻腔的深刻印象，则曰"香"。

谷鸟惊棋响，山蜂识酒香。（苏轼：《绿筠亭》）
清秋多宴会，终日困香醪。（杜甫：《崔驸马山亭宴集》）

与白酒相比，葡萄酒的香型要来得更复杂。

所有酒类都含有丰富的芳香物质，但在众多酒类当中，香气最复杂的唯有"葡萄酒"（wine）。经科学研究发现，葡萄酒含有1000多种呈香物质，目前，已鉴定并确定名字的有300多种，其中人类感官可以辨别的仅100多种。在这100多种气味当中主要划分十几大类，如果香、花香或香料香等。这些呈香物质随着时间的推移及环境的变化会发出不同的香气，其中有些气味还无法准确的描述，因此，人类对葡萄酒的香味成分了解甚微。①

诚然，酒是一种饮料，最终是要喝下去的。然而作为一种精致、完善的饮食审美活

---

① 吴振鹏：《葡萄酒品鉴：一本就够》，中国纺织出版社，2015，第177页。

动,饮酒者在饮酒过程中往往会禁不住酒液的另一种特性——色泽之美的诱惑,在将酒浆倾入口中之前,往往首先为其鲜明、精致的色泽所打动。于是面对酒,饮酒者的第一个反应往往是目光情不自禁地驻留于酒杯,先兴奋地注目于杯中酒液的色泽,耐心欣赏酒浆在杯中的视觉之美,它既可是色之雕塑,亦可为色之旋律。不同酒料、工艺酿造的酒,其色泽表现自然不同。

新酒黄如脱壳鹅,小园持盏暂婆娑。(陆游:《新酿熟小酌索笑亭》)

尊酒如江绿,春愁抵草长。(陆游:《自来福州诗酒殆废北归始稍稍复饮至永嘉括苍无日不醉诗亦屡作此事不可不记也》)

与古代的黄酒相比,现代的啤酒与葡萄酒在色彩丰富性上可谓已臻于其极。

彩虹所有的颜色,啤酒都有。没有其他任何一种饮料的颜色可以从最浅的淡稻草色升到最深的墨黑色。①

葡萄酒的类型丰富,颜色各异。不同类型有不同的色调,如干白葡萄酒从绿黄色到琥珀色共有十几种。干红葡萄酒从牡丹红到紫红再到砖红色。色调的深浅与气候、葡萄品种、酿造工艺和成熟时间有关。不同的色调代表不同葡萄品种或陈年时间。因此,在品鉴葡萄酒时首先观色,并对颜色进行描述。在描述颜色时可用自己熟悉的颜色对比,也可用色盘上面相应的颜色术语进行描述。②

再加上酒浆之色与酒杯之色或映衬,或交融,形成复杂的色泽组合关系,便成为饮酒审美活动中形式美欣赏的高级表现。

葡萄美酒夜光杯,欲饮琵琶马上催。(王翰:《凉州词二首·其一》)

兰陵美酒郁金香,玉碗盛来琥珀光。(李白:《客中行》)

酒本来是液体,自身无固定形态。然而,啤酒的欣赏则多出一份为其他酒液所没

---

① 兰迪·穆沙:《啤酒圣经:世界最伟大饮品的专业指南》,高宏、王志欣译,机械工业出版社,2014,第1页。

② 吴振鹏:《葡萄酒品鉴:一本就够》,中国纺织出版社,2015,第187页。

有的特殊的固体造型之美——层层叠叠的泡沫所形成的雕塑感。此乃酒的特殊视觉之美——色彩美之外的形态之美。

要让啤酒的顶部形成完善的泡沫，需要用一个绝对干净的杯子，从中间位置猛地往下倒。泡沫会向上涌，不过这是好事啊！千真万确！等一会儿，让泡沫沉淀，然后再重复上述动作，直到把杯子斟满。通过延迟满足，让大量的泡沫上涌之后再下沉，我们可以得到一层浓厚的奶油状泡沫，里边充满了可以持续很长时间的小气泡。这样做还有点附加收益——你已经把多余的气体通过碰撞挤出了啤酒，这样就会得到更像生啤的奶油般的柔滑效果。①

高身香槟杯杯口小，杯身长，可控制酒香和二氧化碳气体发挥，便于观赏气泡，是最理想的起泡葡萄酒载杯。②

饮酒者会因饮酒而产生一种特殊的美感——酒色，它可与酒液、杯光相映成趣，营造出一种特殊的审美氛围。在情人眼里，饮酒后的美人会更有风致。饮酒者自身因酒精刺激而产生的特殊生理反应——双颊上的红晕，前人谓之"酒晕"或"酡"。

醉客千言犹落笔，美人斗酒未酡颜。（陆游：《青城县会饮何氏池亭赠谭德称》）
寒心未肯随春态，酒晕无端上玉肌。（苏轼：《红梅三首·其一》）

上面分述了品酒之不同角度——观其色、品其味与闻其香。当然，最自然之语境乃是对上述三者同时进行综合性感知与体验。

喝法国红酒也有一种仪式：斟上，看颜色，晃动杯子，让酒旋转呼吸，闻闻，抿一口，任其在牙缝中奔突，最后落肚。好酒？好酒。酒过三巡，牛饮神聊，海阔天空。③

葡萄酒的品尝是通过眼、鼻、口、舌去感知酒的色、香、味等品质特征，然后通过这些感知器官辨别酒的口味、成分及质量，最终对酒的品质优劣进行总结，并加以评估。④

---

① 兰迪·穆沙：《啤酒圣经：世界最伟大饮品的专业指南》，高宏、王志欣译，机械工业出版社，2014，第77页。
② 吴振鹏：《葡萄酒品鉴：一本就够》，中国纺织出版社，2015，第145页。
③ 北岛：《饮酒记》，载《北岛作品》（精华本），长江文艺出版社，2014，第242-243页。
④ 吴振鹏：《葡萄酒品鉴：一本就够》，中国纺织出版社，2015，第178页。

这便是全方位地体会酒液之美，它综合了来自嗅觉、味觉与视觉三方面的美感，是对酒液审美价值的完善体验。葡萄酒的品尝步骤包括观色（如色彩、纯净度、黏稠度、透明度和气泡等）、闻香（品种香、发酵香和陈年香，可静止闻，摇杯而闻，亦可摇后再闻。葡萄酒香味类型可包括鲜果/鲜花香、木材/烧烤香、菌类/灌木香、糖渍/成熟果实香等）和品尝三个环节，此亦大致适应于几乎所有酒类之欣赏。

与视觉和声音相比，对气味和味道的感知需要较长的反应时间，且持续时间较长。这给了我们另一个将味觉视为有时间维度——有开始、中间和结尾——而非像拍快照那样的短短一瞬的理由。①

如果说上面所呈现的是品酒活动的空间结构——从不同感性特性上体验酒之魅力，那么这里所展开的则是品酒的时间维度。这正是品与饮的差异：为解渴而饮水是一种即时性的行为——猛然倾倒至肚子里即可。然而，品酒作为一种自觉、精致地感知和体验酒的综合性审美价值的文化活动，它需要饮酒者付出必要的时间成本，需要一种特别的从容与耐心，需要慢慢来，否则就是对美酒的浪费，就是对酒、制酒者以及酒主人的不尊重。

葡萄酒的口感由数百种成分构成，在这些成分当中比较重要的物质有："单宁、酸类、酒精、糖分、甘油及呈香物质，"其中单宁是红葡萄酒的筋骨；酸类带来清新感；酒精能增强酒体，赋予厚实感及甘甜感；而糖分和甘油不仅为酒带来甜味，还可以提高浓稠度有柔滑感。其实，味觉品尝目的是通过口腔味蕾对以上成分进行感知和分析，再进行信息汇总，总结出葡萄酒的结构、均衡度及酒体的厚重感，最终做出自己的评价。②

颜色、清亮度、碳酸饱和度，还有很多其他因素——啤酒所能展示的特点真是多得让人头晕目眩。我想这也是我们为什么对啤酒兴趣如此浓厚的原因之一吧。不管你觉得自己关于啤酒的学识多么丰富，总有新的东西等待你去发现。啤酒有完全属于自己的语言，只有当你找到了正确的方式，它才会向你展开它的秘密。我们要待之以诚，深情地、深深地凝视这琥珀色的、冒着气泡的液体。如果你侧耳倾听，它也许会说上很多呢！③

---

① 兰迪•穆沙：《啤酒圣经：世界最伟大饮品的专业指南》，高宏、王志欣译，机械工业出版社，2014，第35页。
② 吴振鹏：《葡萄酒品鉴：一本就够》，中国纺织出版社，2015，第194页。
③ 兰迪•穆沙：《啤酒圣经：世界最伟大饮品的专业指南》，高宏、王志欣译，机械工业出版社，2014，第79页。

这样的饮酒活动已然不再属于饮食系统,而是一种艺术鉴赏活动,是一种典型的审美。它要求品酒者极度的耐心、细腻,甚至挑剔。此乃对汉字"品"的最好阐释——精致化的口味与精细化的品评。

饮者典范——酒仙

酒是人类饮食文化发展到"味"的自觉阶段所发明的代表性成果,其强烈、独特的味道吸引了历代无数的美食家。在中国,人们为酒的知音量身定做了一顶桂冠——"酒仙"。世有名厨而后有酒仙,世有酒仙,酿酒者与酒才找到了自己存在的意义,他们互为知音。

夜阑酒渴有奇梦,吞楚七泽吴三江。(陆游:《夜寒遣兴》)
纵酒长鲸渴吞海,草书瘦蔓饱经霜。(陆游:《夜饮示坐中》)
爱山入骨髓,嗜酒在膏肓。(陆游:《晨起看山饮酒》)
饮酒得仙陶令达,爱花欲死杜陵狂。(陆游:《梅花六首·其二》)

"酒仙"之首义当然是豪饮、能喝、酒量大。由于酒特殊、强烈的味道,更由于酒精对人神经的刺激作用,酒虽然为酒仙们命名为"琼浆",但实际上酒并非为人人所喜,更非人人所长,故而酒仙们的巨大酒量便折服了历代俗众,酒仙们消费酒的故事便被广大不善饮酒者演义为种种传奇。

性嗜酒,家贫不能常得。亲旧知其如此,或置酒而招之;造饮辄尽,期在必醉。既醉而退,曾不吝情去留。环堵萧然,不蔽风日;短褐穿结,箪瓢屡空,晏如也。常著文章自娱,颇示己志。忘怀得失,以此自终。(陶渊明:《五柳先生传》)
刘伶恒纵酒放达,或脱衣裸形在屋中,人见讥之。伶曰:"我以天地为栋宇,屋室为裈衣,诸君何为入我裈中?"(刘义庆:《世说新语·任诞》)

刘伶与陶渊明便是中国古代酒文化史上的重量级人物,足可成为中国酒文化之代言人。超级酒量之外,对于酒液持久、毫无保留的热诚,乃此二位成为酒仙的又一重要原因。他们都嗜酒如命,终生不能离酒,可谓生死以之。他们是酒的情人,与酒有忠贞不渝的爱情。然而,"酒仙"最重要的内涵当是足为酒之知音,即有能力且有雅兴、耐心、细腻、完善地感知和体验酒这种人类所发明的神奇饮料的独特审美价值。"酒仙"乃对喜饮与善饮者的最高褒奖,如同"桂冠"之于诗人。如果说哲学家应当被准确地称为"爱智者","酒仙"也当被更准确地称为"爱饮者",此"饮"当然是指"饮酒"。

酒因发酵陈酿而产生了浓厚、强烈的刺激气味,既吸引了一批嗜酒者,同时也逼退了为数更多的不善于接受此强烈气味者。酒液内含有程度不等的酒精,过量饮用会引起种种生理不适,故而即便是乐饮者,往往也会担忧其后果,所以对酒这种奇特饮料,人们的态度极为复杂——喜而惧之。于是,饮酒界便产生了如此神话:对喜饮且善饮者往往心向往之,传之颂之。酒的复杂性正在于其酒精成分既让人心生畏惧,又让人兴奋不止,于是酒场便演化为战场,有了竞争性,曰"酒军"。

酒军诗敌如相遇,临老犹能一据鞍。(白居易:《和令狐相公寄刘郎中兼见示长句》)

在此并不轻松愉快的饮食活动中,亦自有其专家,自有其天赋者。于是,酒量巨大、能醉人而不自醉者,便有了种种雅称,曰"酒神""酒魔""酒龙"等等,不一而足。

酒席之士,九吐而不减其量者为酒神。"①
李白斗酒诗百篇,长安市上酒家眠。天子呼来不上船,自称臣是酒中仙。(杜甫:《饮中八仙歌》)
酒魔降伏终须尽,诗债填还亦欲平。(白居易:《斋戒》)
思量北海徐刘辈,枉向人间号酒龙。(陆龟蒙:《自遣诗三十首·其八》)

尽管酒史上关于能酒者与嗜酒者雅称众多,但从美学角度看,特别是联系到中西酒文化内在气质之差别,"酒仙"一词也许最洽。它既可准确地表达饮酒者的审美超越精神,又除去了西方酒神所具有的粗野暴力倾向。对"酒仙"最完善的理解当是:他首先是一个能饮者,有好酒量,更是一位酒的专家、知音,能完善地感知与体验酒的审美价值。最后,他还是一位酒的最诚挚热爱者、酒的情人,对酒有最热烈、持久的忠贞。

旋烧新兔倾村酒,扶得归来醉似泥。(陆游:《新塘夜归》)

---

① 冯贽:《云仙杂记》卷六,收入《文渊阁四库全书》子部小说家类杂事之属第1035册,台湾商务印书馆,1986,第673页。

这是一幅酒鬼的典型画像,似乎除了想喝和敢喝之外,其余乏善可陈。有一点也许需要我们特别关注:虽然刘伶、陶渊明、李白确为饮界闻人,然而他们实为酒仙中的晚辈后生。让许多人想不到的是,中国的酒仙之祖并非以放荡不羁闻名的诗人们,而当推孔圣人为尊:

唯酒无量,不及乱。(《论语·乡党》)

这是圣人门徒对乃师的清晰、永久记忆——一位酒圣!孔门弟子一致认为:与老师坐在一起喝酒,他们心里会特别没底,因为他们发现只要老师有雅兴,就能不断地喝下去,弟子们根本就摸不清他老人家到底喜欢喝到什么程度,究竟能喝多少?往往一场酒席下来,所有到场领杯者都出尽了洋相,醉倒在那里,唯独老师一个人还正襟危坐,一副"世人皆醉,唯我独醒"的样子,真拿他老人家没办法。也许,弟子们对圣人酒量的印象真是太深刻了,所以才会在《论语》这本"先师圣言录"中特别地记下这一条。

这充分说明儒家乃至孔子本人并不一概地反对喝酒,甚至也不绝对地反对贪杯;但是圣人给所有嗜饮者划了一条红条,那就是"不及乱",即酒后仍能保持一个正常人的起码理智,还能掌控自己的身体与语言,不会因过饮而发酒疯、患酒病。

"不及乱"是一条关于恰当饮酒的内在指标,而不是外在的几斗、几杯或几瓶。人与人不同,酒量差异甚巨。有的人几杯下去就会脸红,就想吐,就要胡言乱语,手舞足蹈;可有的人三碗酒下肚还要去打虎,对此,岂可一概而论?然而恰当的饮酒量虽然没有符合于每个人的固定外在标准,却有一条很实在的内在标准,那就是不突破每个饮酒者自身耐酒量之极限,不会导致自己生理不适与言行紊乱。因此,"不及乱"乃是天下饮酒者的"金规则",是自觉地以生活实践理性管控饮酒者,以追求身心愉快为目标的审美酒兴之经典规范。于是,我们对"酒仙"这个概念可以有不同层次的理解,或者说"酒仙"本身就可以有不同的版本。

其一,以豪饮为"酒仙"。在此意义上,所谓"酒仙"便是那些特别能喝,酒量特别大的人。

其二,以嗜酒为"酒仙"。在此意义上,所谓"酒仙"是指那些特别爱酒,以酒为命,其一生须臾离不开酒的人。

刘伶病酒,渴甚,从妇求酒。妇捐酒毁器,涕泣谏曰:"君饮太过,非摄生之道,必宜断之!"伶曰:"甚善,我不能自禁,唯当祝鬼神,自誓断之耳。便可具酒肉。"妇曰:"敬闻命。"供酒肉于神前,请伶祝誓。伶跪而祝曰:"天生刘伶,以酒为名。一饮一斛,五斗解酲。妇人之言,慎不可听!"便引酒进肉,隗然已醉矣。(刘义庆:《世说新语·任诞》)

  来吧,给我倒上一杯,多倒些,
  满满的一杯,我要满满的一杯:
  谁要害怕谁就是傻瓜,我连眼睛都不会眨一下,
  哪怕把我自己喝进坟墓。
  来吧,我的小伙子们,举起酒杯,到处喝吧!
  我们要把整个宇宙喝干,我们就要出发,把它全都喝干,
  等我们一清醒,我们就死去。①

  其三,以懂酒者为"酒仙"。在此意义上,所谓"酒仙"是能够也乐于用心细品每一种酒的独特妙处的人,是那些能全方位感知和体验酒的气味、味道和色泽的人,是酒的专家,酒的知音。

  三种原料——谷物、水和酒花——经酵母转化。啤酒简单得惊人,然而说起它给我们带来的一系列丰富的感觉,啤酒又能令人眼花缭乱。啤酒那琥珀色包含着那么多的思想、感觉和故事,能讲上一辈子……请开启一瓶具有特殊意义的啤酒,倒进你珍藏的酒杯中,给它足够的时间,让它完美地沉淀。啊,啤酒!举起酒杯——正如无数人在你之前做的那样,向一个对你很特别的人敬酒。停下来,闻一闻,然后痛饮。谷物、水、酒花——可又远不止这些。借助你的头脑、你的心灵、你的灵魂,你就能从中品出整个世界。②

  其四,以控酒为"酒仙"。在此意义上,所谓"酒仙",乃是指那些虽然也喜爱饮酒,但并不会为自己所喜者控制,而能全程清醒地控制自己的饮酒行为,不会因过量饮酒而误了生活中其他大事,也不会因过饮而扫了酒场上其他人雅兴的人。虽然有人将酒场称为"醉乡",将醉理解为饮酒之最终目标,然而在此意义上的"酒仙"乃是指那种既能

---

  ① 兰迪·穆沙:《啤酒圣经:世界最伟大饮品的专业指南》,高宏、王志欣译,机械工业出版社,2014,第4页。

  ② 同上书,第35页。

让自己尽兴，也能让他人尽兴，善于以生活理性管理酒场情怀的人。儒家圣人为酒仙们以及所有饮酒者划下一条关于恰当饮酒的红线。孔圣人为中国酒文化史留下了一个关于"酒仙"的真正神话——酒量大到"无量"——怎么喝都可以；而且更神奇的是他怎么喝都可以保持头脑清醒，喝得再多也不胡来——"不及乱"！饮酒"无量"难，"无量"而又"不及乱"可谓难乎其难！这才是真正的神话、真正的牛人！

其五，以酒为媒的"酒仙"。在此意义上，所谓"酒仙"乃指那些不仅能喝、想喝，而且能在酒席上快乐自己和他人，其还能在酒场之上饮酒之余，因酒而兴，在酒精的刺激下，其精神创造力勃然喷发，因此而能创作出精彩的文艺篇章或施展出精妙绝技之人。也许，所有酒仙类型中，最后一种酒仙的文化内涵最为丰富，因而对人类各领域文化事业贡献最大。陶渊明、李白、苏轼和陆游等均因酒而留下诸多不朽的诗文名篇，乃此类"酒仙"典范。也许，完善地感知、体验和理解酒之魅力，如同各门类艺术所需要的知音那样，需要由三种角色构成。

其一，恋人，酒的真诚爱好者，甚至是膜拜者，有着对它全身心和持久不灭的热情。在情人眼里，酒完美无缺，且不能容忍他人对酒的半点非议，否则就是他的仇人。酒便是整个世界，整个世界里也只有酒。这是欧洲中世纪骑士集团为这个世界留下的最富诗意的伟大传统。爱酒者在此只是换了自己的恋人，从一般意义的佳人换成了杯中物。

其二，对方律师。这也许是一个最无诗意的角色，因为他像只啄木鸟一样，眼里只有酒的缺陷，至少是某种酒在某一方面的缺陷——色泽感还差一些，看起来不太清亮，酒味也薄了一些，或者其中的甜味太轻浮了些，等等。总之，这种人似乎是酒的死对头，专挑酒的毛病。然而一方面，能从每一款酒中精准地挑出毛病，让其酿造者心服口服还真不是一件容易事，他至少是一位本领域的专家，甚至是一位高人。另一方面，更重要的是，某一种酒要走向完善境界，不断地超越自我，正需要这种"律师"或"啄木鸟"的有力成全。换一个角度看，这是一种酒业发展必不可少的角色，是以消极方式作积极的成全酒的工作，是酒业之恩人。至少，本领域的品酒师们有时难免需要扮演此种似乎不太让人喜欢的角色。

其三，观众。如果说第一种角色只发现了酒的好，第二种工作专门关注酒的某种缺陷；那么观众则是一种利益不相关的第三方，是最为客观、公正的角度，有好说好，有不好说不好，其优势正在于两方面都可以看到。酒业要获得正常发展，这三种角色均有其不可替代的独特作用。某种意义上说，都是在成全酒，成全酒业。

拓展阅读文献

[1] 徐兴海. 中国酒文化概论 [M]. 北京：中国轻工业出版社，2017.

[2] 兰迪·穆沙. 啤酒圣经：世界最伟大饮品的专业指南 [M]. 高宏，王志欣，译. 北京：机械工业出版社，2014.

[3] 吴振鹏. 葡萄酒百科 [M]. 北京：中国纺织出版社，2015.

[4] 凯文·兹拉利. 世界葡萄酒全书 [M]. 黄渭然，王臻，译. 海口：南海出版社，2011.

思考题

1. 审美能力包括哪些具体要素？
2. 如何全面地感受和体验各式酒液的魅力？

第二节 酒兴

前面诸节主要从饮酒者的生理需求和感受层次描述酒的魅力，主要将酒理解为一种物质性存在——食物。本节则集中关注酒液之精神性价值，主要立足人的心理需求与心理满足来介绍酒的独特功能。

风高乍觉弓声劲，霜冷初增酒兴豪。（陆游：《野饮夜归戏作》）
长饥未必缘诗瘦，多闷惟须赖酒浇。（陆游：《信步近村》）

"酒兴"既指作为人类饮酒行为起点对酒的态度——对酒的爱好、趣味或兴趣，更指人类饮酒行为之结果——因饮酒而来的特殊心理状态——酒之乐、酒之趣。当然，本节主要地从精神心理的角度，具体来说是立足于美学关于人类审美活动的目的——美感的角度阐释酒对人类精神心理的特殊价值——感性的精神心理愉快。一方面将它理解为美感的一种特殊形态，另一方面更将它理解为一种生活审美——饮酒者从现实的饮酒活动中所体验到的人生美感或人生幸福感。

德国是世界上啤酒消耗量最大的国家之一，也是仅次于美国和中国的世界第三大啤酒生产国。据统计，欧洲大约有 3000 个啤酒厂，其中 1/3 以上的厂在德国。①

捷克啤酒举世闻名，而捷克人也堪称世界上最爱喝啤酒的。据统计，在 2005 年，捷克人均喝掉 156.5 升啤酒，这一人均消费量排在世界第一位。②

由此可见，对酒的爱好可谓一种国际性爱好，不分国界。若言有别，存在的只是关于酒的特殊趣味，比如某个国家的人们更钟情于某种特殊种类或品牌的酒，人们对酒的普遍性喜好则是一致的。

精神生命与美感

精神生命

人不仅有生物生命，不仅仅只考虑生物需要的满足，人还有精神生命，人的一生也要谋求精神生命的满足。③

首先，精神生命对生物生命有极大的补充和稳定作用。人在生命活动中往往把精神性的补偿视为与物质性的满足同样重要。生命的冲动在一定程度内可以通过精神生命得到满足。比如"画饼充饥""望梅止渴"，中国这些成语其实也可以作为精神生命的某种注脚。同时，精神生命还可以为现实生命悬置前进的奋斗目标，对现实生命具有巨大的诱惑和驱动作用。它燃烧起人们的欲望，支持着人们不惜冒险去探索更新更有效的生存方式和生存空间。④

依导言部分所提及的封孝伦"三重生命"学说，现实的人类生命是一种复杂的结构体，无论从其能力还是欲望，每个人的生命都包括了生物、社会与精神三个层面。若纵向地考察人的现实生命，则几乎每个人的每一种活动、每一种欲望都包括了从生物到社会，再到精神这由低到高的三个层次。

"精神生命"这一概念可提示我们关注每个人生命中与其他动物不一样的部分——每个人的精神能力，及其心理欲望。所以，"三重生命"学说便成为我们完善地理解酒对人

---

① 阳艳平：《欧盟酒税协调进程再次受阻》，《中国税务报》2006 年 11 月 15 日，第 7 版。
② 同上。
③ 封孝伦：《人类生命系统中的美学》，安徽教育出版社，2013，第 88 页。
④ 同上书，第 91-92 页。

类生命价值的一把锁钥。现在我们提出的问题是：如果说人不仅是一种生理性存在，还有其精神层次的需要；如果说酒对人而言不仅是一种食物、一种饮料，还有其影响人类心理状态与精神需求的独特、拓展性功能，那么我们应当如何从精神层面认识酒的价值或功能，或者说我们应当如何从精神的角度去对待酒、感知和体验酒呢？

照见五蕴皆空，度一切苦厄。(《般若波罗密多心经》)

佛教的"五蕴"概念谓色（形相）、受（情欲）、想（意念）、行（行为）、识（心灵）。这一概念揭示出：人是一个从生理到心理的综合性整体，他的感受与体验系统也是整体性的。酒作为一种含有酒精，因而同时对人的生理和心理均有明显刺激作用的特殊饮料，饮酒者对它的感知与体验也是全方位的。前面诸节主要描述的是酒功能中的生理层次部分，即它对人的"五根"（眼、耳、鼻、舌、身）的刺激作用，对饮酒者而言，则是以其"五根"充分地感受酒液之美。在本节，我们则主要讨论酒对饮酒者心理世界的影响作用。

美　感

审美是本教材阐释人类饮酒活动的一个重要维度。美学是研究人类审美活动，即美的创造和欣赏活动的科学。审美活动区别于人类其他生命活动的最显著特征有二：一曰感性。一方面，无论自然美、工艺美、艺术美，还是生活美，均首先呈现为具有鲜明感性特征的对象，或以其突出的形、色、声音等特性吸引人，或打动人类内在的情感世界；另一方面，人类主要通过其诸感性的器官或心理功能对美的对象进行感知。于是，人类首先用眼睛欣赏画之美，用耳朵感知音乐之美，用自己的细腻情感去捕捉抒情诗之美，等等。二曰精神性。从原则上说，美的创造与欣赏活动属于人类的观念文化形态，主要发挥其诸心理能力，满足其精神生命之需求。正因如此，审美主要是一种精神生活，它所展开的也是一个精神性的时空，建构的是一个为人的精神生命服务的世界。然而，若对人的审美活动进行细致地观察将会发现：审美是一种综合性的活动。如果说它是一种人的感性活动，那么它同时调动了人的生理感性——耳目感官与心理感性——情绪、情感等，因此，它所追求的也是一种综合性效应——悦目赏心。于是，我们便需要引入美学的一个关键词——"美感"。

美感是人类审美经验最终的积极心理成果，是人对各类美的对象审美价值之完善感知、理解与体验，是审美主体对对象审美价值的积极性心理反应，它具体表现为审美主体从生理到心理层面的满足与愉悦,简言之,谓"悦目赏心"。作为现实的个体生命,每个人都是一个由生理、精神与社会三个维度组成的综合性生命体,其中,精神生命的部分又由情感与理性两种要素构成。酒液所含的酒精成分刺激的是人的感性一端,其神经系统受到抑制的则是人的理性思维与判断能力。所以,饮酒活动对人的精神世界主要联系于其感性一端,具体地说,是其感知与情感方面。正因如此,美学,更为具体地是从审美体验的角度来描述酒对个体精神心理的影响便更为恰当。

酒可以兴、可以怨

子曰:"小子何莫学夫《诗》。《诗》,可以兴,可以观,可以群,可以怨。迩之事父,远之事君;多识于鸟兽草木之名。"(《论语·阳货》)

孔子曾将诗歌的文化功能总结为"兴""观""群"和"怨"四端。"兴者,起也。先言他物,以引起所咏之词也。"[1] 对于"兴",朱熹主要将它理解为一种诗歌创作方法,用以解释《诗经》中的《国风》部分为何充满了借景以言情式的篇章,如:

关关雎鸠,在河之洲。窈窕淑女,君子好逑。(《诗经·周南·关雎》)

然而,孔子的本意也许并非只是讨论《诗经》民歌的表达方法,而是立足于美育讨论一种更为普遍、根本的审美趣味之培养——以诗歌启蒙引发年幼学生们的审美趣味。孔子认为,《诗经》中的国风民歌充满了质朴而又机智、有趣的类比,体现出民间歌手们对丰富的世俗人情的敏感、细腻的感知,这里有对现实生活情感的深沉表达,对人类内在精神世界,特别是情感世界的深入发掘。所以,"诗三百"对培育年轻人的文化人格、人伦情感而言,当是一部绝好的教材。所谓"诗可以兴",意即一个人每天只是吃喝、劳作与休闲是不够的,那只是一种动物式的、不自觉的粗俗生活。要让一个自然人、蒙昧人或野蛮人的内心精致、柔软、丰富起来,就需要诵读《诗经》,因为它是人类自我情感启蒙的重要途径。通过诵读这些诗篇,我们可以感受到他人的悲欢喜愤,同时我们自己的内心也会格外地敏感起来,从而增进人与人之间的理解,温暖人情。"三百篇"可以让一个人特别地敏感、细腻起来,可以让我们从平淡、粗俗的日常生活一下子进入一种特

---

[1] 朱熹:《诗经集传》,上海古籍出版社,1987,第1页。

别的状态,激发出我们内心的情感,让我们进入一种区别于日常生活经验的纯净、美好的状态,此之谓审美,此之谓美感。

所以,我们愿在此对"兴"这一古老概念给出一种新的美学解释:兴者,起也,乃指可以激发出一种区别于日常生活语境的特殊趣味、情感与心理状态,使人们进入一种具有审美价值或审美效果的"陌生化"经验——审美经验的功能。简言之,是指进入一种审美语境,激发或产生一种可以让人感受到精神愉悦的审美经验。在此,我们愿从《论语》中借鉴一个命题"诗可以兴",将它改造为"酒可以兴",并进而将它凝结为一个核心概念——"酒兴",以此阐释"酒"的观念性价值。立足于上述人生哲学中的"精神生命"概念与美学中的"美感"概念,我们现在努力提出和回答这一问题:如果说人类饮酒同时或主要地为了满足其精神层面的需要,可以使其快乐,那么饮酒到底可以给人带来什么样的快乐?立足于人生哲学与美学,酒的魅力到底是一种怎样的魅力,爱酒的趣味到底是一种怎样的趣味呢?为回答此问题,我们在此隆重推出又一基础概念——"酒兴"(taste for wine; pleasure of wine-drinking,)。

所谓"酒兴",即饮酒之兴致或兴味,亦可谓之"酒趣"——对酒的精神性趣味,具体指的是审美性的特殊心理倾向或爱好。它用来从精神心理层面描述、概括与阐释人类饮酒活动中的特殊心理状态——沉醉及其积极的精神成果——酒乐(pleasure in wine-drinking)。从美学的角度看,所谓"酒兴"实乃人类关于饮酒之审美经验,围绕饮酒而产生之特殊美感(the sense of beauty in wine-drinking)。我们可以用它来描述饮酒者在饮酒过程中所体验到的特殊心理状态及最终心理成果——审美愉悦(aesthetic pleasure)。立足于美学,所谓酒兴或酒乐实乃饮酒者在酒精刺激下所产生的一种暂时性的心理解放感与精神超越感。在此意义上说,酒兴实乃人类审美经验自由或超越性之典型范例,美学家正可依酒兴而阐释人类审美经验之哲学本质。在此意义上,酒神精神实即审美的感性解放精神,酒兴、酒趣或酒乐实即人类之审美趣味与审美愉悦,它们本质上属于审美经验。

酒兴是对日常生活经验的陌生化

美学的基础性问题是:审美经验或美感与人们的日常生活经验有何区别?人的审美经验从哪里开始?20世纪初期的俄国形式主义理论家在努力回答人类日常交际语言与文学语言,即语言的文学性问题时,曾提出了"陌生化(defamiliarization)"这一概念。

艺术的目的是使你对事物的感觉如同你所见的视像那样,而不是如同你所认知的那样；艺术的手法是事物的"反常化"手法，是复杂形式化的手法，它增加了感受的难度和时延，既然艺术中的领悟过程是以自身为目的，它就理应延长；艺术是一种体验事物之创造的方式，而被创造物在艺术中已无足轻重。①

其内在的理路是：由于文学家应用其民族语言于文学写作时，有意识地从语音、语法和词汇三个方面努力，从而对日常生活语言做出某些变化，于是人们在阅读文学作品时就会对原本很熟悉的本民族语言产生一些陌生感，正是这些差异所创造的陌生感使日常生活语言突然变得有趣，令人兴奋起来。所以，每一种民族语言的文学性实由此种改变而形成的差异感产生，这种陌生感或差异感正是文学性的本质内涵。从美学的角度看，这种"陌生化"之后的陌生感正是人类对语言文学性之美感或审美经验，人类在文学语言艺术中的审美经验或审美愉悦正由此产生。

为说明人类审美经验的非物质功利性质，突出审美经验的纯粹性或精神性，英国美学家爱德华·布洛（Edward Bullough）曾提出"心理距离"（psychological distance）的概念：

距离是通过把客体及其吸引力与人本身分离开来而取得的，也是通过使客体摆脱了人本身的实际需要与目的而取得的。②

这一概念的主旨是：一个人要想在审美活动中真正获得精神性愉快，他在进入美的创造与欣赏活动之前，就需自觉调整自己的心理状态，比如主动地将自己在日常生活中对某种物质功利的计虑之心暂时性地排除于其理性意识之外，以便用一颗纯粹，即非物质功利之心进入审美的状态，这样才能真正体验到一种精神愉悦，也只有在此条件下所获得的快乐才是一种真正的审美愉悦。比如，一旦进入剧场你就不能再担心离家时是否真的锁上了门，刚刚结束的一场考试到底能否及格，等等。如果你此时还不能将一颗心彻底放下，哪怕只是暂时性地放下一两个小时，那么你今天便真的白来了，买票的钱便真的白花了，因为你既花了钱，又没得到心理愉快。

如果说在文学艺术的欣赏中，人们对区别于本民族日常语言的奇妙感觉主要由作家

---

① 什克洛夫斯基等：《俄国形式主义文论选》，方珊等译，三联书店，1989，第6页。
② Edward Bullough, "'Psychical Distance' as a Factor in Art and an Aesthetic Principle," The British Journal of Psychology 5（1912-1913）:87-118.

自觉的"陌生化"手段而产生,那么在天天相似的平淡日常生活中,如何才能切实地产生了超越性的审美经验,使自己的生活突然感觉到有些不一样呢?

人们为什么喜欢饮酒?那是因为由于酒精的刺激作用,一杯酒下肚后,饮酒者会产生一种很奇妙、很不一样的感觉:好像眼前的一切都变了,这山、这水、这人,当然还包括自己,好像一下子进入一种奇异之乡。但是否真的如此并不重要,重要的是至少你感觉如此。"兴者,起也。"酒兴的第一层含义即酒是一种让饮酒者在酒精的刺激下,在心理意识层面暂时性脱离对日常生活语境之依赖,自觉进入到一种陌生化的特殊语境——由酒所造成的特殊语境,由此获得一种全新的精神性氛围。换言之,对追求暂时性心理愉快的饮酒者而言,酒的作用,具体地,酒精的作用正相当于文学家对其本民族语言的陌生化,让饮酒者暂时性地忘掉日常生活中的种种忧虑与负担,暂时性地进入一种"无忧无虑"的状态,好让自己在并不真正脱离现实语境的条件下,进入一种特殊的精神氛围,就像我们走进影院、走进剧场时所期望和得到的那样。

在此意义上,酒(酒精)乃美之媒、趣之媒、妙之媒,它可以引导饮酒者暂时性地摆脱现实生活物质与心理负担,在心理意识层面进入一种崭新、奇妙、令其心理愉快的特殊语境。这当然是一种观念性即非现实性的语境。然而我们并不会因其非现实性而否定它对饮酒者的特殊心理价值,就像我们不会在剧场或影院里责备艺术家虚构一样。

概言之,如果将饮酒理解为一种饮食审美的特殊形式,即总体上将饮酒理解为一种审美活动,并用"酒兴"这一概念概括整个饮酒过程中饮酒者所感知和体验的审美经验,那么"酒兴"所代表的第一阶段审美经验便是饮酒可以让作为饮食审美活动的审美经验开始并得以成立。所谓"酒兴",即指饮酒者在酒精作用的刺激下,突然间自觉中断日常生活经验、日常生活语境,进入到一种陌生化、具有审美性质的理想化审美境界。在此意义上,"酒兴"意味着饮酒者对其日常生活经验之自觉阻隔,即"陌生化",或曰对日常生活语境的"审美化"或"理想化",此乃作为饮食审美的饮酒审美经验之端点。在此意义上,我们可以将酒兴理解为"酒激"(wine-stimulating)或"酒邀"(wine-inviting)。

酒兴是自我身心减负的逍遥

酒可以将饮酒者带入一种特殊的状态,一种与日常生活经验或功利之心暂时隔离的纯审美状态。那么进入这种状态之后,所谓饮酒之乐所乐何事呢?

惠子谓庄子曰:"吾有大树,人谓之樗。其大本拥肿而不中绳墨,其小枝卷曲而不中规矩。立之涂,匠者不顾。今子之言,大而无用,众所同去也。"庄子曰:"子独不见狸狌乎？卑身而伏，以候敖者；东西跳梁，不辟高下；中于机辟，死于罔罟。今夫斄牛，其大若垂天之云。此能为大矣，而不能执鼠。今子有大树，患其无用，何不树之于无何有之乡，广莫之野，彷徨乎无为其侧，逍遥乎寝卧其下。不夭斤斧，物无害者，无所可用，安所困苦哉！"（《庄子·逍遥游》）

这便是庄子对国人的启蒙——于物质追求外开辟精神时空，追求精神幸福，过精神生活。对这种用处与快乐，庄子给出了一种具体示范，那便是"浮木于江湖"或"逍遥于树下"，即纵游于天地山水之间，作给自己心灵放假的"逍遥游"。用美学的话说，庄子是以一种超物质功利的审美态度、审美趣味为国人作审美启蒙：作为一个人，一种精神性动物，除了吃吃睡睡、挣钱养家与建功立业，还要别有追求，还要知道放松自我、放飞心灵，投身于天地山水间，体验山水之乐。这是一种特殊的精神生活，自觉超越了物质的功利心，以追求个体心灵解放为宗旨的诗意情怀、审美趣味，是以艺术的态度对待世界，培育自我。这样的新态度、新方式、新趣味自觉地超越了传统的功利境界，启发一种人生美感，开发一种对待现实世界的艺术策略。"诗国"的荣誉诚然离不开"三百篇"及李白、杜甫的贡献，然而若就面对物质世界的精神性态度之启蒙而言，由庄子"逍遥游"观念开拓的自觉追求"无用之用"的精神性态度与审美情怀，可谓是一种精神与审美的启蒙，是对中华心智与情愫之奠基。在此意义上说，庄子的"无用"之"逍遥"，便是中华精神的自我苏醒，便是中国人追求诗意栖居的审美自觉！

在此意义上，所谓酒兴，所谓酒乐与酒趣，便是在酒精的刺激下，饮酒者自觉地在心理意识上暂时忘记自己日常生活之劳役与艰辛，给自己的心灵放假，什么也不想、不做，自觉追求自我心理解放带来的快乐。庄子有时又称这种状态为"坐忘"或是"心斋"。

颜回曰："回之家贫，唯不饮酒不茹荤者数月矣。如此，则可以为斋乎？"曰："是祭祀之斋，非心斋也。"回曰："敢问心斋。"仲尼曰："若一志，无听之以耳而听之以心；无听之以心而听之以气。听止于耳，心止于符。气也者，虚而待物者也。唯道集虚，虚者，心斋也。（《庄子·人间世》）

颜回曰："回益矣。"仲尼曰："何谓也？"曰："回忘礼乐矣！"曰："可矣，犹未也。"他日复见，曰："回益矣。"曰："何谓也？"曰"回忘仁义矣。曰："可矣，犹未也。"他日复见，曰："回益矣！"曰："何谓也？"曰："回坐忘矣。"仲尼蹴然曰："何谓坐忘？"颜回曰："堕肢体，黜聪明，离形去知，同于大通，此谓坐忘。"（《庄子·大宗师》）

"坐忘"者，身坐而心忘也。需注意者，庄子这里的"忘"与日常生活中的"忘"有所不同。日常生活中的"忘"是无意识的忘——一不小心给忘了，一时想不起来某事某物。庄子这里的"忘"总体上是一种有意而为之的人生智慧。要真把日常生活中老百姓最为惦记的东西——财富、权利、美色、名望给全忘了，或是怎么也想不起来，那是何等境界！对于这种境界，我们即将一句俗语——"难得糊涂"，改为"难得忘记"，因为这些东西正是绝大多数人一生中最为惦记，心心念念想要得到的。所以，要达到庄子所说的"心斋"或"坐忘"，就需要一个有意识地自觉反思日常生活价值、超越日常生活价值的过程，需要从思想反思的高度，自觉地意识到日常生活价值的局限性，不说全然抛弃、截然相反，至少是经过自觉的反思与批判，使这些世俗的价值在自己的心理意识中变得不再那么重要，不再绝不可少，可以有意识地去淡化它们，淡化的最高境界当然是"忘掉"或"想不起来"。庄子在这里对"坐忘"的描述当然是指其最后的结果——"忘掉"或"想不起来"。可见，有意识地反思、批判与弱化，是"忘"的必要前提。

中觞纵遥情，忘彼千载忧。（陶渊明：《游斜川　并序》）
三杯忘万虑，醒后还皎皎。（苏轼：《正月九日有美堂饮醉归径睡五鼓方醒不复能眠起阅文书得鲜于子骏所寄杂兴作古意一首答之》）
日醉或能忘，将非促龄具？（陶渊明：《形影神·神释》）
有时客至亦为酌，琴虽未去聊忘弦。（苏轼：《谢苏自之惠酒》）

显然，后世酒仙们诚乃庄子之知音，他们对酒兴之忘却功能都了然于心，能真切地体会到它的妙处——自我心理减压。

洁净的水晶杯呀，来吧！
我把你已忘了多少冬夏，
请你离开那古老的小匣！
你曾辉映过先人的筵席，
由一个传到另一个手里，
使拘谨的客人满怀欣喜。
杯上的彩绘精工富艳，
饮者要赋诗来吟咏画面，
再将满杯酒一饮而尽：

我想起青春多少夜宴。

我如今不将你递与旁人，

不想借画面来卖弄机敏，

只给你斟满绛色的汁液，

这汁液极易使人醺沉——

是我所挑选，我所储藏，

我最后一次开怀痛饮，

把节日的祝愿敬奉清晨！①

异乡的一个妇人死在这里，那算得甚么呢？死是凡人的共同命运，忧能伤生。去吧，和我一样地头上戴着花冠，并和我干杯吧！我十分清楚满溢的酒杯可以抹去你额上的皱纹。②

饮酒之乐所代表的"逍遥"，如果说它也是自由，乃是一种消极的自由，一种自觉地"不为所不欲为"，想不干什么就不干什么的自由，庄子将这种快乐称之为"忘"。日常生活中的"忘"是无意识之忘，比如你今天出门时忘了锁门，它是一种不小心的行为，不是你故意如此。庄子所提倡的"忘"则是一种有意识的忘，即有意识地在自己的理性意念中不去惦记什么东西，不去做什么事，等等。在此意义上，"酒兴"代表着饮酒审美经验的第二个环节——暂时性地沉浸在饮酒所带来的特殊体验中，满足于此，沉浸于此，故意忘掉饮酒前尚需想和做的日常生活中的种种义务，有意识地给自己的身体和心理放个假，特别是有意识地不去想那些日常生活中的消极性的人生经验——不满、挫折、失意、焦虑、困惑，等等，有意识、暂时性地不去做那些日常生活中每天必须干，却又不太乐意干的事情。

通过饮酒而有意识、暂时性地忘事与罢工，它的好处是什么？是饮酒者暂时性地给自己的身体与心理减轻负担，让自己的身心暂时性地得到缓解，得到休息，以避免因持续的过度劳作而对自己的身心造成伤害，使自己被人生重负压垮。这样的休息虽然只是暂时性的，饮酒过程中对种种人生重负与消极性经验的忘记与逃避也是暂时性的，然而它对每个人漫长而艰辛的人生而言，特别是对其生理与心理健康而言却又很必要。某种意义上说，酒兴所代表的自觉追求暂时性身心休息的"忘忧"或"减负"，乃是一种必要的人生智慧，是一种高级的自我身心调节、健康管理、人生幸福的呵护行为，就像日常生活

---

① 歌德：《浮士德》，樊修章译，译林出版社，1993，第38页。
② 斯威布：《希腊的神话和传说》（上），楚图南译，人民文学出版社，1984，第174-175页。

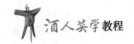

中的笑、哭一样必不可少。没有了它,每个人的生活将更加单调、辛苦,甚至更加危险。

少时酒隐东海滨,结交尽是英豪人。(陆游:《夏夜大醉醒后有感》)
悲歌流涕遣谁听,酒隐人间已半生。(陆游:《野外剧饮示坐中》)
屠钓论交成酒隐,山林高卧得天游。(陆游:《百岁》)
酒隐凌晨醉,诗狂彻旦歌。(陆游:《诗酒》)

"隐"的本义指由于人们对现实社会秩序,特别是当下治理状况产生不满,于是有人会对主流社会持一种不合作的人生态度,在生活方式上自愿地自我放逐,远离现实政治,远离热闹、舒适的都市与人群,独居于孤岩野舍,过一种近于原始人的简朴,甚至艰辛的隐居生活。所以,"隐"之本义乃指"隐居"。但是,诗人陆游在此反复推崇一个新概念,曰"酒隐",乃"隐于酒"或"以酒为隐"之义。他敏锐地揭示出饮酒所具有的独特心理功能:像一个人自愿地长期隐居于野一样,"隐于酒"或"以酒为隐",即在饮酒中放下一些东西,消除一些焦虑,它同样具有自我减压、自我保护、自我调节的心理功能,同样有利于一个人的心理健康。

何以解忧?惟有杜康。(曹操:《短歌行》)
《诗》,……可以怨。(《论语·阳货》)

孔子论诗歌的功能时曰"可以怨"。"怨"者"报怨"、倾诉也,言一个人在遭遇到消极的人生境遇,内心充满心理压力时,出于自我心理调节之心理本能而表现出的一种主动宣泄消极性情绪,以实现心理再平衡的普遍心理现象。在此意义上,我们又可以将诗歌的抒情功能理解为人类所拓展出的一种自觉的心理救疗术。从心理学上讲,一个人内心若有所焦虑、有所愤恨、有所失意、有所仇怨,仅仅只是主动地回避它们,以不再提及的形式"忘记"它们,这是不够的,这些消极的心理情绪还会长久地郁积在胸,最终影响个体的生活态度与精神健康。因此,为了保持一个人长期的心理健康,还需要以更积极的方式将这些消极性记忆、情绪倾倒出来、表达出来,更直接地宣泄出来,这样内心才会复归于平静、轻松。

虽然以诗言情是一种自我宣泄的有效方法,可是并非人人所擅长。对那些为数众多的社会大众,那些内心虽有诸多心理垃圾,却又不善于以写诗填词方式来排遣自己情绪的人们来说,他们也许可以找到更为世俗、便捷的手段,那便是饮酒。无论何人,若于自己近来的生活感觉极差，快要承受不了之时，他当然可以一个人操起酒杯，将自己灌醉。然而这并非自我排解的最合理方式。更可取的方法也许是找一二知己，走进餐馆，共享一瓶酒。几杯酒下肚，你便会打开话匣，把自己近期内心所感受到的委屈、压力、焦虑与失意，统统地倒出来，骂几句，吼几嗓子，甚至哭几声。然后，你的酒友便会为你一步步地解开心结，直到你感觉到好多了为止，这便是酒能够疏导心理的独特价值，其实也是你身边朋友的珍贵价值。这种借酒浇愁或以酒解忧的行为，其功能正如同孔子所言的"诗可以怨"，因此我们将它改造为"酒可以怨"。

  寻寻觅觅，冷冷清清，凄凄惨惨戚戚。乍暖还寒时候，最难将息。三杯两盏淡酒，怎敌他、晚来风急？雁过也，正伤心，却是旧时相识。 满地黄花堆积。憔悴损，如今有谁堪摘？守着窗儿，独自怎生得黑？梧桐更兼细雨，到黄昏、点点滴滴。这次第，怎一个愁字了得！（李清照：《声声慢·寻寻觅觅》）
  塞下秋来风景异，衡阳雁去无留意。四面边声连角起，千嶂里，长烟落日孤城闭。浊酒一杯家万里，燕然未勒归无计。羌管悠悠霜满地，人不寐，将军白发征夫泪。（范仲淹：《渔家傲·秋思》）

  在现实生活中，人们难免有时会遇到种种消极的人生境遇和消极的人生体验，诸如挫折、损失，甚至重大灾变，因而内心充满失意、焦虑，甚至绝望，以至于不堪重负，需要借一种东西来发泄自己的情绪、不吐不快时，人们往往会想到酒。因为酒精可以暂时性地抑制人的理性，让你暂时性地忘记一些令人不快的生活情境，让你的心理焦虑一时得到缓解。酒精也可以刺激你的生理神经，让你突破长期的郁闷，忘掉内心原有的种种顾虑，一下子打开话匣，一时将久积于胸的种种不满、委屈，痛痛快快地倾泻出来，从而复归于内心之平衡。
  虽然饮酒者与酒主动结缘的最初动机是寻乐，然而重温古今文艺名篇后我们却发现：那些由酒所成全的诸多精品名作中所反复倾诉的多是消极性的词汇，诸如、愁、忧、痛、悲等，所反复吟唱的几乎是一种哭腔。可见酒之功能更多的是诉怨而非招乐。但是从心理学上讲，诉怨的功能同等重要，而招乐实非不易。
  也许，"酒可以怨"这一命题具体地又可作两解：其一，它可以暂时性地在心理上阻断消极性的现实人生境遇或经验，让饮酒者进入一种特殊的、较为轻松的心理状态。在此意义上它可以表述为"酒可以忘"，实际上是饮酒者主动地在心理意识上人为地悬置消极性的事件或情绪，以便减轻自己的心理压力，让自己得到短暂的身心放松。其功能有似于美学讨论"审美态度"时所言及的"心理距离"说,只不过美学家讨论"审美态度"时更关注的是审美主体对积极性的物质功利意识的自觉心理拒斥;而这里所需拒斥的则是消极性的实现情境或情绪,但二者的最终目标相同:都是追求心理愉快。其二,它指饮酒者自觉地将现实生活中的消极性记忆或情绪借酒精的激发,主动地表达出来,此乃"怨"之本意,指有意识地排遣或宣泄消极性的人生经验。也许,完整意义上的"借酒浇愁"或"怨"应当同时包括这两个途径:一为借酒忘忧;二为借酒宣愤。二者最终殊途而同归——减缓饮酒者内心的消极性情绪,最终让其内心复归于平静,保护了自己,找回了自己,以便重新出发,直面人生。

总之,比之于"忘","怨"是饮酒者主动地将内心消极性情绪表达、释放出来,即一种更为积极的自我心理调节方式。在此意义上,我们可以将"酒兴"理解为"酒释"(relaxing-in wine-drinking)。从功能上讲,"酒兴"言酒可以令人身心两畅,如同给自己放假、休息;从状态上讲,"酒兴"乃指饮酒者因心身彻底放松而进入一种无忧无虑的轻松快乐的境界,此之谓"酒乐"(to be excited in wine-drinking)。

镜虽明,不能使丑者妍。酒虽美,不能使悲者乐。(陆游:《对酒叹》)

此乃嗜酒且热衷于豪饮的南宋诗人陆游的话,可见这位酒仙并未失去其必要的人生理性。所谓"酒能解忧",只是说酒精可以让你暂时性地在心理意识上"放下"你所忧虑的东西,以免你一时心理负担太重,因为时时忧虑很可能导致精神崩溃。实际上,饮酒并不能现实地改变你的命运,让你由逆转顺。若想现实地去掉心头之患,还需做出种种现实的努力,而非只是饮酒。若诸般现实努力后仍无可奈何,你便只能暂时地听之任之,安之若素,如此方是智者的人生态度。

酒兴是发挥自我身心能量之创造与超越

欢情虽索寞,得酒犹豪横。(欧阳修:《述怀》)

老夫聊发少年狂,左牵黄,右擎苍,锦帽貂裘,千骑卷平冈。为报倾城随太守,亲射虎,看孙郎。　酒酣胸胆尚开张,鬓微霜,又何妨!持节云中,何日遣冯唐?会挽雕弓如满月,西北望,射天狼。(苏轼:《江城子·密州出猎》)

积极地看,酒兴所代表的审美经验并不只是一种忘或消极的逃避而已。它之所以珍贵,更因为它完全可以是建构性的。在许多情形下,"酒兴"还承载着饮酒者在非功利观念性语境中,自觉地释放自我身心能量的观念创造能力,在看似不靠谱的"酒疯"(如古希腊人在伟大的行吟诗人荷马身上所发现的"迷狂"疯癫现象)状态下,有些艺术家会在想象性的兴奋中建构一个与日常生活语境迥异的精神时空,由此而成全一批杰出的艺术作品——诗歌、音乐、舞蹈、绘画、戏剧、书法,等等。与消极性的减负式"忘"不同,迷狂式"酒兴"则是一种积极、自由的精神生活,它是饮酒者在酒精的激发下突然神思飞扬,思如泉涌,达到一种激越、顺畅地展开联想、想象的境界,建构出一个具有创新性的艺术新世界、新作品的自由创造的境界。从本质上说,此种快乐乃因饮酒者的心身能量在自由、创造性发挥中所产生的心理愉快,是一种自我实现的满足感,是一曲自由创造精神力量的颂歌,是对日常生活语境的精神性超越。

饮如长鲸渴赴海,诗成放笔千筋空。(陆游:《凌云醉归作》)
近来逢酒便高歌,醉舞诗狂渐欲魔。(元稹:《放言五首·其一》)

"酒兴"的最高境界是饮酒者在酒精刺激下,能出人意料地创作某些精神文化产品,此乃人类饮酒行为之伟大副产品。在此意义上,酒成了人类观念文化生产的助产士。此种情形最易表现于文艺创造领域,酒神与缪斯女神极易在此相会。每当诗人、画家、音乐家端起酒杯,那便意味着人生之豪情与苦难在此时均转化为艺术创造的灵感与冲动,意味着艺术创造最佳时机之来临,酒是文艺精品的助产婆,是艺术家进入创造巅峰状态的引路人。此时,"酒兴"获得一种新意义:兴者,艺术家创造冲动之勃发也。酒在此成为人类观念文化创造事业的一个重要因素——激发艺术创造欲望之媒介。

酒不仅有益于艺术家在其精神产品创造中打开思路,让他们突然进入一种思如泉涌的灵感状态;酒同时也影响艺术家的行为,让他们在传达过程中进入一种不期然而然、心手相应、最为顺畅的状态,并因此而创造出连自己也感到惊奇、难以重复的艺术精品。

胸中磊落藏五兵,欲试无路空峥嵘。酒为旗鼓笔刀槊,势从天落银河倾。端溪石池浓作墨,烛光相射飞纵横。须臾收卷复把酒,如见万里烟尘清。丈夫身在要有立,逆虏运尽行当平。何时夜出五原塞,不闻人语闻鞭声?(陆游:《题醉中所作草书卷后》)

在此意义上,酒这种神奇之液对平淡的日常生活具有一种形而上的超越功能,它能使饮酒者进入一种神奇、幸福的创造亢奋状态,能让饮酒者忘却日常之忧、发创造之兴、造理想之境,安浪子之魂,结观念文化之果。在此意义上,所谓"酒兴"乃是一种"酒功"（to be creative by wine-drinking）、"酒境"（wine concept, wine world）。

说到底，酒的最大功用是能暂时性地改变饮酒者的心理状态。有时候，它还能激发出饮酒者的理性智慧。此时，所谓"酒兴"便是让饮酒者刹那间洞达万象、内心澄明，获得上乘的人生智慧：

花间一壶酒，独酌无相亲。举杯邀明月，对影成三人。月既不解饮，影徒随我身。暂伴月将影，行乐须及春。我歌月徘徊，我舞影零乱。醒时同交欢，醉后各分散。永结无情游，相期邈云汉。（李白：《月下独酌四首·其一》）

结庐在人境，而无车马喧。问君何能尔？心远地自偏。采菊东篱下，悠然见南山。山气日夕佳，飞鸟相与还。此中有真意，欲辨已忘言。（陶渊明：《饮酒·其五》）

明月几时有？把酒问青天。不知天上宫阙，今夕是何年？我欲乘风归去，又恐琼楼玉宇，高处不胜寒。起舞弄清影，何似在人间？　转朱阁，低绮户，照无眠。不应有恨，何事长向别时圆？人有悲欢离合，月有阴晴圆缺，此事古难全。但愿人长久，千里共婵娟。（苏轼：《水调歌头·丙辰中秋》）

酒乃智者之灵丹。凭借酒神之引领，诗人们将丰富、漫长的人生经验在瞬间提炼为精粹的人生智慧。其一时之酒兴为饮酒者带来瞬间顿悟人生之大喜乐。概言之，对于"酒兴"——饮酒中的审美经验，我们可以发现这样一条理路：从纯消极性"忘却"到较主动的宣泄，再到更积极的创造，它可以较为完善地呈现人类饮酒活动的审美价值。

醉：高峰体验，人生美感

顿河的香槟已经拿来了；
在瓶子的后面是一排细而长的酒杯，
正仿佛是你的身腰一样，
吉吉，我的心爱的姑娘，
我的纯真的诗篇的对象，
爱情的迷人的酒樽啊，
你，你也曾经时常的令我沉醉！[1]

---

[1] 普希金：《叶甫盖尼·奥涅金》，吕荧译，人民文学出版社，1954，第165页。

人为什么要喝酒？喝酒为何与人类的精神生活相关？在人类的早期文明阶段，酒最初是先民进行宗教崇拜活动的一种重要中介物，主要原因在于：一是先民发现酒液有一种强烈刺激的味道，因而想象他们所敬拜的祖先或天地神灵也会喜欢饮用，故而用酒来取悦神灵；二是先民无意间发现酒液可以刺激人的神经，能让人进入一种特殊的兴奋状态。于是宗教活动的专职人员——从事降神或沟通神人的祭司会在祭祀活动中专门饮酒，以便让自己迅速地进入特殊的兴奋状态，创造神秘气氛，引起参与者的崇敬之心。

进入古典社会，人们将酒从神圣语境引入世俗语境。饮酒成了人们的一种自觉心理追求，其主要是为了能让自己中断理性，中断日常生活中的焦虑，通过暂时的心理忘却实现一时的心理解放。同时酒精又会刺激饮酒者的感受神经，令其亢奋。在此状态下，饮酒者或尽情表达心理感受，无论是积极的还是消极的；或无限畅想，进入一种久已神往的理想之域，因之而生大喜悦。简言之，作为日常生活重要心理媒介的酒，其功用如何？一曰缓释，即减缓日常生活中的心理压力；二曰畅神，即让饮酒者想象性地进入理想之境，得到一种暂时性的大愉悦。古人早就观察到酒的这种特殊心理功能，并给它发明了一个专门概念，曰"醉"。

既醉以酒，既饱以德。（《诗经·大雅·既醉》）
醉，卒也，卒其度量不至于乱也。一曰溃也，从酉，从卒。[1]

"醉"字从"卒"，其普遍性的抽象义乃是结束。从"酉"的特殊义乃是描述饮酒活动的结局：不能再喝了，言饮酒者已不能自持——"溃也"。这是从消极方面描述饮酒的生理功能——喝倒了。其实，古人早已发现并承认了酒的积极心理功能。

酒为欢伯，除忧来乐；福喜入门，与君相索，使我有得。[2]
无情木石尚须老，有酒人生何不乐？（欧阳修：《新霜二首·其一》）

正因为酒确有其积极的心理功能，能让饮酒者得到一时的心理快乐，或忘忧或轻松，或兴奋，所以许多人一旦与酒结缘便不只是饮用而已，而是要尽兴地喝，直至"溃"即

---

[1] 许慎：《说文解字》，中华书局，1963，第312页。
[2] 焦延寿：《焦氏易林》卷二，收入《文渊阁四库全书》子部术数类占卜之属第808册，台湾商务印书馆，1986，第346页。

喝倒为止。于是，关于饮酒便又有了一个专门概念，曰"酣"。

长风万里送秋雁，对此可以酣高楼。（李白：《宣州谢朓楼饯别校书叔云》）
陈留阮籍、谯国嵇康……七人常集于竹林之下，肆意酣畅，故世谓"竹林七贤"。（刘义庆：《世说新语·任诞》）

这是因为饮酒自有其乐，自有其趣，对饮酒者有巨大的心理感召力。

（桓）温尝问君："酒有何好而君嗜之？"君笑而答曰："明公但不得酒中趣尔！"（陶潜：《晋故征西大将军长史孟府君（嘉）传》）

酒对某些饮酒者而言魅力如此巨大，以至于一沾上它就很难摆脱，对它产生了持久的心理依赖，谓之"酖"（dan）："酖，乐酒也。"①

酒精对饮酒者的神经刺激作用与艺术、宗教相类，它可以让饮酒者暂时超越日常功利生活世界之烦难、限制与平淡，进入一种特殊的愉悦状态。饮酒者的精神面貌由是而大为改观：忧郁者快乐之、焦虑者安静之、消极者亢奋之，一下进入到一种更为美好、广阔、宁静、振奋的特殊国度，进入到一种日常生活语境难以企及之理想国。

吟罢自晒，揭瓮拨醅，又引数杯，兀然而醉。既而醉复醒，醒复吟，吟复饮，饮复醉。醉吟相仍，若循环然，由是得以梦身世，云富贵，幕席天地，瞬息百年，陶陶然，昏昏然，不知老之将至。古所谓得全于酒者，故自号为醉吟先生。（白居易：《醉吟先生传》）

个体饮酒活动之最佳状态曰"醉"，这是一种忘却日常生活情境限制，超越个体日常生活理性计虑的特殊心理状态。从哲学上说，它具有暂时性的精神解放与超越性质，具有积极的个体心理感受价值，属于日常生活领域所少有的人生高峰体验。孔子曾用"兴、观、群、怨"四端论诗歌的综合性文化功能。这一视野同样可用之于对酒功能的完善阐释。我们在此借用之而提出："酒可以兴。"它有两义：首先，从哲学上说"酒可以兴"意谓通过酒精对人的神经刺激作用，引导饮酒者实现暂时性的心理解放，开辟出一种具

---

① 许慎：《说文解字》，中华书局，1963，第312页。

有超越性的精神境界；其次，从心理上说"酒可以兴"，意谓酒可以使饮酒者暂时性地进入一种积极性的闲适与亢奋状态，享受一种奇妙的心理愉悦，臻至暂时性的人生高峰体验，自成境界，是为"醉乡"。

雨露偏金穴，乾坤入醉乡。（杜牧：《华清宫三十韵》）

予虽饮酒不多，然而日欲把盏为乐，殆不可一日无此君。州酿既少，官酤又恶而贵，遂不免闭户自酝。曲既不佳，手诀亦疏谬，不甜而败，则苦硬不可向口。慨然而叹，知穷人之所为无一成者。然甜酸甘苦，忽然过口，何足追计！取能醉人，则吾酒何以佳为？但客不喜尔，然客之喜怒，亦何与吾事哉！（苏轼：《饮酒说》）

对此因酒精作用而来的特殊心理沉迷或兴奋状态，中国古代有许多专门术语以描述之，曰"酩酊"、曰"酕醄"、曰"醺醺"。

汉山简在荆襄，每饮于习家池，未尝不大醉而还，曰："此是我山高阳池也。"襄阳小儿歌之曰："山公时一醉，径造高阳池。日暮倒载归，酩酊无所知。"①

遇酒酕醄饮，逢花烂漫看。（姚合：《闲居遣怀十首·其六》）

青门酒楼上，欲别醉醺醺。（岑参：《送羽林长孙将军赴歙州》）

当然这都是些文学性的描述语，不乏诗意内涵却不甚了然。如何从理论上明晰地理解酒对饮酒者的心理功能呢？概而言之，我们可以从美学的角度将"醉"（drunk）理解为一个积极概念，它专用以描述人类在饮酒活动中所产生和体验的审美经验，乃因饮酒而产生的审美愉悦（pleasure for wine/ pleasure in wine），在饮酒这一日常生活特殊语境所产生的特殊审美经验——日常生活美感（the sense of beauty in everyday life）。具体地，"醉"乃专用于描述饮酒这一日常生活审美活动之最终结果，人类日常生活审美经验中之最佳成果，日常生活审美活动中最令人神往的审美体验——高峰审美体验（summit aesthetic experience），这是一种因审美主体极度放松或极度兴奋而产生的巨大轻松或快乐感，是最为现实的人生美感之一。

---

① 沈沈：《酒慨》，收入陈湛绮、姜亚沙辑《中国古代酒文献辑录》（二），全国图书馆文献缩微复制中心，2004，第228页。

拓展阅读文献

[1] 封孝伦. 人类生命系统中的美学 [M]. 合肥：安徽教育出版社，2013.

[2] 薛富兴. 画桥流虹——大学美学多媒体教材 [M]. 合肥：安徽教育出版社，2006.

思考题

1. 如何从精神生命的角度理解美感？
2. "酒兴"或饮酒之乐的具体内涵是什么？

第三章　酒令、酒礼与酒累

我们可以将酒文化分为两个部分：一种是以酒液为代表的直接性成果或核心成果，另一种则是围绕酒液本身而形成的间接性或拓展性成果。若立足于酒文化的物质层面，酒液本身显然最为重要；然而若立足于"文化"，即酒文化的观念层面我们便会发现：一旦酒液被发明、创造出来，如何感知和享用这种独特、神奇的液体，即人类各民族饮酒活动的方式本身便成为体现酒液文化属性的重要环节。本章讨论人类饮酒活动的两种拓展性成果——积极的"酒令"与消极的"酒礼""酒累"。

第一节　酒令

"令"者，命令、规则也。酒令乃群体性饮酒活动中关于如何饮、饮多少，以及若违令当如何处置等的饮酒规则。"民以食为天""人生一世，吃穿二字"，饮酒本来是一种自觉地满足每个人对饮食的需求，亦即口腹之欲的行为，按理说每个人都应当十分快乐地接受之，何需外在的命令以要求之，甚至责罚之？关键在于酒并非普通食物、普通饮料，它因内含酒精因而气味强烈、味道浓厚，喝多了还会产生种种生理不适，因而它并非人人所喜欢、个个都擅长的美味。

若酒天然地是一种独享性饮料，就像一般的饮用水那样，每个人想喝就喝，不想喝就不喝，能喝多少就喝多少，那么酒令便纯属多余，甚至根本没有产生的必要。可事实是：在大多数情况下，酒是一种社会性饮料，乃聚众会饮之物。宴会上，那么多人聚在一起，情况纷杂：有的人嗜酒，有的人畏酒；有的人千杯不醉，有的人闻而醉之。设宴的主人便需要把握，使所有人都能参与进来，热热闹闹，又不会为推销酒而失了和气，坏了气氛。于是酒令便应运而生，它是专门用来协调饮酒环节，维持会饮和谐气氛的。在此意义上，并非有了酒就有了快乐，没有明智的饮酒秩序——酒令的参与，酒不仅不能让人尽兴，甚至可能会因强行派酒而扫兴。从社会学的角度看，对会饮之乐而言，酒令是必不可少的理性因素。于是，一套能让所有参与者感受到热闹、公平、文明、和谐

的饮酒规则——酒令，当是人类酒文化的重要内容。它是人类制度文化建设的特殊成果，我们可以从酒令的强制性与一视同仁的平等性中考察人类饮酒行为的社会属性。

然而又不宜将酒令完全等同于法律。毕竟，在人类所有强制性行为规则中，酒令也许最为轻松活泼，因而最具趣味性。准确地说，酒令虽然是一种规则、一种制度，也具有强制性，但与其说它同于法律，倒不如说它更接近于众多游戏活动中关于到底怎么玩的游戏规则。某种意义上说，多人会饮乃是一种施行于人类饮食活动中的游戏行为，因而酒令也就可以典型地理解为一种游戏规则，其操作过程有规范性，即强制性，然而其最终目的则是娱乐性的，为的是让所有参与者能更轻松地应对酒精的挑战，快乐地完成整个饮食与交际活动。会饮参与者在自愿与不自愿的挑战与应对过程中，同时也能体验到一种全方位的身心审美愉悦，特别是当文学、艺术因素加入进来之后，其效果更是如此。

酒令的功能有一个从消极性饮酒规则向积极性饮酒游戏演化的过程。最初的酒令意在促进饮酒行为，解决如何将这种味道强烈且特殊的饮料在酒席上尽快顺利地推销出去的问题，因为并不是每个人都乐于饮酒、善于饮酒。对于那些饮酒意愿并不强烈者，便需着意推销之。后来，当酒文化因素，特别是文艺因素加入进来后，酒令的功能便转化为如何丰富饮酒活动的文化内涵，延长饮酒过程，使饮酒方式多样化与趣味化。在此情形下，饮酒者除了需应对酒精本身的挑战外，还需要再加上思维敏捷、富有学识与文艺创造或表演才能。我们也可以理解为：正是这种文化、艺术性因素的加入，一定程度上缓减了饮酒者对酒精本身的畏惧或焦虑，让不善饮酒者将饮酒这种较为可怕的饮食活动转化为一种较为有趣的文化知识和文艺才能展示性质的游戏活动。于是，酒令内涵的变化与功能的转换，极大地拓展了人类饮酒活动的文化内涵，使它从纯粹的饮食消费行为转化为一种具有观念文化高度的综合性文化体验活动，从而对酒令的考察也就成为酒文化研究中的重要论题。

文学、艺术因素的介入大大拓展了人类饮酒行为的文化内涵，成为酒文化的典型表现形式。从形式上看，酒令是群体性饮酒行为不可或缺的内在因素，乃会饮之制度安排；从内涵上看，酒令已然超越饮酒本身，是一种以才华、学识和趣味展示为重心的审美活动，在此游戏活动中，酒本身反而退到幕后，从某种意义上说酒令已转化为酒场上种种趣味游戏得以进行的一种媒介、润滑剂。自此，人类饮酒行为发生了从纯生理性的消费活动向观念性的文化活动的转变，文艺性知识、才能与趣味之展示成为酒令指引下会饮活动之本质性内涵。下面，我们简要介绍中国古代酒文化史上酒令的基本类型。

作为饮酒制度的酒令

酒令的核心内涵乃群体饮酒之强制性规则。多人聚会饮酒当然需要一套理性的饮酒秩序安排——关于饮酒顺序、饮酒量大小、饮酒迟速,以及不符合要求者如何处置等方面的规则,合而谓之"酒令"。酒令之要义有二:一曰强制性,违者有罚;二曰公平性,在规则面前,参与者人人平等。某种意义上说,这也体现了人类几乎所有游戏规则之核心诉求,甚至也表达了人类各群体处理人之间利益冲突机制的核心理念:一方面,强制是为了公正;另一方面,以同一规则公正地要求所有参与者。在此意义上,酒令实乃人类所有游戏,进入所有社会制度规范之核心精神。

凡此饮酒,或醉或否。既立之监,或佐之史。(《诗经·小雅·宾之初筵》)

如果说强制性与公正性乃酒令的基本理念,那么酒令要实现自身,还需要具体的执行者——"令官",他才是酒令之灵魂。于是,酒席上一般会推举某个人执掌酒令。无论何人,一旦推举之,此人便是酒席老大,由他掌握饮酒秩序(次序、数量、惩罚等),对每位入席者到底如何喝、喝多少,以及违令者当如何处罚等问题,他拥有绝对的权威,故谓之"酒令""酒纠"。

湘东王时为京尹,与朝士宴集,属规为酒令。规从容对曰:"自江左以来,未有兹举。"(《梁书·王规传》)

苏叔党政和中至东都,见妓称"录事",太息语廉宣仲曰:"今世一切变古,唐以来旧语尽废,此犹存唐旧为可喜。"前辈谓妓曰酒纠,盖谓录事也。[1]

饮酒既然是一种秩序性活动,饮酒过程中便需要有较为准确的计量工具,于是便有了"酒筹"。酒筹往往用竹木或牙骨制成,由席上司酒者用以记巡数、行酒令。

越王竹,根生石上,若细荻,高尺余,南海有之。南人爱其青色,用为酒筹。[2]

---

[1] 陆游:《老学庵笔记》卷六,收入《四库全书全文》子部杂家类杂说之属第865册,台湾商务印书馆,1986,第55页。

[2] 嵇含:《南方草木状》卷下,收入《文渊阁四库全书》史部地理类杂记之属第589册,台湾商务印书馆,1986,第11页。

花时同醉破春愁,醉折花枝作酒筹。(白居易:《同李十一醉忆元九》)

画烛争棋道,金尊数酒筹。(陆游:《雨夜》)

还需要安排饮酒顺序之特殊器具,谓之"酒胡"。一般是刻木为人,锐其下,置之盘中,左右欹侧如舞。视其传筹所至或视其倒时指向,以确定当饮之人。

(唐卢汪)晚年失意,因赋《酒胡子长歌》一篇甚著,叙曰:"……胡貌类人,亦有意趣,然而倾侧不定,缓急由人,不在酒胡也。作《酒胡歌》以诮之曰:……酒胡一滴不入肠,空令酒胡曰酒胡。"①

汉语词汇中有"敬酒"与"罚酒"一对概念,准确地表达了群体性饮酒行为所存在的强制性。

中国人讲"敬酒不吃吃罚酒",古已有之。"敬酒"是一种礼数,一种仪式,点到为止。"罚酒"是照死了灌,让你在大庭广众之下丢人现眼。"敬酒"在京剧中还能看得到:"酒宴摆下"——其实什么都没有。如今只剩下"罚酒"了,这古老的惩戒刑罚如此普及,大到官商,小到平头百姓,无一例外。说来那是门斗争艺术,真假虚实,攻防兼备,乐也在其中了。好在猜拳行令也弘扬了中国文化。②

在酒席上,敬酒与罚酒其实并无本质区别,均为必饮之酒,若拒绝了敬酒,迎接你的必然是数倍于敬酒的罚酒,故而才会有"敬酒不吃吃罚酒"之说。

作为饮酒制度安排总体性概念的酒令,其实包括了三项要素:酒规则、酒司令、酒器具(酒筹、酒胡等),前两者是主体性因素,后者是辅助性因素。其中,规则是酒令概念之核心因素。在中国古代发达的酒文化史上,"酒令"最后发展为一种内涵极为丰富的饮酒之艺——"觞政"(management for wine-drinking)。这种酒令实为酒艺——饮酒之艺,它一方面深刻揭示出饮酒这种休闲性、娱乐化的、追求身心放松的自由游戏也需要自觉引入其对立面——人为设定的种种烦琐、严苛的规则;另一方面,它又以规则的名义将

---

① 王定保:《唐摭言》卷十,《海叙不遇》,收入《文渊阁四库全书》子部小说家类杂事之属第1035册,台湾商务印书馆,1986,第767页。

② 北岛:《饮酒记》,载《北岛作品》(精华本),长江文艺出版社,2014,第241页。

中国诗词歌赋因素引入饮酒活动，极大地拓展了中国人饮酒活动的文化内涵。在此方面，明人袁宏道的《觞政》可为典范：

  凡醉有所宜。醉花宜昼，袭其先也。醉雪宜夜，消其洁也。醉得意宜唱，导其和也。醉将离宜击钵，壮其神也。醉文人宜谨节奏章程，畏其侮也。醉俊人宜加觥盂旗帜，助其烈也。醉楼宜暑，资其清也。醉水宜秋，泛其爽也。一云：醉月宜楼，醉暑宜舟，醉山宜幽，醉佳人宜微酡，醉文人宜妙令无苛酌，醉豪客宜挥觥发浩歌，醉知音宜吴儿清喉檀板。①

  某种意义上说，酒令乃整体人类社会之隐喻，即使仅仅将它理解为一种轻松的游戏规则，也能让我们清醒地意识到：对于任何一个生活于某个社会群体中的个体来说，一种最不完善、最不公道，甚至最为愚蠢的规则，仍大大强于没有任何规则。规则是用来遵守，而非用来违反、逃避和欺骗的。任何规则，包括法庭、游戏场，以及酒席上的，若规则本身没有尊严，得不到严格遵守，那么所有参与者便不可能有任何尊严。于是，一个不懂得规则意义的社会，亦即不懂得尊重规则，只想以各种方式绕过规则或违反规则，从中获利的社会，将是一个极其幼稚、不靠谱的社会，其中的每个人随时处于因自己或他人破坏规则，各项权益遭受侵犯的风险之中，无法理性地规划自己的人生，其中的每个人便不可能获得尊严、公正、安全与仁爱。

作为审美游戏的酒令

  审美游戏性质的酒令乃指文化、艺术因素融入之后的酒令，它是酒令之升级版本。

游戏的观念

  游戏：体育的重要手段之一。文化娱乐的一种。有发展智力的游戏和发展体力的游戏两类。前者包括文字游戏、图画游戏、数学游戏等，习称智力游戏；后者包括活动性游戏（如捉迷藏、搬运接力等）和竞赛性游戏（如足球、篮球和乒乓球等。）。②

---

  ① 袁宏道：《觞政》，载陈湛绮、姜亚沙辑《中国古代酒文献辑录》（一），全国图书馆文献缩微复制中心，2004，第190页。
  ② 《辞海》：上海辞书出版社，1989，第1099页。

只有当人在充分意义上是人的时候，他才游戏；只有当人游戏的时候，他才是完整的人。①

游戏是人类重要的文化现象之一，它是人类进行了最基本的物质生活生产与消费活动之后所出现的自觉追求精神愉快的行为。某种意义上说，可以将它理解为人类一切精神生活之起点和最质朴的精神生活。由于它是一种充分调动各式感官，又追求感性精神愉悦的活动，因此也就成为美学关注的合法对象。某种意义上说，世界各民族的游戏活动实乃人类审美活动的典范形式。游戏是一种自觉的人类精神生活，其目的就是要追求物质生存活动之余的身心放松，即休息，以及身心生命能量之充分挥发，即刺激与紧张。整体而言，这是一种追求自我生命能量发挥，体现自由意志的精神活动。换言之，人类在游戏活动中已充分实现了精神自觉——需求与意志之自觉，乃至手段之自觉，即以区别于日常物质功利活动的方式满足自我表现的需求。正因如此，人类在游戏活动中所追求的这种精神解放（娱乐）成为人类精神自觉之重要象征与普遍观念。在此意义上，我们只有将游戏作为人类精神生活的原初形态来理解，方可意识到它在人类精神生活成长史上的独特价值。

酒令的初级阶段是为了有序、和谐地饮酒，酒令的高级阶段则是为了有趣、快乐地饮酒。正因如此，处于高级阶段的酒令会自觉地将游戏因素引入其中，或者说，将单调、强制性的酒令转化成一种丰富多彩，让饮酒者乐于参与的游戏形式。实际上，也只有将酒令理解为游戏、娱乐，才能捕捉到它丰富的文化内涵。

中国古代酒令从文化内涵上可分为两种，其一曰通令，亦即观念性文化内涵较少，流行于普通社会大众中的酒令。在此类酒令中，物质性媒介，比如拳头、酒筹等发挥着最为重要的作用；其二曰雅令，即自觉地利用前代诗、文等材料入酒令，多由文人们开发，体现其文化、审美趣味的酒令。在此类酒令中，前代文化典籍等材料占主导地位，所考察与呈现的则是饮酒者的文化修养、艺术才能与反应机敏程度，下面略分述之。

大众酒令——通令

中国古代酒令发展的第一个阶段或层次是依赖某种物质性媒介的酒令，谓之"通令"，流行于普通社会大众间。概有以下几种形式。

---

① 席勒：《美育书简》，徐恒醇译，中国文联出版社公司，1984，第90页。

(一) 豁拳令

又称"划拳",是一种手势酒令,它可能是一种最古老,也最为大众化的酒令形式。其规则是二人同时出拳,并大声喊出自己预计的二者手指之合计数,最终二者实际出示手指之合数与所喊数相符者为胜。此种酒令比的是行令者的反应敏捷度、对对手心理惯性的及时把握度,以及随时应变的机敏度。其令语最先当只是算术数字,其后则发展出各具地域、职业与文化层次特征的文化性令语。

酒令给饮酒活动所带来的不仅是饮酒规则,即使是最简单的豁拳也给它带来了全新的观念性文化内涵。具体地说,它将饮酒这一简单的纯生理性消费行为改造成为一种饮酒者心理素质、文化修养比拼的竞技性游戏活动,将饮酒这种简单的饮食行为改造为同时具有心理激发与心理放松的游戏活动,这大大丰富了人类饮酒活动的观念性功能与文化内涵。自此,饮酒成为一种内容丰富、展示才华、比拼智慧的文化展示活动。此正是酒令对人类饮酒行为之改造与丰富。

宝玉便说:"雅坐无趣,须要行令才好。"众人有的说行这个令好,那个又说行那个令好。黛玉道:"依我说,拿了笔砚将各色全都写了,拈成阄儿,咱们抓出那个来,就是那个。"众人都道妙。即拿了一副笔砚花笺。香菱近日学了诗,又天天学写字,见了笔砚便图不得,连忙起座说:"我写"。

大家想了一会,共得了十来个,念着,香菱一一地写了,搓成阄儿,掷在一个瓶中间。探春便命平儿拣,平儿向内搅了一搅,用箸拈了一个出来,打开看,上写着"射覆"二字。宝钗笑道:"把个酒令的祖宗拈出来。'射覆'从古有的,如今失了传,这是后人纂的,比一切的令都难。这里头倒有一半是不会的,不如毁了,另拈一个雅俗共赏的。"探春笑道:"既拈了出来,如何又毁。如今再拈一个,若是雅俗共赏的,便叫他们行去。咱们行这个。"说着,又着袭人拈了一个,却是"拇战"。史湘云笑着说:"这个简断爽利,合了我的脾气。我不行这'射覆',没的垂头丧气闷人,我只划拳去了。"探春道:"惟有他乱令,宝姐姐快罚他一钟。"宝钗不容分说,便灌湘云一杯。

探春道:"我吃一杯,我是令官,也不用宣,只听我分派。"命取了令骰令盆来,"从琴妹妹掷起,挨下掷去,对了点的二人射覆。"宝琴一掷,是个三,岫烟宝玉等皆掷的不对,直到香菱方掷了一个三。宝琴笑道:"只好室内生春,若说到外头去,可太没头绪了。"探春道:"自然。三次不中者罚一杯。你覆,他射。"宝琴想了一想,说了个"老"字。香菱原生于这令,一时想不到,满室满席都不见有与"老"字相连的成语。湘云先听了,便也乱看,忽见门斗上贴着"红香圃"三个字,便知宝琴覆的是"吾不如老圃"

的"圃"字。见香菱射不着,众人击鼓又催,便悄悄地拉香菱,教他说"药"字。黛玉偏看见了,说:"快罚他,又在那里私相传递呢。"哄的众人都知道了,忙又罚了一杯,恨的湘云拿筷子敲黛玉的手。于是罚了香菱一杯。

下则宝钗和探春对了点子。探春便覆了一个"人"字。宝钗笑道:"这个'人'字泛得很。"探春笑道:"添一字,两覆一射,也不泛了。"说着,便又说了一个"窗"字。宝钗一想,因见席上有鸡,便射着他是用"鸡窗""鸡人"二典了,因射了一个"埘"字。探春知他射着,用了"鸡栖于埘"的典,二人一笑,各饮一口门杯。

湘云等不得,早和宝玉"三""五"乱叫,划起拳来。那边尤氏和鸳鸯隔着席也"七""八"乱叫划起来。平儿袭人也做了一对划拳,叮叮当当只听得腕上的镯子响。一时湘云赢了宝玉,袭人赢了平儿,尤氏赢了鸳鸯,三个人限酒底酒面。湘云便说:"酒面要一句古文,一句旧诗,一句骨牌名,一句曲牌名,还要一句时宪书上的话,共总凑成一句话。酒底要关人事的果菜名。"众人听了,都笑说:"惟有他的令也比人唠叨,倒也有意思。"便催宝玉快说。宝玉笑道:"谁说过这个?也等想一想儿。"黛玉便道:"你多喝一钟(盅),我替你说。"宝玉真个喝了酒,听黛玉说道:

落霞与孤鹜齐飞,风急江天过雁哀,却是一只折足雁,叫的人九回肠,这是鸿雁来宾。

说的大家笑了,说:"这一串子倒有些意思。"黛玉又拈了一个榛穰,说酒底道:

榛子非关隔院砧,何来万户捣衣声。

令完,鸳鸯袭人等皆说的是一句俗话,都带一个"寿"字的,不能多赘。

大家轮流乱划了一阵,这上面湘云又和宝琴对了手,李纨和岫烟对了点子。李纨便覆了一个"瓢"字,岫烟便射了一个"绿"字,二人会意,各饮一口。湘云的拳却输了,请酒面酒底。宝琴笑道:"请君入瓮。"大家笑起来,说:"这个典用的当。"湘云便说道:

奔腾而澎湃,江间波浪兼天涌,须要铁锁缆孤舟,既遇着一江风,不宜出行。

说的众人都笑了,说:"好个诌断了肠子的!怪道他出这个令,故意惹人笑。"又听他说酒底。湘云吃了酒,拣了一块鸭肉呷口,忽见碗内有半个鸭头,遂拣了出来吃脑子。众人催他"别只顾吃,到底快说了。"湘云便用箸子举着说道:

这鸭头不是那丫头,头上那讨桂花油。

众人越发笑起来,引的晴雯、小螺、莺儿等一干人都走过来说:"云姑娘会开心儿,拿着我们取笑儿,快罚一杯才罢。怎见得我们就该擦桂花油的?倒得每人给一瓶子桂花油擦擦!"黛玉笑道:"他倒有心给你们一瓶子油,又怕挂误着打盗窃的官司。"众人不理论,宝玉却明白,忙低了头。彩云有心病,不觉地红了脸。宝钗忙暗暗地瞅了黛玉一眼。黛玉自悔失言,原是趣宝玉的,就忘了趣着彩云,自悔不及,忙一顿行令划拳岔开了。

底下宝玉可巧和宝钗对了点子。宝钗覆了一个"宝"字，宝玉想了一想，便知是宝钗做戏指自己所佩通灵玉而言，便笑道："姐姐拿我作雅谑，我却射着了。说出来姐姐别恼，就是姐姐的讳'钗'字就是了。"众人道："怎么解？"宝玉道："他说'宝'，底下自然是'玉'了。我射'钗'字，旧诗曾有'敲断玉钗红烛冷'，岂不射着了。"湘云说道："这用时事却使不得，两个人都该罚。"香菱忙道："不止时事，这也有出处。"湘云道："'宝玉'二字并无出处，不过是春联上或有之，诗书记载并无，算不得。"香菱道："前日我读岑嘉州五言律，现有一句说'此乡多宝玉'，怎么你倒忘了？后来又读李义山七言绝句，又有一句'宝钗无日不生尘'，我还笑说他两个名字都原来在唐诗上呢。"众人笑说："这可问住了，快罚一杯。"湘云无语，只得饮了。

大家又该对点的对点，划拳的划拳。这些人因贾母王夫人不在家，没了管束，便任意取乐，呼三喝四，喊七叫八。满厅中红飞翠舞，玉动珠摇，真是十分热闹。顽了一回，大家方起席散了一散，倏然不见了湘云，只当他外头自便就来，谁知越等越没了影子。使人各处去找，那里找得着。①

这里所呈现的实际上已然是综合性酒令，划拳仅乃其一，诗文、词曲等精英艺术成分已然融入猜谜、骨牌和历书等大众文化形式中，且水乳交融，不露痕迹了。

(二) 骰子令

现代骰子由兽骨制成，边长为五毫米左右的正立方体，共六面，每面刻有从一至六之点数，四点为红，其余则黑。河北满城出土的西汉酒令铜骰则为十八面。

玲珑骰子安红豆，入骨相思知不知？（温庭筠：《南歌子词二首·其二》）

宝玉轻轻地告诉贾母道："话是没有什么说的，再说就说到不好的上头来了。不如老太太出个主意，叫他们行个令儿罢。"贾母侧着耳朵听了，笑道："若是行令，又得叫鸳鸯去。"宝玉听了，不待再说，就出席到后间去找鸳鸯，说："老太太要行令，叫姐姐去呢。"鸳鸯道："小爷，让我们舒舒服服地喝一杯罢，何苦又来搅什么。"宝玉道："当真老太太说，得叫你去呢，与我什么相干。"鸳鸯没法，说道："你们只管喝，我去了就来。"便到贾母那边。老太太道："你来了，不是要行令吗。"鸳鸯道："听见宝二爷说老太太叫，我敢不来吗。不知老太太要行什么令儿？"贾母道："那文的怪闷的慌，武的

---

① 曹雪芹：《红楼梦》（下），人民文学出版社，2008，第850-854页。

又不好,你倒是想个新鲜玩意儿才好。"鸳鸯想了想道:"如今姨太太有了年纪,不肯费心,倒不如拿出令盘骰子来,大家掷个曲牌名儿赌输赢酒罢。"贾母道:"这也使得。"便命人取骰盆放在桌上。鸳鸯说:"如今用四个骰子掷去,掷不出名儿来的罚一杯,掷出名儿来,每人喝酒的杯数儿掷出来再定。"众人听了道:"这是容易的,我们都随着。"鸳鸯便打点儿。众人叫鸳鸯喝了一杯,就在他身上数起,恰是薛姨妈先掷。薛姨妈便掷了一下,却是四个幺。鸳鸯道:"这是有名的,叫作'商山四皓'。有年纪的喝一杯。"于是贾母、李婶娘、邢王二夫人都该喝。贾母举酒要喝,鸳鸯道:"这是姨太太掷的,还该姨太太说个曲牌名儿,下家儿接一句《千家诗》。说不出的罚一杯。"薛姨妈道:"你又来算计我了,我那里说得上来。"贾母道:"不说到底寂寞,还是说一句的好。下家儿就是我了,若说不出来,我陪姨太太喝一钟(盅)就是了。"薛姨妈便道:"我说个'临老入花丛'。"贾母点点头儿道:"将谓偷闲学少年。"说完,骰盆过到李纹,便掷了两个四两个二。鸳鸯说:"也有名了,这叫作'刘阮入天台'。"李纹便接着说了个"二士入桃源。"下手儿便是李绮,说道:"寻得桃源好避秦。"大家又喝了一口。骰盆又过到贾母跟前,便掷了两个二两个三。贾母道:"这要喝酒了?"鸳鸯道:"有名儿的,这是'江燕引雏'。众人都该喝一杯。"凤姐道:"雏是雏,倒飞了好些了。"众人瞅了他一眼,凤姐便不言语。贾母道:"我说什么呢,'公领孙'罢。"下手是李绮,便说道:"闲看儿童捉柳花。"众人都说好。宝玉巴不得要说,只是令盆轮不到,正想着,恰好到了跟前,便掷了一个二两个三一个幺,便说道:"这是什么?"鸳鸯笑道:"这是个'臭',先喝一杯再掷罢。"宝玉只得喝了又掷,这一掷掷了两个三两个四,鸳鸯道:"有了,这叫作'张敞画眉'。"宝玉明白打趣他,宝钗的脸也飞红了。凤姐不大懂得,还说:"二兄弟快说了,再找下家儿是谁。"宝玉明知难说,自认"罚了罢,我也没下家。"过了令盆轮到李纨,便掷了一下儿。鸳鸯道:"大奶奶掷的是'十二金钗'。"宝玉听了,赶到李纨身旁看时,只见红绿对开,便说:"这一个好看得很。"忽然想起十二钗的梦来,便呆呆的退到自己座上,心里想,"这十二钗说是金陵的,怎么家里这些人如今七大八小的就剩了这几个。"复又看看湘云宝钗,虽说都在,只是不见了黛玉,一时按捺不住,眼泪便要下来。恐人看见,便说身上躁得很,脱脱衣服去,挂了筹出席去了。这史湘云看见宝玉这般光景,打量宝玉掷不出好的,被别人掷了去,心里不喜欢,便去了,又嫌那个令儿没趣,便有些烦。只见李纨道:"我不说了,席间的人也不齐,不如罚我一杯。"贾母道:"这个令儿也不热闹,不如蠲了罢。让鸳鸯掷一下,看掷出个什么来。"小丫头便把令盆放在鸳鸯跟前。鸳鸯依命便掷了两个二一个五,那一个骰子在盆中只管转,鸳鸯叫道:"不要五!"那骰子单单转出一个五来。鸳鸯道:"了不得!我输了。"贾母道:"这是不算什么的吗?"鸳鸯道:

"名儿倒有，只是我说不上曲牌名来。"贾母道："你说名儿，我给你诌。"鸳鸯道："这是浪扫浮萍。"贾母道："这也不难，我替你说个'秋鱼入菱窠'。"鸳鸯下手的就是湘云，便道："白萍吟尽楚江秋。"众人都道："这句很确。"贾母道："这令完了。咱们喝两杯吃饭罢。"回头一看，见宝玉还没进来，便问道："宝玉那里去了，还不来？"鸳鸯道："换衣服去了。"贾母道："谁跟了去的？"那莺儿便上来回道："我看见二爷出去，我叫袭人姐姐跟了去了。"贾母王夫人才放心。①

这便是以骰子令开始，终之以诗文令了。骰子令与猜拳令一样，都是一切酒令的原初、质朴形式，先用之于赌博，而后移之于饮酒。一切赌博行为均由两个矛盾的因素构成，一是机关算尽的理性，二是意料之外的偶然。赌博就是一种既机关算尽，又愿赌服输，直面不可测的偶然坏运气的活动。其魅力正在于此——对不可言说、不可控制偶然性的心理挑战。引入诗文因素的骰子，其偶然性大减，增加的是对饮酒者文艺才能与文化知识之考察。

（三）筹令

筹令源于唐代。最初的筹签仅用于规饮酒之序，故筹签上仅书饮酒之则（数量、方式、罚律等）。后来，为了让饮酒内涵更为丰富，饮酒过程更为活泼，筹签上便出现了酒则之外的其他因素，如诗文、歌舞之类的内容，饮酒活动的文化内涵由是大增。如1982年在江苏丹徒区丁茂桥出土了一套唐代由五十枚筹签组成的《论语令》，此乃迄今发现的最早的酒筹令。该筹签分别摘录《论语》中某条言语，随后规定饮酒之量与饮酒之法，在席饮者若抽到某则依令饮酒。如"贫儿（而）无谄，富而无骄，任劝两人饮。"前者为《论语》之句，后者则是饮酒之法。此类酒令要素有三：一曰特定物质媒介，如竹、木、牙、金之筹签；二曰依序或随意抽签之则，此往往通行于各式民间游戏；三曰签令语中所寄托的观念文化形式，如《论语》语句。后者往往体现制筹者与行筹者的文化修养与艺术趣味，是对人类饮酒行为文化内涵之自觉丰富与提升。据此，饮酒始超越纯生理的饮食行为，而成为一种以酒为媒的观念文化活动。此类筹令当行于文化水平较高的士大夫阶层。

说着，晴雯拿了一个竹雕的签筒来，里面装着象牙花名签子，摇了一摇，放在当中。又取过骰子来，盛在盒内，摇了一摇，揭开一看，里面是五点，数至宝钗。宝钗便笑道：

---

① 曹雪芹：《红楼梦》（下），人民文学出版社，2008，第1453-1456页。

"我先抓,不知抓出个什么来。"说着,将筒摇了一摇,伸手掣出一根,大家一看,只见签上画着一支牡丹,题着"艳冠群芳"四字,下面又有镌的小字一句唐诗,道是:

  任是无情也动人。

  又注着:"在席共贺一杯,此为群芳之冠,随意命人,不拘诗词雅谑,道一则以侑酒。"众人看了,都笑说:"巧得很,你也原配牡丹花。"说着,大家共贺了一杯。宝钗吃过,便笑说:"芳官唱一支我们听罢。"芳官道:"既这样,大家吃门杯好听的。"于是大家吃酒。芳官便唱:

  寿筵开处风光好。

  众人都道:"快打回去。这会子很不用你来上寿,拣你极好的唱来。"芳官只得细细的唱了一支《赏花时》:

  翠凤毛翎扎帚叉,闲踏天门扫落花。您看那风起玉尘沙。猛可的那一层云下,抵多门外即天涯。您再休要剑斩黄龙一线儿差,再休向东老贫穷卖酒家。您与俺眼向云霞。洞宾呵,您得了人可便早些儿回话,若迟呵,错教人留恨碧桃花。

  才罢。宝玉却只管拿着那签,口内颠来倒去念"任是无情也动人",听了这曲子,眼看着芳官不语。湘云忙一手夺了,掷与宝钗。宝钗又掷了一个十六点,数到探春。

  探春笑道:"我还不知得个什么呢。"伸手掣了一根出来,自己一瞧,便掷在地下,红了脸,笑道:"这东西不好,不该行这令。这原是外头男人们行的令,许多混话在上头。"众人不解,袭人等忙拾起来,众人看上面是一枝杏花,那红字写着"瑶池仙品"四字,诗云:

  日边红杏倚云栽。

  注云:"得此签者,必得贵婿,大家恭贺一杯,共同饮一杯。"众人笑道:"我说是什么呢。这签原是闺阁中取戏的,除了这两三根有这话的,并无杂话,这有何妨。我们家已有了个王妃,难道你也是王妃不成。大喜,大喜。"说着,大家来敬。探春那里肯饮,却被史湘云、香菱、李纨等三四个人强死强活灌了下去。探春只命蠲了这个,再行别的,众人断不肯依。湘云拿着他的手强掷了个十九点出来,便该李氏掣。

  李氏摇了一摇,掣出一根来一看,笑道:"好极。你们瞧瞧,这劳什子竟有些意思。"众人瞧那签上,画着一枝老梅,是写着"霜晓寒姿"四字,那一面旧诗是:

  竹篱茅舍自甘心。

  注云:"自饮一杯,下家掷骰。"李纨笑道:"真有趣,你们掷去罢。我只自吃一杯,不问你们的废与兴。"说着,便吃酒,将骰过与黛玉。黛玉一掷,是个十八点,便该湘云掣。

  湘云笑着,揎拳掳袖的伸手掣了一根出来.大家看时,一面画着一枝海棠,题着"香梦沉酣"四字,那面诗道是:

只恐夜深花睡去。

黛玉笑道:"'夜深'两个字,改'石凉'两个字。"众人便知他趣白日间湘云醉卧的事,都笑了。湘云笑指那自行船与黛玉看,又说"快坐上那船家去罢,别多话了。"众人都笑了。因看注云:"既云'香梦沉酣',掣此签者不便饮酒,只令上下二家各饮一杯。"湘云拍手笑道:"阿弥陀佛,真真好签!"恰好黛玉是上家,宝玉是下家。二人斟了两杯只得要饮。宝玉先饮了半杯,瞅人不见,递与芳官,端起来便一扬脖。黛玉只管和人说话,将酒全折在漱盂内了。湘云便绰起骰子来一掷个九点,数去该麝月。

麝月便掣了一根出来。大家看时,这面上一枝荼蘼花,题着"韶华胜极"四字,那边写着一句旧诗,道是:

开到荼蘼花事了。

注云:"在席各饮三杯送春。"麝月问怎么讲,宝玉愁眉忙将签藏了说:"咱们且喝酒。"说着大家吃了三口,以充三杯之数。麝月一掷个十九点,该香菱。

香菱便掣了一根并蒂花,题着"联春绕瑞",那面写着一句诗,道是:

连理枝头花正开。

注云:"共贺掣者三杯,大家陪饮一杯。"香菱便又掷了个六点,该黛玉掣。

黛玉默默地想道:"不知还有什么好的被我掣着方好。"一面伸手取了一根,只见上面画着一枝芙蓉,题着"风露清愁"四字,那面一句旧诗,道是:

莫怨东风当自嗟。

注云:"自饮一杯,牡丹陪饮一杯。"众人笑说:"这个好极。除了他,别人不配做芙蓉。"黛玉也自笑了。于是饮了酒,便掷了个二十点,该着袭人。

袭人便伸手取了一支出来,却是一枝桃花,题着"武陵别景"四字,那一面旧诗写着道是:

桃红又是一年春。

注云:"杏花陪一盏,坐中同庚者陪一盏,同辰者陪一盏,同姓者陪一盏。"众人笑道:"这一回热闹有趣。"大家算来,香菱,晴雯,宝钗三人皆与他同庚,黛玉与他同辰,只无同姓者。芳官忙道:"我也姓花,我也陪他一钟(盅)。"于是大家斟了酒,黛玉因向探春笑道:"命中该着招贵婿的,你是杏花,快喝了,我们好喝。"探春笑道:"这是个什么,大嫂子顺手给他一下子。"李纨笑道:"人家不得贵婿反挨打,我也不忍的。"说的众人都笑了。①

---

① 曹雪芹:《红楼梦》(下),人民文学出版社,2008,第869-873页。

在此例中，戏曲表演因素也加入进来，饮酒的文化艺术趣味便更为丰富了。

（四）投壶令

最古老的贵族酒令形式之一，由射礼演化而来。其具体规则是：执箭者站在一定距离之外，将一定数量的箭射入特制的箭壶中，以特定时段内射中的数量决定胜负，中寡者罚酒。这是一种从武术竞技活动转化而来的文令。唐宋时，雅令兴起，投壶之令衰。

（五）酒胡令

唐代盛行之酒令。所谓"酒胡子"，乃用坚木雕成的不倒翁式玩偶。该翁上肥而下瘦，一指向前。行酒令时，先将之置于盘内，然后双手将之一搓，于盘中旋转不已。最后它指向谁则谁饮。

（六）猜枚令

古称"藏钩"。行令者从身边随意抓取某微物，如扣子、棋子、钱币、瓜子等，握于手内，让他人猜其品类、数目、色彩、形状等，未能猜中者罚。至晋代，猜枚演化为分曹覆射的形式。参加者若为偶数，则分为人数相等之两组；若为奇数，则余者可任意分属两曹。唐人有诗记其事云：

隔座送钩春酒暖，分曹覆射腊灯红。（李商隐：《无题》）

（七）拍七令

以桌子为辅助工具，依序数数字从1至49，7、17、27、37、47为"明7"，数至明7者以右手击桌；14、21、28、35、42、49则为暗7，数至暗7者当以左手击桌，迟或误者罚酒。行此令者当反应迅速。

（八）曲水流觞令

此乃由民俗演化的一种酒令。江南地区很早就盛行于农历三月三上旬巳日在曲水池边淋浴饮酒，以期祛邪除病。行此酒令之地段，最好是地势起伏，水流多弯转之处。行此令时，置羽觞一只，盛酒于内。饮酒者沿水岸而坐。羽觞顺流而下，流到谁的面前即当取饮赋诗，不就者则罚饮。

永和九年，岁在癸丑。暮春之初，会于会稽山阴之兰亭，修禊事也。群贤毕至，少长咸集。此地有崇山峻岭，茂林修竹；又有清流激湍，映带左右，引以为流觞曲水，列坐其次。虽无丝竹管弦之盛，一觞一咏，亦足以畅叙幽情。是日也，天朗气清，惠风和

畅。仰观宇宙之大，俯察品类之盛，所以游目骋怀，足以极视听之娱，信可乐也。(王羲之：《兰亭集序》)

此酒令虽然仍需借重于外在的物质媒介——曲水、羽觞，然而其最重要因素则是即兴作诗（亦可以赋诗代之）之环节。所以，它已然是一种文化内涵高雅、丰富的酒令形式，当理解为是一种从通令到雅令的过渡形态。

精英酒令——雅令

少时犹不忧生计，老后谁能惜酒钱。共把十千沽一斗，相看七十欠三年。闲征雅令穷经史，醉听清吟胜管弦。更待菊黄家酿熟，共君一醉一陶然。（白居易：《与梦得沽酒闲饮，且约后期》）

雅令乃通令之高级发展形式，主要是从文化内涵上对通令的拓展与丰富，乃古代士大夫阶层所创设。此类酒令的创设与施行，主要不是通过特殊物质媒介，而是借鉴既有的文艺作品与艺术形式。通令与雅令主要是其内涵文化层次上的区别，并非酒令规则技术难度上的区别，而且前者中亦可寄寓后者因素，比如豁拳之令便可雅可俗，随行令者之文化程度与趣味而异。现在介绍雅令的三种历史形式。

（一）文字令

此令多为文人雅士所创设与应用。计有象形格、增损格、数目格、并头离合格、省小格、声韵格、成语接龙等。形象格如：

春辉道："我说一个'甘'字，好像木匠用的刨子。"……施春燕道："我说一个'且'字，像个祖主牌。"……褚月芳道："我说'非'字，好像篦子。"[①]

文字令中，此格当最为简单，只需说出单字的日常生活形态即可。离合格如：

陈学士循云："轰字三个车，余斗字成斜，车车车，远上寒山石径斜。"高学士毂云："品字三个口，水酉字成酒。口口口，劝君更尽一杯酒。"陈云："蠢字三个直，黑出字成

[①] 李汝珍：《镜花缘》，载金小曼《中国酒令》，天津科学技术出版社，1991，第219-220页。

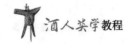

黜,直直直,焉往而不三黜。"①

此令当是文字令中较复杂者,首先需要分字,又要合字,最难者,最后一字还需将所合之字用之于已有之诗文名句,实际上是文字令与诗令之结合。它主要考察行令者的文字修养,要识字多才能反应快。

(二) 赋诗令

此令与曲水流觞令所同者,诗文在此均是最关键因素;所异者在于此令之施行,并不需要曲水之地理条件,唯诗文而已。

"赋"在此有二义:一曰记诵,二曰创作。记诵类赋诗令,其源远矣。早在春秋时代,诸侯国行人之官(外交人员)在国际交往的社交场合,即有当场吟诵《诗经》片段以表达本国与本人立场之习,称为"赋诗言志",故而孔子有"不学诗,无以言"之语。②至汉代,酒宴上的吟诵之习改为即席自作诗句。典型的如汉武帝所创设的联句之例。汉武帝曾在柏梁台大宴群臣,要求所有参与会饮者每人依序即兴现作一句诗,押相同的韵,最后合而缀成一个完整的诗篇,史称"柏梁体"。赋诗之令极大地丰富了酒席的文化内涵,同时也是饮酒者文学修养与才华的大展示、大竞赛,其大大活泼了酒席的气氛,故而为历代文人所喜。中国的诗歌文化传统也因此而得以延续。前有诗歌之尚,后有赋诗之酒令,这是中国文学艺术传统对酒文化的渗透与拓展。同时,酒令中自觉引入诗文因素,是酒文化语境对诗文成就与传统的继承与发扬,可谓双益互进。

行赋诗令时,需要先推一人为令官,或出诗句,或出对子,往往限韵、限格律,且限时。他人需依首令之意续令,所续者需在内容与形式上均与首令相符,违者罚酒。行令与续令者均需有学识,且才思敏捷。例如《红楼梦》第四十回之鸳鸯行令。

大家坐定,贾母先笑道:"咱们先吃两杯,今日也行一令才有意思。"薛姨妈等笑道:"老太太自然有好酒令,我们如何会呢,安心要我们醉了。我们都多吃两杯就有了。"贾母笑道:"姨太太今儿也过谦起来,想是厌我老了。"薛姨妈笑道:"不是谦,只怕行不上来倒是笑话了。"王夫人忙笑道:"便说不上来,就便多吃一杯酒,醉了睡觉去,还有谁笑话咱们不成。"薛姨妈点头笑道:"依令。老太太到底吃一杯令酒才是。"贾母笑道:

---

① 陆容:《菽园杂记》卷六,收入《文渊阁四库全书》子部小说家类杂事之属第1041册,台湾商务印书馆,1986,第288-289页。

② 《论语·季氏》,载朱熹《四书集注》,岳麓书社,1985,第209页。

"这个自然。"说着便吃了一杯。

凤姐儿忙走至当地,笑道:"既行令,还叫鸳鸯姐姐来行更好。"众人都知贾母所行之令必得鸳鸯提着,故听了这话,都说"很是"。凤姐儿便拉了鸳鸯过来。王夫人笑道:"既在令内,没有站着的理。"回头命小丫头子:"端一张椅子,放在你二位奶奶的席上。"鸳鸯也半推半就,谢了坐,便坐下,也吃了一钟(盅)酒,笑道:"酒令大如军令,不论尊卑,惟我是主。违了我的话,是要受罚的。"王夫人等都笑道:"一定如此,快些说来。"鸳鸯未开口,刘姥姥便下了席,摆手道:"别这样捉弄人家,我家去了。"众人都笑道:"这却使不得。"鸳鸯喝令小丫头子们:"拉上席去!"小丫头子们也笑着,果然拉入席中。刘姥姥只叫"饶了我罢!"鸳鸯道:"再多言的罚一壶。"刘姥姥方住了声。

鸳鸯道:"如今我说骨牌副儿,从老太太起,顺领说下去,至刘姥姥止。比如我说一副儿,将这三张牌拆开,先说头一张,次说第二张,再说第三张,说完了,合成这一副儿的名字。无论诗词歌赋,成语俗话,比上一句,都要叶韵。错了的罚一杯。"众人笑道:"这个令好,就说出来。"

鸳鸯道:"有了一副了。左边是张'天'。"贾母道:"头上有青天。"众人道:"好。"鸳鸯道:"当中是个'五与六'。"贾母道:"六桥梅花香彻骨。"鸳鸯道:"剩得一张'六与幺'。"贾母道:"一轮红日出云霄。"鸳鸯道:"凑成便是个'蓬头鬼'。"贾母道:"这鬼抱住钟馗腿。"说完,大家笑说:"极妙。"贾母饮了一杯。

鸳鸯又道:"有了一副。左边是个'大长五'。"薛姨妈道:"梅花朵朵风前舞。"鸳鸯道:"右边还是个'大五长'。"薛姨妈道:"十月梅花岭上香。"鸳鸯道:"当中'二五'是杂七。"薛姨妈道:"织女牛郎会七夕。"鸳鸯道:"凑成'二郎游五岳'。"薛姨妈道:"世人不及神仙乐。"说完,大家称赏,饮了酒。

鸳鸯又道:"有了一副。左边'长幺'两点明。"湘云道:"双悬日月照乾坤。"鸳鸯道:"右边'长幺'两点明。"湘云道:"闲花落地听无声。"鸳鸯道:"中间还得'幺四'来。"湘云道:"日边红杏倚云栽。"鸳鸯道:"凑成'樱桃是九熟'。"湘云道:"御园却被鸟衔出。"说完饮了一杯。

鸳鸯道:"有了一副。左边是'长三'。"宝钗道:"双双燕子语梁间。"鸳鸯道:"右边是'三长'。"宝钗道:"水荇牵风翠带长。"鸳鸯道:"当中'三六'九点在。"宝钗道:"三山半落青天外。"鸳鸯道:"凑成'铁锁练孤舟'。"宝钗道:"处处风波处处愁。"说完饮毕。

鸳鸯又道:"左边一个'天'。"黛玉道:"良辰美景奈何天。"宝钗听了,回头看着他。黛玉只顾怕罚,也不理论。鸳鸯道:"中间'锦屏'颜色俏。"黛玉道:"纱窗也没有红娘报。"鸳鸯道："剩了'二六'八点齐。"黛玉道："双瞻玉座引朝仪。"鸳鸯道："凑成'篮子'好采花。"黛玉道："仙杖香挑芍药花。"说完，饮了一口。

鸳鸯道："左边'四五'成花九。"迎春道："桃花带雨浓。"众人道："该罚！错了韵，而且又不像。"迎春笑着饮了一口。原是凤姐儿和鸳鸯都要听刘姥姥的笑话，故意都令说错，都罚了。至王夫人，鸳鸯代说了个，下便该刘姥姥。

刘姥姥道："我们庄稼人闲了，也常会几个人弄这个，但不如说得这么好听。少不得我也试一试。"众人都笑道："容易说的。你只管说，不相干。"鸳鸯笑道："左边'四四'是个人。"刘姥姥听了，想了半日，说道："是个庄稼人罢。"众人哄堂笑了。贾母笑道："说的好，就是这样说。"刘姥姥也笑道："我们庄稼人，不过是现成的本色，众位别笑。"鸳鸯道："中间'三四'绿配红。"刘姥姥道："大火烧了毛毛虫。"众人笑道："这是有的，还说你的本色。"鸳鸯道："右边'幺四'真好看。"刘姥姥道："一个萝卜一头蒜。"众人又笑了。鸳鸯笑道："凑成便是一枝花。"刘姥姥两只手比着，说道："花儿落了结个大倭瓜。"[1]

赋诗令乃中国酒文化之典范，体现了中国既有诗文成就与传统之最高形式，这正需要新时代已然实现了文化自觉的国人自觉地继承并发扬光大。

（三）歌舞令

楚有祠者，赐其舍人卮酒。舍人相谓曰："数人饮之不足，一人饮之有余。请画地为蛇，先成者饮酒。"一人蛇先成，引酒且饮之。乃左手持卮，右手画蛇，曰："吾能为之足。"未成，一人之蛇成，夺其卮曰："蛇固无足，子安能为之足？"遂饮其酒。为蛇足者，终亡其酒。[2]

唐代受边疆少数民族影响，许多胡舞胡乐进入中原，行于宫廷，成为新的时尚。于是，每逢酒宴，贵族们喜以歌舞渲染气氛，劝酒行乐。此时，行酒令者既可以歌舞劝酒，亦可罚饮酒者当场表演歌舞节目。新疆等地的少数民族至今仍有载歌载舞以劝酒之习。

歌舞令乃是文学之外的其他艺术形式融入饮酒活动，丰富饮酒活动文化内涵的重要形式，是酒文化的重要表现形式，是酒与艺术互动之典范。

---

[1] 曹雪芹：《红楼梦》（上），人民文学出版社，2008，第541-545页。
[2] 范祥雍：《战国策笺证》（上），上海古籍出版社，2006，第565页。

拓展阅读文献

[1] 袁宏道. 觞政 [M]. 郑州：中州古籍出版社，2017.
[2] 金小曼. 中国酒令 [M]. 天津：天津科学技术出版社，1991.
[3] 徐兴海. 中国酒文化概论 [M]. 北京：中国轻工业出版社，2017.
[4] 何满子. 中国酒文化 [M]. 上海：上海古籍出版社，2001.

思考题

1. 酒令的内涵与功能是什么？
2. 历史上酒令有哪些类型？

第二节　酒礼

本节讨论群体性饮酒行为中的理性规范因素——"酒礼"。酒礼者，群体会饮时关于如何饮酒之规范、礼仪也。此乃群体性饮酒活动中必不可少的因素之一，是我们完善地理解人类群体性饮酒行为的重要内容，完善地理解酒文化内涵的关键环节。

作为群体性活动的饮酒

夫豢豕为酒，非以为祸也，而狱讼益繁，则酒之流生祸也。是故先王因为酒礼。壹献之礼，宾主百拜，终日饮酒而不得醉焉，此先王之所以备酒祸也。（《礼记·乐记》）

乡饮酒之礼，所以明长幼之序也……乡饮酒之礼废，则长幼之序失，而争斗之狱繁矣。（《礼记·经解》）

酒令虽然属于饮酒规范，但是饮酒规范并不全是酒令。酒令是饮酒社会规范的特殊表现形式，是狭义、弱版本、游戏性质的饮酒规范，强版本的饮酒规范——"酒礼"所强调的不仅是饮酒活动的秩序性，其更关注饮酒行为本身对整体社会和谐之影响。

夫礼者，所以定亲疏、决嫌疑、别同异、明是非也。（《礼记·曲礼上》）

"礼"是人类特定群体中个体成员间社会性交往行为之秩序、规则或仪式,酒礼乃关于饮酒秩序之人为制度安排,有关饮酒活动之民间风俗、礼节性的餐饮习惯。

人类饮酒为何要有规则?一个人独酌可谓纯私人性活动,怎么喝都可以,只要不把自己喝坏了就行。若是聚众会饮,饮酒便成为一种群体性的社会行为。人多了便产生怎么喝、喝多少,以及谁先喝等问题。若无序饮酒便容易在饮酒者间产生不快,从而影响正常的人际关系,甚至整个社会和谐,所以酒礼存在的意义与酒令大为不同,后者关心饮酒过程本身之趣味性;前者则着重考量饮酒秩序对整体社会关系的积极性影响,这也正是我们将酒令与酒礼分别介绍的原因。

君子尊让则不争,絜、敬则不慢,不慢、不争,则远于斗辨矣,不斗辨,则无暴乱之祸矣,斯君子所以免于祸也。故圣人制之以道。(《礼记·乡饮酒义》)

前面介绍的酒令确实解决了一些问题,而且条理清晰,还有惩罚措施;然而那只是一种游戏,是为取乐而施惩罚。在大部分群体性聚会场合,饮酒是无须强迫也不宜强迫的。如果说酒令是在娱乐气氛下所实施的强制性饮酒规则,那么其他非娱乐性语境下的会饮也需要一定的规则,但大致应当是一种非强制的。因为这是约定俗成的,所以也是大家自愿遵守的"酒则"。由于它是非强制性且必要的,故称之为饮酒礼仪,简称"酒礼"。礼仪乃经长期执行,已然在特定社会群体成员中被广泛认可,化为特定社会群体中个体成员日常生活习惯的一种行为方式,甚至是一种文化本能。它已由最初的强制性规则转化为一种可被轻松施行的外在仪式性的操作规程,甚至是行为习惯,因而无须强制也能被广泛、稳定地遵循。据此,群体性会饮得以有序、和谐地进行。酒礼乃整合共同体凝聚力、促进社会和谐的重要手段。

酒 礼

夫礼之初,始诸饮食。(《礼记·礼运》)

酒以成礼。(《左传》庄公二十二年)

略做历史追溯我们便可意识到:饮酒礼仪当先起于宗教祭祀,后施之于群体性会饮。最初的酒因其气味强烈、不易得,且过饮会致醉,故而先民以之为神秘圣物,将它作为奉献给天地、祖先神灵的神圣礼物、祭品,成为了先民祭祖、祭天地、鬼神等原始巫术活动中的重要物质媒介。既然是极为严肃的敬神活动,便不可以随意进行,而当有一套严整的操作方案,包括如何为神灵献酒的动作安排。先民相信,唯有在严格操作规范下的敬神活动,包括为各式神灵敬酒,方可体现对神灵们的无上崇敬与虔诚信仰,以此取悦于神,达致得到神灵庇护之宗教目的,此乃一切世俗社会规范之原初性宗教根源。换言之,后来各种社会制度的严肃性、权威性大多发源于作为宗教行为的神圣性。至于这些规范施之于日常社会的必要性,则是进入文明社会后方被逐渐自觉地意识到。

随古代社会各民族酿酒技术之进步,酒的生产量大增。除宗教祭祀之外,尚有一定剩余。于是,酒这一神奇的特殊饮品方进入世俗的日常饮食领域,至少在逢年过节时,成为人们犒劳自己的美妙食物,愉悦口腹。需注意者,饮酒与整体上的饮食行为一样,大多数情形下是一种群体性活动,至少是一个家庭内部成员间的群体行为。由于涉及多人,特别是在酒液尚有限的情形下,喝多少、怎么喝,以及谁先喝仍然是个问题。可见,即使酒是一种普通饮料,在社会性(两人是下限)语境中仍需要规则。在生产力低下、食物经常短缺的情况下,世俗的日常饮食活动与神圣的宗教祭祀活动一样,需要一种清晰、严格的专门制度来加以规范。若无此类规范性安排,便易起纷争,破坏共同体内部的团结,影响其后日常生产活动中社会成员间之合作。

中华民族的社会理性特别发达,在社会秩序建构、日常生产、生活制度性安排方面很早就实现了充分自觉。儒家所特别尊奉的"礼仪"便是早期政治家们关于社会制度建设的成果。据说在周代初年,周公姬旦便有"制礼作乐"之功。这种"礼制"便是对上自周天子、各地方管理者诸侯,下至普通百姓日常生活中各自责任与权利、社会角色定位,以及行为规范的系统性安排,是一套严明的社会秩序设计。在先秦时代,中华民族群体正是依靠这样一套社会制度才维持了长期的社会稳定。依《周礼》《仪礼》与《礼记》等儒家文献,"酒礼"正是先秦儒家礼仪系统中的一部分,且在社会秩序与和谐维持中发挥着特殊的不可替代作用。

如何理解酒礼的本质内涵?在古代社会,作为日常生活礼仪系统之一部分,酒礼在群体性饮酒活动中奉行以敬为主、以敬成和的原则,故而"敬",即在群体性饮酒活动中主动地谦让他人(尊者、长者及宾客)先饮,乃酒礼之首要内涵。然而,"来而不往非礼也"。先饮者在酒席上受到了别人的尊敬,又需以大致同样的方式回应他人对自己的善意,即以特定的方式向对自己敬酒者表达真诚的感谢与尊敬。如此,"答谢"或"回应"便成了礼酒之第二项内容。本质上说,群体性饮酒活动是社会成员间的一种对话与心灵沟通,在这种"敬"与"答谢"的往复过程中,饮酒者实现了相互了解,积极的人际关系与心理凝聚由此而达成。饮酒者在相互礼让、尊敬和表达致谢的互动过程中实现了彼

此间的大致平等,促进了日常生活中的相互合作,以及共同体内部的整体和谐,此正酒礼设置之宗旨。

乡饮酒之礼,六十者坐,五十者立侍以听政役,所以明尊长也。六十者三豆,七十者四豆,八十者五豆,九十者六豆,所以明养老也……主人亲速宾及介,而众宾自从之;至于门外,主人拜宾及介,而众宾自入:贵贱之义别矣。三揖至于阶,三让以宾升,拜至、献酬、辞让之节繁,及介省矣;至于众宾,升受,坐祭,立饮,不酢而降:隆杀之义辨矣。工入,升歌三终,主人献之;笙入,三终,主人献之;间歌,三终,合乐,三终,工告乐备,遂出。一人扬觯,乃立司正焉。知其能和乐而不流也。宾酬主人,主人酬介,介酬众宾,少长以齿,终于沃洗者焉。知其能弟长而无遗矣。(《礼记·乡饮酒义》)

依古代饮酒礼仪,酒宴上的饮酒程序大致如此:第一轮是设宴主人向所有来宾,包括尊者、长者与宾客敬酒的环节,以表达欢迎与尊敬之意。此环节又由献、酢与酬三个部分构成。

主人向宾客敬酒曰"献"。

君子有酒,酌言献之。(《诗经·小雅·瓠叶》)

客人还敬主人曰"酢"。

或献或酢,洗爵奠斝。(《诗经·大雅·行苇》)

继而主人先自饮,再劝客随之,曰"酬"。

君子有酒,酌言酬之。(《诗经·小雅·瓠叶》)

此三者构成"一献",即一巡。

觞酌俎豆酬酢之礼,所以效善也。(《淮南子·主术训》)

行酒一周为一巡,依宾客之尊卑安排座次,依次斟酒。入席后最初三巡依座次行酒,三巡过后，每席饮酒者方可随意互敬或自饮。现代饮酒礼仪亦大致如此。凡稍正式一点的聚会，大凡由设宴者先主持三巡敬酒之礼，然后诸宾客自行饮酒。虽然酒礼在细节上会因时、因地、因特定群体之风俗传统而异，然而有两项内在精神当是不变的：一曰敬，二曰和，亦即以酒示敬，以敬促和，此乃世界各民族酒礼之灵魂。无论哪个地方、族群的酒礼，凡不利于酒席气氛，以及饮酒者关系和谐者，均当被酒礼判为不当："非礼也"，饮酒者均当极力避免之。

酒可以群、可以观

立足于人的社会性而考察酒的价值，酒可以干什么？必曰："酒可以群。"酒可以促进人之间的交际，成为密切关系、拉近人心的重要物质媒介。然而，酒并不必然地"可以群"，要想让酒在社会交际中只发挥其正面作用而非消极的"搅窝子"或"砸场子"作用，一项必要条件便是所有会饮参与者均能自觉、深刻地意识到"酒礼"的作用。让酒礼随时在场，让主持酒礼者很好地发挥其作用，让酒礼存于每位饮酒者的内心，从而自觉地用酒礼，实际上是每个人的实践、生活理性约束自己的饮酒行为。

诚然，独酌亦可成妙境，是一个人过内心生活的重要方式，然而大部分情形下，酒是用来分享而非独享的。大部分人有了酒兴，即一种挡不住的以酒表达自我的冲动时，便需要寻求一个或一些倾诉对象、需要邀约酒伴，共同地经营酒境、共同地体验"酒乐"。在此意义上，我们又可以说：酒天然地是一种"社会性饮料""群体之液"。一个人内心苦恼时当然可以独酌，然而就饮酒的最终心理效果而言，似乎独酌不如会饮，至少不如对饮。因为酒液仅是一种自我表达，向同类倾诉以唤起他者同情的"药引子"，更重要的因素是一位乐于听你唠叨的倾诉对象，一位或数位知己能陪伴在你身旁。

何以如此？因为人是一种社会性动物。一个人来世走一遭，其个体生存能力极为有限，难以应对来自各方面的生存挑战，所以从我们的祖先开始，便自觉地选择了抱团生存的人生策略。一个人长期生存于特定群体——家庭、民族、国家，等等，便会形成一种社会性心理——对同类他者的心理依赖，如取得成就时需要与人分享，获得来自同伴的赞誉；面临挫折时则更需要得到来自其同伴的安慰与同情。正因如此，我们从历代酒诗文中看到的是与亲人、朋友共饮的情形居多。人逢喜事与人饮方更乐；有忧时则因有人与之分担而忧轻。与人共饮会进一步增进人与人之间的相互理解、同情与心理依恋。酒乃社会关系的重要"润滑剂"，与他人共饮会强化饮酒者的群体心理意识，使其心灵不再孤单。

通过反思为何饮酒、与谁饮酒的问题，我们发现饮酒语境大概有三种：一曰独酌，即一个人为自适而饮。在此情形下，当然并不存在如何饮的问题，随自己喜好而已，酒礼很不必要。二曰对饮，即与一二知己为深度交流而进行的友情型小酌。在此情形下，相互间深入的言语交流占主导，饮酒乃在其次。此种小型对饮并非正式的社交场合，人少而人际关系简单、密切，所以如何饮也不成问题。在此情境下，饮酒者的自觉性很强，酒礼在此似无用武之地。若需要，更需要的大概是娱乐性酒令，而非仪式性酒礼。所以，真正体现酒礼重要价值者当是第三种情形——会饮，即集中了许多人，特别是不同社会地位、宾主间以及宾客间关系疏密度不等的人们共同聚饮的语境。此种饮酒的主要功能是出于特定的社会交际需要——方便了解、密切关系、增进友谊。民间社会中凡逢年过节、婚丧嫁娶时所举行的宴会，便是其典型代表。

在此情形下，因主人举办宴会而一下子来了许多人。这些宾客与主人的关系亲疏度有差，宾客间的熟悉度亦有差，许多人很可能仅与主人熟悉，相互间并不认识。在此复杂的关系语境下，主人如何请大家饮酒，主客之间、宾客之间，以及饮酒者自己如何饮酒，便需要一套约定俗成的专业性秩序安排，否则不仅宴席秩序会乱，饮食、交际效率低下，更重要的是宾主，特别是宾客间有可能会因如何饮酒而发生不必要的误会与冲突，这样的情节一旦发生，便会背离宴会主办者和出席者原初的良好意图。

只要明确了交际性会饮语境的人际和谐宗旨，饮酒者便会意识到酒礼——饮酒秩序之重要性，就会明白酒礼"以酒示敬，以敬促和"的基本原则，就会明白主人如何设计与施行酒场礼仪，宴会出席者如何在社交场合中管理自己的饮酒行为——最重要的是"敬"字当头，最忌讳的便是因自身之粗疏言行在酒席上导致对他人之失敬，因而人际失和。从原则上讲，在大型聚会的社交性场合下，每位参与者均应得到尊重，而且每位到场者一般会对自己是否得到足够尊重表现得特别敏感，有时甚至会过分敏感。正因如此，主宾双方都要自觉地以此心律己、度人，如此才能在酒席上成功地管理自己、协调众人，主人不会因失礼而令宾客难堪、不悦，宾客们也不会因失礼或过饮而发生对他人失敬，进而失和之情节。所以，只有立足于饮酒活动的社会性（这里我们将独酌理解为人类饮酒行为之特例），才可以深刻理解酒礼对饮酒活动的意义。

从饮酒主体，特别是从聚众饮酒、宴请宾客的宴会主持者角度看，在社交型群体饮酒活动中，若能将特定区域、群体中已然约定俗成，并获得社会公众广泛认可的规则，在具有当地文化传统与民间风俗的礼酒中广泛施行，然后以酒为媒介，在宴席上充分地向所有宾客表达真诚的尊敬，对来自他人的敬意及时地给予回应，这样的酒席自然是成功的，自然会发挥促进亲朋间相互理解与信任之作用，所有参与者均会对主人表达感谢，因为人们从中感受到主人的真挚友情,并因此而结识了新的朋友。若所有的宴会参与者均能在宴会中以酒为媒,向主人及其他宾客真诚地表达尊重与友好,饮酒适度,言谈举止恰当,使整个聚会热烈、友好、和谐,那么所有参与者都会从中得到快乐,获得友谊,彼此和谐。只有在此意义上我们才可以说:"酒可以群。"因为酒在整个聚会过程中确实发挥了积极的润滑作用。所有参与者在此拓展了人际关系,增进了友谊,实现了社会和谐。在此,我们可以确切地将"酒可以群"理解为酒可以在人际交往中发挥其密切关系、促进交流、凝聚人心、维护社会和谐的功能。

扬子云曰:"侍坐于君子,有酒则观礼。"①

君子远使之而观其忠,近使之而观其敬,烦使之而观其能,卒然问焉而观其知,急与之期而观其信,委之以财而观其仁,告之以危而观其节,醉之以酒而观其侧,杂之以处而观其色。九征至,不肖人得矣。"(《庄子·列御寇》)

若将自己设想为酒席上的一位理想参与者——不仅是饮酒者,同时还有能力做到"众人皆醉,唯我独醒"的旁观者,那么你就会发现酒的另一种妙处——"酒可以观",于酒席上旁观他人之性格、修养与德性也。一方面,酒对大多数人有普遍的生理和心理的刺激作用,因而大部分人几杯酒下肚,便会变得格外兴奋,主动打开话匣,敞开心扉,与周围的人积极交流,充分表达自己的人生经验,其乐其忧。另一方面,由于性格、修养,以及生理条件之差异,每位饮酒者对酒精的敏感度、容受度又各不相同,饮酒者在酒席上的语言与行为就会各有差异。于是,酒场就变成了人生的精彩舞台,饮酒者无须粉墨便即刻登场,纷纷有所表演。有的矜持、有的豪放、有的得意、有的抱怨。优雅者有之,粗俗者亦有之。于是,酒便成为饮酒者自我个性展示的重要媒介,也成为每个人旁观他者的绝佳镜鉴。然而,以酒观人实为自观,因为饮酒者个性的背后乃是人同此心之普遍人性。于酒席上旁观他人,特别是那些有违酒礼的不佳表现,实际上是为了自警,以便提升自己在社会活动中的生活理性。"观"者,旁观、静察也,观酒或以酒观人,实际上是一种对同类饮酒行为之理性反思行为,以之为鉴,以之自醒。

酒席上观察什么?我们可以观察每位饮酒者的酒量,是"唯酒无量不及乱"的酒仙,还是"酒不醉人人自醉"的普通人;我们可以观察饮酒者的学识,"酒后吐真言",看他"吐"的是哪种风格的语言,是满口粗话的俗物,还是"出口成章""腹有诗书气自华"

---

① 窦苹:《酒谱》,中华书局,2010,第77页。

的雅士;我们可以观察饮酒者的性格,是一位长于发动他人积极参与交流的社会活动家,还是更喜欢倾诉自我,言说自己故事的内敛者。如果立足于"酒可以观",即酒的核心社会交际功能,那么最为重要的,也许是观察每位饮酒者对酒礼的遵行程度,以及饮酒者生活理性对其饮酒行为的自我管理能力。这种能力基于每位饮酒者的天然生理条件——耐酒量,更取决于其性格(酒神型,还是日神型),取决于其总体的文化教养程度。

我们已然明白,作为一种群体性活动,会饮中酒礼的在场必不可少,它的核心功能就是理性地规范人们的饮酒行为,维护酒场秩序,预防因失序饮酒而产生的人际纷争。在此意义上,所谓"酒可以观",便意味着我们首先可以观察宴席主持者与所有参与者在饮酒过程中,是否真正地将"敬"与"应"贯彻到位?主持者是否真诚地以酒为媒,向所有来宾表达了敬意,是否所有来宾都对主人的敬意及时地给予回应,宾客之间是否"礼尚往来",相互间真诚地表达了敬意,对他人的敬意是否给予及时的回应。其次,无论主人还是客人,在彼此互致敬意的过程中,其语言与举止是否真诚、文明、得当,是否有因过量饮酒而导致失言、失礼之举?

饮酒孔嘉,维其令仪。(《诗经·小雅·宾之初筵》)
献酬交错,礼仪卒度。(《诗经·小雅·楚茨》)

酒乃妙物,酒精刺激了饮酒者的神经会让饮酒者兴奋不已,于是酒可以让人敞开心扉,真诚交流,增进友谊;然而酒也可以败兴,过度的酒精刺激会让人失去理性,失去日常生活中充分有效的自我言行管理能力,会让饮酒者醉不择言,言谈举止失当,甚至轻举妄动,冒犯其他饮酒者,最终导致因酒失和。酒礼,包括人类社会的一切行为规则都是理性的产物。有了酒礼还需要得到施行。如何才能施行?只能以饮酒者不过度饮酒,不失去日常生活理性为前提。于是,"节"便成为酒礼之第二义,它是酒礼得以施行的前提条件。在此意义上,以礼饮酒实际上意味着饮而有节,饮而不过,此乃酒礼又一核心内涵。

酒是古明镜,辗开小人心。醉见异举止,醉闻异声音。酒功如此多,酒屈亦以深。罪人免罪酒,如此可为箴。(孟郊:《酒德》)
神仙不饮尘凡酒,素面看人醉后狂。(陆游:《雪后寻梅偶得绝句十首·其八》)

在此意义上,"酒可以观"的前提是以礼(理)节酒,进而才能做到酒中观礼、酒中观德。它要求人们在社交饮酒中始终保持日常生活的理性，饮而有节，始终保持一定的清醒程度。有了这种理性，有了这种自主性节制，不仅能让自己做到饮而有礼，言行恰当，还能发现身边人是否做到依礼而饮、饮而有节，还能有能力发现酒席上是否有人做得不太好，因而在酒席上减少了因言谈举止不当，如呕吐、骂人、哭笑无度、冒犯他人，影响酒宴和谐气氛的情节。

以理性看管好酒兴，饮而有节，这是酒礼所要求的应然状态。然而在社交性饮酒场合实际上经常会出现过度饮酒、举止无度，因酒失和的情形，这便要求宴会主人在宴会策划中就应当有防止此种情形出现的预案和及时应对此种情形的方略。首先是尽量周全、完善地引导、掌控整个宴会的节奏。一旦出现个别宾客因过饮而言行失当，就应当立即以周全的言行控制局面，安抚宾客，缓和气氛，将此消极性插曲的影响减小到最低程度。每位宴会参与者都应当自觉地以礼饮酒，饮而有节，努力在每一次宴会中都能量力而饮，敬人、应人、节己。言谈举止恰当，做一个有礼貌、有涵养、不失态的饮酒者，如此方不负主人热情邀约之雅意，不会使自己的人望减分。

酒　德

无若殷王受之迷乱，酗于酒德哉！（《尚书·无逸》）

这是"酒德"一语最早出现的文本，其义乃唯酒是务，以恋酒为德，专事饮酒，不事他业。

有大人先生者，以天地为一朝，万期为须臾，日月为扃牖，八荒为庭衢。行无辙迹，居无室庐，幕天席地，纵意所如。止则操卮执觚，动则挈榼提壶，唯酒是务，焉知其余？（刘伶：《酒德颂》）

晋代刘伶的《酒德颂》是中国古代酒文化史上知名度最高的文本之一。它继承了《尚书》中"酒德"一语之本义，即以酒为德，惟务饮酒。然而，酒礼所要求之"酒德"，即有德性地饮酒或饮酒美德，其义正好相反，乃是对上述"酒德"概念的严肃反思，它要求一种与之相反的自觉意识或态度——以礼节酒，以理克嗜。对此，《诗经》有极为精准的表达：

人之齐圣，饮酒温克。（《诗经·小雅·小宛》）

此言温和克制乃酒德之核心内涵。

君子之饮酒也，受一爵而色洒如也，二爵而言言斯；礼已三爵，而油油以退。（《礼记·玉藻》）

此乃饮而有节，具备酒德的典范。"酒可以观"，观什么？立足于酒礼，便是观酒礼、观饮酒秩序在酒席上的施行程度，观社交型饮酒的最终效果是否实现了"酒可以群"的和谐的核心理念。然而这一目标的实现需要一个十分重要的前提条件，那就是每位饮酒者确实具备理想饮酒、理性饮酒所要求的一种特殊精神品格或文化修养，一种饮酒美德——"酒德"。在此意义上，观酒的核心内涵乃是观察每位饮酒者在酒席上通过其言行举止所表现出的饮酒德性——理性饮酒，至少是体验饮酒快感时又不失清醒，能够自我掌控的理性，以确保自己饮而有节。

饮惟祀，德将无醉。（《尚书·酒诰》）
酒以成礼，不继以淫，义也。以君成礼，弗纳于淫，仁也。（《左传·庄公二十二年》）

此乃以无醉、不淫，即不过量为饮酒之德。"酒可以观"，在酒席上观每位饮酒者之酒德，观其酒兴大发之时是否还能依礼饮酒，饮而有节，不失其仪。这种酒德实际上便是以清醒的理性意识驾驭其感性酒兴之能力，最佳酒德当表现为尽兴而不失仪、不冒犯他人。在此方面，能做到"唯酒无量不及乱"的孔夫子是当之无愧的千古饮酒榜样。

简言之，历史上的"酒德"概念，实际上同时具有两种正好相反的内涵。对于刘伶、李白这样的"酒仙"而言，他们仅从感性欲望、酒神精神或生活审美的趣味角度理解之，将"酒德"理解为唯酒是务、痛快、无条件地沉醉于酒兴所营造的迷幻之境，它所集中呈现的乃是一种浪漫的审美愉悦境界。然而在儒家日常生活理性的"酒礼"视野下，"酒德"乃指有德性地饮酒，或饮酒中所体现的理性节制美德。其核心内涵乃是以理节欲、饮而有节、乐而不失仪、不违和。它强调的是伦理理性对人类饮酒行为的监督、管理作用，看重的是饮酒行为维护社会秩序、促进群体和谐的积极作用，极力规避非理性饮酒对群体和谐的消极性破坏作用。这是一种非审美、功利性的伦理、政治视野。若非立足于饮酒本身，而是立足于日常生活理性，那么后一种意义上的理性、节制饮酒之德必不可少。

以理致和：酒礼宗旨

乡饮酒之礼，所以明长幼之序也。（《礼记·经解》）
因其酒肉，聚其宗族，以教民睦也。（《礼记·坊记》）

主人为什么请大家来一起共饮？为什么聚会？核心目的是为了增进友谊，加强团结。在此意义上说，酒与饮酒在社交性聚会活动中只是促进人际和谐的媒介，它们本身并不是目的。于是便需要力忌让酒与饮酒成为败兴起争之具。参与会饮的每位饮酒者若都能充分意识到社交性聚会之核心目标，便能体会到酒礼的必要性，便有了遵守酒礼的自觉性，可以更容易地做到量力而饮、遵礼而饮，饮而有节，最终好聚好散，其乐融融。

社交性会饮的核心目的是增进人与人之间的相互了解，结识新朋友，维护旧友谊，实现群体和谐。由于酒精有刺激神经，使饮酒者失控的作用，所以酒礼的介入对群体性会饮而言便成为必要的约束，它是预防酒席失态、失序、失和的重要手段。在此意义上，一场没有酒礼出场的会饮是一种冒失的危险行为，很可能好心办坏事，因少数人的失态伤了多数人的和气。一种成功、美好的会饮何以可能？必曰以礼为导，以节为要，以礼行节，以节促和，斯为善矣。

会饮是一种群体性活动，涉及众人。无论是宴会的召集者，还是宴会的参与者，大家聚在一起共饮都是为了图个高兴，为了增进相互间的了解与友谊。热情地向他人敬酒当然是为了表达对他人的尊敬，但是酒毕竟是一种特殊饮料，并非多多益善，并非人人都乐饮与善饮。所以，无论主客，每位敬酒者都需格外地顾及他人的酒力与心情，需要有一种推己及人的智慧与同情，要意识到太过热情的强迫性敬酒，在接受者，特别是那些不善饮者的心里很容易将其转变为难以遵命的罚酒，令人难堪，甚至心生不快，这样的敬酒便适得其反。对被敬者一方而言，即使自己不善饮酒，不以酒为乐，然而一旦出现在社交场合，总是需要顾及到整个酒场的氛围，总是需要顾及到宴会主人以及每位敬酒者的善意与情绪，最好能对他人的敬意有所回应，即使是象征性的。当然，对不善饮者而言，面对那些过分热情的敬酒者，也要学会保护自己，最好能做到艺术性婉拒，需要用耐心、周全、温和的语言向敬酒者表达歉意，维护好敬酒者的面子，这样才不至令双方难堪。

总体而言，中国的酒文化传统也许太过强调热闹、人情与步调一致，太过强调群体意志，往往忽略了参与者个性化的酒量与心情差异，因尊重他人的意识不强而令接受者不快。所以，在社交饮酒场合中，太喜欢热闹的中国人有必要对传统的酒文化有所改进，自觉地吸收西方文化中尊重个性的因素，让酒席变得更文明、厚道、人性一些，如此方可实现"以酒促和"之最终目的。

拓展阅读文献

[1] 袁立泽. 饮酒史话 [M]. 北京：社会科学文献出版社，2012.

[2] 胡平生，张萌. 礼记译注（下）[M]. 北京：中华书局，2017.

[3] 朱熹. 诗经集传 [M]. 上海：上海古籍出版社，1987.

思考题

1. 酒礼的功能是什么？
2. 何为酒德？

第三节　酒累

用酒驱愁如伐国，敌虽摧破吾亦病。（陆游：《病酒新愈独卧蘋风阁戏书》）

世言有毒在麴蘗，腐胁穿肠凝血脉。（陆游：《饮酒》）

此前，英国医学会向政府提交报告，建议政府提高酒类商品税，以遏制英国人豪饮成性的习惯。这份报告称，英国约有800多万人过度饮酒，相当于每6个成人中就有1人酗酒，过度饮酒不但导致治安骚乱频发，犯罪率上升，还会引发心脏病、糖尿病、精神系统紊乱等60多种疾病。英国国家医疗服务系统每年用于帮助酗酒者的开支高达13亿英镑。根据英国一家保险公司最新公布的调查结果，醉酒是英国人请病假的首要原因。[①]

酒人类学虽然以酒为主题，然而并非单纯地向酒贡献一曲颂歌。作为哲学性人文学科，它始终以理性为本，倡导深入、完善地理解酒对人类个体与群体的价值，包括积极的与消极的。本节的主题便是酒的副作用——"酒累"（the Negativity of Wine）：它欲弄明白虽然酒乃妙物，然而除了成全人的口腹与心情之外，若不能恰当饮酒的话，它还会对个体人类——饮酒者造成一定程度的生理和心理伤害。

---

① 辛文：《英专家建议提高酒税遏制"豪饮"》，《中国税务报》2008年3月12日，第6版。

作为魔鬼的酒精

北齐李元忠大率常醉,家事大小了不关心,每言:"宁无食,不可无酒。"①

醉者越百步之沟,以为跬步之浍也,俯而出城门,以为小之闺也,酒乱其神也。(《荀子·解蔽》)

就像嗜酒者与旁观者对"酒德"这个概念会有截然不同的理解那样,对代表饮酒者最佳审美体验的关键词——"醉",这个世界也存在两种相反的认知与感受。

黄金白璧买歌笑,一醉累月轻王侯。(李白:《忆旧游寄谯郡元参军》)

酗酒是他最大的美德,因为他一喝酒便会烂醉如猪,倒在床上,不会再去闯祸,唯一倒霉的只有他的被褥,可是人家知道他的脾气,总是把他抬到稻草上去睡。②

在诗人眼里,醉代表一种人生难得的朦胧的诗意境界,一种忘忧取乐的理想国。

谁有祸患?谁有忧愁?谁有争斗?谁有哀叹?谁无故受伤?谁眼目红赤?就是那些流连饮酒,常去寻找调和酒的人。酒发红,在杯中闪烁,你不可观看,虽然下咽舒畅,终久是咬你如蛇,刺你如毒蛇。你眼必看见怪异的事,你心必发出乖谬的话。你必像躺在海中,或像卧在桅杆上。你必说:"人打我,我却未受伤;人鞭打我,我竟不觉得。我几时清醒,我仍去寻酒。"(《旧约·箴言》23:29-35)

然而在旁观者眼里,醉代表着一种不恰当的饮酒行为,是一种丧失日常生活理性,失去一个正常人所应有的自我管理能力,言行失当,容易在众人面前丢人现眼,甚至有造次闯祸的行为。一个人喝醉了即使不会变成一个恶棍,但也是一个需要治疗和管理的病人、疯子。所以面对酒这种人类为自己发明的神奇饮料,人们的态度充满矛盾,因为它是一种既让人留恋也使人畏惧,既让人愉悦亦可使人倒霉的怪物。

她是可爱的

---

① 窦苹:《酒谱》,中华书局,2010,第47页。
② 莎士比亚:《莎士比亚全集》第3册,朱生豪译,人民文学出版社,1978,第382页。

具有火的性格
水的外形

她是欢乐的精灵
哪儿有喜庆
就有她光临

她真是会逗
能让你说真话
掏出你的心

她会使你
忘掉痛苦
喜气盈盈

喝吧,为了胜利
喝吧,为了友谊
喝吧,为了爱情

你可要当心
在你高兴的时候
她会偷走你的理性

不要以为她是水
能扑灭你的烦忧
她是倒在火上的油

会使聪明的更聪明
会使愚蠢的更愚蠢[①]

---

① 艾青:《酒》,载《艾青精选集》,北京燕山出版社,2015,第296-297页。

关于酒，前面也许讲了太多的好话，本节的主题则是对酒的冷峻反思——它到底坏在哪里？所谓"酒累"，即言酒的副作用，具体是指过量饮酒对饮酒者个体与社会所带来的消极性生理、心理与社会后果。导致酒累的客观因素是酒液中所含酒精对饮酒者神经所产生的兴奋与抑制作用。造成酒累的主观因素则是饮酒者因自我理性控制能力差而导致的过量饮酒。若专论过量饮酒之弊，则我们最好为酒送上一个雅号——"魔鬼"（devil）。

医学视野下的酒累

在医学视野下，过度饮酒行为本身就是一种病态，过度饮酒的结果更是一种病症。在医生的眼里，所谓"醉了"，其实就是"病了"。关于过量饮酒所造成的特殊生理状态，古代汉语有专门的词汇描述之。

其一曰"酲"。

忧心如酲，谁秉国成？（《诗经·小雅·节南山》）

其二曰"酒恶"。

金陵人谓中酒曰酒恶，则知李后主诗云"酒恶时拈花蕊嗅"，用乡人语也。[①]

其三曰"酒风"。

帝曰："善！有病身热解堕，汗出如浴，恶风少气。此为何病？"歧伯曰："病名曰酒风。"（《黄帝内经·素问》）

从医学的角度讲，因酒而致疾均乃过量饮酒而成，其症状首先表现为使人产生种种生理不适，比如头痛、发晕、呕吐，甚至胃出血和死亡。

更强劲的啤酒被分成两种：（即）温和的和陈年的；第一种能让人解渴，但第二种就

---

① 赵令畤：《侯鲭录》卷八，收入《文渊阁四库全书》子部小说家类杂事之属第1037册，台湾商务印书馆，1983，第409页。

像水被灌到铁匠的锻造炉，让人胃烧灼痛，就像铁锈侵蚀到铁里，陈年的啤酒也能让人肠胃穿孔，否则我就是吹牛，我描述的这些也会被当作笑话。①

6月19日，在一所不知名的小酒吧中，广东某985大学大一学生王耀栋，死在了一片"加油"声中。他死于酒精中毒，死前，他连续喝下了6杯混合了多种烈酒的"特调鸡尾酒"，总饮酒量1800毫升。当时，酒吧推出了一项"3分钟内喝掉6杯酒则消费免单"的特殊活动，和朋友们在一起的王耀栋，在一片喝彩声中欣然加入了"致命挑战"。②

其他食品以果腹为限，过多会让人起生理反感，因而会自动拒绝，酒则不同。酒精既可以刺激人兴奋，让人过量饮用，还可以抑制人的神经，加上它的芳香，加上它的醇厚容易使人过而不觉。因此，酒很容易使人为之沉迷、为之贪恋，让人一旦喜欢上它便很难再从心理上拒绝它，使人对它产生持久的心理依赖，让瘾君子唯酒是嗜，没它不行。最后达到只知世上有酒，其余一概多余的境界，酒鬼便是这样炼成的。

子谓莫饮酒，我谓莫作诗。花开木落虫鸟悲，四时百物乱我思。朝吟摇头暮颦眉，雕肝琢肾闻退之。此翁此语还自违，岂如饮酒无所知。自古不饮无不死，惟有为善不可迟。功施当世圣贤事，不然文章千载垂。其余酩酊一樽酒，万事峥嵘皆可齐。腐肠槽肉两家说，计较屑屑何其卑。死生寿夭无足道，百年长短才几时。但饮酒，莫作诗，子其听我言非痴。③

从心理健康的角度讲，过量饮酒的后果不仅会让人一时糊涂，一时难受，还会像鸦片那样的精神毒品一样，让人对它生产持久、强烈的心理依赖，在某些饮酒者看来，酒乃人世间唯一值得贪恋的东西，一旦与酒结缘便会忘掉人生一切其他事务，沉溺于此，不能自拔。一饮必醉，不醉不止。然而对正常的日常生活理性而言，酒仅乃人间之一物，饮酒乃人生之一事，因酒而忘人生之万事，实在是一种理性极不发达，不能自制、自理

---

① 兰迪·穆沙：《啤酒圣经：世界最伟大饮品的专业指南》，高宏、王志欣译，机械工业出版社，2014，第150页。

② 杨鑫宇：《大学生饮酒身亡畸形的"酒桌文化"害死了他》，《中国青年报》2017年9月4日，第002版。

③ 欧阳修：《答圣俞莫饮酒》，《文忠集》卷六，收入《文渊阁四库全书》集部别集类北宋建隆至靖康第1102册，台湾商务印书馆，1986，第62-63页。

的弱智心理、病态人格。一旦嗜于酒、溺于酒,势必会毁掉一个人其他的正常人生事务,轻则误事,重则还可能丧心病狂,制造种种祸端。

却说张飞回到阆中,下令军中:限三日内制办白旗白甲,三军挂孝伐吴。次日,帐下两员末将范疆、张达,入帐告曰:"白旗白甲,一时无措,须宽限方可。飞大怒曰:"吾急欲报仇,恨不明日便到逆贼之境,汝安敢违我将令!"叱武士缚于树上,各鞭背五十。鞭毕,以手指之曰:"来日俱要完备!若违了限,即杀汝二人示众!"打得二人满口出血。回到营中商议,范疆曰:"今日受了刑责,着我等如何办得?其人性暴如火,倘来日不完,你我皆被杀矣!"张达曰:"比如他杀我,不如我杀他。"疆曰:"怎奈不得近前。"达曰:"我两个若不当死,则他醉于床上;若是当死,则他不醉。"二人商议停当。

却说张飞在帐中,神思昏乱,动止恍惚,乃问部将曰:"吾今心惊肉颤,坐卧不安,此何意也?"部将答曰:"此是君侯思念关公,以致如此。"飞令人将酒来,与部将同饮,不觉大醉,卧于帐中。范、张二贼,探知消息,初更时分,各藏短刀,密入帐中,诈言欲禀机密重事,直至床前。原来张飞每睡不合眼;当夜寝于帐中,二贼见他须竖目张,本不敢动手。因闻鼻息如雷,方敢近前,以短刀刺入飞腹。飞大叫一声而亡。时年五十五岁。①

前面提到"酒可以观",一个已然进入成年,承担着种种人生、社会责任的人,如何对待酒,如何饮酒,确实可以反映出饮酒者的理性成熟程度、自我管理能力,以及是否具有柔弱、偏执的病态人格。从人格心理学角度看,酒文化史上因酒而著名的"酒仙"级人物,往往饮酒成嗜,对酒有极大的心理依赖。一方面,他们是精神创造方面极为敏感的人物,酒可以激发其艺术天赋、才情,因而成就了佳篇名作;另一方面,他们也会为此酒誉而付出种种世人所不知的人生代价,陶渊明在此方面极具代表性。"酒仙"的另一个恰当称号应当就是"酒鬼"。因酒病而致之酒祸,有时不仅施之于饮酒者本人,甚至还可能祸及子孙,造成一种持久的孽债冤业:

白发被两鬓,肌肤不复实。虽有五男儿,总不好纸笔。阿舒已二八,懒惰故无匹。阿宣行志学,而不爱文术。雍端年十三,不识六与七。通子垂九龄,但觅梨与栗。天运苟如此,且进杯中物。(陶渊明:《责子》)

---

① 罗贯中:《三国演义》(下),人民文学出版社,1973,第664页。

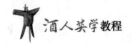

中国古代文学史上享有长久美誉的伟大诗人陶渊明为我们留下许多不朽诗篇，他是一位"酒仙"级别的人物，也是中国酒文化史上的一位名角。他的诗作中有关于酒的系列专题——《饮酒二十首》，可见酒对陶渊明的诗歌创作有极为重要的影响。酒在很大程度上成全了他的诗名，提升了其诗作之成色，酒待这位伟大的诗人可谓不薄，然而正所谓"成也萧何，败也萧何"，酒也极大地伤害了我们这位伟大的诗人。他是个重量级的酒鬼，整天把自己泡在酒精里，把自己弄得烂醉如泥，他的血液里，甚至细胞里全都是酒精，于是他生下一堆傻子。可惜，在那个时代，人们只知道喝多了会难受一阵子，未能意识到过量饮酒对下一代生命质量的戕害作用。明明是酒害了他自己，也害了他的下一代，可是诗人在这里却把因果给颠倒了，此诗名为《责子》，诗人在此责备几个儿子都不成器："你们一个个都如此地不上进，难免让老子这辈子心灰意冷。"他认为这几个傻儿子完全是造化弄人。于是，这几个由他亲手制造的牺牲品反过来却成为他更放肆地喝酒的理由："天运苟如此，且进杯中物。"儿子们都成这样了，还有啥奔头，继续喝吧！这便是这位伟大诗人对酒累、酒祸的认识水平，岂不痛哉！

海明威把饮酒视为解脱紧张的一种方式，甚至有时文思枯竭时就将酒作为消散痛苦的缓冲剂。酗酒是海明威的一大嗜好，他经常带客来家，一喝就是几个小时。他的妻子玛莎反对海明威酗酒，因为酒会毁坏他的身体和精神，这导致他们俩经常争吵。海明威娶了四任妻子，但是都因酒让他的妻子们吃尽了苦头。酒虽然可以帮助海明威，带给他无限的创作灵感，但是同样也让他做了不少不该做的事情。由于长期毫无节制的饮酒，加上各种疾病的折磨，晚年的海明威因此丧失了记忆和语言能力，不得不放弃写作。精神颓废的他每晚都会失眠，感到恐惧、孤独。不仅心里烦躁，而且疑心也越来越重，以至于到了精神错乱的地步，最终不堪忍受而饮弹自尽了。①

现代医学研究得出如此结论：

可以发现饮酒者对外界事物不关心，参加社会活动减少，缺乏计划性、责任心，不能支配自己的生活，不能调节心理状态，不自信，心绪不稳定，表现出不友好、紧张、愤怒、无精打采、易怒、闷闷不乐、耿耿于怀、灰心丧气、好斗、自责自罪的心理行为，他们会产生心理障碍及精神症状如健忘、思维中断、意志薄弱、脾气暴躁、不愿与人接

---

① 白洁洁、孙亚楠：《世界酒文化》，时事出版社，2014，第291页。

触、缺乏生活乐趣、对家人不关心、自私、敏感、敌对、偏执、自暴自弃、借酒消愁、思维紊乱、其社会适应能力明显下降，社会功能明显减退。①

近日，被称为"防癌壮士"的英国癌症研究中心琳达鲍尔德教授表示，已有足够证据表明，饮酒会增加患口腔咽喉癌、食管癌、肝癌、肠癌、乳腺癌5种癌症的风险，令人警醒！②

因过量饮酒而产生的酒病现代医学称之为"酒中毒"，然而所中之毒，并非仅仅酒精——乙醇而已，还包括因过量饮酒而过量摄入的甲醇、氰化物，甚至还有铅。这些不同因素所导致的人体受损伤部分也会因每位饮酒者个体生理差异而各有不同，然而总归为身体健康受到伤害。这是现代医学为我们带来的对酒累更为精细的认识，可不慎欤？③

社会学视野下的酒累

很多人会以为：嗜酒只是一种纯私人爱好，就像一个人喜欢穿什么衣服、点菜喜欢什么口味那样，他人无足多虑。其实不然，一个人对酒的喜好程度有时会极大地影响他人，影响这个社会，因为这个世界上不只你一个人。你酗酒之后还会与别人打交道。酒液内含有酒精，酒精会刺激或抑制人的神经系统，极大地影响饮酒者的心理状态和肢体掌控能力。所以，立足于社会角度考量酒的副作用——酒累便非常必要。也许，只有在社会学的视野下，酒累才会被放大到足以让人惊心动魄的程度，从而引起人们的重视。

过量饮酒不仅会对饮酒者的身体造成当下的生理伤害，还会产生一系列的相关后果。酒精一旦麻痹了饮酒者的神经，首先会使饮酒者反应迟钝、动作失衡，从而把事情搞砸。

即使是少量饮酒后驾车，由于酒精的麻醉作用，人的手、脚的触觉较平时降低，往往无法正常控制油门、刹车及方向盘。同时对声音刺激反应时间延长，本能反射动作的时间也相应延长，感觉器官和运动器官如眼、手、脚之间的配合功能发生障碍，因此，无法正确判断距离、速度，不能准确接收和处理路面上的交通信息，极易引发交通事故。如果饮酒过量，还会出现犯困、疲劳和打盹，甚至进入睡眠状态。④

---

① 曾艳芳、许倩：《慢性酒中毒患者戒酒前后社会功能变化的分析》，《河北医学》2006年第11期。
② 张揆一：《小酒不断，引癌上身》，《家庭医学》2016年第5期。
③ 杨春萍等：《酒中毒原因分析》，《食品安全质量检测学报》2017年第6期。
④ 本刊编辑部：《酒驾、醉驾为何屡禁不止》，《汽车与安全》2016年第5期。

在现代社会，个体酒累所造成的最典型社会性事件也许要算因酒驾、醉驾造成的车祸。

2014年3月6日，黑龙江省富裕县驾驶人褚某饮酒后驾驶小型轿车搭乘4人，以时速109km／h（限速70km／h）驶入对向车道，与相对行驶的小型轿车相撞，造成两车共5人死亡、3人受伤。经检测，褚某血液酒精含量为391mq／100mI，属于严重醉酒驾驶。①

在此情况下，人们还会认为喝酒纯属个人爱好，还会认为喝多了也是小事儿吗？从心理层面上看，过度饮酒还会使饮酒者的心性大变，失去正常的理性判断力，干出种种蠢事。

宋江看了，心中暗喜，自夸道："这般整齐肴馔，齐楚器皿，端的是好个江州。我虽是犯罪远流到此，却也看了些真山真水。我那里虽有几座名山名迹，却无此等景致。"独自一个，一杯两盏，倚栏畅饮，不觉沉醉。猛然蓦上心来，思想道："我生在山东，长在郓城，学吏出身，结识了多少江湖好汉；虽留得一个虚名，目今三旬之上，名又不成，功又不就，倒被文了双颊，配来在这里。我家乡中老父和兄弟，如何得相见！"不觉酒涌上来，潸然泪下，临风触目，感恨伤怀。忽然做了一首《西江月》词调，便唤酒保，索借笔砚，起身观玩，见白粉壁上，多有先人题咏。宋江寻思道："何不就书于此？倘若他日身荣，再来经过，重睹一番，以记岁月，想今日之苦。"乘其酒兴，磨得墨浓，蘸得笔饱，去那白粉壁上，挥毫便写道：自幼曾攻经史，长成亦有权谋。恰如猛虎卧荒丘，潜伏爪牙忍受。　不幸刺文双颊，那堪配在江州。他年若得报仇，血染浔阳江口！

宋江写罢，自看了大喜大笑。一面又饮了数杯酒，不觉欢喜，自狂荡起来，手舞足蹈，又拿起笔来，去那《西江月》后再写下四句诗，道是：

"心在山东身在吴，飘蓬江海谩嗟吁。他时若遂凌云志，敢笑黄巢不丈夫！"宋江写罢诗，又去后面大书五字道："郓城宋江作"。写罢，掷笔在桌上，又自歌了一回，再饮过数杯酒，不觉沉醉，力不胜酒，便唤酒保计算了，取些银子算还，多的都赏了酒保。拂袖下楼来，踉踉跄跄，取路回营里来。开了房门，便倒在床上，一觉直睡到五更。酒

---

① 本刊编辑部：《酒驾、醉驾为何屡禁不止》，《汽车与安全》2016年第5期。

醒时全然不记得昨日在浔阳江楼上题诗一节。①

长时间，大家都在快乐地饮宴。但因为过量的酒使马人中最粗暴的欧律提翁心情迷乱，他看见美丽的希波达弥亚，想着要将她抢走。没有人知道是怎么回事，没有人注意到那是怎样发生的，突然宾客们看见欧律提翁倒拖着希波达弥亚的美丽发光的长发从客厅中走过，希波达弥亚抵抗着，并惊呼求救。马人们这时都吃醉了酒，以为这是一种信号，在拉庇泰人和他们的宾客还来不及从座位上站起，便各人抢劫一个在王宫中服役的忒萨利亚女郎作为战利品。宫廷和花园顿时好像变成了被征服的城池。妇女的呼叫充满了大厅。即刻，新娘的亲友们从座位上跳起来。"欧律提翁呀！"忒修斯大声叫道，"你发疯了么，居然在我还活着的时候侮辱庇里托俄斯，并为了激怒一人而得罪两个英雄？"说着便从欧律提翁的毛手里将女郎夺回来。欧律提翁没有话说，因他没有理由为自己辩护，他抡起拳头，对着这雅典国王当胸一拳。忒修斯手边没有武器，顺手抓到附近的一个铜壶，向他的脸上打去，使他受伤倒地。

"动手呀！"仍然还留在餐桌旁的马人们鼓噪着。起初是酒杯，酒瓶，碗碟在空中飞舞。后来一个狂乱的家伙抢掠附近的神庙和圣坛里的献给神祇的珍贵的器皿，另一个则摘下墙壁上插着火炬照耀饮宴的铜环，还有一个却拿着挂在门头上作为装饰和还愿献礼的鹿角进行战斗。②

酒累均发之于口，其始也至微——个人的一点小爱好，就是一时没管住自己，多喝了几口而已。其后果有时很小——饮酒者数小时的不舒服；但有时也可以很大——送了自己的命，也许还要搭上其他无辜者的性命，于瞬间毁灭自己、亲人与他人的幸福，造成妻离子散、家破人亡的深重孽债，令人终生悔之无益。

每个人若追求人生幸福需终生勤勉、谨慎不已，然而若论毁灭幸福、制造祸端，则至速、至易，也就是几盅酒、几秒钟的事儿，可不慎欤！只有从社会学角度严肃反思酒累——酒对人生的毁灭性功能，我们对酒的副作用的认识才会真正到位，才会对它一生高度重视，才会面对酒杯常存戒慎、恐惧之心。一个普通人饮酒过量确实会误事，比如误过了车，因发酒疯而寻衅滋事，惹出种种祸端。但是，这尚不是酒累所能造成的最严重情形。设想若是一位位高权重的大人物，比如说皇帝整天只知道饮酒，一饮便烂醉如泥，其情形又当如何呢？

---

① 施耐庵、罗贯中：《水浒传》上，人民文学出版社，1997，第511-512页。
② 斯威布：《希腊的神话和传说》（上），楚图南译，人民文学出版社，1984，第207-208页。

只要你集中你的全副勇气,我们决不会失败。邓肯赶了这一天辛苦的路程,一定睡得很熟;我再去陪他那两个侍卫饮酒作乐,灌得他们头脑昏沉、记忆化成一阵烟雾;等他们烂醉如泥、像死猪一样睡去以后,我们不就可以把那毫无防卫的邓肯随意摆布了吗?我们不是可以把这一件重大的谋杀罪案,推在他的酒醉的侍卫身上吗?①

无若殷王受之迷乱,酗于酒德哉!(《尚书·无逸》)

中国历史上并不乏因酒失德,因酒亡政的先例,商末的纣王便是一个典型。正是在深刻反思酒累对王朝政治命运巨大影响的基础上,周初才产生了对中国古代政治史有广泛影响的著名文件——《酒诰》。个人过量饮酒会损害其身体健康,会因自我控制能力降低而干出种种荒唐事,甚至发生家破人亡的悲剧。群体过量饮酒则会聚众滋事,发生暴力破坏性案件,对他人的正常生活产生威胁,会破坏正常的社会秩序。作为一个社会群体的高层管理者,比如最高行政长官、军事首脑经常饮酒无度,那便会造成灾难性后果,给历史带来不可挽回的巨大损失。这种深刻的历史教训自然为后代具有高度社会与历史理性的统治者所记取,故再三重申之:

天命十年八月癸巳,上因诸臣及国人中有嗜酒者,诫之曰:"尔等曾闻古来饮酒之人,于饮酒之中,得何物?习何艺?有所裨益者乎?饮酒之人或与人斗争,以刃伤人而抵罪者;或坠马,伤手足,折项死者;或为鬼魅所魇死者;或纵饮无节死者;或颠仆道路,遗失衣冠者;或失欢父母兄弟者;或因使酒毁败器具,消落家业,流于污下者。朕屡闻之矣。况此酒,饥者饮之弗饱也,何不陈设馎饦、炊黍而食之?同为黍所造耳,为酒则能伤人;若馎饦,若炊黍,则能致饱焉。乃不食可饱之物,而嗜此伤生者,何为也?愚者饮之丧身,贤者饮之败德,且获罪于君以及贝勒大臣,被谴罹刑,皆由于此。即一家之中,夫饮酒,取憎于妇;妇饮酒,见恶于夫;下及僮仆,亦不能堪而去之矣。饮酒亦何益哉。昔贤云:药之毒者,虽苦口,能却病焉;酒之旨者,虽适口,能召疾焉。谄谀之言,虽悦耳,违于义焉;忠谏之言,虽逆耳,协于理焉。则酒固宜切戒也。"遂书之。以颁于国中。②

---

① 莎士比亚:《莎士比亚全集》第8册,朱生豪译,人民文学出版社,1978,第326页。
② 《大清太祖高皇帝圣训》卷四,载勒德洪等著《清实录》第一册,中华书局,1986,第130页。

日神：酒神之必要伴侣

酒累的客观因素是酒液中所含的酒精会不同程度地麻痹人的神经，影响饮酒者的心理状态和判断力。酒累的主观因素则是饮酒者自我控制能力不强，过量饮酒。所以，一定程度上控制酒液中的酒精含量，特别是控制高度酒的销售规模与饮用场合便成为各国"酒政"——对酒的社会性管理的重要手段。对个体而言，充分地发挥自我理性，以自我理性来监控自己的饮酒行为，始终量力而饮，尽量避免过量饮酒，乃是避免酒累的根本方法所在。西方酒文化史为我们奉献了一对极有趣的概念——"酒神"（Dionysus）与"日神"（Apolo），这对我们深入反思酒累很有价值。虽然酒兴充分体现了人类感性自我解放的精神价值，酒神狄奥尼索斯乃酒的感性精神价值之最佳代言者。然而我们必须同时清醒地意识到：过量饮酒会给个体与社会带来诸多不便，有时甚至是灾难。所以，始终让酒神独立逍遥是十分危险的，潇洒的酒神始终需要以清醒、理性的日神阿波罗为伴，日神乃酒神须臾不可缺失的监护人。在日神（实为每个人的日常生活理性、自我管理能力）的监督下饮酒，乃是酒场上每位饮酒者既可尽兴，又得远祸的最佳饮酒方案。

> 我看到那位侯爵大人，他生前
> 在福里从容喝酒时没有现在这样渴，
> 可是贪喝的人也从不感到满足。①
> 酒酌之设，可乐而不可嗜，嗜而非病者希。（《宋书·颜延之传》）

诚然，酒确是一种极神奇的饮料，一种可致欢之"妙物""魔液"；诚然，醉酒确实是一种难得的人生高峰审美体验，一种人生之妙境；然而此种人生美感之获得——酒乐并非没有任何附加条件。每个有现实生活理性的成年人在寻找杯中趣时，都需要时时清醒地意识到：要想体验一醉方休而不留任何遗憾，代表理性的日神之随身呵护是其必要条件。没有日神相守的纵酒很可能是一种极不靠谱的危险游戏，一种很可能闯祸的愚蠢行为。有日神相伴的酒神之旅正符合前节所论之"酒礼"精神——"依礼饮酒""饮而有节"。如果说酒礼专为会饮而设，那么日神所代表的日常生活理性即使是在个人独酌时也不宜缺席。没有了日神的唠叨，你也许确实会喝得更痛快一些，然而也可能会喝到得

---

① 但丁：《神曲 炼狱篇》，朱维基译，上海译文出版社，1984，第173-174页。据言，膳司曾告诉福里的列各辽西侯爵说，城里人到处传说他除了喝酒外什么也不干。他回答："你去告诉他们我老是口渴。"

意忘形,进而祸从杯中生,最后也许需要你用一辈子的时间去后悔几分钟的逍遥。所以日神看似大煞风景,有时似乎是专让酒神扫兴之克星,但其实则随时为酒神(实即酒仙、嗜酒者以及所有饮酒者)保驾护航,是为酒神提供终身安全保障之守护神。对酒神而言,日神实乃其不可或缺之人生伴侣。

概言之,日神精神实即理性精神,亦即现实生活中每个成年人须臾不可或缺的日常生活理性。酒神当然专为酒之逍遥、酒之浪漫、酒之淋漓痛快而诞生,然而酒神这些审美价值的实现又需截然相反的条件之成全——清醒、理性的日神之出场。某种意义上,我们可将酒礼理解为日神为酒神所设计的理性饮酒规则。这样的规则并非为了饮酒过程本身之酣畅,而是为了饮酒者饮酒之后的人生幸福;不是为了饮酒时当下的放荡不羁,而是为了饮酒者一生的福祉。

某种意义上说,日神与酒神并非居高临下的彼岸神灵,他们就是饮酒者自身,就是每一位与酒结缘的人。当你想用酒解放自己的身心,追求一时痛快时,你就是酒神;当你端起酒杯不仅想到一时之酒乐,还能想到酒后的生活,特别是酒后你身上所承担的对自己、家庭和社会的责任时,你就是日神。所以,每个人在现实生活中都不得不是一个矛盾体:你的感性灵魂、感性欲望是由酒神所标识的那个自我;你的理性能力——对自己身心两个方面当下与长期的管理能力、你的坚强意志、你的冷静理智,便是另一个自我,它由日神来标识。一个健全的有福之人应当同时由这两个自我、两种人格构成。没有酒神基因,你会活得单调、辛劳;没有日神基因,你会表现得懦弱、短视,难有久长之福。

拓展阅读文献

[1] 白洁洁,孙亚楠. 世界酒文化[M]. 北京:时事出版社,2014.

[2] 王世舜,王翠叶. 尚书译注[M]. 北京:中华书局,2012.

思考题

1. 酒累的医学意义是什么?
2. 酒累的社会学意义是什么?

第二编　酒与人生

　　认识酒的意义可以有两个角度：一个是立足人类群体（家庭、社会、民族甚至人类整体等）考察它对规模不等的人类集团的整体性影响作用；另一个则是立足个体人类，即考察酒对每一个人日常生活所发挥的积极与消极功能。进入本编便进入一种酒文化考察的个体性视野，它所设定的观察角度是个人。在这里，我们集中讨论酒与个体人生的关系，即酒对个体人类日常生活及其事业、人生道路的影响。在此意义上我们可以意识到：酒伴随大多数人的一生，其影响涉及每个人日常生活的方方面面。

第一章　酒与健康

立足于个体人类角度观察酒与人的关系，生物生命便是一个最为基本的角度。在此角度下，我们发现了两种关系。所谓人与酒的关系，积极言之，它满足了个体人类的生理需求——作为食物的酒，它以各种色泽、强烈的气味与浓厚的滋味满足了饮酒者的视觉、嗅觉与味觉享受。我们在前面立足于饮食文化较为全面地展示、阐释了此种功能。消极言之，酒又在维护与促进个体人类生理健康，消除其病痛方面具有一定程度的辅助作用。本章所讨论的正是后一种功能，即从饮酒者的生理需求和酒之健康维护功能方面体现个体酒缘的又一重要方面。

本章讨论酒与个体人类生理健康的关系。这表现在两个方面：从消极方面言之，酒对个体人类有治疗其疾病之辅助功能，即医疗功能；从积极方面言之，酒对个体人类有维护与促进其生理健康之功能，即养生功能。立足于个体生理健康我们会发现：独酌亦乃饮酒之常态，酒不必是社会性的，完全可以是私人性或个体性的。在此意义上，我们似乎可以得出人人可以，且应当与酒结缘之结论，因为它关乎每个人的生命健康。

第一节　酒与医疗

如果说本编和本章所设定的考察酒文化的角度是个体性的，那么本节则有一个更为具体、独特的观察视野，那就是仅立足于个体生物生命或生理健康的角度反思酒液对个体人类的积极与消极意义。本节简要介绍酒对个体人类生理健康的医疗救治功能，它从消极方面呈现酒对个体人类不可或缺的意义。在此意义上我们可以说：酒是医治个体生理疾病的有益材料。中国古代医学很早就发现了酒的医疗救治功能，因而酒最终成为中医药体系中的一个要素。

生物生命

立足于"三重生命"学说,"生物生命"是现实生活中每个人第一性的人生事实。

人不过是生命进化的产物,他的一切行为不过是按照生物进化中早已锁定的生命机制在活动。生命的本质就是活着,就是生存、繁衍与进化。人呢?人作为生命形态之一,他必然遵守生命的本质规律,他的首要目的也是生存。人的一切努力都在为自己的生存奋斗……作为生命形态之一,人不但要生存,还要繁衍。个体的生命,总会老化、患病、死亡,没有繁衍,人类早已灭绝。①

生命(life):一种物质复合体或个体的状态,特征为能执行某些功能活动,包括代谢、生长、生殖以及某些类型的应答性和适应。生命的其他特征是有机分子要经历复杂的变化,并将这些分子组织成越来越大的单位:原生质、细胞、器官和机体。②

在现实生活中,每个人首先是一个生命体或曰有机体,这个生命体每天必须吸收一定的热量以维持其正常运行,因此它有"食"之强烈本能,我们必须每天为自己的身体进食,否则它就会向你提出最强烈的抗议,抗议的方式就是使你感觉到难受,难受到难以忍受的地步,于是你就会老老实实、绞尽脑汁地为它去寻找食物,并心甘情愿地为它进食。无论男女,进入青春期,性功能成熟之后就会产生一种新的,要将自己生命基因复制下来,以便使其尽可能长地延续下去的本能。于是少男少女们便开始对异性感兴趣,如饥似渴地追求,以期从对方那里得到爱情,并最终因之走向婚姻的神圣殿堂,因之生儿育女,使人们最为忠实地执行了其第二项生命本能的绝对命令,整个人类物种也因此而得到持久延续。

立足于生物生命层面的考察,我们会得出如此结论:每个个体人类其一生有两项最基本,因而也是最为重要的神圣使命,那就是生存与延续。所谓生存就是努力让自己活下去,并且追求能活得更好一些,亦即更舒适、丰富、完善、广阔一些。所谓延续就是以生儿育女的方式使自身的生命基因存续下去,以克服个体生命在时空两方面的有限性。从生命科学的角度看,现实生活中的每个人首先是一种生物性存在,一个有机体。具体地,人类乃动物世界中的一个物种。人类会像自然界的其他动物一样,每天都需要

---

① 封孝伦:《人类生命系统中的美学》,安徽教育出版社,2013,第81-82页。
② 《不列颠百科全书》(国际中文版)第10卷,中国大百科全书出版社,2007,第88页。

从自然界获取食物以维持其有机体的能量消耗,通过其肢体之痛感与快感与外界各种要素——水、阳光、空气,以及其他动物、植物进行对话。所谓生命,当然是指处于功能正常状态的有机体,此乃个体人类生物生命的常态。然而人也同自然界其他动物个体一样,有时候会因内外在的各种原因而发生有机体某些器官的某种功能(代谢、生长、生殖、应答、适应等)处于不正常状态的情形——病了。立足于医学,个体生命体各器官功能正常运行的状态谓之"健康";个体生命体的某些器官的特定功能发生了运行不正常的状态,若是短时段、偶尔出现的情形,则谓之"疾病"。对此特殊状态,个体的生理感受乃不同程度的神经痛感;若某种或某些机体特定功能不正常的状态持续较久,则可判定为"不健康"。"疾病"或"不健康"的状态若持续太久,便会对个体生命体的整体存在产生严重威胁,最严重者则会导致个体生命之终结——死亡。

在自然界各物种群体内,因各种因素而导致个体生命体功能不正常——疾病,以及因疾病而造成的死亡乃是自然界的"正常"现象之一,不幸遭受病痛的各个动物个体只能默默忍受,直至死亡。此乃自然界时时、处处都会发生的普遍情形,造物主若真有的话似从未为之动容。

在此意义上,人类也许是这个地球上最为特殊因而也最"不自然"的物种。人类利用已然进化出的理性能力发明了医学,学会以种种人为的手段治疗各式疾病,努力恢复个体生命机体正常的生理功能,以之减少人的痛苦,延长寿命,降低死亡率。对自然界其他动物而言,个体生命体的生理功能无论正常与否都是"正常的"。对人类这个已然实现了生命自觉的特殊物种而言,个体生命体若出现了功能不正常状态——"病了",则不可容忍,必须努力改善之。人类为此而发明了治疗各式疾病的诸多药材、治疗知识和技术系统——总名为"医学"。"救死扶伤"是只有人类物种才有的现象,是人类区别于其他动物物种的重要文明成果。由于有了医学,人类个体的生命质量得以大大提高,减少了痛苦,延长了生命。由于有了医学,人类物种的死亡率大大降低,总体上维持着一个极大的种群规模,此乃人类物种在地球生态系统中维持其种群优势的重要原因之一。

农耕、饮食、中医与酒

医学(medicine):研究保持身体健康以及预防、缓解、诊断、治疗和康复疾病的科学。[①]

[①]《不列颠百科全书》(国际中文版)第11卷,中国大百科全书出版社,2007年版,第76页。

古者民茹草饮水，采树木之实，食蠃蚳之肉，时多疾病毒伤之害。于是神农乃始教民播种五谷，相土地宜，燥湿肥高下；尝百草之滋味，水泉之甘苦，令民知所辟就。当此之时，一日而遇七十毒。（《淮南子·修务训》）

人类的医学从哪里开始？上面这个关于神农氏的传说透露了一些信息。据此，人类的医疗、医学事业首先属于人类的农耕文明。神农氏是中华民族从采集—狩猎文明走向农耕文明时代的标志性人物。据说，他曾代表中国人，也代表全人类"播五谷"。"尝百草"正是采集文明阶段的典型生存活动，"播五谷"则是已然进入农耕文明的典型图景。所谓的"尝百草"，当首先理解为中华先民从万千野生植物中选择人类胃口可以接受的品种，并将它们标识为人类的"食物"。这当是一个极其漫长、复杂、艰辛，甚至危险的事业。虽然地球上植物多到不可胜数，然而其中真正能为人类所接受者当实属寥寥。有些植物过于坚硬，人类无法用口舌嚼碎它，用肠胃消化之；有的虽勉强可以接受，然而味道可能不太理想，或者基本上没什么营养，未可疗饥，不利于人类的生存。更有甚者，可能于人的身体健康有严重危害，或使人致病，有时还会导致死亡。"尝百草"三字至简，然而其中所凝结的是一部中华先民为生存而经历千辛万苦、前仆后继地探索最有益于人类生存的有效"食谱"之崇高史诗。其中之汗水自不待言，更有多少祖先因吃了不该吃的野草、野果而送命，当不难想象。为此，我们没有理由不对神农氏所代表的那个群体——我们的农耕远祖，表达至高、永久的敬意。"一日而遇七十毒"这句话本身似足以证明，"神农氏"应当不是专指某个人，因为每个人只有一条命，一生数次中毒是可能的，但也要足够幸运，即所食者并非剧毒。甚至也不大可能是某个部落群体，而当是许多人、许多部落群体，乃至许多世代的人们。直至中华民族的主要食谱基本稳定下来，基本满足了这个群体的生存需要，采集与农耕才不再是一项高风险、不要命的事业，而只是一桩艰辛的劳作。后人为了感激、铭记祖先，才将此前所有为此奋斗的先人们，一个规模庞大的族群集体，起了一个巍然的名字曰"神农氏"。

立足于今天的知识系统，我们意识到，"尝百草"实际上包括了两个领域的活动。其一，从万千野生植物中选择和确定人类食谱的活动。在此意义上，"百草"意味着人类从众野生植物中选择可食用者，进而有意识地培育、驯化、烹饪之，它属于农耕文明与饮食文化的范围，即首先从野生植物中选择和栽培农作物，为人类解决植物类食物的问题，继而在此基础上品尝这些农作物成果的滋味，以决定如何烹饪之，为人类解决饮食方案的问题。其二，祖先们在对众野生植物内在特性进一步深刻了解的过程中，意外地发现有些野生植物的新价值——某些植物因其特殊的属性——滋味、气味、温寒等，可以用来缓解或治疗人类的某些伤病,即具有药性,具有医治疾病的医学价值,此乃解决人类生理健康的问题,也是"尝百草"的第二层含义。众植物中有些可食,有些可医,有些既可食又可医,有些则既不可食亦不可医。在此意义上,"百草"意味着众野生植物中对人类物种具有伤病治疗价值者,后来中医称之为"草药"(medical plants)。当然,在中医学的后来发展中,可作药者并不止于植物,可入药者除植物外,尚有动物与矿物,然而来自植物界之"草药"在中医药材系统中始终占主导地位。

其余的人进到宫殿里,喀耳刻请他们坐在华丽的椅子上。她为他们取来奶油、麦粉、蜜和普然涅俄斯的美酒,并调制一种乳糕。在调制时,她偷偷地羼入一些药草,他们吃了以后,就会忘记自己的故乡,并改变他们的人形。糕点真的发生了作用!我们的人刚吃到它,就立即成为全身有毛的猪崽,并开始嚎叫。这时喀耳刻将他们驱到猪圈里,并投给他们橡实和野果。[①]

"但我是神祇们派遣来援助你的。如果你携带着这种药草,"——说着他从地上拔起一株开白花的黑色草根,——"她便不能伤害你。她的魔法是调制一种酒,加入少许的魔药。但这种草却可以防止它,使她不能将你变成畜类。"[②]

从逻辑上说,就作为食物的"百草"与作为药物的"百草"关系而言,以及就此二者对个体人类正常的生存需要而言,当以前者为主,后者为辅。人首先要解决的是吃饭问题,食物服务于人类的常态化、主流性需要,药材则是非常态、辅助性需要,只有当个体生命体的正常功能受到阻碍、发生故障时,才需要作为"草药"的"百草"。

从历史上说,神农氏当是先选择作为食物,即农作物的"百草"在先,再选择作为治病药材的"百草"于后。一方面,这是由食物与药物对人类个体生存重要性层次决定的;另一方面,植物药性的发现需要对植物内在特性进行更深入、精细地了解,是比在野草中确定食物更难,也是更为精细的活儿,所以它理当发生于人类采集与农耕文明之后期。在采集文明阶段,在众野生植物中选择食物所需要的是对植物特性面上的广泛了解,在此阶段,人对自然界植物的认识主要在面上展开,认识更多的新植物乃其主题,主要是将自然界植物分为可食的与不可食的两种即可。那么在众植物中逐个发现其药性,所需者乃对每一种植物内在植物特性更为精细、深入的了解——每一种草药到底可以用

[①] 斯威布:《希腊的神话和传说》(下),楚图南译,人民文学出版社,1984,第701页。
[②] 同上书,第702页。

来治什么病？它属于认识自然植物界的纵深拓展阶段。对植物药性这一特定目标而言，饮食文化的成熟也许是必要条件，下面的内容将会有所涉及。总体而言，某种意义上说，我们应当将中医草药学理解为采集和农耕文明充分发展的副产品。

"医食同源"或"药食同源"乃中医学基本观念之一，下面看中医草药与饮食文化的关系。

谷肉果菜，食养尽之，无使过之，伤其正也。（《黄帝内经·素问》）

据说，商代大厨伊尹在制作美味佳肴的过程中发明了煎熬汤药。何以会如此？导论中提及：火的发明对人类饮食文化具有至关重要的意义。其意义至少有二：一曰人类改变了进食方式，由生食改为熟食，其副产品则是人类消化功能之改变，原来一些生食能消化的东西现在消化不了了，因为肠胃已然适应了熟食。原来不能消化的现在可以消化了，因为加热煮熟后更利于肠胃的消化吸收。二曰食物味道不一样了，动植物食物材料加热后改变了原材料的化学结构，从而也改变了其外在特性——味道。总体而言，食物之味道更为鲜明、丰富，这刺激了人类进食之新动力——为滋味而食，此乃人类饮食文化发展的核心内容。

然而上述内容又仅是人类在饮食文化中意识到，进而主动追求的。人类饮食文化的发展自有人类在其初期未能意识到的副产品。动植物食物原材料加热处理之后，不仅更易于消化，材质自身之滋味更能得到突出、放大，从而刺激了人类的食欲。我们的祖先在进入熟食加工阶段后，首先发现了食物之"五味"——苦、甘、辛、咸、酸，此乃食物对人类口舌味蕾的刺激，从而进一步发现各种食材的内在特性——温、寒之性，继而又发现此"五味"与温寒之性对人体五脏功能的促进作用：什么样的食材易生燥热，什么样的食材易导致体寒等。由此而逆推之：若疾病已发，又可用食物调节之——燥者寒之，寒者燥之，这便是发现了食物或食材在果腹与求味之外的新价值——治疗与养生功能。

然而，食物系统内植物药性的发现需要一项重要中介——食材加热环节。诚然，每一种植物均有其天然的内在药性，然而在进入食物系统，特别是食物加热处理环节前，其药性并不易被发挥出来，因而不易为人所识别。于是，立足饮食对植物食材加热烹饪过程的考察，便会发现这一过程客观上又成为使诸食材天然药性更充分地发挥作用的过程，并最终在人们食用和消化环节中体现出来。这两者的内在联系——食材与药材亦即饮食与医疗之重叠，当然是在极为漫长的饮食和医疗实践过程中才被先民逐步意识到的。

然而这一点一旦被意识到,便会立即转化为一种自觉的探索与总结的行为,此之谓中医药学。

对于中医药学植物药性与饮食文化的内在关联,我们可将其逻辑环节作如此整理:首先是在食物消费与消化环节,人们无意识中发现某种食物似有益于缓解或治疗某些疾病,于是由此而推导出对某些食物加热、蒸煮似有益于其特定药性之发挥,最后确认某些植物食材具备特定药性,即药用价值。此种关联一旦建立起来,它将反过来强化中医学的独到思路——"医食同源"或"食药同源"。这样的思路框架一经确认,便反过来激发出中医学对草药的特殊处理:一方面自觉地将食物纳入自己的治疗视野,最大限度地利用饮食环节来实现医学治疗的目的,这是中医草药学自觉后主动谋求医食融合的路子,它是于食物系统外探索独立草药系统的重要补充。请注意是补充,而不是替代。另一方面,在形而下的药材处理技术方面,自觉借鉴饮食文化中烹饪环节的基本技术方案——煎煮,将它作为中草药炮制的主导形式之一。只不过,在饮食文化视野下,煎煮主要是求味,而在中医药学视野下,煎煮则主要是为了更好地发挥草药之药性。

概言之,农耕文明与饮食文化乃是理解人类医学与医疗事业起源的两大重要背景。与酒一样,中医、中药学也伴随着中华早期饮食文化的进步而发展。酒既是饮食文化中的重要因素,同时也是中医药系统中的重要因素。在饮食文化系统中,酒乃积极地取悦于人的"口胃"与心情的重要因素;在中医药系统中,酒乃可以消极地医治个体人类创伤、疾病的重要材料。那么,酒与医疗到底有什么关系呢?

> 夫盐,食肴之将;酒,百药之长,嘉会之好。(《汉书·食货志下》)

到汉代,人们已然将酒与盐相提并论,并得出如此认识:如果说盐乃饮食之主,百味之基,那么酒就是医疗之主,百药之帅。当然酒同时还是一切社交性聚会,人与人缔结友好关系的重要媒介。这便意味着:酒并非众药中的一种特殊药物,乃是具有普遍应用价值的基础性药物。就像百味不离盐那样,酒也是一种可与百药融合的辅助性药物。

> 药性有宜丸者,宜散者,宜水煮者,宜酒渍者。①

这是将酒作为浸泡药材,从而更好地发挥其药性的途径之一。作为制药的基本辅料

---

① 李时珍:《本草纲目》(第2版)校点本上册,人民卫生出版社,2020,第48页。

之一，人们普遍地以酒浸药，以便充分地发挥药性。酒可以作为百药的基础性溶液，以之消毒、以之发药、以之防腐。酒与医学、医疗的关系可从汉语繁体之"醫"字探得其中消息。

  醫，治病工也。殹，恶姿也；医之性然。得酒而使，从酉。……一曰殹，病声。酒所以治病也。《周礼》有医酒。古者巫彭初作医。①

  汉字"医"之繁体从"酉"，乃酒与医学古老姻缘的重要历史信息。许慎对此字的解读中提及两种线索。一是"酉"上之"殹"，乃"病"之符号。关于它，一种说法是患者生病后身体因病不适而蜷曲之形象，另一种说法是患者因疾病之痛苦而发出的呻吟或嚎叫之声。而"酉"则是酒之本字，代表着"医"之核心内容——对"疾病"之医治手段。何以医之？以酒，"酒所以治病也""医之病然得酒而使"。这是两条最为关键的信息。许慎几乎是用医病来给酒下定义，以之说明酒的独特功能。这完全是从医学角度对酒的价值之特殊说明，它足以证明酒与中国古代医学深厚而又普遍的联系：酒是中国古代医学治疗疾病之基本手段、基本药物。从一位医生的角度看，酒好像并非食物，它并不是为了满足人们的口腹之欲而发明的，而当专为医治患者的病痛而创造。正因如此，"医"字的"酉"旁，便是关于医生这个特殊职业的一幅画像——一位医者，身边斜挎一把酒壶。这可不是一位酒鬼或酒仙的形象，而是一位能妙手回春的仁者——医者的形象。于是，酒便成为中国传统文化视野下医生、医疗与医学的形象代言，医之LOGO，岂不妙哉！

  夫药酒苦于口而利于病，忠言逆于耳而利于行。②

  "药酒"之名始见于汉，此乃酒液应用的专业化。自此，人们开始明确地把酒从日常饮食体系中区分出来，而将它作为中医药物体系要素之一部分，以充分发挥其独特的药物作用。然而从医学实践看，中国人以酒为药，乃至药酒制作的历史则当更早。甲骨文即有"鬯其酒"之说，当是最早的药酒。

  釐尔圭瓒，秬鬯一卣。(《诗经·大雅·江汉》)

---

① 许慎：《说文解字》，中华书局，1963，第313页。
② 桓宽：《盐铁论·国疾第二十八》，载《诸子集成》第8册，上海书店，1986，第31页。

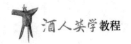

辨四饮之物：一曰清，二曰医，三曰浆，四曰酏。掌其厚薄之齐，以共王之四饮、三酒之馔，及后、世子之饮与其酒。(《周礼·天官·酒正》)

据此，则医用酒已成为一种酒的专门类别，据说被称为"医"的酒是在稀粥中加酒曲而成的一种饮品，如同甜酒，盖为药膳之一。

王崩，大肆以秬鬯渳。(《周礼·春官·宗伯》)

此乃以酒涂遗体以防腐之例。

形数惊恐，经络不通，病生于不仁，治之以按摩醪药。是谓五形志也。(《黄帝内经·素问》)

黄帝问曰："有病心腹满，旦食则不能暮食，此为何病？"岐伯对曰："名为鼓胀。"帝曰："治之奈何？"岐伯曰："治之以鸡矢醴。一剂知，二剂已。"(《黄帝内经·素问》)

这是春秋战国时期中医学对酒的药用价值之总结。当时人们即将药酒与按摩结合起来治病，并将鸡屎与酒一起合制药物，这是令今人怎么也想不到的。

酒的医疗作用

据研究，汉代的《五十二病方》共载方283首，其中之40首以酒入药，同时包括了外科方与内科方，此可见酒应用于医疗之一般。[1]

酒之于医疗，其作用首先表现为它可以作为中药材炮制的辅助性材料，其有利于促进药性之发挥，从而参与中药制作。比如用酒泡制的中药材即为药酒，药酒的分类大致有以下几种：

补虚损类、强筋壮骨类、祛风类、清热利湿类、健脾和胃类、妇科类、辟瘟截疟类、外感伤风类、跌打损伤类、疮疡类、消瘿瘤类、杂治类。[2]

---

[1] 杨天仁、刘云平：《<五十二病方>中酒疗法的运用浅析》，《中医药信息》2012年第3期。
[2] 洪光住：《中国酿酒科技发展史》，中国轻工业出版社，2011，第308页。

酒的医疗作用大致有以下几种。

作为溶剂，酒是后世加工炮制药物常用的辅助材料之一。

以酒行药势。

大寒凝海，惟酒不冰。明其性热，独冠群物。制药多用之以藉其势。①

比如，大黄酒制后活血作用增强，生地黄专攻清热凉血，滋阴生津。酒制成熟地黄后则成补血滋阴，益精填髓之品。②

若疾发结于内，针药所不能及者，乃令先以酒服麻沸散，既醉无所觉，因刳破腹背，抽割积聚。（《后汉书·方术列传下·华佗传》）

酒有助于药物有效成分析出。

酒有防腐作用。

历史上的药酒，春秋战国时即有桂皮药酒与五加皮酒，秦汉时有菊花酒、椒酒，唐宋之后则更多。泡制药酒的方子古已有之，比如：

茴香酒：治卒肾气痛，偏坠牵引，及心腹痛。茴香浸酒煮饮之，舶茴尤妙。缩砂酒：消食中和，下气，止心腹痛。砂仁炒研，袋盛浸酒，煮饮。③

以酒医病并非中国人的独创，世界各民族均有所贡献，比如《圣经》中即有此类记载：

惟有一个撒玛利亚人，行路来到那里；看见就动了慈心，上前用油和酒倒在他的伤口，包裹好了，扶他骑上自己的牲口，带到店里去照应他。（《新约·路加福音》10：33-34）

他们带耶稣到了各各他地方，拿没药调和的酒给耶稣，他却不受。（《新约·马可福音》15：22-23）

---

① 缪希雍：《神农本草经疏》卷二十五，收入《文渊阁四库全书》子部医家类第775册，台湾商务印书馆，1986年，第824页。
② 钟赣生：《中药学》，中国中医药出版社，2012，第21页。
③ 李时珍：《本草纲目》（第2版）校点本下册，人民卫生出版社，2020，第1564页。

酒的医疗价值之反面应用,便是以酒为毒药杀人。

晋侯使医衍鸩卫侯,宁俞货医,使薄其鸩,不死。(《左传》僖公三十年)

明清医学家对酒的功能及危害做了较为全面、精到的总结:

酒者,水谷之精,其性热,其气悍,无所不至,畅和诸经,善助药力。少饮,和血益气,壮神御寒,辟邪逐秽。过饮则伤神耗血,损胃烁金,发怒纵欲,生湿热痰嗽,且成痰膈,助火乱兴,诸病萌焉。①

现代医学证明:适量饮酒可有助于心血管病、糖尿病及其他炎症之治疗与预防。②

最后,从医学的角度讲,一个人如何饮酒才能有利于自己的身体健康呢?其原则只有一条,那便是"科学饮酒",其内涵具体地包括以下四点。

其一,适时、适温、适量地饮酒。换言之,饮酒虽然可以使人快乐,为人解忧;然而它并不是一种可以无条件、随意得以进行的活动。与人类任何一种物质性活动一样,它也自有其特定的时间、空间条件限定。"物无善恶,过必为灾",饮酒活动若太随性,势必会危及饮酒者的身体健康,为一时的口舌之乐付出成本。成本偶一付出尚可忍受,时时付出便会累积为疾病。

其二,宜伴菜肴。酒不可以独饮,酒精会对饮酒者肠胃产生强烈的刺激作用,因而需和之以饭菜,缓冲其对肠胃之刺激。

其三,不宜借酒浇愁。心情不好时不宜饮酒,特别是独饮。情绪低落时需要的是调整语境与关注对象,需要的是通过抱怨以缓减内心压力。此时,找自己信得过的密友交流最好。若一人独酌闷饮,只能强化此种情绪,并不足以"解忧"。

其四,不宜嗜酒成性。即使酒精可以刺激我们的神经,帮我们打开话匣子,宣泄以解忧,那也只是一时的权宜之计,不可以总是靠它调节心情。欲置换心情手段众多,饮酒仅其一耳。我们可以换换环境,换件事做,换个角度看问题,与密友交流,等等。无论寻乐还是避忧,若只知道抓住酒杯不放,以至在生理与心理上对它形成巨大依赖,便会失去理智,变得心理十分脆弱,最终成为一个一事无成的人。不仅无以解忧,也无力

---

① 罗国纲:《罗氏会约医镜》,人民卫生出版社,1965,第278页。
② 刘源材等:《酒的作用与现代医学应用》,《酿酒科技》,2014年第12期。

实实在在地追求自己新的幸福。

总体而言，中医用酒主要是为了舒筋活血，发挥草药之药性，现代西医用酒则主要是为了以酒精消毒，防止病菌之感染。

但悲绿酒欺多病，敢恨青灯笑不眠。（陆游：《不睡》）

少时见酒喜欲舞，老大畏酒如畏虎。（陆游：《病酒宿土坊驿》）

南宋著名诗人陆游一生嗜酒、豪饮，然而他的诗句同时也表明：即使如此，他也能清醒地意识到对酒的嗜好与消费并非是无条件的。作为一个生物生命，每个人都自有其身体生理条件的客观规定：其一，当你身体多病时便不得不放弃自己的这一爱好，即使是你的最爱；其二，当人进入老境，多方面的体能状况大不如前，便不好在年轻人面前逞酒能，原来能喝许多的，现在不能喝那么多了；原来喝了没事的，现在喝了却会有事。这便是人作为生物生命所不得不面对的客观事实，人的不自由之处。不服这一点，只由着性子来，便要付出沉重代价。若明确意识到此还要由着性子胡来，便是人格尚未成熟，便是一个不愿或不能担负起其人生责任的人。对于这种人，还是趁早离他远一点为好。

拓展阅读文献

[1] 姚春鹏. 黄帝内经（上、下）[M]. 北京：中华书局，2010.

[2] 高鹏翔. 中医学 [M]. 北京：人民卫生出版社，2016.

[3] 洪光住. 中国酿酒科技发展史 [M]. 北京：中国轻工业出版社，2011.

思考题

1. 如何理解"医食同源"与"药食同源"？
2. 酒有哪些医疗功能？

第二节　酒与养生

本节立足中医学观念考察酒对个体养生——个体生理健康维护与促进之功能。在此情形下，独酌乃个体饮酒之基本形式。前面主要从个体心理需求——自我心理梳理以及

深度反思与体验的层面讨论独酌。然而，在此意义上的独酌当是日常生活中偶一为之的情形，并非常态。若立足养生我们会发现另一事实：适时、适温与适量的规律性饮酒，会有利于个体的身体健康。这样，独酌完全可以成为一种生活常态，个体最为常规性的饮酒形式，甚至是频率最高，理由也最为充分的饮酒形式，此不可不知者。换言之，养生与过精致的精神生活，此二者合起来方可完善地解释独酌这种饮酒形式。

养 生

养生者，个体生命健康之保养、呵护也。为更好地理解养生之内涵，当首先提及"健康"概念。

健康（health），维持生理、情感、精神与社会性适应其环境能力的状态。好的健康状态与坏的健康状态很难定义（后者可被等同于疾病的出现。），因为前者必须传达比没病很积极的概念。在健康与疾病之间有一个可变的区域。一个人可能生理条件很好，但可能患有感冒或心理疾病。有些人可能看起来很健康，可是却处于严重的状态（比如有癌症。），后者的情形只有通过物理检测或诊断性测试才可以被检测到，甚至这些手段也检测不到。[①]

简要地理解，所谓健康实乃作为有机体的个体人类生命体诸生理、心理与社会功能，首先是其诸生理器官功能的正常状态，指其诸器官可以顺利地执行诸如代谢、生长、生殖、应答、适应等功能。此乃个体人类生物生命之常态，也是其最理想状态，谓之健康。

健康虽然是个体人类生存于世之常态，然并非每个人之必然或理所当然的状态。由于受到内外诸因素之影响，每个人有时也会出现不正常，即其某种或某些器官不能正常发挥其特定功能的情形，从而让某人"生病了"，产生病痛，甚至威胁到其生命，这也是人们常会遇到的事，是人类社会中之大概率事件。于是，努力维持、促进个体生命健康，极力避免各种病症，若出现便尽力去除之，便成为每个人的终生"天职"（mission），"养生"或健康维护也就成为每个人一生中的神圣使命。

养生，中医又称为"摄生"，是指研究增强体质、预防疾病，以达到延年益寿的理论和方法。因此，养生对于强身、防病、益寿均有着十分重要的意义。养生是中医预防医

---

① 《不列颠简明百科全书》（英文版），上海外语教育出版社，2006，第739页。

学的重要组成部分，养生与预防，两者在理论上常相互交融，在使用上常互为补充，相互为用。①

用现代医学观念表达之，起于中医的"养生"理念似可表述为个体人类正常生理机能之维护与个体身体健康之促进，简言之则曰"健康管理"（management of health/health caring），属于"预防医学"（phylaxiology）的范畴。

"养生"观念起于战国，《庄子》中即有关于养生的著名寓言。

庖丁为文惠君解牛，手之所触，肩之所倚，足之所履，膝之所踦，砉然响然，奏刀騞然；莫不中音，合于《桑林》之舞，乃中《经首》之会。文惠君曰："嘻，善哉！技盖至此乎？"庖丁释刀对曰："臣之所好者道也，进乎技矣。始臣之解牛之时，所见无非全牛者；三年之后，未尝见全牛也；方今之时，臣以神遇而不以目视，官知止而神欲行。依乎天理，批大郤，导大窾，因其固然，技经肯綮之未尝，而况大軱乎！良庖岁更刀，割也；族庖月更刀，折也；今臣之刀十九年矣，所解数千牛矣，而刀刃若新发于硎。彼节者有间，而刀刃者无厚，以无厚入有间，恢恢乎其于游刃必有余地矣。是以十九年而刀刃若新发于硎。虽然，每至于族，吾见其难为，怵然为戒，视为止，行为迟，动刀甚微。謋然已解，如土委地。提刀而立，为之而四顾，为之踌躇满志，善刀而藏之。"文惠君曰："善哉！吾闻庖丁之言，得养生焉。"（《庄子·养生主》）

依道家的"顺其自然""无为而治"理念，人类呵护生命健康，保持旺盛生命力的最佳方法便是在日常生活一切行为中均顺应自然之道，不逆物，不违情，不强己，因物之则，与物为春，顺势而为。如此才能最大限度地降低自身之能量消耗，使自身之心身机能不受伤害，从而保持自身生命体能与功能始终处于正常状态，从而活得健康而久长。

吹呴呼吸，吐故纳新，熊经鸟申，为寿而已矣；此道引之士，养形之人，彭祖寿考者之所好也。（《庄子·刻意》）

当时还开发出一种专用于养生的特殊身体运动项目——"导引"之术，类似于今天的体操或气功。

---

① 高鹏翔主编《中医学》，人民卫生出版社，2016，第135-136页。

圣人不治已病治未病，不治已乱治未乱，此之谓也。夫病已成而后药之，乱已成而后治之，譬犹渴而穿井，斗而铸锥，不亦晚乎？（《黄帝内经》上）

邪风之至，疾如风雨，故善治者治皮毛，其次治肌肤，，其次治筋脉其次治六腑，其次治五脏。治五脏者，半死半生矣。（《黄帝内经》上）

"不治已病治未病"乃是中医学之核心观念。其医学理想是努力避免各种病症之发生，而非高效率地治愈已然发生的各式疾病。所以，养生乃中医学理论与实践体系之重心。依中医学的思路，养生的实现正在于每个人的日常生活语境。如果每个人在自己的日常生活中能正确地安排自己的运动、饮食、工作与休息节律，不过度地消耗能量、消费食物，便可保持自我心身要素之平衡与功能正常，于是便始终处于健康状态。因此，"养生"即基于个体正常的生理机能，对其身体健康的自觉、用心呵护。它需要每个人在日常生活与工作环境、过程中，自觉地以最为自然的手段，对自己的身体与心理随时进行预防性的监管、调节与维护。它强调每个人的日常工作与生活节律应当与自然界四季气候寒暑变化的节奏保持一种积极的适应关系。形象地说，人虽然是动物，而且是一种很特殊的动物，然而就其总体生活与工作节奏而言，应当以植物而非动物，更不是人类自己发明的文化与文明成果、技术为榜样。具体地，应当以天下众植物的四季生、长、收、藏生命节律为个体人类的生活、处世之道。它强调非医学手段的重要性，比如调理自己的劳作强度与生活节奏，应用体育锻炼、饮食、保健等手段，使身心处于正常的功能运行状态，如此才能实现健康与长寿。且看《黄帝内经·素问》关于养生的一些核心观念。

上古之人，其知道者，法于阴阳，知于术数，食饮有节，起居有常，不妄作劳，故能形与神俱，而尽终其天年，度百岁乃去。今时之人不然也，以酒为浆，以妄为常，醉以入房，以欲竭其精，以耗散其真。不知持满，不时御神，务快其心，逆于生乐，起居无节，故半百而衰也。（《黄帝内经》上）

余闻上古有真人者，提挈天地，把握阴阳。呼吸精气，独立守神，肌肉若一。故能寿敝天地，无有终时。此其道生。中古之时，有至人者，淳德全道，和于阴阳。调于四时，去世离俗。积精全神，游行天地之间，视听八达之外。此盖益其寿命而强者也。亦归于真人。其次有圣人者，处天地之和，从八风之理，适嗜欲于世俗之间，无恚嗔之心。行不欲离于世，举不欲观于俗。外不劳形于事，内无思想之患。以恬愉为务，以自得为功。形体不敝，精神不散，亦可以百数。其次有贤人者，法则天地，象似日月。辩

列星辰，逆从阴阳，分别四时，将从上古。合同于道，亦可使益寿而有极时。(《黄帝内经》上)

春三月，此谓发陈。天地俱生，万物以荣。夜卧早起，广步于庭。被发缓形，以使志生。生而勿杀，予而勿夺，赏而勿罚。此春气之应，养生之道也。逆之则伤肝，夏为寒变，奉长者少。夏三月，此谓蕃秀。天地气交，万物华实。夜卧早起，无厌于日。使志无怒，使华英成秀。使气得泄，若所爱在外。此夏气之应，养长之道也。逆之则伤心，秋为痎疟，奉收者少。秋三月，此谓容平。天气以急，地气以明。早卧早起，与鸡俱兴。使志安宁，以缓秋刑。收敛神气，使秋气平。无外其志，使肺气清。此秋气之应，养收之道也。逆之则伤肺，冬为飧泄。奉藏者少。冬三月，此谓闭藏。水冰地坼，无扰乎阳。早卧晚起，必待日光。使志若伏若匿，若有私意。若已有得，去寒就温。无泄皮肤，使气亟夺。此冬气之应，养藏之道也。逆之则伤肾，春为痿厥，奉生者少。(《黄帝内经》上)

由此可见，所谓养生乃指个体人类对自身正常生理机能与身体健康之自觉维护与促进。从中医学的角度看，所谓身体健康其实就是指个体诸生理机能之正常运行状态，否则谓之不健康或"生病"。如何维护与促进一个人的身体健康？中医学谓之"顺其自然"或"遵自然之道"，此乃中国道家哲学之核心理念。换言之，据道家之"自然""无为"理念，一个人获得或保持身体健康的根本原则，积极言之，在于尊重人的生理运行规律；消极言之，则为不能为了一时的欲望、目的而长期违背其生理运行规律，让自己的身体超负荷、不自然地运行。一个人若长期地过度消耗，即不自然地生活与工作，必将破坏其生理正常机能，导致疾病，损害其身体健康。如何进行养生？概言有二：其一，以最为自然的方式生活与工作；其二，在日常生活环境中以日常生活材料与手段养生。据此，则所谓养生并非一种专业、特殊的医疗护健手段，乃是一种最为常规、自然的、合理的生活方式。正可谓"大医无医""大养无养"。具体地，用现代医学术语表达之，中医养生观念包括以下四项原则。

(1) 以预防疾病的发生为核心。

(2) 治病力求其本，去除致病之因，而非抑制或消除病状。

(3) 辨证施治，通过努力恢复患者自我生命功能动态平衡的手段去除病症。

(4) 将治病与养生过程理解为去除消极因素，扶持积极因素，即去邪扶正的过程。

酒的养生功能

在养生这一人类的崇高事业中,酒到底可以发挥怎样的作用呢?

酒者,所以养老也,所以养病也。(《礼记·射义》)

可见中国人很早就将"酒"与"养"联系在一起,发现了酒对生命健康的养护作用,或者说从"养生"的角度理解酒的功能。

酒,天之美醁也。面曲之酒,少饮则和血行气,壮神御寒,消愁遣兴;痛饮则伤神耗血,损胃亡精……若夫沉湎无度,醉以为常者,轻则致疾败行,甚则丧邦亡家而陨躯命。[1]

酒者,水谷之精,其性烈,其气悍,无所不至,畅和诸经,善助药力。少饮,和血益气,壮神御寒,辟邪逐秽,遣兴消愁。过饮则伤神耗血,损胃烁金,发怒纵欲,生湿热痰嗽,且成痰膈,助火乱兴,诸病萌焉。[2]

后代医学自觉地继承了前人对酒的如此认识。简言之,从医疗的角度看,酒是中药炮制之重要辅料,对诸药材药性之发挥有重要的辅助功能。从养生的角度看,酒性烈,可以舒筋活血,故而以之制作种种保健酒,让它融入日常饮食,让它以自然的方式有益于个体生命健康。中医认为:一个人若能适量、规律、持续性饮酒,会有益身体健康,比如养气、促进血液循环等等。立足于现代医学,酒的保健价值大概有以下几个方面。

(一) 酒的营养价值

白酒以含淀粉谷物为原料。白酒中含有多种香味素,不少香味素乃人体健康所需的有益物质。一个人少量、规律性、持久地饮酒,据说能提高血液中的高密度脂蛋白,降低低密度脂蛋白水平,从而有助于减少因脂肪沉积而引起的血管硬化阻塞。

黄酒以大米等为原料,除乙醇与水外,主要含有糖分、糊精、有机酸等,特别是它含有17种人体所需之氨基酸。其特点是具有较高的营养价值,对人体有益而无害。民间甚至有"斤酒当九鸡"之说。

---

[1] 李时珍:《本草纲目》第2版(点校本)下册,人民卫生出版社,1982,第1560页。
[2] 罗国纲:《罗氏会约医镜》,人民卫生出版社,1965,第278页。

啤酒以大麦为原料，含有大量的二氧化碳和丰富的营养成分，能助消化，促进食欲。又有多种氨基酸、维生素等人体所需之营养的保健成分。据说，两瓶啤酒所产生的热量相当于5至6个鸡蛋或一斤牛肉、半斤面包、800毫升牛奶所含之热量，故有"液体面包"之称。

葡萄酒不仅仅是酒精、色素、水、单宁和香味物质的混合体，还含有丰富的矿物质（如：钙、镁或磷等）、氨基酸、蛋白质、维生素和有机酸等。这些成分大多来自葡萄果实。如今，经科学鉴定出来的物质有1000多种，其中大部分都是对人体有益的营养成分。最突出的当属多酚物质，例如：白藜芦醇（Resveratrol）、单宁（Tannic）、儿茶素（Catechin）、槲皮素（Guercetin）和皂苷（Saponins）等。此外，还有氨基酸（Amino Acid）、维生素（Vitamin）及矿物质（Minerals）。葡萄酒与其他酒类不同，有三高三低之特征：高氨基酸、高维生素、高矿物质；低酒度、低糖分、低热量，属于一种比较健康的日常饮料。①

总之，适量、规律性、长期饮酒具有缓解病状，恢复与促进健康之功效。因而，除了将酒作为溶解性药料辅料，人们还开发出种种以保健为主导性功能的药酒，此乃以酒养生之典范。正因如此，人们很早就开发出专用于养生的保健酒，以区别于普通用酒。

（二）保健酒

葡萄味甘，平，无毒。治筋骨湿痹，益气，倍力，强志，令人肥健，耐饥，忍风寒。久食轻身，不老，延年。可作酒。生山谷。②

速宜力置竹叶酒，不用更瀹桃花茶。（陆游：《题徐渊子环碧亭亭有茶山曾先生诗》）

桃符呵笔写，椒酒过花斟。（陆游：《己酉元日》）

需补充者，保健酒首先是一种食品饮料，虽然酒中有药，然而具有食品的基本特征。从特点上说，保健酒以滋补、强壮、补充、调节、改善为主要目的，用于生理功能减弱、紊乱，及具有特殊的生理需要或营养需要者，以此补充人的营养状态与功能成分，其效果当是潜移默化的。保健酒适于健康人群，讲究色、香、味。又，保健酒首选传统食物与食药两用之材。

---

① 吴振鹏：《葡萄酒品鉴：一本就够》，中国纺织出版社，2015，第170页。
② 马继兴主编《神农本草经辑注》，人民卫生出版社，2013，第102页。

嗜饮酒人，一日无酒则病，一旦断酒，酒病皆作。谓酒不可断也，则死于酒而已。断酒而病，病有时已；常饮而不病，一病则死矣。吾平生常服热药，饮酒虽不多，然未尝一日不把盏。自去年来，不服热药，今年饮酒至少，日日病。虽不为大害，然不似饮酒服热药时无病也。今日眼痛，静思其理，岂或然耶？（苏轼：《饮酒说》）

看来，苏轼由于长期嗜酒，其身体已然产生了对酒精的依赖性：饮酒则体舒，不饮则百般不适。

酒旗之宿，则有之矣。譬犹悬象著明，莫大乎日月。水火之原，于是在焉。然节而宣之，则以养生立功；用之失适，则焚溺而死。岂可恃悬象之在天，而谓水火不杀人哉宜生之具，莫先于食；食之过多，实结症瘕。况于酒醴之毒物乎！（葛洪：《抱朴子·酒诫》）

蒸以灵芝，润以醴泉，晞以朝阳，绥以五弦，无为自得，体妙心玄，忘欢而后乐足，遗生而后身存。（嵇康：《养生论》）

概而言之，出于养生目的而饮酒盖有两种形式，一是饮用具有明确特效之"保健酒"；二是并不追求任何具体保养目的的一般性饮酒，即饮普通酒。无论是哪一种，要想达到养生保健的作用，必须注意以下原则，即适量、规律、持续，否则便会适得其反，此不可不知者。

拓展阅读文献

[1] 徐兴海. 中国酒文化概论 [M]. 北京：中国轻工业出版社，2017.

[2] 黄帝内经 [M]. 姚春鹏，译注. 北京：中华书局，2010.

思考题

1. 如何理解中医学的"养生"概念？
2. 酒有哪些养生功能？

第二章 酒与交际、趣味、创造

啤酒的历史早于人类文明，它以自己的方式塑造了我们，正如我们曾塑造了它。我们与啤酒的关系是了解啤酒在社会中的众多角色的钥匙，而啤酒的这些角色又反过来使构成啤酒家族的那些令人困惑的色泽、浓度和口感等名词有了意义。①

本章介绍个体饮酒的非生理缘由与情境——交际、趣味与创造。前者乃社会性动因，后两者则属于观念性精神生活需求。本章之主题乃酒对个体人类内外在生活形式的影响。外在地看，酒影响着个人的社会交际能力；内在地看，酒也可以体现饮酒者的性格、趣味、观念以及创造能力。至少，不同性格者会在酒席上体现为不同的"酒风"。在此意义上，我们可以说"酒可以群""酒可以观"。

第一节 酒与交际

他们经常有自己的集会，

他们喝碗酒，

他们喝杯俄国的伏得加。②

立足于个体，面对酒这一人类饮食文化的特殊成果，每个人都可以问自己这样一种问题：人为什么需要酒？我为什么喜欢？至少有时需要喝酒？从不同的角度考察，我们会对这样的问题得出不同的答案。本编的根本视角是个体性的，即立足于个体人类讨论酒与人类命运之关联。本编第一章立足于个体生理需求的角度回答此问题——酒有益于个体人类的身体健康：积极言之，适量、规律性饮酒，有利于维护与促进饮酒者的身体

---

① 兰迪·穆沙：《啤酒圣经：世界最伟大饮品的专业指南》，高宏、王志欣译，机械工业出版社，2014，第2页。

② 普希金：《叶甫盖尼·奥涅金》，吕荧译，人民文学出版社，1954，第304页。

健康；消极言之，当一个人身体不适时，酒可以作为辅助性材料参与治疗疾病。本章旨在回答同样的问题，但是考察角度发生了转换：立足于个体人类的社会性生存环境与观念性需求，再次反思酒对日常生活中每位个体的价值功能。

本节立足个体人类的社会属性集中讨论个体人类饮酒的两种基本形式——情感型对饮（与一二知己饮酒）和交际型会饮（许多人聚在一起饮酒）对饮酒者的价值功能。这两种形式均属于社会性饮酒（个人独酌的形式暂不讨论）。对个体而言，这两种形式乃其日常生活饮酒之最常见形态，体现了个体饮酒之基本理由。

个体的社会性

每个人都可以问自己这样一个问题：我有了美酒为何不满足于独享，而更愿与人分享，为何需要与他人共饮？这看起来只是一个饮酒形式问题，背后其实潜藏着关于人性的基本秘密，乃人类自我反思、自我认识的极好环节。

"人不为自己，天诛地灭。"此乃极为普遍的民间人生信条，它倡导一种自利的人生哲学。诚然，生命的实现性体现于每个独立的活生生个体，体现为每个人。没有了这活生生的"每一个"，"人类"便是一个没有意义的抽象概念。现实生活中，每个人都是一个相对自足的独立个体，其独立性很强，不依赖于他人的生理欲望与思想情感，每个人只对自己的欢乐与悲剧有着最为真切的感受。别人死了，你还活着。每个人都独立自主地支配着自己的躯体与行为，都有自己的独特利益，追求着自己的快乐，回避着自己的不幸。这些都是每个人每天都感受到的最基本的人生事实，无可置疑。

然而，上面所观察到的又仅乃个体人生事实之一部分，而非全部。与上述事实完全相反的现象也同样真实：作为个体人类，每个人的生存能力其实非常有限。与其他动物相比，个体人类其实十分脆弱。绝大多数情形下，每个人在其一生中需要得到来自其同类的他者的各种帮助。如果没有了这些帮助，每个人都将活得十分艰难，甚至难以独存。比如，一个刚出生的婴儿需要其父母或医生的全方位悉心呵护，否则很难成活。一个人进入成年，需要与另一个本来完全陌生的异性结合为夫妻，否则无以复制、延续其生命基因。一个人进入人生晚境，就像进入一个婴儿期，即脆弱期，特别需要一个与之共同生活的伴侣，相携度过其人生最后阶段，否则会非常悲惨。其实，身处壮年阶段的大多数成年男女也都倾向于与另一个异性结成生活共同体，搭伴儿过日子：一块儿挣钱、一块儿消费、一块儿养育子女。一个严格意义上的独身主义者也自有其职业上的合作伙伴，比如同事、朋友。我们可以设想人生中一匹真正的"独狼"——一生下来就是个孤儿或弃儿，成年后也独来独往，高兴了没有人分享，生病了身边没人照料。这样的人生也许是可能的，但肯定是不幸福的，至少对绝大多数人来说是如此。

诚然，进化让人类这个物种在动物圈里很特别，增加了其他动物所没有的特殊本领——工具、语言和思想，正是这些东西让人类最终处于食物链顶端，似乎十分优越。然而这部独特的进化史同时也让人类十分清醒地意识到：若论拳头与四肢，人类其实远非动物圈中最有天赋、最具生存能力者。单个人类在动物界其实很难生存。正因意识到这一无情事实，我们的先民才在自身进化之路上同时激发出一种至为珍贵的心理意识，甚至是新的群体心理本能——社会性，俗言之则曰：相互取暖、抱团生存，此乃人类自我进化史所获得的最伟大心理成果之一——理性的生存策略。正是在此生存理性指导下，人类自觉地成为一种群居性动物——多人一组，结为大小不等的生活共同体，共同觅食、共同进食、共同哺育后代。

社会性即群居而生存，首先是一种外在的个体生存方式——群居。随后，在此生存方式影响下，由于每天都与相对固定的人生伴侣们共同生活，于是便产生了一种新的进化成果——在心理情感上对身边他人的依恋倾向——总喜欢有人与自己在一起，即使并不需要共同觅食。若身边没有了同类的陪伴，内心就会立即产生一种特殊的焦虑——孤独、抑郁或紧张不安。这实际上是人类在长期群居状态下培育起的一种个体生命安全本能——对个体自身防护能力之担忧，对来自同类人生伴侣安全支持的一种心理渴望。所以，文明社会中个人对亲情与友情的需求，其负面的心理表达形式即孤独、寂寞感，实际上是每个人最原始心理本能——生理安全焦虑的高级进化形式，是个体生理安全自我警示本能的精致化伪装，它构成个体人类社会性心理意识——对同伴心理依恋之核心内涵。

个体通过自己的行为，对社会做出贡献、产生影响，社会——世代相传的个体、家庭、家族和族群、乃至国家——会从不自觉到自觉地把它记录下来、流传下去，通过祖辈对父辈、父辈对子辈、子辈对孙辈的口耳相传，文字产生后通过史官的记载流传下去。这使得"个体人"在其生物生命消失以后仍然可以有一个代表他的社会符号，通过文化载体的记录，存在于人类绵长的历史中。这就是人的社会生命。[①]

我们可以从两个方面理解人的社会性事实：其一，从个体生存的外在基本条件看，

---

① 封孝伦：《生命之思》，商务印书馆，2014，第151页。

我们可以发现，这个世界上没有一个人可以绝对地独立生存。相反，每个人来世一遭，要想较为顺利地生存，都需要以不同的名义与其他人结种种的缘——人生合作关系，其中最为基本的便是父母子女、夫妻以及同事朋友关系。其二，与之相对应，作为第一项人生基本事实之心理成果，每个人便产生了最基本的人生心理情感——对亲情、爱情与友情的普遍、持久、强烈需求。这三种最基本人生情感其实就是一种情感——个人对他者的心理依恋，是人人都具有的一种社会性情感。

有啤酒罐的地方，就有文明和礼仪。啤酒使人们有了共同语言，把人们聚在了一起，几千年来，它一直在做着这样的事情。啤酒业同样充满了友爱。在一个大多数企业的市场竞争对手像冷战仇敌一样彼此憎恨的时代，在酿酒业中却很难看到这种敌视。市场销售人员可能会全力进攻，但酿酒师们却都是伙伴。他们是一个由深知自己的谋生手段能让很多人快乐的人组成的小群体的成员，这一点让他们心满意足。[①]

基于上述社会性人生基本事实——个体对他者的生存性心理信赖，我们便有能力回答本节的最基本问题——个人为何饮酒，为何需要与他人一起饮酒？日常生活中经常发生的与他人对饮、会饮，实在是上述人的社会性生存方式与心理需求之恰当表达。

若对日常生活略加观察，我们便很容易发现酒的影子，它似乎随时随地出现于我们左右。我们几乎可以这样说：日常生活中，一个人只要有人缘，即与身边的其他人有交往，便难断酒缘，我们的日常生活中几乎时时、处处都离不开酒。其实，我们始终处于酒的包围之中，因为我们一直处于与他人，包括亲人、同事与朋友的社会性关系之中。

一个人一出生，其身边的亲戚便会因他而饮酒。在侗族地区，婴儿出生第三天即要喝"三朝酒"。孩子满月时剃头要喝"剃头酒"。大人用筷头蘸酒让孩子吸吮，意为喝"福水"。周岁时有"得周酒。"50、60、70大寿时，宴会之酒为"寿酒"。一个人成年结婚时，往往会大摆宴席，邀集众多亲戚朋友，前来共贺，分享喜悦，谓之"喜酒"。节日祭祀祖先、天地众神灵时，人们也免不了用酒、饮酒。家里有亲人去世时，人们也会设宴聚众饮酒。日常生活中，每逢重要人生成就或节点，诸如生子、升迁、树屋、生意开张、乔迁等，大多数人也会设宴邀众，让亲朋们前来庆贺一番。每逢重要节

[①] 兰迪·穆沙：《啤酒圣经：世界最伟大饮品的专业指南》，高宏、王志欣译，机械工业出版社，2014，第2页。

日,诸如新春、社日(春分、秋分)、清明、端阳、中秋、重阳,也是人们聚友痛饮的好时光。

爆竹声中一岁除,春风送暖入屠苏。(王安石:《元日》)
清明时节雨纷纷,路上行人欲断魂。借问酒家何处有,牧童遥指杏花村。(杜牧:《清明》)
鹅湖山下稻粱肥,豚栅鸡栖对掩扉。桑柘影斜春社散,家家扶得醉人归。(王驾:《社日》)
秋风叶正飞,江上逢重九。人世几登高,寂寞黄花酒。(汪时元:《九日舟中》)

至于偶有朋友来访,或是去造访亲朋,更是我们饮酒的好理由。

十载相逢酒一卮,故人才见便开眉。(欧阳修:《浣溪沙》)
但使主人能醉客,不知何处是他乡。(李白:《客中行》)
主称会面难,一举累十觞。十觞亦不醉,感子故意长。(杜甫:《赠卫八处士》)
江城白酒三杯酽,野老苍颜一笑温。已约年年为此会,故人不用赋《招魂》。(苏轼:《次韵陈四雪中赏梅》)

以酒缘结人缘,主动地设宴招待亲朋,不仅中国人如此,其他民族亦如此。

第三日,在加利利的迦拿有娶亲的筵席;耶稣的母亲在那里。耶稣和他的门徒也被请去赴席。酒用尽了,耶稣的母亲对他说:"他们没酒了。"耶稣说:"母亲!我与你有什么相干?我的时候还没有到。"他母亲对用人说:"他告诉你们什么,你们就做什么。"照犹太人洁净的规矩,有六口石缸摆在那里,每口可以盛两三桶水。耶稣对用人说:"把缸倒满了水。"他们就倒满了,直到缸口。耶稣又说:"现在可以舀出来,送给管筵席的。"管筵席的尝了那水变的酒,并不知道是哪里来的,只有舀水的用人知道;管筵席的便叫新郎来,对他说:"人都是先摆上好酒;等客人喝足了,才摆上次的;你倒把好酒留到如今。"这是耶稣所行的头一件神迹,是在加利利的迦拿行的,显出他的荣耀来,他的门徒就信他了。(《圣经·新约·约翰福音》2:1-11)

下面,我们讨论体现酒的社会功能的两种典型形式:对饮与会饮。

以酒凝情：对饮

  酒无独饮理，常恨欠佳客。忽得我辈人，岂计晨与夕。少年事虚名，岁月驹过隙；自从老大来，一日亦可惜。糟丘未易办，小计且千石。颓然置万事，天地为幕帘。人生如刀砺，磨尽要有日；不须荷锸随，况问几两屐。（陆游：《酒无独饮理》）

  对饮，即与他人，特别是自己身边的二三知己，最能谈得来、最为贴心的朋友从容地闲饮，它是社会性饮酒的基本形式，体现酒的社会性功能之起点。

  我们可以问自己：当我遇到最开心的事情时是一个人独饮好，还是与朋友分享好？当我遇到很不开心的事件时是一个人喝闷酒好，还是找几个朋友宣泄一下好？当我忙里得闲，想闲饮时是始终独酌好，还是有人与自己交流的好？在很多情形下，我们恐怕倾向于找几个与自己最要好的朋友一起分享，而不是独饮。

  请记住关于酒的一项最基本事实：酒虽然在物质形态上属于饮食，可它已然不是一种解决个体最基本生理需求的物质必需品，而是一种超越性饮料。作为超越性饮料，酒的最重要功能不在其物质性方面，而在其观念性方面。具体地说，在于它参与人类社会交际与精神生活过程中特殊的媒介性价值。酒是一种含酒精的饮料，由于酒精对人的生理神经与心理状态有特殊的刺激与感发功能，在人的社交活动过程中，酒便成为聚集人、趟开心扉进行深度思想与情感交流的重要激发性媒介。一方面，酒有生理、心理激发功能；另一方面，每个人有潜存于内心深处的社会性情结——于人群中发现伴侣、与之倾诉的强烈心理需求。于是，酒便自然而然地成为一种"社会性饮料"。总有一天我们会发现这样一个自己：无论是当你特别高兴还是很不愉快时，抑或当你身心两闲之时，当然还有当你身边有酒时，你都会产生这样一种冲动：找人喝几盅去！当然，此时并非任何人都可以成为你的酒伴，你很挑剔，专找那几位与你走得最近、心里最亲以及当你在生活中遇到困难时最想找，且最管用的那几位与你一起分享这壶酒。一句话，与密友对饮。人生得一知己足矣，斯世当以同怀视之。

  两人对酌山花开，一杯一杯复一杯。我醉欲眠卿且去，明朝有意抱琴来。（李白：《山中与幽人对酌》）

  劝君今夜须沉醉，尊前莫话明朝事。珍重主人心，酒深情亦深。须愁春漏短，莫诉金杯满。遇酒且呵呵，人生能几何。（韦庄：《菩萨蛮·劝君今夜须沉醉》）

对饮的特殊功能是什么？它一方面强化了我们除家庭成员之外最为密切的社会交际圈；另一方面，更为重要的是，对饮也是你很重要的精神生活。二三知己相遇，浊酒几盅下肚，心扉便趟开。于是，你可以很私密地与那几个人深度地交流各自的人生经验，互相分享各自的情感、知识与见解，朋友们之间可以相互启发、相互安慰，相互勉励。好心情大家一起分享时，你的人生幸福会得到成倍地释放；坏心情在密友们面前说出来后，这"坏"也就在你的心里减轻其分量，内心的压力由斯而得到缓释，坏事也就因此而得以承受，甚至可以从心理上大事化小，小事化了。这便是酒的妙处，这便是密友对饮的神奇功能。

以酒结缘：会饮

酒食者，所以合欢也。（《礼记·乐记》）
[老农]
博士先生，您真赏脸，
并不把俺们看得轻贱，
您这样一位博学通人
今天也来这人堆里转转。
请您接过这精致的大杯，
俺们把这清酒斟得满满，
敬这一杯酒我高声祝愿，
不光为解除您的口干，
愿这杯中无数的酒滴，
一滴增加您一天的寿算。
[浮士德]
谨领这一杯提神的酒浆，
谢谢诸位，祝诸位健康。①

会饮指多人聚会饮酒，特别是指主人一次性邀约许多人聚会、共享饮食，实即宴饮。宴饮当然有丰盛的菜肴，多有美酒相伴。然而这样大规模地聚众宴饮，无论对此宴饮的

---

① 歌德：《浮士德》，樊修章译，译林出版社，1993年版，第49-50页。

主持者——聚会的邀约者,还是出席此类聚会的众多客人,其主要的目的并非仅是吃饭、喝酒,而是在酒食陪伴下的社会交际活动,目的还是为了主客、宾客间的聚会与相互交流,酒食在其间发挥着不言而喻的人情润滑剂作用。这种邀约、这种可口酒食乃是出席者相互心理认可的象征或奖赏。聚会期间主客、宾客间的相互结识与语言、情感交流才是真正的主题。正因如此,会饮乃酒的社会性功能发挥的最佳场所。如果说少数密友间对饮是酒的社会性作用在深度、细腻度上的典型体现——惟密友方喜欢聚而对饮,那么多人聚会、以热闹取胜的会饮则是酒的社会性作用在宽度,即特定时空内人际交往规模上的典范。

二三密友对饮当然是人生之美好时节,然而人们有时又需要效率更高的社会交际方式,有时候需要在特定时空内结交或招待更多的人。比如,在生活节奏日益加快的现代社会,利用节假日将平日相忘于江湖的朋友们都召集在一起,举杯换盏、大快朵颐,热热闹闹,相互交流近期内的生活信息,岂不甚妙?对聚会召集人而言,利用一次聚会就将想见面的朋友召集在一起,面对面地互通信息,共叙友情,岂不甚好?对出席此类聚会的客人们而言,在这种聚会中不仅可以见到老朋友,还可以结识一些新朋友,扩大自己的朋友圈,岂不也好?这样的聚会可使生者熟,熟者密。一个人的朋友圈由斯而建立、巩固、扩容,收获了很多新的朋友与友谊,生活由此而变得更加丰富多彩。在此意义上我们才可以说"酒可以群":酒可以帮助一个人加入、拓展与强化其人生共同体。当然,酒并不是一个人社会交际的最关键因素,它只是一种辅助性媒介而已。一个人要在不同群体中维护友谊,更关键的因素还是自立与自律,在此基础上进而乐于助人。换言之,需要具备克己奉人的美德。

呦呦鹿鸣,食野之苹。我有嘉宾,鼓瑟吹笙。吹笙鼓簧,承筐是将。人之好我,示我周行。呦呦鹿鸣,食野之蒿。我有嘉宾,德音孔昭。视民不恌,君子是则是效。我有旨酒,嘉宾式燕以敖。呦呦鹿鸣,食野之芩。我有嘉宾,鼓瑟鼓琴。鼓瑟鼓琴,和乐且湛。我有旨酒,以燕乐嘉宾之心。(《诗经·小雅·鹿鸣》)

这是《诗经》中关于会饮的经典篇章。

昨玩西城月,青天垂玉钩。朝沽金陵酒,歌吹孙楚楼。忽忆绣衣人,乘船往石头。草裹乌纱巾,倒被紫绮裘。两岸拍手笑,疑是王子猷。酒客十数公,崩腾醉中流。谑浪櫂海客,喧呼傲阳侯。半道逢吴姬,卷帘出揶揄。我忆君到此,不知狂与羞。一月一见君,三杯便回桡。舍舟共联袂,行上南渡桥。兴发歌绿水,!秦客为之摇。鸡鸣复相招,清宴逸云霄。赠我数百字,字字凌风飙。系之衣裘上,相忆每长谣。(李白:《玩月金陵城西孙楚酒楼》)

疾风吹尘暗河县,行子隔手不相见。湖城城南一开眼,驻马偶识云卿面。向非刘颢为地主,懒回鞭辔成高宴。刘侯叹我携客来,置酒张灯促华馔。且将款曲终今夕,休语艰难尚酣战。照室红炉促曙光,萦窗素月垂文练。天开地裂长安陌,寒尽春生洛阳殿。岂知驱车复同轨,可惜刻漏随更箭。人生会合不可常,庭树鸡鸣泪如线。(杜甫:《湖城东遇孟云卿复归刘颢宅宿宴饮散因为醉歌》)

这是唐代诗人对聚众会饮场景的忠实描写。会饮因想会朋友而起,即使赴宴者不能都相互认识,至少每个人都与聚会召集者认识,所以总体上气氛融洽。对聚会召集者而言,仅止于气氛融洽恐怕还是不够的,主人一般会要求气氛更加热烈。在此情形下,酒便有着很重要的作用。

首先,在酒精的刺激作用下,与会者一般会迅速进入兴奋状态,很快就打开话匣子,主动地与他人交流,相互攀谈起来,正是酒精帮助人们打破陌生人之间的本能性生疏感、心理拒斥。当然,同样地由于酒精的刺激作用,饮酒者有时也会过度兴奋,难免饮酒过量,于是就会出现有人在酒席上发酒疯,言行举止失态的行为,有时甚至会导致某些赴宴者彼此失和。正所谓乘兴而来,败兴而归。会饮中若发生此类情节,便是聚会召集者与相关人士的败笔之作。那么如何具体地理解酒在会饮这种典型社交场合的正确功能呢?

其一,酒在此类聚会中的基本功能便是发挥其"酒可以兴"的作用,引发聚会者打开话匣,促进彼此间主动交流的功能。它可以使内敛者活泼,矜持者随和,陌生者亲近。在此意义上,酒乃发兴助谈之剂。

其二,聚会过程中主客、宾客间主动、热情、平等地相互敬酒,是人们在酒席上重申旧谊,结识新友社交活动的重要形式。

其三,作为朋友间聚会活动的一部分,美酒佳肴同时也能满足与会者的口舌之欲,是主人向朋友展示友情的重要方式。

在此类聚会中,友情与和谐乃核心目的,酒正当围绕此目的发挥作用。因此,每一位出席此类聚会的饮酒者,无论主人与客人,均当自觉地关注以理节酒,依礼饮酒,以酒示谊示敬,当极力避免因过量饮酒而导致失控、失态,最终失和的局面。

酒与性格

出席会饮的每一位饮酒者都应当切记：为友谊而来。如何恰当地发挥酒的社交功能？在酒精的鼓励下，大胆地向每一位并不熟悉的与会者展示你的好意与敬意，积极、主动地与各位与会者交流。积极、主动地以敬酒的方式向所有赴宴者表达你的敬意。饮而有节，适可而止。

从道理上理解酒的社会交际功能并不困难，困难的是恰到好处地发挥这种功能。这就涉及每位赴宴者的个性心理差异。

性格外向者若再加上生性耐酒、豪饮之天赋，再加上能说会道的口才，当然会轻松地成为此类聚会的主角。对这种人而言，他们天生地就是一把干柴，酒精则是烈火，一点即燃。这种人是天生的社交家或交际领袖，他们会在酒精的辅佐下最短时间内与宴席上的所有陌生人混熟悉，往往会向人表达出过分的热情。希望这种人同时具有高度发达的理性，否则他们也最容易因过饮而导致言行举止失态，进而冒犯了酒席上的其他人。从在酒席上善于创造热烈气氛的可爱精灵转化为易于搅场子的聚会克星。

性格过于内向的赴宴者若再加上天生的不胜酒力，对他们而言，出席此种聚会往往焦虑胜过乐趣，若再加上天生地不善言辞那就更糟了。对这种人我们这里也有些不算坏的建议。

其一，你若根本就接受不了酒精，则可以主动地向主人与同席客人们申明。若有选择的话，你可以手里拿一杯非酒精饮料。毕竟，在此类聚会中相互间的语言交流才更为重要。不善饮酒根本算不上什么缺点。

其二，你若酒力不强亦无须紧张，以少量的饮酒真诚地向他人表达敬意，将更多的精力放在与他人积极地语言交流上便足够了。

其三，你若不善言辞亦无须过虑，必要的酒场礼仪（相互敬酒）环节过后，用心地倾听他人的交谈，有意识地将话题引导到自己所熟悉或感兴趣的领域，便会不经意间提高自己的语言表达能力和人际沟通能力，最终你会给自己一个惊喜。

不同的性格在酒场上会表现为不同的酒风、酒格，甚至酒德。外向者张扬，内敛者自持。总体上，这样的场合似更适于性格外向者。不过，性格内向者也无须过虑，只要能大致遵行酒场社交礼仪，真诚、积极地与人交流即会有所得。在这样的众人聚会场合，又有酒精刺激的作用，每个参与者都会表现出自己的性格，同时也可以难得地观察到他人的综合表现。实际上，这是一个综合地展示每个人酒量、性格、语言能力、社交能力、文化素质的场所。在此意义上，我们又可以说"酒可以观"。每个人在他人眼里都可以成为人生舞台上的一名演员，而每个人同时又可以成为人生大戏场上的一名观众。尽力地扮演好你自己，同时又可以做一位优秀观众，以他人为镜鉴：见贤思齐，见不善而求改，岂不善哉？其实他人就是你自己，每位他者不过是不同程度的你，因为人同此心，心同此理。

拓展阅读文献

[1] 徐兴海. 中国酒文化概论 [M]. 北京：中国轻工业出版社，2017.
[2] 朱熹. 诗经集传 [M]. 上海：上海古籍出版社，1987.

思考题

1. 如何理解个体人类的社会性？
2. 对饮酒和会饮各自的社会功能是什么？

第二节　酒与趣味

本节从审美立场讨论酒的精神性功能，说明酒对个体人生的独特价值，对个人精神世界的丰富、开拓意义。人为什么饮酒？饮酒乃是一种个人的精神生活方式，个人对酒的爱好、心理倾向，酒对个体的精神价值可称之为"酒趣"（taste for wine）。当一个人突然发现自己莫名地想饮酒时，便说明他想暂时脱离日常物质功利语境，过一种精神生活，想以酒为媒让自己进入一种与日常物质功利世界迥异的非功利精神世界，于其间安置心灵、缓释情感、放飞思想，回归一个本真的自我。饮酒是人的一种自觉超越日常生活平淡性的审美态度与审美趣味，它是一个人审美情趣、人生美感的生活表达形式，是个体日常生活审美的基本形态。

人生四境

立足于个体，我们每个人在劳作、消费之余都可以问自己这样一个问题：人活着到底为什么，或者作为一个人，我这辈子到底可以和应当追求什么？对此问题我们当然可以如此回答：为了过得好、为了快乐、为了幸福，等等。然而当我们进一步追问：到底什么叫"好"、什么是"幸福",以及什么是"快乐"时,你可能就会感到一派迷茫,原以为很清楚的问题一下子糊涂起来。

"百姓日用而不知。"[①] 这是说日常生活中,大多数人每天都是起来干活儿、吃饭、睡觉,然后再起来干活、再吃饭、又睡觉。天天如此,终生如此。如斯而已,岂有它哉?可为何如此,是否还有其他可能?多数人似并未用心想过。换言之,他们只是如自然界其他动物般生活,只是活着、只是来过,并未追问过自己为什么?用哲学家的话说,这样的生存、生活状态乃是一种自然或不自觉的状态。

"认识你自己!"这是西方哲人对我们的忠告,其意指出:人不只是一种动物,人还是一种理性动物,一种已然进化出自觉的自我生命意识的动物。因此人来世界走一遭不仅要求活着,还清清楚楚地知道自己怎样活着、为何如此活着、这样活是否有价值以及是否还有其他不同的活法,等等。如此这般地思考之后,你才是一个真正自觉了的人,一个明白人,一个有充分自觉理性的人,才是一个哲学家所描述的"理性动物"。

人生哲学的主题便是简约描述个体人类在这个现实世界中想追求什么、可追求什么以及应当追求什么,向每个人提示你的欲望、能力、现实处境,以及未来可能性,帮助你充分实现自我生命意识自觉,做个明白人。

现在再回到刚才提出的问题:作为一个人,你来世上一遭,经一生的不懈努力,到底可追求什么、当追求什么呢?若一个人把自己一生可干和应干的事纵向排列开来,大概可将自己的人生从以下四个层次展开,或从这四个层次上努力,以追求自己人生的"功德圆满",这里我们称之为"人生四境"。境界者,层次也。

一曰自我生存

天行健,君子以自强不息。(《易传》乾卦之象传)

你必终身劳苦,才能从地里得吃的。(《圣经·旧约·创世记》)

一个人既然来到这个世界便会努力地活着,争取能活得更久一些。因此,"活着"是人类,实际上也是所有生物的最大本能、第一性追求。人类在这一点上无论个体群体,均无例外。每个成年人每天的辛勤劳作就是为了以自己的劳动或与他人合作,换取维持自己生存的各种资源,满足自己各项必不可少的生理需求。所以,"活着"或曰"自我生

---

① 《易传·系辞上》,载郭彧《周易译注》,中华书局,2006,第360页。

存"便是每个人人生追求的第一个层次。

　　个体人类应当如何满足自己的生理需要？文明社会确立的规范是：对尚未成年或因生理残疾而无正常劳动能力的成年群体来说，家庭乃至整个社会需要建立抚养、救助制度，以保障这些特殊弱势群体最基本的衣、食、住、行需要，体现人道主义理念；但是对那些生理健全、具备正常劳动能力的成年人来说，文明世界确立的第一条社会规范便是"自食其力"：每个身体健康的成年人必须"自养"，必须通过本人的辛勤、合法劳动换取自己的生活资源。因此，只有独立自主地生存才是正当的生存，这样的人生才有德性，方为有意义的人生。每个人都有同样的生理需求，每个人都需要得到大致相同的生活资源。然而，在绝大多数情形下，这些生活资源又非天然具备，必须通过人的辛勤劳动才能获得。因此，对一个成年人而言，若他身体健康、有正常的生存技能，却因懒惰而逃避劳动，满足于依靠亲属或社会救济而生活，就是一种不劳而获，且在客观上造成对他人的剥削，就是一种"不义"。"正义"是人类最基本的道德观念，那么这种最基础性的"正义"从何而来？正从每个健康成年公民均自食其力，不剥削他人劳动成果开始。

　　对任何一个社会而言，一位身体健康的成年个体成员主观上不愿自食其力，而是不劳而获地生存，便是一种不道德的行为，这样的人生便没有尊严，也就谈不上意义，因为他只是靠别人喂养的动物。一个正常、公义、健康的社会如何建立？当绝大部分公民确实奉行了"自食其力"原则，均能以合法手段自食其力，其乐融融时，才是一个有基础、活力、秩序和文明的社会，这样的社会方无大患。

　　因此，最基本社会秩序、规范的建立从要求每一位公民自食其力开始；严肃、负责的人生哲学的第一课亦当从提倡公民自食其力之自养美德开始。人生一世，如果连自养都做不到，其他要求与期望便无从谈起。每个公民都能自养，那么由这些公民所组成的社会、民族与国家也就足以自立了。所以国民伦理规范当从自食其力开始，国民人生美德亦当从自食其力开始，凡能坚持自其食力者便有尊严，便为君子。

　　独立人格是现代公民的理性自我意识，它首先是个体公民对自身生命需要、人身权利的意识，同时也包括了个体公民对现代社会的规范要求，以及对他人人身权利的自觉意识，它将自我与他人、权利与义务自觉地结合在一起，形成理性的自我价值判断、幸福追求和行为规约有机整体，主导着个体稳定的行为习惯和精神状态。

　　独立人格最终体现为现代公民这样一种普遍的人生态度：人们乐于独立自主地设计、掌握和创造自己的命运，独立自主地追求自己的幸福，不将自己的人生幸福寄托于他人，不盲目地崇拜任何权威，凡事都能凭自己的知识和理性思考独立裁断。

生存是人生第一要务，美感是人生幸福感，每个人当其基本需求都无法满足时，他不会认为自己是幸福的，因此人生美感、幸福感从顺利地谋求自我生存开始。本层次的生活审美是指人们对自己最基本物质生活的体验和满足，自我生存之境以温饱和健康为核心价值。

二曰自我享受

此乃个体人生幸福追求的第二个层次。自我享受首先指特定个体在满足个人基本生活需要的基础上，行有余力，在物质生活条件方面提高自己的生活质量，提高自己物质生活的舒适度。

首先是工艺性享受。它指一个人在维持自我基本生活需要的基础上，还有条件进一步以工艺审美创造的手段美化自己的日常生活工具、对象，美化自我的体貌、才德与文化修养，美化自己的工作、居处环境，其具体内容包括衣、食、住、行、性等。总之，在个人生活中追求吃得更好，住得更宽敞、舒适，穿得更漂亮、讲究，出行得更自由、舒适，等等。简言之，追求更为富裕的物质生活。

其次是娱乐性享受。它指一个人在物质劳动和消费之余，自觉地从事各种休闲娱乐性活动，这些活动可以是游戏也可以是学习、艺术创造和欣赏活动，即有精神内涵，目的是能使自己的精神愉快。自我享受意味着以感性的方式获得精神愉快，用美学的话语描述便是自觉地追求生活审美、人生美感。清代李渔的《闲情偶寄》就是一本关于人生享乐的百科全书，这种休闲性自我享受的典型形式有纵游山水，休闲游戏，从事业余爱好等。

生活物质条件的工艺美化与以休闲娱乐为主要方式的生活趣味化是个体人类自我享受追求的主要形式，舒适与娱乐乃其核心价值。

三曰自我实现

自我实现指个体人类努力超越当下现实生活语境，自觉地拓展自我各项生命潜能，追求自我生命能力与价值之全面展示，此乃个体人生奋斗的第三个层次。它本质上已然超越了生理需求层面，转化为一种高层次的精神需求。

在谋生性职业活动中通过个性化、创造性的劳动满足个体生命的成就感和荣誉感，这已经是人生幸福的高境界，它客观上会产生利他主义效果。每一种重要的创造性职业活动均会产生超越于当事人需要的更广泛物质和精神财富，因此这种以个人奋斗为起点的实践行为均会使同类受益。

立足于个体，自我实现首先指每个人在自我职业领域的成功。职业本来是每个人谋生的手段，主要目的是获得个人生活所需物质财富。但是，职业活动的更高境界是将自己所从事职业提升为一项事业，即把自己的职业理解为可以充分展示个人创造能力的平台。在此情形下，积累个人财富便不再是个人职业努力的最大动力，最大限度地发挥自我创造能力，在此过程中追求个人人生价值的成就感和荣誉感，成为其人生奋斗的最大精神动力。

然而，自我实现还有更高层次的理解，它以理想人性的观念为基础，指向个体人类生命能力与人生价值之完善实现和充分展示。不言而喻，一个人的才能应当是多方面的，然而现实生活中的每一种职业均自有其局限，很难让每个人的生命能量得到全方位的释放。大部分人一生只能从事有限的几种职业，甚至是一种特定职业，因而不得不接受职业对自己的局限。怎么办？充分自觉的个体便需充分意识到每一种职业的独特优势与特定局限。若目前从事的职业限制了自己的某种潜能，要么需要更换自己的职业，要么于目前的职业活动之外，以业余爱好的形式为自己的更多生命潜能开拓出广阔空间，以休闲性业余爱好的方式探测自我、释放自我，让自己活得更丰富、更完善一些。

自我实现本质上是一种精神需求，因而是一种精神生活。人类精神生活的各个场域——科学研究、审美创造、哲学思考、体育竞技、野外探险等等，都可以很好地激发每个人的生命潜能，展示每个人的独特精彩。上面提及的享受型休闲娱乐既可以是一种纯然放松型业余活动，也可以被转化为一种专注、精深的自我挑战。

没有自我实现理想的人生很可能是一种单调的人生，一生从事一种职业只能体验到人生的极有限方面。自觉追求自我实现的人生则是一种丰富、广阔的人生，它以多种方式挑战自我、了解世界，虽生一世而有多般人生体验，以有限生命做了多方位的自我拓展，当然活得更精彩，至少是更有趣味。从这个角度讲，人类精神生产上述各领域均可理解为人类生物生命的超越性环节，物质生活之外，以精神生活的方式追求自我生命丰富能量的自我实现，它们可以为每个涉足其间的人带来巨大的精神满足感，是每个人的生活审美——人生幸福感的重要表现。

今子有大树，患其无用，何不树之于无何有之乡、广莫之野，彷徨乎无为其侧，逍遥乎寝卧其下？不夭斤斧，物无害者，无所可用，安所困苦哉！（《庄子·逍遥游》）

他们探索哲理只是想脱出愚蠢，显然，他们为求知而从事学术，并无任何实用的目的。这个可由事实为之证明：这类学术研究的开始，都在人生的必需品以及使人快乐安适的种种事物几乎全部获得了以后。这样，显然，我们不为任何其他利益而找寻智慧；只因为人本自由，为自己的生存而生存，不为别人的生存而生存，所以我们认取哲学为唯一的自由学术而深加探索，这正是为学术自身而成立的唯一学术。①

具体地，上述人们在精神层面的发展需求包括了求知、创造和爱三种形态。求知满足人的理性智慧，典型地实现于科学研究和哲学探求；创造主要体现在以艺术为代表的审美领域；爱则体现在伦理和宗教实践活动中。

四曰自我超越

自我超越之境是个体人生追求的最高层次，它建立在人类（无论个体还是群体）对自身有限性的充分意识上。超越之境以智慧与爱为核心价值。

"人不为己，天诛地灭"，这是民间流传最为广泛的人生信条。然而这种绝对自我中心主义的人生观看似聪明绝顶，实则幼稚之极。我们在前面论及人的社会性时已然彰明：个体人类的谋生能力十分有限，不足以独存，因此抱团生存乃唯一明智之举。作为个体人类，每个人都需要清醒地意识到人生三项基本事实：偶然性、唯一性与脆弱性。

人生是偶然、唯一的，故需珍惜；人生是脆弱的，故需相互扶持而度过。相逢即缘，相爱是智。让我们共同营造人间温情，不要糟践了只有一次的人生，不要败了自己的人生之兴。要让所有人懂得：每个人都不能独立生存，就现实性而言，人是一种靠群体协作才能生存的动物。自我中心主义是最大的幼稚与愚蠢，要破自我中心主义的"我执"，执"我"即迷，超"我"即觉。自我中心是人的本能，人人都会，婴儿也会，不算聪明；只有真正的智者才会想到、做到超越自我，只有智者才懂得怎样与他人进行合作，也只有智者才能较顺利地度过自己的一生，才会得到其人生幸福。

这个世界不只你一个人，也不只你一个人需要吃饭。这个世界离开谁都行，谁对这个世界都没有超越别人的优越地位，故而走出自我中心主义就意味着以平等的态度对待他人，当你为自己的面包争取权利时，也要能想到别人吃面包的权利。超越自我，意味着以个体人生真相普遍地观照所有人，你的人生是偶然的、脆弱的、一次性的，别人也如此；你的人生当百倍珍惜，别人亦需珍惜。以这样的眼光观察你的父母、你的情人、你的配偶、你的同事、你的朋友，对他们自然能起一种广泛深厚的同情、欣

---

① 亚里士多德：《形而上学》，吴寿彭译，商务印书馆，1996年，第5页。

赏之心，彼此互相隔膜的心会拉得更近，从而产生一种相互交流的欲望。只有充分意识到自我生命的偶然、脆弱与一次性，才会生发出惜生之情；只有充分意识到人生的孤立无助，对同类的全方位依赖，才会生发出对他人的合作之智、依恋之情，人与人之间才能自觉地相互关爱。

上述个体人生三项基本事实之第二项——唯一性决定了绝对个人主义的人生观意义的绝对有限性：每个人所有奋斗的意义仅止于此人一身。此人一死，一切玩完。于是，"社会生命"或个体的"社会性"观念便有了另外的意义，它们不仅提示从生存能力上每个人都有求于他人，需要得到来自他人的帮助，还意味着纯个人性的人生奋斗的意义极为有限。要想让自己的人生价值、事业更有意义一些，在时间和空间上能拓展和延续得更宽、更久一些，便需要得到他人的成全。这意味着：你不能绝对地只为自己而活，还需要同时为他人（从亲人、朋友，到民族、国家、人类，乃至天下万物）而活。你需要在追求上述三项人生奋斗目标时，尽力造福于他人，这样你才能更广阔、长久地活在他人的记忆中，活在人类群体的集体事业中，你个人的人生价值才会超越自身生理生命的局限，才可能"不朽"，得到更广泛、久远地拓展与延续，才更有意义。

对个体生命价值有限性的意识，生发出超越个体生命有限性之自觉。其具体途径便是将他者，更多的他者，甚至是最多的他者，纳入到自己人生奋斗的目标中。从此，一个人不再只为自己的享受而奋斗，同时也为他者，如你的亲人、朋友，甚至族群、国家、人类而奋斗，以此方式走出有限，走出孤独，在他者对你的尊敬与热爱中超越自我。当一个人能把自己的命运、幸福与最大多数同胞的命运、福祉紧密联系，而为人类整体的幸福奋斗时，他的人生便最有意义，也就达到了人生之最高境界。

作为一个群体，人类也不能自大、自私，而需要与地球生物共同体的全体成员平等相处、相互关爱，尽可能地关爱地球生态，在地球生态圈的持久存在中延续人类文明。从依天立人到天人一体，这才是人类文明的最高境界。

自我超越的核心价值是仁爱，是每个人对他者、同胞，乃至万千生灵的广博仁爱，要在对他者施爱的过程中超越自身生命的有限性，扩充自己人生的意义。

超越之境是指个体自觉、积极地通过为社会事业而奋斗，以宗教性自我牺牲的精神实现自我人生价值之扩充，它是个体社会心理的最高表达形式。它既包括对小我（个人）的超越，还包括对中我（集团、民族、国家）的超越，更包括对大我（人类）的超越，最终臻至冯友兰先生所说的天地境界，此亦古人所言"民胞物与"（张载语）或"万物一体之仁"（王阳明语）的境界。

这样,从自我生存、自我享受到自我实现、自我超越,个体人生奋斗的目标逐步提高,构成了一个完善的人生意义价值系统,且值得每个人为之奋斗终生。

酒可以兴

借用德国哲学家尼采(Friedrich Nietzsche,1844—1900)的概念,我们可将酒的精神性价值命名为"酒神精神"(Spirit of Dionysus)。然而,若从美学的角度看,所谓"酒神精神"实即强调酒可以激发人即时感性心理愉悦的审美趣味或审美态度。诚然,前面讨论过酒对个体身体健康的好处,比如酒可以治病("酒可以医"),可以养生("酒可以养"),酒还可以团结同类,使一个人不再孤单("酒可以群")。然而从美学角度看,酒还有一种更为内在的观念性价值——"酒可以兴"。具体地,它可以让饮酒者面对世俗的物质功利世界,产生一种暂时性的超越性立场,或放松、或刺激,让饮酒者产生一种莫名的兴奋、愉快感,此之谓"醉"。

但使主人能醉客,不知何处是他乡。(李白:《客中行》)
弄笔斜行小草,钩帘浅醉闲眠。更无一点尘埃到,枕上听新蝉。(陆游:《乌夜啼八首·其八》)

这便是不关心现实诸物质功利目的,只求一时心情愉快的审美趣味与审美态度,是一种超越性的精神追求的最好例子。因此,个体对酒的爱好与享受本质上可理解为一种体验人生美感的审美活动。在超功利性这一点上,酒兴或酒趣与人类审美活动的目标根本一致。

人生得意须尽欢,莫使金樽空对月。天生我材必有用,千金散尽还复来。烹羊宰牛且为乐,会须一饮三百杯。岑夫子,丹丘生,将进酒,杯莫停。与君歌一曲,请君为我倾耳听。钟鼓馔玉不足贵,但愿长醉不复醒。古来圣贤皆寂寞,惟有饮者留其名。陈王昔时宴平乐,斗酒十千恣欢谑。主人何为言少钱,径须沽取对君酌。五花马,千金裘,呼儿将出换美酒,与尔同销万古愁。(李白:《将进酒》)

简言之,以酒兴、酒趣为核心的酒神精神就是一种追求感性精神愉悦的审美精神、审美态度和审美趣味,换言之,即是为一时之兴致与趣味而饮,为愉快心情而饮。我们可以设想：一个人若时时、处处为物质利益思虑、忙碌，从不知道或不善于给自己的身体与心灵放假，终生滴酒不沾，未知酒兴与酒趣为何物，他活得该是何等的苦辛、可怜而又无趣啊！在此意义上，所谓酒神精神便是以酒精为媒介，自觉地忙里偷闲、自我娱乐、自我调适的审美情怀。

地白风色寒，雪花大如手。笑杀陶渊明，不饮杯中酒。浪抚一张琴，虚栽五株柳。空负头上巾，吾于尔何有？（李白：《嘲王历阳不肯饮酒》）

审美是人类精神生活的起点，也是一种最为世俗的精神活动。在现实生活中，超功利的审美趣味与态度应当为每个人所具备，人们以此自觉地丰富、拓展自我，建构一种趣味性的精神世界。正因如此，一个人一生中应当多少有一点酒神精神，即不问功利，但求醉意的趣味与情怀，只要不因此而过分贪杯即可。

在本节，我们将人们对酒的爱好与饮酒活动根本地理解为一种自觉的以酒为媒，追求暂时性感性精神愉悦的审美活动，从美学立场解读人类饮酒活动的独特精神价值。在此意义上，饮酒即审美，醉即人生高峰的审美体验。

审美人生

在人类四大审美形态中，有一种叫生活审美，这是一种在现实生活功利语境中表达精神性审美趣味的审美形态，它区别于远离日常生活语境，仅在美术馆、音乐厅、剧场和影院寻找美的艺术审美。生活审美的静态对象往往体现为各式工艺品，而人类的饮酒活动则是一种动态的生活审美形态，它是生活审美的重要表现形式。总体而言，它是饮食审美之一部分，又是其中最具精神性内涵的部分。饮酒之趣不像艺术审美那样，为观念性追求而全面脱离现实生活语境，而就在日常生活语境中表达审美趣味，营造精神性气氛，让饮酒者切实体验到一种人生美感，对自己生存于斯的现实生活世界产生一种若即（身犹在此中）若离（神已远游）、朦胧未分的醉意与诗情，其既有超越之志，又有恋世之情，此时，酒精就像魔术师手中的那根魔杖。其实酒就是一种神奇的魔液，只要一滴，足以让饮酒者对自己的生活有一种出离的冲动，但最终又像一个乖孩子安卧于现实世界的怀抱，这便是一种典型的生活审美活动。饮酒后的醉感实即乐生恋世的人生美感、人生幸福感。

首先，饮酒者在辛勤劳作之余，或独酌、或与亲朋对饮，全面地调动自己的各式感官,充分、细腻、全方位地体验酒液的气味、滋味、色泽,乃饮酒者感知、理解与体验日常生活中的人生美感、人生幸福的重要表现形式,饮酒活动乃是在饮酒者的基本生理需求已然得到满足的条件下,超越性地追求物质生活质量和品位的享受性生活消费环节,是其现实人生幸福的典型表现形式。

其次,饮酒者在充分、细腻地感知和体验酒液色、香、味给自己带来全方位感官享受的同时,又自觉地追求自我放松与刺激之乐,与亲朋分享幸福人生与交流人生经验的心理愉快,是一种自觉的以心理愉悦为目的精神生活形态,因而具有超越性,此乃其生活审美观念自觉的典型表现。

在更具体的层面,饮酒者所追求的醉意——对现实人生若即若离,飘飘欲仙的审美感受,是他对其现实人生幸福感的高峰体验,是在精神层面体验人生美感的极致表达形态。此种审美经验内部存在着一对深刻的矛盾——媒介(酒液)与语境(酒席)都是现实的,然而饮酒者的心理体验则是超越性的(对现实功利目的,特别是那些消极性事件与情绪的自觉遗忘),是对人生美感悖论与潜力的充分展示。

酒 趣

酒趣乃言饮酒之趣味或乐趣。若言酒中有趣,竟为何趣?饮酒为乐,所乐何事?本节主要立足精神生命层面解读酒对个体人生的意义,所谓"酒趣"主要言酒之精神价值,即它对饮酒者个人精神幸福的意义。

精神时空是人类通过大脑活动构建的想象时空。它以人们经历过的现实时空为材料,经过大脑的创造、增减、伸缩,形成人们想象活动中的时空结构。对人类整体而言,精神时空比人类所知所了解的所有现实时空更为博大,是这些现实时空的总和。[1]

就某一个人所拥有、所活动的时空而言,现实时空是窄狭的、有限的,精神时空是宽广的、无限的;现实时空是明确的、明朗的,可感知、可认识,因而是理性的。精神时空是模糊的、朦胧的,不能用理性的方式进行最后把握的,因而显得有几分神秘,更具有感性的特点;人在现实时空中的活动是受个人和社会的种种因素决定的,不自由的。而在精神时空中,人的活动只受个人生命条件和生命愿望所决定,不受别的社会规约所

---

[1] 封孝伦:《人类生命系统中的美学》,安徽教育出版社,2013,第92页。

约束，因而有相对的自由。①

在此意义上，所谓"酒趣"或"酒乐"，其核心价值正在于酒精作为一种特殊的生理、心理刺激物，可以引领饮酒者暂时性地脱离现实的物理与社会时空，进入到一个相对自由的精神时空，营造出一种特殊的心理气氛，便于饮酒者相对自由地表达自己的欲望、悲欢与期望，可以相对自由地释放自己的生命能量，过一种精神生活，有一段暂时性的心理远游，特别是能够让自己获得暂时性心理刺激与放松，此之谓审美。

此中有真意，欲辨已忘言。（陶渊明：《饮酒二十首·其五》）
把酒问花花不语，花外梦，梦中云。（周密：《江城子·拟蒲江》）

具体地，这种酒趣大概可以概括为以下几个方面。
一曰起人生之豪情。
金樽清酒斗十千，玉盘珍羞直万钱。停杯投箸不能食，拔剑四顾心茫然。欲渡黄河冰塞川，将登太行雪满山。闲来垂钓碧溪上，忽复乘舟梦日边。行路难，行路难，多岐路，今安在？长风破浪会有时，直挂云帆济沧海。（李白：《行路难三首·其一》）
老夫聊发少年狂，左牵黄，右擎苍，锦帽貂裘，千骑卷平冈。为报倾城随太守，亲射虎，看孙郎。　酒酣胸胆尚开张，鬓微霜，又何妨！持节云中，何日遣冯唐？会挽雕弓如满月，西北望，射天狼。（苏轼：《江城子·密州出猎》）

在平淡无奇的日常生活中，酒可以激发你一种莫名的积极、美好的情绪，让你觉得今天真好，想干出一番事业，酒乃必不可少的人生兴奋剂。

二曰叙人生之友情。
我居北海君南海，寄雁传书谢不能。桃李春风一杯酒，江湖夜雨十年灯。持家但有四立壁，治病不蕲三折肱。想见读书头已白，隔溪猿哭瘴溪藤。（黄庭坚：《寄黄几复》）

---

① 封孝伦：《人类生命系统中的美学》，安徽教育出版社，2013，第93页。

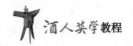

一杯酒能让你突然想起那位久已不在身边却难以忘怀,对你的人生幸福感有重要影响的人。酒即使不能让你们相聚,但至少能让你们在心理上相依。

三日感历史之沧桑。
据说你喝一斗酒
可以写诗百篇
在长安市的酒家沉沉睡去
皇帝来唤 你也不应
你说
我是酒中的仙
原不侍奉你们人间

你看不惯那些人
因为他们不大声说话
你看不惯那些人
因为他们不直腰杆
你看不惯那些人
因为他们总躲在阴暗角落
你看不惯那些人
因为他们低声俯向皇帝耳边

啊! 偌大个长安
有多少人戴着冠冕
进进出出
只有你独自寂寞着
在痛醉中醒来
仍然想着沧浪水
仍然想着采石矶的月亮
仍然想吐尽污秽
找一处水清
洗一洗 这濡湿的衣襟

洗一洗 这濡湿的衣襟[①]

每天都在忙，不知不觉中季节已几番轮回。有一天端起酒杯旁观世界、反观自己，才发现这个世界的年轮，才意识到起起伏伏中自己的苍颜。酒是那个能让你暂时停下来，以一种观众的心态重温世界，静察自我的好朋友。

四曰泄人生之忧怀。

此即"借酒浇愁"，以酒为媒，释放久积于心中，不吐不快的诸般人生消极情绪，以此实现新的心理平衡。在此意义上，我们又可以说"酒可以怨"。

红酥手，黄縢酒，满城春色宫墙柳。东风恶，欢情薄。一杯愁绪，几年离索，错，错，错！ 春如旧，人空瘦，泪痕红浥鲛绡透。桃花落，闲池阁。山盟虽在，锦书难托，莫，莫，莫！（陆游：《钗头凤·红酥手》）

塞下秋来风景异，衡阳雁去无留意。四面边声连角起，千嶂里，长烟落日孤城闭。浊酒一杯家万里，燕然未勒归无计。羌管悠悠霜满地，人不寐，将军白发征夫泪。（范仲淹：《渔家傲·秋思》）

每天只知道忙忙碌碌，从不知道心疼自己，终于有一天受不了了，可面对世界又不好意思放纵自己。好在有酒的陪伴，酒是那个能让你放下、放开自己的挚友。心里有啥委屈就在它面前倾诉吧，它不笑话你。没有酒，自以为坚强的你迟早会崩溃。

五曰发人生之智

可喜的是，酒不仅与人的情感世界相关，它还可以激发饮酒者上乘的哲学智慧，并以之表达人类理性探索的精神成果。

永和九年，岁在癸丑，暮春之初，会于会稽山阴之兰亭，修禊事也。群贤毕至，少长咸集。此地有崇山峻岭，茂林修竹；又有清流激湍，映带左右。引以为流觞曲水，列坐其次。虽无丝竹管弦之盛，一觞一咏，亦足以畅叙幽情。是日也，天朗气清，惠风和畅。仰观宇宙之大，俯察品类之盛，所以游目骋怀，足以极视听之娱，信可乐也。夫人之相与，俯仰一世。或取诸怀抱，晤言一室之内；或因寄所托，放浪形骸之外。虽取舍万殊，静躁不同，当其欣于所遇，暂得于己，快然自足，不知老之将至。及其所之既倦，

[①] 蒋勋：《寄李白》，载《蒋勋诗选》，友谊出版社，1984，第28-29页。

情随事迁，感慨系之矣。向之所欣，俯仰之间，已为陈迹，犹不能不以之兴怀，况修短随化，终期于尽。古人云："死生亦大矣，"岂不痛哉！每览昔人兴感之由，若合一契，未尝不临文嗟悼，不能喻之于怀。固知一死生为虚诞，齐彭殇为妄作。后之视今，亦犹今之视昔，悲夫！故列叙时人，录其所述，虽世殊事异，所以兴怀，其致一也。后之览者，亦将有感于斯文。（王羲之：《兰亭集序》）

明月几时有？把酒问青天。不知天上宫阙，今夕是何年？我欲乘风归去，又恐琼楼玉宇，高处不胜寒。起舞弄清影，何似在人间？ 转朱阁，低绮户，照无眠。不应有恨，何事长向别时圆？人有悲欢离合，月有阴晴圆缺，此事古难全。但愿人长久，千里共婵娟。（苏轼：《水调歌头·丙辰中秋》）

谁说饮酒只是一种感觉，没有理性成分？有时只有在酒的帮助下，你对这个世界才能看得更深、更广一些。有时饮酒也是一种修行，一种激发智慧的活动。当然，智慧并不在酒液里，可是酒确实可以成为一种激发智慧的灵液。

独　饮

从开拓个体精神时空深广度来看，独饮也许是获得酒趣的最重要方式，因为一个人只有彻底地安稳下来，排除外在的种种人事干扰，才能真正地回归自我，回归本心，才能真正明白自己到底想要什么，究竟被什么困扰，从而才能无拘无束地去做精神的远游。一个人若从未体验过独处之乐，便从未本真地面对过自我。一个人若从未独处过，总喜欢身边有人围着你转，总喜欢热热闹闹，也就很难真正拥有仅属于自己的精神时空。即使有，它也很难是深邃、细腻、广阔的精神时空。在此意义上，你若真的想找回自我、认识自我、拓展自我，请有意识地远离人群，远离热闹，即使是你的密友与亲人。请你安安静静地自己待一会儿或待几天。如果想喝酒，完全可以自己一个人端起酒杯，与自己对话，此之谓独饮。

予虽饮酒不多，然而日欲把盏为乐，殆不可一日无此君。州酿既少，官酤又恶而贵，遂不免闭户自酝。曲既不佳，手诀亦疏谬，不甜而败，则苦硬不可向口。慨然而叹，知穷人之所为无一成者。然甜酸甘苦，忽然过口，何足追计？取能醉人，则吾酒何以佳为？但客不喜尔！然客之喜怒，亦何与吾事哉？（苏轼：《饮酒说》）

独饮是人类饮酒的又一基本形式。虽然大部分情形下人们更喜欢与他人聚饮，而不是一个人喝闷酒，可是独饮仍有其坚实的理由。一个人在什么情况下会独饮？大概有两种情形最为典型。

其一，出于养生保健目的或作为一种私人饮食嗜好，比如对某一类酒（白酒、葡萄酒、啤酒），或某一品牌的酒有长久偏好，一个人可以形成一种每天规律、定量独饮的生活习惯。

其二，作为个人休闲方式的独饮。一个人工作或学习闲暇之余，可以独自斟满一杯酒，细品慢饮，悉心品味酒液的色、香与味道，当是一种难得的生活享受，是对自己辛勤人生的小小奖赏，自我放松的极好方式。

后一种意义上的独饮具有深刻的理论内涵，是饮酒活动精神价值的典型体现。当然，暂时性的闲暇乃独饮的外在物理条件。在有闲的条件下，独饮是一种自觉的回归自我、反思自我、感知与认识自我的精神自修课程。某种意义上，我们可将独饮理解为一种实践哲学，一种人生修行。独饮就是一个人自觉、暂时性地将自己与整个世界进行心理隔离，将自己流放。在酒精的刺激下，一个人可以自觉地选择暂时远离同类，好好地与自己相处，用心地体验孤独。也可以强迫自己忘掉欲望、诱惑、负担或焦虑，将自己置于一个意识上的无我、无物之域，一个本真、澄明的世界。独饮就是一个人逼自己回到本真的自我，在酒精的帮助下重新认识自己的欲望、价值、才情以及短板、丑陋与滑稽之处。独饮是一种高质量的精神生活。在酒精的帮助下，一个人可以细腻、深度、全方位地品味自我，旁观世界。也可以自我倾诉、自我拷问，作精神的远游。在此过程中，你可以有所感悟、有所发现、有所拓展、有所提升。诚然，本质上说人类是一种群体性动物，承受不了长久的孤单，然而一个人若太喜欢热闹，没有机会单独地与自己相处，没有机会观照与拷问自我，也是一种很大的心理缺憾，这势必会影响其精神世界的深广度与细腻度。

花间一壶酒，独酌无相亲。举杯邀明月，对影成三人。月既不解饮，影徒随我身。暂伴月将影，行乐须及春。我歌月徘徊，我舞影零乱。醒时同交欢，醉后各分散。永结无情游，相期邈云汉。（李白：《月下独酌四首·其一》）

寻寻觅觅，冷冷清清，凄凄惨惨戚戚。乍暖还寒时候，最难将息。三杯两盏淡酒，怎敌他、晚来风急？雁过也，正伤心，却是旧时相识。满地黄花堆积。憔悴损，如今有谁堪摘？守着窗儿，独自怎生得黑？梧桐更兼细雨，到黄昏、点点滴滴。这次第，怎一个愁字了得！（李清照：《声声慢·寻寻觅觅》）

这便是诗人独处、独饮所取得的精神成果，实为文学史上之精品，它典型地体现了独饮对人类精神生活、观念创造不可替代的独特价值。在此意义上，我们不仅将独饮理解为人类饮酒活动的基本形式，还将它理解为人类精神创造的一种典范形式。于是，是否喜欢独饮，有过自饮自酌之体验，便成为测试一个人心灵敏感度的有效手段。

拓展阅读文献

[1] 封孝伦. 生命之思 [M]. 北京：商务印书馆，2014.

[2] 薛富兴. 画桥流虹——大学美学多媒体教材 [M]. 合肥：安徽教育出版社，2006.

思考题

1. 个体人生的四种人生境界是什么？
2. "酒趣"或饮酒之乐的本质内涵是什么？

第三节 酒与创造

有两种独特视野在本节交会，它们构成本节所要讨论的独特话题，也呈现出本节所讨论话题的特殊意义。首先，如本编开始所宣示者：本节仍然立足于个体人类考察酒液，实际上是考察酒液之消费——饮酒活动之价值。其次，本节所关注的仅是一种很特殊的观念性价值——它对个体饮酒者从事艰难的创造性精神活动的意义，比如它对饮酒者从事宗教与艺术活动所产生的影响。

本节将讨论酒与人类创造性精神活动之间的关系，重点揭示酒对人类创造性活动的初始阶段——灵感激发状态之影响。任何高端的创造性精神生活都需要灵感，都需要酒的激发。大量事实表明：在饮酒适量的情况下，酒对某些人类精神生产者，特别是艺术家，具有激发其创造性思维的功能，可以让他们进入一种理想的艺术创造状态。在此意义上，我们可以说"酒可以兴"。

创造的观念

依波兰美学家塔塔科维奇（Wladyslaw Tatarkiwicz）的研究：在欧洲，古希腊时代并无"创造"(to create/creativity)一语,有的只是"制作"(to make)概念。而且,"艺术"(art)也并不被高看,因为据说它只是对某种现成物的摹仿。中世纪始有"创造"观念,但那只是一种特指,即单指上帝从无到有地创造天地的行为,因此它是一个神学概念,并不被应用于人类的艺术行为。只是到19世纪,"创造"概念才进入艺术并专属于艺术,且只有艺术活动才被理解为一种具有创造性的活动。到了20世纪,"创造"观念泛化,在艺术之外,它还被用来指称人类文化领域中诸如科学、技术、政治等方面的行为。简言之,依其概念外延的指涉范围,实际上有三种"创造"观念:神学的创造、艺术的创造与文化的创造。唯中间一种与艺术相关。

就描述艺术品的生产过程与基本事实而言,"创造"一词的基础用法乃是指特定艺术家利用特定物质媒介以创作出特定艺术品的行为。某种意义上说,它实与物质生产领域中的任何物质产品之加工无异,因此当首先恰当地理解为"制作"(to make)之同义语。但是,即使在古希腊时代,人们毕竟已然发现艺术生产与普通物质生产之异。比如,古希腊人普遍认为:诗歌,无论是史诗还是抒情诗的创作是一种神奇的现象,它与一般工艺制作不同。前者具有自由性质;后者只是对某种事物之摹仿。正因如此,类似于雕塑之类的技术性和物质材料操作性强的工艺门类,长期以来不被古希腊人视为"艺术",或者在当时,"艺术"概念本身主要是指实践操作性技艺,而不被视为精神生产,不被理解为今天的"艺术"——观念文化生产。

在中世纪,基督教神学的"创造"观念盛行,它被赋予了独特内涵——从无到有、神圣、独特与创新。上帝创世成为西方人理解包括艺术在内一切文化活动的一个原型。自此,人类的文化行为虽然不能绝对地与上帝竞争,不能绝对地创造——从无到有,却可以上帝为榜样,进行相对创造——利用现有物推出新产品,为这个世界提供新事物,不管是物质的还是精神的,于是求新追异便成为西方文化之核心价值冲动。基督教思想普及后,艺术生产的神圣性便有了一个极好的文化原型,思想家们倾向于用一种类似于上帝创世的眼光看待艺术家的艺术生产。

进入文艺复兴时期,虽然"创造"这一概念仍属于神学,被用来专指上帝从无到有地创造天地这一不可复制的圣迹,但是"创造"观念的一部分内涵却开始走出神学,进入艺术领域。换言之,艺术在某种程度上开始被理解为与上帝创世相类似的行为,且诗歌之外的艺术也被理解为具有某种自由创造、新颖独特的性质。比如保罗·皮诺(Paolo Pino)提出:绘画是一种"发明某种不存在之物"的行为。① 进入17世纪,罗

---

① Wladyslaw Tatarkiwicz, *A History of Six Ideas* (Warszawa: Polish Scientific Publishers,1980), p.248.

尔塔泽·格雷希恩（Baltasar Gracian）认为："艺术是对自然的竞争，它好像是第二创造者：它与自然竞争，修饰它，有时还超越它……变得与自然相融，它每天都以神奇的方式工作。"[1] 至18世纪，艺术又被与"想象"联系起来，以此证明其创造性质。进入19世纪，"艺术不仅被认为具有创造性，并且只有艺术被如此认为。'创造者'成为艺术家与诗人之同义语。"[2] 在西方美学史上，文艺复兴至19世纪，艺术被赋予了创造性质，并以创造性质来赞美艺术，乃由于中世纪基督教神学观念之影响。进入20世纪，创造观念不仅走出艺术领域，成为文化各领域的普遍性观念，更重要的是，它成为人类文化活动质量评价的核心观念。之所以如此，很可能是因为科学，而不是艺术本身，因为18世纪以来的现代西方科学技术取得了日益显著的成就，普遍而又深刻地影响了现代人类生活的各个方面。科学对创新价值的追求反过来对20世纪的艺术产生了决定性的反向塑造作用，使得以创新为核心内涵的创造观念成为当代西方世界艺术价值评价的核心标准，甚至是唯一标准。

迷狂与灵感

在古代社会，先民对某些有特殊才能的人们的创造性行为及其成果，总是怀有一种莫名的崇拜，甚至是敬畏，将他们奉为神明一样的人物，认为他们的创造活动至少得到了神灵的帮助。这种创造性活动的原型当是降神之类的原始巫术活动。所降之神灵本属于异界，于是降神活动必须与日常生活中的工作、起居有所不同。巫术师们往往要求在特殊地点、身着特殊衣服、手执特殊器具，口里还要说着一些与日常交际语言听起来十分不同的言辞。这还不够，降神活动往往还伴随着男、女巫师们的手舞足蹈，他们需要载歌载舞。据说唯有如此，所请之神灵才肯赏光，屈尊来到人间，为人间特定的个人或群体所遇到的大麻烦——疾病、天灾（旱、雨、蝗、瘟等）或人祸（战乱）等提供必不可少的帮助，为人们驱祸致福。

巫师们降神过程中的特殊身体与精神表象，其大异于日常生活状态的特殊言行神情——其兴奋，其狂颠，其歌哭，其呐喊，其虔诚，其静默等等，都给其身边同类留下极为深刻的印象，并形成这样的观念：凡属降神之类的神秘事件必得有兴奋狂颠之类的现象伴生，它是巫师高明法术，以及神灵凭附的权威证明。问题在于：不只巫术降神活

---

[1] Wladyslaw Tatarkiwicz, *A History of Six Ideas* (Warszawa: Polish Scientific Publishers, 1980), p.248.
[2] Wladyslaw Tatarkiwicz, *A History of Six Ideas* (Warszawa: Polish Scientific Publishers, 1980), p.249.

动如此，有一些世俗活动，比如歌舞表演以及文学创作有时也会出现类似情形——人们想表演时却不在状态，想表达时却言词贫乏，然而人们有时正在从事其他活动却突然会莫名地兴奋起来，欲歌欲舞，灵光乍现，思如泉涌。对艺术创造领域中所存在的这种现象，"有心栽花花不开，无意插柳柳成荫"的现象，世界各民族在其文明早期均以为神秘，认为如巫师一样亦有神灵凭附。

诗神就像这块磁石，她首先给人灵感，得到这灵感的人们又把它传递给旁人，让旁人接上他们，悬成一条锁链。凡是高明的诗人，无论在史诗或抒情诗方面，都不是凭技艺来做成他们的优美的诗歌，而是因为他们得到灵感，有神力凭附着……诗人是一种轻飘的长着羽翼的神明的东西，不得到灵感，不失去平常理智而陷入迷狂，就没有能力创造，就不能作诗或代神说话。①

梓庆削木为鐻，鐻成，见者惊犹鬼神。鲁侯见而问焉，曰："子何术以为焉？"对曰："臣，工人，何术之有！虽然，有一焉：臣将为鐻，未尝敢以耗气也，必齐以静心。齐三日，而不敢怀庆赏爵禄；齐五日，不敢怀非誉巧拙；齐七日，辄然忘吾有四枝形体也。当是时也，无公朝。其巧专而外滑消，然后入山林，观天性，形躯至矣，然后成见鐻，然后加手焉，不然则已。则以天合天，器之所以疑神者，其是与！"（《庄子·达生》）

这便是关于艺术创造活动的神灵凭附说。必待人们对自己的文艺创造心理有了更为清醒的理性认识后，这种现象才会得到合理解释。

作为创造力的想象力

进入到古典时期的文化自觉时代，世界各民族对其包括文艺在内的审美活动自身的特征有了更深入的理性认识，意识到人类的审美活动，甚至包括巫术活动，其实并无神灵凭附，其迷狂只是一种特殊的心理状态，这是一种不期然而然的特殊神经兴奋状态，这种状态极有利于宗教与审美等精神生产活动。在此状态下，人的创造欲望十分强烈，且思维灵活，灵光闪现，平常状态下不太容易产生的创造性想法会不期而至。这种状态后来在美学理论中被称为"灵感"（inspiration）或想象力，中国古代美学则称之为"神思"。

---

① 柏拉图：《伊安篇》，载伍蠡甫主编《西方文论选》上卷，上海译文出版社，1979，第18-19页。

真正的创造就是艺术想象活动。这种活动就是理性的因素，就其为心灵的活动而言，它只有在积极企图涌现于意识时才算存在，但是要把它所含的意蕴呈现给意识，却非取感性形式不可。所以这种活动具有心灵性的内容（意蕴）只有放在感性形式里，才可以被人认识。①

古人云："形在江海之上，心存魏阙之下。"神思之谓也。文之思也，其神远矣。故寂然凝虑，思接千载；悄焉动容，视通万里；吟咏之间，吐纳珠玉之声；眉睫之前，卷舒风云之色；其思理之致乎？故思理为妙，神与物游……夫神思方运，万涂竞萌，规矩虚位，刻镂无形。登山则情满于山，观海则意溢于海，我才之多少，将与风云而并驱矣。（《文心雕龙·神思》）

能突破当下现实生活经验之束缚，创造性地将不同时空领域中的对象出其不意地联系在一起，甚至进行全新组合的想象力，乃是人类艺术生产的核心能力，它是人类一切高端精神生活所必备的心理能力。当此心理状态突然而至时便被称之为灵感。它是艺术创造环节中的高峰体验，是含金量最高的艺术创造瞬间。某种意义上说，创造性与想象（灵感）可以互释，是同义语，是人类精神生活中最为珍贵的心理能力。

作为人类创造活动灵感媒介的酒

安定郡王以黄甘酿酒，谓之"洞庭春色"，色香味三绝。以饷其犹子德麟。德麟以饮余，为作此诗，醉后信笔，颇有沓拖风气。二年洞庭秋，香雾长噀手。今年洞庭春，玉色疑非酒。贤王文字饮，醉笔蛟龙走。既醉念君醒，远饷为我寿。瓶开香浮座，盏凸光照牖。方倾安仁醽，莫遣公远嗅。要当立名字，未用问升斗。应呼钓诗钩，亦号扫愁帚。君知蒲萄恶，正是蟆母黝。须君滟海杯，浇我谈天口。（苏轼：《洞庭春色》）

酒首先是人类的一种物质产品，属于器质文化，具体地它属于人类的饮食文化成果，是食物类中的一种饮料。然而它又是一种极为特殊，甚至有点儿奇怪的物质产品。由于它含有酒精或曰乙醇成分，这种成分刺激人的神经，容易使人突然进入一种极度亢奋的状态，属于神经类物质。再加上酒料与酒液经发酵与陈储，具有一种强烈的气味与醇厚的味道，使它与其他饮料明确地区别开来。人类各民族也许在其酿酒早期就发现了酒的

---

① 黑格尔：《美学》第1卷，朱光潜译，商务印书馆，1986，第50页。

这种外在味道特性与内在的激发人神经之特性。于是在人类文明早期，世界各民族就将它纳入到观念精神生活领域，先在宗教领域以之敬神祭祖，然后又被艺术家们看中，将它视为缪斯女神、艺术灵感的激发器，艺术才华的保护神，还将它视为一种文艺宝器，一种妙不可言的"魔液"。

进入到古典文明时代，酒与人类创造性的关系最典型地体现在文艺审美领域，具体地，在文艺创造领域，它成为激发艺术家创造灵感、创作激情的重要物质媒介。

知章骑马似乘船，眼花落井水底眠。汝阳三斗始朝天，道逢曲车口流涎，恨不移封向酒泉！左相日兴费万钱，饮如长鲸吸百川，衔杯乐圣称世贤。宗之潇洒美少年，举觞白眼望青天，皎如玉树临风前。苏晋长斋绣佛前，醉中往往爱逃禅。李白一斗诗百篇，长安市上酒家眠。天子呼来不上船，自称臣是酒中仙。张旭三杯草圣传，脱帽露顶王公前，挥毫落纸如云烟。焦遂五斗方卓然，高谈雄辩惊四筵。（杜甫：《饮中八仙歌》）

这是唐代诗人杜甫所描述的唐代八位知名酒仙，其中有些既是著名艺术家，又是饮界闻人，比如诗人李白和书法家张旭。他们的共同特点是既有文才，又豪饮。在杜甫眼里，似乎正是这些人不俗的酒量才成就了他们在文艺创造领域的巨大声望。醉是这些才子们的最佳艺术创作状态，越是喝得畅快他们便越是"下笔如有神"，所创作的文艺作品也就愈为高妙。于是，后来人们便普遍地在饮酒与艺术创作佳境、艺术创作质量间建立起正相关的联系。

老去读书随忘却，醉心得句若飞来。（范成大：《明日分弓亭按阅再用西楼韵》）

一杯未尽诗已成，诵诗向天天亦惊。（杨万里：《重九后二日同徐克章登万花川谷月下传觞》）

此述酒对文艺创造的重要作用：无酒精刺激似难以产生富有独创性的诗篇，这是诗人们所乐于承认的。然而难道一定如此吗？似又不尽然。

人之禀才，迟速异分，文之制体，大小殊功。相如含笔而腐毫，扬雄辍翰而惊梦，桓谭疾感于苦思，王充气竭于思虑，张衡研京以十年，左思练都以一纪。虽有巨文，亦思之缓也。淮南崇朝而赋《骚》，枚皋应诏而成赋，子建援牍如口诵，仲宣举笔似宿构，阮瑀据案而制书,祢衡当食而草奏,虽有短篇,亦思之速也。若夫骏发之士,心总要术,敏在虑前,应机立断;覃思之人,情饶歧路,鉴在虑后,研虑方定。机敏故造次而成功,虑疑故愈久而致绩。(《文心雕龙·神思》)

　　这说明文艺创作的情形极为复杂,当因境、因体,特别是因人而异。酒精有可能、很可能有益于文艺创作与表演,然而并非必然如此。特别是有的人天生耐酒而善饮,易接受酒精的刺激,且本身天赋极高,对此类艺术家而言,酒往往能成全其艺名。然而,对那些天生不善饮酒,滴酒即醉,轻易致病者,对那些性格内敛沉稳,善于在深思熟虑中进行艺术创作者而言,酒精并不意味着美妙,更可能败其事,让其大脑突然缺氧,有损于其艺术创造。

　　今天我们应当怎样理解这种现象呢?由于酒液中含有酒精成分,此成分对人的神经有刺激功能,因此一般而言,饮酒易于使人进入兴奋状态,这种兴奋容易转化为创造激情与灵感,有利于引导和推动艺术家的创作。然而若具体到每个艺术家的精神个性,情形便复杂得多,未可一概而论。

　　施恩听了,想道:"这快活林离东门去有十四五里田地,算来卖酒的人家也有十二三家,若要每店吃三碗时,恰好有三十五六碗酒,才到得那里。恐哥哥醉了,如何使得?"武松大笑,道:"你怕我醉了没本事?我却是没酒没本事!带一分酒便有一分本事!五分酒五分本事!我若吃了十分酒,这气力不知从何而来!若不是酒醉后了胆大,景阳冈上如何打得这只大虫?那时节,我须烂醉了好下手,又有力,又有势!"施恩道:"却不知哥哥是恁地。家下有的是好酒,只恐哥哥醉了失事,因此,夜来不敢将酒出来请哥哥深饮。既是哥哥酒后愈有本事时,恁地先教两个仆人自将了家里好酒,果品肴馔,去前路等候,却和哥哥慢慢地饮将去。"武松道:"怎么却才中我意;去打蒋门神,教我也有些胆量。没酒时,如何使得手段出来!还你今朝打倒那厮,教众人大笑一场!"①

　　酒不仅可以成全艺术家,有时也可以成全武林高手。酒不仅为武松壮胆,更让他将自己的绝活儿发挥得妙趣横生、淋漓尽致,此之谓创造性。当武松将酒理解为其武功发挥的必要条件时,我们只能将它视为武林特例,而非一般规律,因为他自己也并非总是如此。

---

① 施耐庵、罗贯中:《水浒传》上,人民文学出版社,1997,第378-379页。

若想用灵巧的手管理这苛刻的复杂度,需要有独树一帜的性格。我认识的最优秀的酿酒师们身上都体现出一种混合了好奇心、创造力和冒险精神的特质,同时还伴有对每一个纤微细节近乎疯狂的痴迷。是的,必须是独树一帜的人![1]

这说明不仅饮酒有益于创造,特别是艺术创造,酿酒环节本身也是一种充满创造性的工作。这里我们想补充的是:这种创造不仅是一种朦胧的激情。就现代酿酒工业而言,酿酒实际上是大胆的艺术想象力与冷静严密的科学研究之结合。所以,仅用创造性来描述酿酒环节远远不够,它同时需要两种截然相反的文化心理素质——诗一样的激情与科学般的细密严谨。如果说好的饮酒者是中国式的酒仙,如同诗人,那么好的酿酒者则如同一位雕塑家,它必须有精准的判断力、细腻的手上功夫与一丝不苟的科学精神。就中国酒文化史而言,酒与人的精神创造能力体现为正相关的关系,其典型地体现于艺术领域,表现于酒对审美创造能力的促进作用。那么对人类科学研究这种十分理性的智力活动而言,酒是否也有同样的积极激发作用呢,这正有待做专门的考察。

拓展阅读文献

[1] 黑格尔. 美学(第1卷)[M]. 朱光潜,译,北京:商务印书馆,1986.
[2] 周振甫. 文心雕龙今译[M]. 北京:中华书局,2013.

思考题

1. 什么是创造力?
2. 酒对于人类各种创造性活动有何积极的影响作用?

---

[1] 兰迪·穆沙:《啤酒圣经:世界最伟大饮品的专业指南》,高宏、王志欣译,机械工业出版社,2014,第41页。

第三编　酒与社会

　　个体与群体构成本教材阐释人类酒文化的两种基本视野。如果说上一编是一种对人类酒文化的个体性考察——着重讨论酒与个体人类，即每位饮酒者的关系；那么本编便进入酒文化考察的另一种视野——群体性视野。本编将着重讨论酒与人类群体之关系，酒与社会乃是本编之主题。我们在此主要讨论酒之生产、经营与消费对特定社会群体之影响，以及与民族国家社会治理与经济秩序间之关系。

第一章 酒与农耕文明

如果说社会性或群体性视野是本编所共享的阐释人类酒文化之特殊视野，那么本章的独特性则在于：它又将本编的社会性视野具体地转化为一种历史性视野，将它转化为对人类社会的历史性考察——追溯到人类群体的历史性源头，考察人类酒文化产生的特殊历史条件。若将酒置于人类文化系统中进行考察，我们可以提出如此问题：人类酿酒何以可能？整体而言，酿酒与酒属于人类器质文化形态。具体而言，人类的酿酒行为及其成果——酒离不了一项最为基础性的宏观文明背景，这便是农耕文明，因为酿酒与酒具体地说属于人类饮食文化成果，而人类饮食文化之基础则是农耕文明：无粮则无食，无食则无酒。本章简要描述人类农耕文明之基本要素与成果。

第一节 农耕文明

立足于工业文明已有成就以及在此成就影响下当代人类之特殊生存方式——快节奏的机器化生存，我们容易将传统的农耕文明想象、描述成一首安静、祥和、闲适的田园诗，认为那是一种最为顺从自然的生活方式，然而历史的事实远非如此。若我们立足于自然来看人类文明史便会意识到：已然退出当代人类文明舞台中心的农耕文明其实是人类自身生存方式的第一次巨变。与人类原来的生存方式，比如采集—狩猎文明时代相比，农耕文明对大自然环境与人类自身改造的剧烈程度，当一点也不逊色于工业文明给自然与人类所带来的变化，比如火的发现与使用，比如对野生植物与动物之驯化。实际上，农耕文明乃人类对大自然与自身所发起的第一次大规模改造运动。作为一种文化式生存的动物，人类的文化属性或人性正奠基于农耕文明。

文 明

在日常生活用语中，"文明"是"有文化"的意思："文明，指人类社会进步状态，与'野蛮'相对。"①但是在学术上,"文明"主要指人类早期文明,指人类早期的生存方式与文化初创时代。

文明是一种以城市发展为标志的复杂社会,由一种文化精英所强加的社会阶层化,用于交际的符号系统(比如书面文字)之产生,以及可感知到的与自然环境的分离和对自然环境之主宰。文明通常与其他社会-政治-经济特征相联系,并进而由它们所界定,包括中心化、人与其他有机体之驯化、劳动之专门化,文化上出现了关于进步与至上权威的牢固意识形态、纪念性建筑、税赋,对农耕与领土扩张的社会性依赖。从历史上说,文明是如此的一种文化"进步",它更多地与原始文化相对比。在此广义上,一种文化与非集中性的部落社会,包括游牧部落的狩猎文化、新石器时代平等的靠采集植物果实维生的狩猎-采集社会相对照。作为一个不可数名词,文明也指一种社会向中心论、城市化和阶层化结构发展的过程。文明被以一种密集居住的方式组织起来,其居民被区分为不同的社会等级,有统治阶层、从属性城市与乡村人群,他们密切地参与到农业、矿业与小规模的手工业和贸易活动中。文明集中了权力,拓展了人类对自然,以及其他人类成员之控制。②

据此,"文明"是一个与"文化"紧密相联系的概念,它们都是对人类区别于其他动物物种独特生存方式及其成果之描述。比较而言,"文化"一词用以指称人类区别于自然界其他动物之静态生存方式,"文明"一词则用于描述人类逐渐脱离自然界,获得其独特生存方式的动态历史过程,即人类文化式生存及其成果的历史进程,特别是其早期阶段。本章首先简要呈现人类酿酒活动的两大宏观历史性前提——农耕文明与饮食文化,将它们作为理解人类酿酒行为产生的必要历史基础,然后扼要总结古代社会人类酿酒活动的最基本成果。

酒是人类所创造的食物之一,属于饮食文化。饮食文化则又是农耕文明的副产品,因为其原料源于农耕文明的最终成果——人类已驯化的树木之果实与培育的粮食作物,小麦、稻谷、高粱等。所以要从历史源头与人类文明的整体背景深刻地理解人类酿酒起源问题,便不得不首先追溯到古代社会的农耕文明。换言之,古代社会的农耕文明及其成果,乃是人类酿酒活动最为重要的物质基础,即使对当代酿酒工业而言依然如此。

---

① 《辞海》,上海辞书出版社,1989,第1732页。
② https://en.wikipedia.org/wiki/Civilization.

农耕文明

地球气候的变化,尤其是冰川期变迁的历史是这些变化发生的动因。最后一次冰川扩张在大约 20000 年前达到顶峰,之后停止。公元前 14000 年,地球进入一个温暖的冰川期间隔期,但是大约在公元前 11000 年,在新仙女木期,出现过一次短暂的寒冷回潮期,并持续了几百年。公元前 10000 年,气候再次回暖,全新世开始。全新世时期,冰川停止扩张,大约在公元前 5000 年时,冰川覆盖的面积仍然略小于今天。赤道附近和温带地区的气候变得温暖潮湿;公元前 6000 年时,撒哈拉沙漠仍然有植物生长。世界范围内的大部分地方十分适合农业生产。①

在农耕文明到来之前,人类先民靠收集自然界植物之野果,捕获游走的动物,或是水中的鱼虾而生存,这些生存方式后来被称之为采集—狩(渔)猎文明。

农业,维护土壤、种植与收获谷物和饲养牲畜的科学与技术。农业可能首先起于南亚与埃及,然后传播到欧洲、非洲与亚洲的其他部分、太平洋中南部岛屿、最后是美洲的北部和南部。人们相信,农业在中东地区最早起源于公元前 9000—7000 年,最早培育的庄稼是野生大麦(中东)、驯化豆子与水栗子(泰国)与南瓜(美洲)。动物的驯养大致发生在同一时期。砍伐—焚烧与土地清理方法与植物繁殖乃早期的农业技术。经数世纪在工具与方法上的稳定改进增加了农业的产量。②

故事发生于约公元一万年,就是在最后一个冰河时期的冰川撤退到北方之后。冰川退却后,露出来的土地就变成了草原。生活在今天库尔德斯坦地区的新石器时代的人们开始把草当作一种营养来源。他们把最好的种子保留下来,年复一年地重新种植。最终,这些草变成了大麦和燕麦。这就是农业的开端。③

农业文明的产生是人类在天人关系中与自然界之植物、动物,以及无机世界建立起自觉、积极的相互联系的伟大成果。先民在植物果实采集过程中对众多植物生长习性与遗传学规律有了初步认识,从原来被动地采集与食用众多植物的成熟种子发展到自觉地

---

① 马克·B·陶格:《世界历史上的农业》,刘健、李军译,商务印书馆,2015,第 4 页。
② 《不列颠简明百科全书》(英文版),上海外语教育出版社,2008,第 25 页。
③ 兰迪·穆沙:《啤酒圣经:世界最伟大饮品的专业指南》,高宏、王志欣译,机械工业出版社,2014,第 7 页。

选择其中一些易于繁殖的野生植物种子进行人工种植、培育与驯化。这意味着先民初步掌握了一些植物遗传学方面的知识，比如种子与植物、植物与土壤的关系。为进一步提高农业生产的整体效率，世界各民族农耕文明的发展又拓展出多方面更为专业化的精细知识与技术，其中包括（1）选种育种；（2）田间管理；（3）施肥；（4）水利；（5）气象与物候。

人类靠着采集、放牧和狩猎生活了大约 200 万年。然后，在数千年的时间内，一种非常不同的生存方式出现了，它建立在对自然生态系统的巨大改变之上：生产谷物，为放牧提供牧场。这种更强有力的谷物生产系统在世界的三个核心地区分别发展起来——西南亚、中国和中美洲，它形成了人类历史上最重要的转变。由于它能够提供数量多得多的食物，就使得人类社会可以演化为定居的、复杂的、分出等级的各种形式，使得快得多的人口增长成为可能。①

农业文明是人类第一次大规模地认识自然，与自然天地积极对话的文明形态，它以植物世界与动物世界为广阔的天人对话空间。首先，先民们认真、细致、深入地认识自然，认识植物与动物世界的生命活动与遗传规律；其次，他们高度自觉地利用自然，不同程度地改造自然，在正确、充分认识与理解自然界植物和动物生物学规律的基础上，不同程度地改变了某些植物和动物的自然属性，以便更好地满足人类自身的生命需要，更好地为人类服务。随着农耕文明的进一步发展，人类全方位地与自然界的有机界与无机界建立起深刻的内在联系，极大地改善了自己的生存条件，提高了自己的生存质量，为人类其他文化活动之展开奠定了必要的物质基础。

就最广义而言，从定居农业社会出现后的 8000 年左右的时间里，人类历史一直是剩余的粮食产出的获得与分配，以及用它来干什么的历史。一个社会中，所能够得到的剩余粮食的数量，决定了这个社会能够支持的其他功能的数量和规模，如宗教、军事、工业、行政和文化。没有剩余的粮食，就不可能供养神职人员们，不可能供养军队，不可能供养工业劳动者、官员和知识分子。②

---

① 克莱夫·庞廷著：《绿色世界史》，王毅译，上海人民出版社，2002，第 42 页。
② 同上书，第 61 页。

这便是农耕文明对整个人类文明的意义,它决定了人类种群的数量规模,决定了人类的定居方式,还决定了人类各民族内部的社会结构、制度,以及观念文化生产的可能性。

考古记录表明,人类在地中海东部内陆地区各个遗址定居,包括今土耳其南部、黎凡特地区(今以色列、黎巴嫩和叙利亚)以及两河流域上游低矮的山脉地区,公元前9000—前8500年,人工栽培或驯养的物种有小麦、黑麦、绵羊、山羊和猪,牛的驯养范围比较有限。[①]

旧石器时代尚是一个采集与狩(渔)猎时代,新石器时代便进入一个驯化动植物的农耕时代。神农氏便是中华农耕民族的首位大英雄:

神农氏作,斫木为耜,揉木为耒,耒耨之利,以教天下。(《易传·系辞下》)
古者民茹草饮水,采树木之实,食蠃蚌之肉。时多疾病毒伤之害,于是神农乃始教民播种五谷,相土地宜,燥湿肥硗高下;尝百草之滋味,水泉之甘苦,令民知所辟就。当此之时,一日而遇七十毒。(《淮南子·修务训》)

据考古材料推测,我国的农业起源当在一万年前左右,七八千年前黄河、长江流域已有了一定水平的原始农业。陕西半坡遗址出土了用以储粮的地穴,浙江河姆渡遗址发现了骨耜与稻谷。新石器晚期,高粱、大麻、花生、粟米、蚕豆、葫芦等已开始种植了。

七月流火,九月授衣。一之日觱发,二之日栗烈。无衣无褐,何以卒岁?三之日于耜,四之日举趾。同我妇子,馌彼南亩,田畯至喜。七月流火,九月授衣。春日载阳,有鸣仓庚。女执懿筐,遵彼微行。爰求柔桑,春日迟迟。采蘩祁祁,女心伤悲,殆及公子同归。七月流火,八月萑苇。蚕月条桑,取彼斧斨。以伐远扬,猗彼女桑。七月鸣鵙,八月载绩。载玄载黄,我朱孔阳,为公子裳。四月秀葽,五月鸣蜩。八月其获,十月陨萚。一之日于貉,取彼狐狸,为公子裘。二之日其同,载缵武功。言私其豵,献豜于公。五月斯螽动股,六月莎鸡振羽。七月在野,八月在宇,九月在户,十月蟋蟀入我床下。穹窒熏鼠,塞向墐户。嗟我妇子,曰为改岁,入此室处。六月食郁及薁,七月亨葵及菽。

[①] 马克·B·陶格:《世界历史上的农业》,刘健、李军译,商务印书馆,2015,第5页。

八月剥枣,十月获稻。为此春酒,以介眉寿。七月食瓜,八月断壶。九月叔苴,采荼薪樗,食我农夫。九月筑场圃,十月纳禾稼。黍稷重穋,禾麻菽麦。嗟我农夫,我稼既同,上入执宫功。昼尔于茅,宵尔索绹。亟其乘屋,其始播百谷。二之日凿冰冲冲,三之日纳于凌阴。四之日其蚤,献羔祭韭。九月肃霜,十月涤场。朋酒斯飨,曰杀羔羊。跻彼公堂,称彼兕觥,万寿无疆!(《诗经·豳风·七月》)

这是两千多年前的一篇农事诗,其较为全面地反映了当时中国北方农业耕作与农村生活的情景,体现了其时中国农业之发展水平。

农耕文明的副产品

古者禽兽多而人少,于是民皆巢居以避之。昼拾橡栗,暮栖木上,故命之曰"有巢氏之民"。古者民不知衣服,夏多积薪,冬则炀之,故命之曰"知生之民"。神农之世,卧则居居,起则于于。民知其母,不知其父,与麋鹿共处,耕而食,织而衣,无有相害之心。此至德之隆也。(《庄子·盗跖》)

世界各民族祖先在驯化植物、发展农业的同时,也开始了对动物的驯化,由此而产生了农耕文明的重要辅助形式——畜牧养殖业。驯化动物的起点也是偶然的:先民们有时一下子捕获了较多的野生动物,一时享用不了,放归又舍不得,只好将它们暂时性地圈养起来。正是在此偶然性的圈养过程中,先民们对自己所捕获的动物有了更多了解,比如知道了它们的食谱、生活习性,更长时间的圈养则还有可能了解这些野生动物的生长与繁殖规律。当然,在此过程中,这些被捕获的动物有一些跑掉了,有一些死掉了。但总归还是会有一些活的、多余的猎物被圈养起来,随着时间由短而长,它们甚至还在人工条件下繁殖出新一代的、更多的幼崽。对我们的祖先而言,这种额外的惊喜当不亚于成功地培育出新一代农作物。这会鼓励他们有意识地捕获和圈养更多的野生动物,更为用心地了解其生活史,而这一过程得到的奖赏当然也是巨大的,这便是更成功的圈养、更长久的圈养,以及在人工条件下被驯养的各式野兽生产出了更多的下一代。

人类畜牧业取得成功的标志是:由于人类为自己所驯养的动物提供了全面、优质的生活服务,最终使这些被圈养的动物彻底失去野生状态下自主生存的能力——捕不到猎物,逃不掉天敌,并因此而更进一步使它们最终彻底失去离开其人类保姆的自由意志,决意永久性地离开其原来的野生家园,加入人类社会,与人类组成新的混合性生活共同体。其中有些被驯养的动物还产生了新的第二天性——对人类无条件的心理依赖与忠诚——人类成了它们再也离不开的绝对主人。狗便是此类动物的典型代表，它的驯化成为人类畜牧业取得成功的绝佳典范。

人类驯养动物的回报极为丰厚，这些被喂养和驯化的动物成为人类食物的另一种重要形式——专为人类提供脂肪性热能的食物——肉类。自此，人类在地球生态食物链的顶端立足，成为一种食谱最广的杂食性动物，而且他的两种食物——谷物与肉类均产量巨大且稳定可靠。被人类成功圈养的各式家畜、家禽成为人类脂肪类营养的长期战略储备，比如鸡、猪、羊等。

不仅如此，食物问题解决后，人类还成功地驯化出第二种家养动物——可部分代替人力劳动，为人类提供专业化生产力的家养动物——工作类动物（working animal），比如可以为人类看家护院或追逐猎物、守护羊群的犬类，可以为人类提供力气，用以耕田、运输，甚至作战的牛、驴和马等。最后，还驯化出一类虽然不能为人类做事，但可以让人类心情愉快的伴侣性动物——宠物（pets），比如猫、狗、观赏鸟类和鱼类等。在现代社会，它们在人类社会中的地位明显上升，已然成为人类重要的精神伴侣，甚至成为人类不可或缺的家庭成员（fellow-member）。

总之，畜牧业整体上属于农耕文明，它与农业同时产生、发展，二者相辅而成，共同构成完整意义上的农耕文明，成为古代社会人类农耕文明的有机组成部分。概而言之，从功能，即为人类提供服务的形式上划分，人类畜牧业所驯养的动物盖有三类，即食用性动物、工作性动物与精神伴侣性动物。前者始终构成畜牧业之主体，中间一类在古代社会十分重要，然而随着人类进入工业文明时代，其作用正逐步减弱，为各式机器所代替。最后一类的地位似乎正有日益上升的趋势。对于畜牧业，我们既可以将它理解为农耕文明的自然组成部分，也可以将它理解为人类农耕文明的首要副产品。

人类农耕文明或农业生产通过有意识驯化和培育植物，以期获得更高农作物产量的活动，带来又一项重要的副产品——定居。在采集—狩猎时代，人类需要逐物而处，随时变动居住地点。然而农耕不只是一种生产方式，同时也不得不是一种居住与生活方式，因为先民所驯化和培育的植物——农作物及其所生长的土地——农田是带不走的，就固定在那里。于是，农民便被自己的产品——他们所驯化和培育的农作物所制约，不得不在农田旁边稳定地住下来，从而转化为定居动物，直到这片农田肥力太差，再也种不出庄稼为止。

定居是人类由农耕文明的成功而发展出来的一种全新生活方式，它由农耕这种新的生产方式所决定。但是，人类定居之后便又由此而发展出三种新的文明成果。

其一，社会组织的复杂化、社会秩序的稳定化，家庭、部落，进而民族国家正是在定居这一特定条件下得到发展。对随时都可以改变居住地，经常不得不逐水、逐草或逐兽而居的游牧民族而言，流动性乃其生存能力保持之重要前提条件，他们需要为此付出的必要代价，便是群居规模不能过于庞大，共同体内部成员间的关系也无法保持稳定，其社会组织结构也难以进化到很复杂的程度，因为这会影响其集团移动的机动性。

其二，生产力的提高，农作物产量的提高乃至剩余，使得特定共同体内部会有越来越多的人从体力劳动中分离出来，转而成为教育、宗教、艺术、科学，甚至哲学等专业性的人类精神产品的生产者，发展出各类观念文化活动。没有定居，人类各部族便无法积累财富，发展出复杂、稳定的社会组织，也没有物质与心理条件发展自己的观念文化。所以，定居虽然是人类农耕生产方式的副产品，但它同时又成为人类制度（社会组织）与观念文化发展的必要条件。

其三，建筑这种特殊器质文化成果的产生。农耕文明的发展需要农民长久、稳定地居住于其农田之旁。这一对农民的特殊硬性要求反过来又提升了农民的生活条件。农民据此而产生了改善自己居住条件的强大心理动力，乐于用心搭建自己的居所，既求结实安全，又求宽敞明亮，后来又加上舒适与美观等新需要，这便催生了建筑这种纯人工性质的人类器质文化新成果。它是由定居，实际上是农耕文明所创造的第三个产儿。一方面，只有定居才为人类建造永久性人工结构提供了可能；另一方面，定居又激发出人们对耐久、舒适与美观的大型人工结构物的心理需求。

在人类建筑发展史上，首先出现的应当是人们的家庭居住性建筑；其次则是服务于部族处理公共事务的集会性建筑，它是家庭居住性建筑在物理空间上的放大。真正对人类古代建筑技术有本质性突破与提升作用的则是第三种建筑，即人类各民族充分实现了精神自觉，产生了神灵观念，专门建造用于安置和崇拜神灵的宗教性建筑。此种建筑虽然在实用性上要求简单，然而为了充分表达特定的宗教观念，此类建筑在追求规模宏大、结构复杂、精致与多样化的过程中，为建筑技术与艺术的发展提供了强大的精神动力。因此，在古典时代，世界各民族建筑艺术之精品多集中于宗教性建筑。

如果说用于宗教崇拜的建筑往往倾向于纵向举升型拓展，以体现其崇高感，从而对信徒们的心灵产生引领作用的话。那么在古代社会，即世界各民族文化的成熟和精致化阶段，还发展出了一种专为人们提供群体性身体休闲和精神娱乐活动，平面展开的综合、集团性建筑形式——园林。在其中，建筑师往往将自然山水、动植物因素与人居建筑因素合而为一，形成一种景观优美、丰富，便于人们游走、休息和观赏的综合性建筑群体和组合形式多样的公共空间，此乃古代社会人类建筑形式的又一种集大成形态。

总之，居住建筑、行政建筑、宗教建筑和园林建筑构成古代社会人类建筑的四种基本形态。

拓展阅读文献

[1] 马克·B·陶格. 世界历史上的农业[M]. 刘健, 李军, 译. 北京: 商务印书馆. 2015.

[2] 克莱夫·庞廷. 《绿色世界史》[M]. 王毅, 译. 上海: 上海人民出版社. 2002.

思考题

1. 农耕文明有哪些重要的副产品？
2. 酒与农耕文明的关系。

第二节　饮食文化

本节介绍人类酒业的第二项重要前提条件——饮食文化。如何理解人类饮食文化发展的大致脉络？饮食是人类现实生存、日常生活的基本环节之一。如果说物质生产劳动是人类从自然界获取食物的环节，那么饮食便是人类享受其生产劳动成果，在消费此成果过程中获取其生存所必需要的物质能量，以延续和拓展其生命的活动。

农耕文明

对人类饮食史而言，第一个问题便是"吃什么"？

人作为一种动物，特别是已然进化到杂食动物的物种，"吃什么"这样的问题并非饮食史所能解决，而必须在其前提阶段——农耕文明的阶段解决之。换言之，人类进食的内容，其食物材料并不取决于对食材的加工环节，而取决于其物质生产劳动——获取食物的环节。对已然进入农耕文明阶段的人类来说，即取决于其农作物耕种的环节——种什么吃什么。人类的食谱当以特定时代农耕文明的成就决定。饮食史的第一个问题——"吃什么"当依其相应时代人类农耕文明的具体成果——培育和驯化什么为前提。因此，农耕文明的成就决定了人类饮食史的首要内容。

对农耕史而言，种什么和养什么首先体现了人类农耕文明特定阶段的发展水平，即在特定历史阶段人类有能力种什么、养什么。培育什么农作物、驯化什么动物实际上体现了特定历史阶段人类整体上的农业生产能力。在农耕文明史之前的采集—狩猎阶段，人类从本质上说与自然界其他动物无异，是一种全然被动地在自然条件规范下获取自己食物的阶段，因此谈不上"文明"。一定意义上说，人类的"文明"从农耕开始。在此时，人类已然不满足于完全地依赖自然，而开始部分、不同程度地改造自然。并且开始有意识地选择、着意培育某些野生植物为自己固定的植物食物来源，开始有意识、耐心地圈养某些动物，让它们为自己的需要而繁衍后代，使人类的肉类食物来源更加可靠。因此，才可以"种什么吃什么，养什么吃什么"。人类餐桌上的食物内容首先是特定时代人类农业成就的展示，是其特定时代农业生产能力之有力证明。

餐桌上的食物种类不仅是特定时代农业生产能力之证明，同时也是特定民族具体生存自然条件之见证。"靠山吃山，靠水吃水。"所以，对生活于特定区域的人们来说，能种什么就种什么，能培育什么就培育什么。而种什么、养什么并不能完全地反映人类的主观意图，而是在很大程度上取决于其所处区域的特殊自然地理与气候条件。

火的发明

火的应用（对自然火的控制与利用，以及人工取火，如钻木取火技术之发明）是人类进化史上的关键步骤之一，先民利用火可以开荒、可以制陶，可以冶金，当然更为重要的是可以利用火以烧生为熟，彻底地改变自己的饮食材料、方式与趣味。尚处于生食阶段的人类，本质上与其他动物并无不同，其进食的材料与方式都是纯自然的，也就根本谈不上什么"饮食文化"。人类与动物界其他动物的区别是全方位的，基础性的一点便是其生活方式，包括成功猎取食物之后如何进食。如果说农耕文明包括畜牧业的发展，极大地改变和拓展了人类的食物来源范围与种类，那么火的发明与应用则极大地改变了人类对食物材料的改造与加工，甚至根本地拓展出一套专门的食物加工技术体系——饮食文化，从而使如何进食也成为人类与其他动物发生根本性区别的重要环节——文化式生活的环节。农业使人类获取食物的品类与方式特殊化，建筑使人类居住的方式特殊化，火的使用又使人类在加工食物的方式上特殊化，三者合起来构成人类独特的文化式生存与生活的基础性内容。

人类饮食文化的起点是改生食为熟食，人类饮食特殊味道之起点正在于植物果实与动物皮肉在烧、煮环节而产生的别样滋味。烧与煮的行为首先改变了食物的结构与味道，进而也改变了人类肠胃的消化功能。熟食之后，人类原始的肠胃消化功能退化，自此无法再退回到原来的生食方式。它进而改变的是人类的口腔与舌头味蕾，并使人类最终进化为一种专为"味"而进食的动物。

早在 100 多万年前，我国的"元谋人"已有用火之迹，"北京人遗址"更是发现了 6 米厚的炭灰。

没有一个黑猩猩知道用火或做饭，没有一个野蛮人不知道。火之知识起源甚古。尼安德特人遗留下来的器具旁边有烧焦的骨头和木灰块，这证明也许在四万年以前人类便已知道用火。没有火，许多事业很难进行，甚至无从着手。金工、陶工、烹饪，在这几方面，火是必不可少的。①

昔者先王，未有宫室，冬则居营窟，夏则居橧巢；未有火化，食草木之实、鸟兽之肉，饮其血，茹其毛；未有麻丝，衣其羽皮。后圣有作，然后修火之利，范金，合土，以为台榭、宫室、牖户；以炮，以燔，以亨，以炙，以为醴酪；治其麻丝，以为布帛；以养生送死，以事鬼神上帝，皆从其朔。故玄酒在室，醴、醆在户，粢醍在堂，澄酒在下，陈其牺牲，备其鼎俎，列其琴、瑟、管、磬、钟、鼓，修其祝、嘏，以降上神与其先祖，以正君臣，以笃父子，以睦兄弟，以齐上下，夫妇有所，是谓承天之祜。作其祝号，玄酒以祭，荐其血、毛，腥其俎，孰其肴；与其越席，疏布以幂，衣其浣帛，醴、醆以献，荐其燔、炙。君与夫人交献，以嘉魂魄，是谓合莫。然后退而合亨，体其犬、豕、牛、羊，实其簠、簋、笾、豆、铏、羹，祝以孝告，嘏以慈告，是谓大祥。此礼之大成也。(《礼记·礼运》)

从人类饮食文化史的角度看，火的发明所造成的最大影响莫过于两种。其一，它改变了人类的饮食习惯，人类因此从生食动物（此乃自然界之通例）转变为熟食动物。熟化食材——烹饪这一专门化环节由此而产生，饮食文化也由此而可能。其二，它也为烹饪食材活动的专门化提供了外在的基础性物质条件——食器（先是陶器，后有青铜、铁、等金属器具）之产生。因为无论是熟化过程还是熟化结果，它们都需要专门的盛放食材和食物之器具，特别是当应用了蒸、煮方法，以及处理液体食物时。因此，对人类饮食史而言，各式有效固体食器——包括炊具与食具的出现是必不可少的。

中国新石器时代的仰韶文化是一个陶器，特别是彩陶大放光彩的时代。各式彩陶造

---

① 罗伯特·路威：《文明与野蛮》，吕叔湘译，北京三联书店，1984，第51页。

型各异，装饰丰富，其中大多是食器。商周时代则是一个青铜器大放光彩的时代，器物的造型更为繁复，器型更为宏大。除祭祀用礼器外，食器、特别是酒器也占了很大一部分。这些都是中华早期饮食文化发达的重要物质条件。

食物制作工艺的进化

农耕文明的出现，人类在驯化植物与动物方面的巨大成功，使人类的食谱在量上大为改观，质上亦有很大提高，它使人类成为一种食谱最为广泛的杂食性动物。然而在前火时代，人类的饮食行为本质上与其他动物无异，只不过是将得到的动植物食品用口、爪撕碎而已，其食物的加工环节所改变的只是食物材料的物理形态。火的使用则极大地改变了人类食物原材料的内在结构，改变了食物的味道，同时也改变了人类胃口与对食物的主观性要求。自此之后，人类饮食史产生了第二个新问题——"怎么吃？"实际上是在进食之前，人类当如何专门性地处理自己的食材，以便使其更好吃，亦即怎么做食物的问题。

自此，人类进食即食物消费环节发生了质变与分化。对自然界其他动物而言，捕获食物的生产劳动过程与消费食物的进食过程基本上是一回事。对人类而言，自从有了火之后，不仅食物获取——物质生产劳动（种植农作物、驯养牲畜）与食物消费成为各自独立的两个环节，而且食物消费本身又一分为二：先有食物加工或食材处理的环节——烹饪，然后才是进食环节——吃饭。于是，加工食物的烹饪活动从原来粗疏的食物消费环节中分离出来，转化为一种新的，而且是必要的专业性独立活动，这是人类饮食发展史上的重大事件，是人类饮食文化的核心环节。当且仅当人类的饮食活动同时在两个方面——其食谱，即吃什么，以及其食法，即怎么吃上与自然界其他动物同时有本质性区别后，人类的饮食行为才具有了超越生理生存功能的特殊性内涵，才成为一种特别的行为，进入"饮食文化"的范围。

齐必变食，居必迁坐。食不厌精，脍不厌细。食饐而餲，鱼馁而肉败，不食。色恶，不食。臭恶，不食。失饪，不食。不时，不食。割不正，不食。不得其酱，不食。肉虽多，不使胜食气。唯酒无量，不及乱。沽酒市脯不食。不撤姜食，不多食。（《论语·乡党》）

东周时，中国的烹饪方法和餐饮礼仪具备了注重平衡与形式的特征。准备正式饭菜的第一步是平衡主食和诸如肉类、蔬菜这样的辅食。穷人必然要吃大碗的米饭或小米粥，并佐以黄豆，但饮食准则（膳食指南）却建议富人要避免摄入过多油腻的食物……调味和刀工至今仍是现代中国烹饪的独特特征，其手法在当时也已确立。厨师平衡五了味（酸、甜、苦、辣、咸）之术其实反映了五行（金、木、水、火、土）在宇宙中的平衡。①

于是，在人类饮食史上，世界各民族均针对第二个问题——怎么吃，实际上是"怎么做"的问题而发展出一整套日益复杂、精致、细腻的食物制作技术系统，构成人类饮食文化之核心环节。

伊尹忧天下之不治，调和五味，负鼎俎而行。五就桀，五就汤，将欲以浊为清，以危为宁也。（《淮南子·泰族训》）

公曰："然则易牙何？"管仲曰："不可。夫易牙为君主味。君之所未尝食，唯人肉耳，易牙蒸其子首而进之，君所知也。人之情莫不爱其子，今蒸其子以为膳于君，其子弗爱，又安能爱君乎？"（《韩非子·十过》）

夫百里奚之饭牛，伊尹之负鼎，太公之鼓刀，宁戚之商歌，其美有存焉者矣。众人见其位之卑贱，事之污辱，而不知其大略，以为不肖。及其为天子三公，而立为诸侯贤相，乃始信于异众也。夫发于鼎俎之间，出于屠酤之肆，解于累绁之中，兴于牛颔之下，洗之以汤沐，祓之以爟火，立之于本朝之上，倚之于三公之位，内不惭于国家，外不愧于诸侯，符势有以内合。（《淮南子·氾论训》）

伊尹、易牙和百里奚是中国历史上三位知名大厨，留下许多传说。如何看待这种人类早期历史上的"名厨"现象？首先，历史上当有不止一位知名厨师出现，当有许多关于厨师们近于神话的故事长久流传，这些实在是极为重要的历史信息。厨师即是每天给人们做饭，喂饱身边人们肚子的人，这本来是一份极为普通，甚至似乎有些低贱的职业，然而就是凭着这样的职位，上述三位名厨最后居然都成为中国历史上占据重要政治地位的人，因为他们同时又都是为不同国君服务的重臣，这是为什么？

一位厨师凭什么知名？凭他做饭的过硬手艺，最后凭他所做饭菜的诱人味道。历史上当出现了不止一位做饭的牛人，而当出现过一批这样的人，这说明什么？历史发展到如此阶段，做饭已然不再是一种极为普通，即只要能把饭煮熟就成的技术，而是已然提

---

① 杰弗里·M·皮尔彻：《世界历史上的食物》，张旭鹏译，商务印书馆，2015，第10页。

升到一种更高的专业化阶段——需要把饭菜的味道做香的阶段。到了这个阶段，做饭便不再是一种人人都可以干的粗活儿，而成为只有极少数人才能把它做好的高层次专业技术，成为一种多数人不擅长，只有少数人才能臻于此境，因而令人崇拜的绝活儿。从人类生活技术史发展的基本规律看，一种生活技术从人人可为到只有极少数人能为，这是特定生活技术自我发展、进化的重要历史信息，它说明该领域的生活技术已然进化到专业化乃至精致化的阶段，该领域出现的特别能善于此道的行家里手或大师名家便是最为典型的案例。于是出现了各式关于特殊高超生活技艺的神话般人物，以及关于其各式绝活儿的神话，它们是特定生活技术自我进化的重要历史信息。具体而言，世界各民族的饮食制作技术系统当由以下要素构成。

食 材

即主食食物原料。如上所言，它首先取决于特定时代、民族之农牧业生产技术水平，同时也受制于特定民族所生存的特定区域的自然地理、气候条件。在我国，南方乃稻谷的主产区，故而大米成为该地区人民永恒的食材主角；北方则是麦子的主产区，故而面粉乃该地的主要食材。然而，就饮食史自身的规律而言，人们对食材的选择有两方面共性：一曰食材种类日益丰富，二曰食材选择在品质上日益精粹。现以全国各地流布甚广的"八宝粥"为例：

粗略检视各种八宝粥，所见原料大致有：糯米、粳米、玉米、珍珠米、薏仁米、麦仁（大、小）、黏秫米、黏黄米、黑米、小米、芡实等各种谷米类，小豆、红豆、豇豆、芸豆、绿豆、扁豆、黄豆、蚕豆、黑豆等各种豆类，莲子、花生、百合、桂圆肉、白果、枣（各品种）、葡萄干、杏干、瓜干、核桃仁、胡桃仁、松子仁、草果、茴香、栗子、荔枝肉、柿饼、青红丝、糖水桂花干鲜果类，红薯、豆腐、萝卜、肉丁、土豆、慈菇、荸荠、木耳、青菜、金针菇等蔬菜类，白糖、红糖、青盐、姜皮、花椒等调味品类，足见选材之广。①

调 料

调料的出现是人类饮食史上的重大事件，其意义就如颜料之于绘画艺术一样。理论上，任何食材均有其特定的化学气味，无论加工与否、以什么方式加工。此乃食材自身之气味与滋味。然而，人类因熟食而培育起对饮食之新要求——味的自觉后，便产生了

---

① 赵荣光：《中华饮食文化史》第2卷，浙江教育出版社，2015，第21页。

对食物味道之偏执——要求强化食物味道，于是便出现了专门用于强化食材味道的特殊辅料——调料或调味品。盐应当是人类饮食史上所出现，并固定下来的第一种专门调味材料，第一种调料。当然，人们对盐的需要当首先是一种生理健康方面的需求，然而此种需要一旦固化，人类的口腔对它有了适应，便将这种生理必需品转化为一种口腔味觉上的严重依赖，由原来不得不接受的味道转化为一种特别喜欢接受的味道，成为五味之基——咸。此后，世界各民族在盐这一基味的基础上又拓展出味道的丰富化——甜、辛、酸、苦等调味品体系或滋味系统。其中，能产生每一滋味的调料自身又构成一小小系列：

咸（盐、醯、豉、酱、咸菜与泡菜）

酸（梅及其他酸果、醋、醯）

甜（蜜、枣、饴、蔗糖、甘草、糖精）

辛（椒、姜、蒜、辣椒）

苦（苦瓜、茶、杏、胆）

人类饮食活动中五味体系之产生，就如同音乐世界中和声观念之出现，它是饮食滋味世界要素多元化，要素关系处理技术成熟、复杂与精致化的重要标志。自此，对世界各民族而言，食物制作不再是一种粗活儿，而成为一种极为专业化，因而也极为复杂、精细的高智力的活动，甚至还包括了生产者们细腻人生情感的观念性人生基本活动。

"五味"自身相互区别，体现了人类对食物味道追求之丰富化，然而五种调味品结合在一起，当它与食物主材相区别时所标志的则是人类饮食史上这一重要事实——味的自觉，对于食物味道之强化。调味品之味乃是对食材味道之高度抽象化，它经历了一个由原初的特殊食材之味（调味品原味，其实一切调味品最初均是食材，因而最初也是食材之味）转化为味之一般（可广泛地施之于其他食材）、味之自身（只作为强化滋味而存在，不再作为食材而出场）的过程。它们是人类饮食史上味道追求进化的高级成果和结晶。

调料又分为调味型（seasons/seasonings，香料类）与点缀型（dressings，酱料类），亦可理解为主料与辅料。作为辅料的点缀型调味品一般而言其自身味道轻淡，厨师们使用时也会极力控制用量，更有厨师们使用点缀型调味品主要是用其色，而非用其味之情形，此可理解为调料之变异——从味的领域转化至色之领域。

炊 具

工欲善其事，必先利其器。（《论语·卫灵公》）

炊具即烹饪器具的发明与应用是人类饮食史的必要因素。这些器具大致可分为用于切割、抓取食材之加工类（刀、俎、勺、笊篱等）器具和用于炒、蒸、煮、烤食材之烹饪类（灶、鬲、鬶、甑、釜、铛、炒勺、锅、罐、笼、煎炉等）器具两类。一方面，炊具的发明会大大便利烹饪活动，对饮食加工效率的提高有很大的推动作用；另一方面，人类在食物加工方面要求的精致化也会反过来对炊具的专业化、丰富化提出新要求，推动炊具的进步，二者正可谓相得益彰。

烹饪工艺

烹饪工艺即食物加工技术与流程，它是世界各民族饮食史、饮食文化之核心。该技术具体地又可分为食材加工（包括主材与调料等辅料的切割、造型等）、食材搭配（主材间及主材与辅料间之配合，主要依据健康与味道、美观、意味等原则）、食材烹饪（方法、火候、时长）与食物呈现（餐桌布置）等四个环节的具体操作方案。

淳熬：煎醢加于陆稻上，沃之以膏，曰淳熬。淳母：煎醢，加于黍食上，沃之以膏，曰淳母。

炮：取豚若将，刲之刳之，实枣于其腹中，编萑以苴之，涂之以谨涂。炮之，涂皆干，擘之。濯手以摩之，去其皽。为稻粉，糔溲之以为酏，以付豚；煎诸膏，膏必灭之。钜镬汤，以小鼎，芗脯于其中，使其汤毋灭鼎。三日三夜毋绝火，而后调之以醯醢。

捣珍：取牛、羊、麋、鹿、麕之肉，必脄，每物与牛若一，捶反侧之，去其饵，孰，出之，去其皽，柔其肉。

渍：取牛肉，必新杀者，薄切之，必绝其理，湛诸美酒，期朝而食之以醢若醯、醷。

为熬：捶之，去其皽，编萑，布牛肉焉，屑桂与姜，以洒诸上而盐之，干而食之。施羊亦如之。施麋、施鹿、施麕，皆如牛羊。欲濡肉，则释而煎之以醢。欲干肉，则捶而食之。

糁：取牛、羊、豕之肉，三如一，小切之，与稻米。稻米二，肉一，合以为饵，煎之。

肝膋：取狗肝一，幪之以其膋，濡炙之，举燋，其膋不蓼。取稻米，举糔溲之，小切狼臅膏，以与稻米为酏。（《礼记·内则》）

此即中国古代饮食史上所谓之"八珍"，它既是先秦时代的八种食品，其中也囊括了当时最主要的烹饪方法。如果将古代烹饪工艺简化为食物加热熟化之法，那么亦可有如此认识：

古代中国烹饪的第三次革命性变化发生在陶甑发明以后，这时有了"蒸"的方法，即以水蒸气为传热介质，这个方法的发明距今约7000年……蒸的方法是古代中国烹饪的一大特色，是农耕文明谷物制熟的一大发明，在我国饮食文明流变中具有重要的地位。大概在青铜时代到来之前，对中国烹饪的加热技法，从科学技术的角度去总结，实际上就是烤、煮、蒸三大类。[①]

炊具与烹饪工艺两项构成饮食文化之核心硬件和软件，体现了一群体、时代饮食文化演进的最重要成就，决定了一群体、时代饮食文化之基本特色。

食　器

此乃专用于进食环节之器具，包括共享类盛器（盆、盘、碟等）与独享类食器（个人进食用的碗、筷、刀、叉、匙）。其中，酒器又独立发展为一大子类。

此类器具当是炊具之附属物，用来承接食物。一方面，食物的丰富化、专业化带动了食器之进化。另一方面，进食又是人类饮食文化中相对独立的环节，它有比吃饱与吃好之外更复杂的综合性文化需求。食器的进化有两个基础：其一，由食物性质、形态之丰富化所导致的食器进化；其二，食物之外的观念性文化需求——社会身份、审美趣味、宗教、民俗等文化因素也会影响食器的种类、形态与装饰。具体地，影响食器形态发展的大概有以下三种主要因素：（1）众多食器的出现当然首先由食物制作——烹饪的最后成果——食物形态的丰富化而促进，此言食器之类型，如施之于固体食物的盘子与施之于液体食物的杯子。（2）它们也由人们进食方式决定，此言食器之规模，比如有大一些的共食器——盒、盘、碟等，也有小一些的私人独食器——碗、筷、小勺等。（3）在食器的具体造型，特别是外在图案、花纹与色彩装饰上，则为超越了饮食享用的其他观念性因素所决定，比如由体现使用者社会身份，以及特定时代、民族与个体之审美趣味决定。纵向考察我们会发现：最后一项因素虽然外在于饮食享用本身，却是促进各民族食器日益丰富化的最强力因素。

在饮食文化领域，关于做饭的技术——厨艺，只有高度专业化才会导致本领域特定技术之大幅度提高，实现本领域技术之精致化。然而技术是为生活服务的，因此做饭技术的专业化与精致化，最终会导致特定社会、时代人类饮食质量之极大提高，催生出人类饮食进化的一个新时代——为满足鼻子和味蕾需求而食的"味"之时代的到来。伊尹、

[①] 季鸿崑：《中国饮食科学技术史稿》，浙江工商大学出版社，2015，第215页。

易牙和百里奚之所以最后能从一个厨师发展为国家之重臣,成为政治人物,除了他们可能同时也具备一个政治人物所需之特殊天赋——语言、社交、行政管理能力外,核心原因有二:其一,其核心竞争力——厨艺,他们都能为国君烹饪出味道极佳的饭菜;其二,饮食的基础性地位。吃乃人生之首要需求,一个能让国君吃得高兴的人肯定也最有机会接近国君,并取得其信任。

食不厌精,脍不厌细。(《论语·乡党》)

如何描述人类饮食烹饪工艺进化的总体规律?一言以蔽之,曰:由简而繁、转粗为精。材料、工序分工日多便是由简而繁之证,人们对食品质量与口味越来越挑剔则是转粗为精之证。

味的自觉

最后,人类饮食史的第三个问题是"为何而食"?对自然界其他动物而言,此问题不言而喻,当然是为了获得个体、有机体生存所必需的生理能量或热量而食。但是对人类而言,由于在第二个问题——"怎么吃"的环节上发生了极为重大且复杂的改变,以至于衍生出上述第三个问题。在"为何而食"这一问题上,人类也拓展出新的超越性内容。概而言之,人类自身经历了两个阶段,第一个阶段乃是与所有其他动物本质相同的阶段,即为果腹而食,为满足自身最基本生理需求,维持生存所需之基本热量与能量而食。第二个阶段,在满足第一项目标的基础上,人类又发展出新的需求,即因对食物加热,改变了食物的内在化学结构,从而产生了特殊"滋味"或"味道",于是便有了人类饮食的第二个阶段——为食物之滋味而食——为味而食的阶段。后一项新目标一旦实现了自觉,反过来又会成为推动人类食物加工技术——"厨艺"或饮食文化的最强劲动力。自此之后,第二个问题——"怎么吃",实际上是怎么做,也日益地围绕着第三个问题——"为何而食"而展开,为日益丰富和精细化食物之味道,人们不断地改进与丰富饮食制作技术,对饮食之兴趣亦因此而更浓。

概而言之,人类饮食史的发展经历了三个大的历史阶段。第一个阶段可谓之"胃"的时代,在此时代,人类饮食史的主要任务是解决自身肠胃对食物的填充需求,其关键问题是"饱了没有?"第二个阶段可谓之"味"的时代,本时期人类饮食史的主要任务是解决口腔与味蕾对滋味精细化和丰富化的需要,其核心问题是"香了没有?"第三个,亦即最后一个阶段则可以酒的出现为标志，可谓之"醉"的时代，其主要任务是解决因饮食消费而来的心理状态，其核心问题是"愉快了没有？"某种意义上我们可以说，酒的产生标志着人类饮食文化发展的最高阶段——以食物（特别是酒与茶这两种特殊饮料）消费表达观念性精神需求的超越性阶段，它以追求暂时性感性精神愉悦为目的，是人类生活审美的具体表现形式，是一种以物质消费为手段的观念精神生活形式。

饮食文化

齐侯至自田，晏子侍于遄台，子犹驰而造焉。公曰："唯据与我和夫。"晏子对曰："据亦同也，焉得为和？"公曰："和与同异乎？"对曰："异。和如羹焉，水、火、醯、醢、盐、梅，以烹鱼肉。燀之以薪，宰夫和之。齐之以味，济其不及，以泄其过，君子食之，以平其心。"（《左传》昭公二十年）

但是，事实远不止于此。中国人对烹饪，乃至饮食文化自有其特殊的感受与领悟。他们并不认为烧火做饭是件小事，而以为有大道存焉。一个厨子，当他能把不同形式、性质的食材以最恰当的手段和恰到好处的火候糅合在一起，最终呈现一道味道可口的菜肴时，便说明他有高手段、大智慧。如果一个人在厨房里能把不同性质的食材处理得如此之好，难道他还会不懂得怎么与人相处，怎么恰到好处地应用自己手中的权力吗？在其他领域，特别是社会交际领域他还会只顾一点，不及其余吗？

治大国若烹小鲜。（《老子》第六十章）

于是，中国古人确实从烹饪这一看似卑俗的日常生活事务中获得了上乘的政治智慧，那就是如何能把大不相同的东西成功地融合为一体的"和而不同"的辩证思维。所谓饮食文化，乃指由饮食这一人类生理消费行为所衍生出的其他相关的超饮食活动与成果，特别是观念领域的精神性活动与成果。

乐与饵，过客止。道之出口，淡乎其无味，视之不足见，听之不足闻，用之不可既。（《老子》第三十五章）

这才叫饮食文化。如果人类面对美食佳肴，吃饱喝足便心满意足，什么事儿也没有

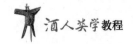

了，那叫饮食，与文化毫无关系。至迟到春秋晚期，中国思想家们已然能从人类饮食行为中获得一种形而上的哲学领悟。比如，老子在此用"无味"概念表达"无为"这一道家核心思想，这说明人类的饮食现象足以启发他的上乘哲学智慧。

为无为，事无事，味无味。（《老子》第六十三章）

是故乐之隆，非极音也；食飨之礼，非致味也。《清庙》之瑟，朱弦而疏越，壹倡而三叹，有遗音者矣。大飨之礼，尚玄酒而俎腥鱼，大羹不和，有遗味者矣。是故先王之制礼乐也，非以极口腹耳目之欲也，将以教民平好恶而反人道之正也。（《礼记·乐记》）

五色令人目盲；五音令人耳聋；五味令人口爽；驰骋畋猎，令人心发狂；难得之货，令人行妨。是以圣人为腹不为目。故去彼取此。（《老子》第十二章）

且夫失性有五：一曰五色乱目，使目不明；二曰五声乱耳，使耳不聪；三曰五臭熏鼻，困惾中颡；四曰五味浊口，使口厉爽；五曰趣舍滑心，使性飞扬。此五者，皆生之害也。（《庄子·天地》）

这说明至迟到春秋晚期，中华民族不仅将饮食技术提升到专业化、精致化的高级阶段，出现了以伊尹等为代表，因厨艺著称的高级专家，出现了标志人类饮食文化第二阶段——"味"的时代之核心哲学范畴——"味"（"五味"），并从中提炼出"和而不同"的辩证法思想，而且更进一步，中国人同时也于此时拓展出一种对此"味"的时代进行整体性的哲学反思，从而提出对"味"的超越与批判。其时的思想家们深刻地反思了由"味"的追求所代表的人工、技术拜物教理念，并在此基础上提出由味返朴的"无味"或"玄味"思想。

拓展阅读文献

[1] 赵荣光. 中华饮食文化史（3卷本）[M]. 杭州：浙江教育出版社，2015.

[2] 季鸿崑. 中国饮食科学技术史稿 [M]. 杭州：浙江工商大学出版社，2015.

[3] 杰弗里·M·皮尔彻. 世界历史上的食物 [M]. 张旭鹏，译. 北京：商务印书馆，2015.

思考题

1. 人类饮食发展史有哪些核心问题需要解决？
2. 酒与人类饮食史有何联系？

第三节 酿酒

酿酒与饮酒构成人类酒文化考察的两个基本环节。对于酿酒环节，呈现酿酒活动对人类特定社会群体的政治与经济影响构成本教材拓展性考察的基本话题，直接性考察则关注酿酒活动本身。本节属于对酿酒环节的直接性考察，而且是以一种历史性视野，简要地呈现古代酿酒史之基本骨架。以古代白酒生产为例，呈现古代酿酒业发展的基本要素与节奏，特别是其核心技术要素之进展。

酿酒业的外在条件

有一条小道通到葡萄园，而且正当葡萄成熟的季节；强健而活泼的青年和美丽的少女们正以精致的篮子搬运着葡萄。①

俄底修斯自己向田地走来。首先经过果树园，他没有看见园丁多里俄斯，也没有看见他的几个儿子和其余的工人。他们都出去搬运石头建造葡萄园的围墙去了。所以俄底修斯来到这里时，只看见他的年老的父亲一个人在那里。这老人看去如同一个工人一样，正在忙着移植葡萄藤。②

简要地说，人类酿酒业的产生与发展需要两项基本条件。

其一，人类农耕文明，即农业的发展能够为酿酒业提供足够的原料——各式果实与谷物。而且，应当是在不影响本地区人群对果实与谷物的基本需求——吃饭所需粮食作物与果实的前提下，额外地有剩余果实与谷物可供用于酿酒这种非基础性的生产，因为人类在日常生活中对酒的需求，本质上并不是第一性需求，而是拓展性的消费需求。这便意味着酿酒业要成为一种有一定规模的饮食产业，它需要一个必要条件，那便是古代社会各地区的农业生产已然发展到较高水平，已然发展到超越了为满足本地区人群最低限度生存所需粮食而生产的生存性阶段，进入到一个可以为本地区人群提供享受性消费所需要农作物的发展性阶段。

其二，就世界各民族饮食文化的发展水平而言，成规模、稳定的酿酒业的出现需要

---

① 斯威布：《希腊的神话和传说》（上），楚图南译，人民文学出版社，1984，第470页。
② 斯威布：《希腊的神话和传说》（上），楚图南译，人民文学出版社，1984，第797页。

这样一个条件,那就是本时期、本地域的饮食文化已然进入了一个不再仅满足于追求吃饱,而是为了吃好,吃得有滋有味而烹饪的阶段,这意味着世界各民族的饮食文化已然进化到如此阶段:不是为人类的胃口,而是为了其口腔、舌头的爱好而生产,因而愿意为强化与丰富食物味道,在食物制作环节不断地额外增加人力、物力、时间与技术成本,并为此而开发出种种特殊的辅助性食物材料(各式调味品),以及各种食材加工技术。这是一个世界各民族饮食文化整体上从"胃"(stomach)的阶段进化到"味"(tastes)的阶段,实现了"味"的自觉,因而此后的人类饮食史基本上沿着对"味"的丰富化与精致化而展开新阶段。

酒本属于人类饮食系统,乃其饮料之一种。它之所以能引起世界各民族普遍关注,正因其强烈、浓厚的特殊味道,故而没有世界各民族饮食文化整体上"味"的自觉,酒即使出现了,它也不可能大规模地脱离其他饮料,发展为一种独立的酒文化。换言之,没有农耕文明的发展,酒将失去其最为重要的原料基础;没有饮食文化在食物滋味上的自觉,酿酒业将失去其必要的观念性动力与操作性技术支撑。

以盐为代表的专门化众调味品("调料")系统的出现,以及在此基础上所形成的"五味"观念,标志着人类饮食史真正进入到一个"味"的时代,酒的出现则将这一时代推向极致——专为"味"而存在,进而以"味"求乐——"醉"的时代。它不仅是对"味"的丰富(于众食物之味中再增一种酒味),更是对"味"的升华,是人类饮食文化从口腔、舌头满足阶段进一步跃升到为人的心灵服务的阶段,是"味"的专业化之极端体现。

酒的起源:自然发酵现象

酒精,科学名称叫乙醇,分子式是 C_2H_5OH,是一种不很复杂的含碳氢氧的有机物,37亿年以前,它在地球上就已经存在了。如果这些酒精分子以一定的比例与水混合,按理说,地球上就可能有现今我们所说的"酒"存在。但是,当时地球上的大气圈和水圈内的化学成分与现在很不相同,很难说它可以成为"饮料"。所以,那时虽然有了酒精分子,但还不能说地球上已经有了酒。[①]

这是说若从化学,而非饮食文化的角度上看,地球大气层中天然地弥漫着自然之"酒",至少是自然之"酒精",其特殊的气味会对人类有所启发,为人之嗅觉,甚至心

---

① 阎钢、徐鸿:《酒的起源新探》,《山东大学学报(哲学社会科学版)》2000年第3期。

理所记忆，构成关于食物味道追求的自然原型或集体无意识。此乃自然之酒的最初形态——存在于空气中的"酒"——有味之气。

落在地面上的水果，多数不是晒干，而是被空气中的尘埃上和果皮上附着的酵母菌发酵，"霉烂"生成酒精和二氧化碳。如果地面是凹凸不平的岩石，落到地面的水果就会滚落到岩石低洼的地方，积成一个水果堆，被酵母菌发酵，生成很多的二氧化碳和酒精。如果这些水果是葡萄、梨等多汁水果，酒精和果汁中的水分混合，就变成了即使保存到今天也可能被人类饮用的美酒，而石洼就成了那时天然的"酒容器"。自然界的酒，就是这样自然形成的。即至少在一亿年以前，地球上就会存在"天然美酒"。在长达一亿年的繁茂的被子植物世界里，可能有千千万万处，千千万万"杯"这样的美酒存在过。①

仲宾又云，向其家有梨园，其树之大者，每株收梨二车。忽一岁盛生，触处皆然，数倍常年。以此不可售，甚至用以饲猪，其贱可知。有所谓山梨者，味极佳，意颇惜之，漫用大瓮，储数百枚，以缶盖而泥其口，意欲久藏，旋取食之。久则忘之。及半岁后，因至园中，忽闻酒气熏人。疑守者酿熟，因索之，则无有也。因启观所藏梨，则化而为水，清冷可爱，湛然甘美，真佳酝也，饮之辄醉。回回国葡萄酒，止用葡萄酿之，初不杂以他物。始知梨可酿，前所未闻也。②

此乃自然之酒的第二种形态——自然界各式树木果实成熟、掉落、腐败后经自然发酵所形成之酒液，所散发之浓郁酒气，它应当也能引起初民之特殊注意，并进一步影响其食物喜好与烹饪行为。

黄山多猿，能采集花果，纳于山石洼中。取木叶掩覆之，酝酿成酒，香闻百步，野樵或得偷饮之。③

此乃自然之酒的第三种形态——"猿酒"。其"进步"之处表现在，虽然酒的成果全属于植物界，然而动物界的猿类开始关注此成果，且对此成果有了自觉的收集行为。人

---

① 阎钢、徐鸿：《酒的起源新探》，《山东大学学报（哲学社会科学版）》2000年第3期。
② 周密：《癸辛杂识续集》卷上，收入《文渊阁四库全书》子部小说家类杂事之属第1040册，台湾商务印书馆，1986，第68-69页。
③ 姚之骃：《元明事类抄》卷三十八，收入《文渊阁四库全书》子部杂家类杂纂之属第884册，台湾商务印书馆，1986，第610页。

类察觉与模仿动物界的此种行为应当不难。若从原料上划分,酒共有两种——果酒与谷物酒。在自觉的人工发酵技术产生之前,应当以果实自然发酵最为易见、易得,所需技术也最低——收集自然成果而已。所以果酒理当是人类社会酒之最早形态。

有饭不尽,委余空桑,郁积成味,久蓄气芳。本出于此,不由奇方。①

此乃自然之酒的第四种形态,也当是最后一种形态。就其原料看已然属于人工——人类饮食文化成果——剩饭,然而其成酒之关键环节——发酵则仍属于自然界,而非人类自身努力之结果,因而仍属于自然之酒。

发酵技术

真正意义上属于人类饮食文化成果的人工之酒——由人类自觉酿造行为所成就之酒的出现当有两项前提:其一,人类对各式自然之酒——果酒或剩饭强烈气味与特殊味道之高度关注;其二,有对造成此特殊气味与味道的关键环节——发酵现象之细致观察,进而自觉地模拟此现象,最终形成成功模拟此现象、可稳定复制的特殊技术——发酵技术。

酿酒所需要的人造器具,最早是容器。一般说来,这是陶器发明以后的事。人类发明陶器,约在一万年以前。从那以后,酿酒的各种工具和技术水平逐渐提高,特别是人类进入文明时期以后,果酒的主要代表——葡萄酒——的酿制,才长足地发展起来,主要表现在古代的美索不达米亚大约在七千年前已人工栽培葡萄,酿造葡萄酒了。古埃及、古巴比伦、古希腊、古罗马的葡萄酒酿造和买卖也都很发达。②

可见,作为人类饮食文化成果的酿造酒当始于果酒,具体地即葡萄酒(wine)之酿造。其基础是葡萄种植,其核心技术乃温度控制之酿造、发酵技术。葡萄酒酿造的历史可追溯到《旧约全书》的写作年代:

挪亚作起农夫来,栽了一个葡萄园。他喝了园中的酒便醉了。(《圣经·旧约·创世

---

① 江统:《酒诰》,收入《文渊阁四库全书》集部总集类第1398册,台湾商务印书馆,1986,第432页。
② 阎钢、徐鸿:《酒的起源新探》,《山东大学学报(哲学社会科学版)》2000年第3期。

记》,9:20-21)

酒政便将他的梦告诉约瑟说:"我梦见在我面前有棵葡萄树,树上有三根枝子,好像发了芽、开了花,上头的葡萄都成熟了。法老的杯在我手中,我就拿葡萄挤在法老的杯里,将杯递在他手中。"(《圣经·旧约·创世记》,40:9-11)

葡萄种植的历史始于西亚的外高加索地区,然后及于叙利亚和埃及。埃及人在3000年前即开始酿造葡萄酒,之后葡萄种植及葡萄酒酿造的技术传入古希腊,并在古希腊流行。古希腊人据此而推崇狄奥尼索斯为酒神。到中世纪,由于基督教的普及,教会将葡萄酒纳入到圣餐礼仪当中,作为基督之血的象征物,因而葡萄种植及葡萄酒酿造在欧洲得到普及。简言之,葡萄酒酿造当始于西亚,后传播至古埃及与古希腊。对葡萄酒业的发扬光大则当归功于欧洲人,特别是基督教对葡萄酒的肯定与应用。

中国人有记录的果酒酿造——葡萄酒生产当始于汉代,是从西域传进来的酿酒技术:

宛左右以蒲陶为酒,富人藏酒至万余石,久者数十岁不败,……汉使取其实来,于是天子始种苜蓿、蒲陶肥饶地。(《史记·大宛列传》)

然而,在整个古代社会,中国的葡萄种植以及葡萄酒酿造始终未能形成规模,从而也未能对中国酒史产生重要影响。葡萄酒在中国的真正普及要到19世纪晚期。爱国华侨张弼士于清朝光绪十八年(公元1892年)在山东烟台创立了张裕葡萄酿酒公司,从欧洲各国引进160多种葡萄品种,为现代中国的葡萄酿造业打下了基础。

人类最早的谷物酒当属啤酒,酿造啤酒所用的原料是大麦。大约6000年前,居住在美索不达米亚地区的苏美尔人已开始用大麦芽酿制最原始的啤酒。公元前2000多年前,啤酒在巴比伦得到普及。公元4世纪,啤酒传到了北欧地区。1516年,《德国啤酒纯酒法》颁布,规定啤酒的原料为啤酒花、麦子、酵母和水。1900年,俄罗斯技师首次在哈尔滨建立啤酒作坊,啤酒开始传入中国。简言之,西亚和中东地区乃是啤酒这种人类最早谷物酒的创始之地,然而真正将啤酒发扬光大的还是欧洲人。啤酒在中国的命运亦同于葡萄酒,属于现代社会才引入的舶来品。

中国人对人类酿酒业的主要贡献在谷物酒的范围内。虽然现代社会我们最熟悉的谷物酒是白酒,民间亦称之为"烧酒",然而在漫长的古代社会,中国人最擅长酿造和饮用的并非今人所喜欢的"白酒",而是"黄酒"。其原料在南方为稻谷,在北方则为黍米。中国人于谷物酒的酿造有所贡献,这也实属自然,因为谷物酒的酿造直接地与中国人最擅长的饮食文化高度相关。谷物首先被用来做饭,其次才施之于酒的酿造。从先民不经意间发现由谷物所成的剩饭之馊味,到自觉地模拟此味而发明酿酒所专用的发酵技术,其技术路径极为顺当。

1983年10月,在陕西眉县马家镇村(今太白酒厂三车间)出土了3个小陶杯、4个高脚杯和1个陶葫芦,经鉴定属于新石器时代仰韶文化遗存,距今已有8600多年的历史,这使中国与亚述(今地中海南岸)和中东两河地区一起,成为人类酒文化发祥地之一。

据文献记载,早在周代,中国的贵族饮食系统已很复杂。仅就饮料而言,当时即有"四饮"(清、医、浆、酏)(《周礼·天官·酒正》)、"五饮"(上水、浆、酒、醴、酏)"(《礼记·玉藻》)与"六饮"(水、浆、醴、凉、医、酏)(《周礼·天官·浆人》)之说,其中酒居其主。

乃命大酋秫稻必齐,曲(麴)蘖必时,湛炽必洁,水泉必香,陶器必良,火齐必得。兼用六物,大酋监之,毋有差贷。(《礼记·月令》)

到汉代,我国已出现了知名药酒——"屠苏",据说为汉末名医华佗所创制,系以大黄、白术、桂枝、防风、花椒、乌首、附子等中药材用以浸制而成。此酒经唐代名医孙思邈而普及。其《备急千金药方》云:"饮屠苏,岁旦辟疫气,不染瘟病及伤寒。"

年年最后饮屠苏,不觉年来七十余。(苏辙:《除日》)
但把穷愁搏长健,不辞最后饮屠苏。(苏轼:《除夜野宿常州城外二首·其一》)

山西汾州所产之"竹叶青"乃早期配制酒之典范。梁时简文帝萧纲即有"兰馐荐俎,竹酒澄芳"之句,北周庾信则言"三春竹叶酒,一曲昆鸡弦"。
贾思勰载有四川先民酿酒之方云:

蜀人做酴酒法,十二月朝,取流水五斗,渍小麦曲两斤,密泥封,至正月二月,冻释,发漉去滓,但取汁三斗,杀米三斗,炊做饭,调强软,合和;复密封。数十日,便热。合滓餐之,甘辛滑如甜酒味,不能醉人,人多啖温,温小暖而面热也。①

---

① 贾思勰:《齐民要术》卷七,收入《文渊阁四库全书》子部农家类第730册,台湾商务印书馆,1986,第93页。

杜康酒在汉末即知名，曹操的"何以解忧，唯有杜康"乃是佳证。山西汾阳杏花村所酿之酒在1400多年前即以"汾清"而知名。宋《北山酒经》云"唐时汾州产干酿酒。"

中国古代的酿酒始终以谷物酒为主流，统称为"米酒"。汉代王莽时即已出现了较为通用之酒方，谓"一酿用粗米二斛，曲一斛，得成酒六斛六斗"。（《汉书·食货志》）在蒸馏技术出现之前，黄酒一直处于主导地位。元代之前中国古代所言之酒主要是指黄酒，也包括低度酒，即一宿即成之甜米酒（即醴）。元代之后蒸馏技术成熟，高度白酒（多以高粱为原料）或曰烧酒逐渐成为谷物酒之主流。

乙醇（grain alcohol, ethyl alcohol），又称酒精，是通称为醇的一类有机化合物中最重要的一种，分子式 C_2H_5OH。乙醇是用发酵法生产的多种饮料的致醉成分……发酵法是用不断增殖的酵母细胞把碳水化合物转化成乙醇，主要原料为糠蜜和谷物……纯乙醇为无色可燃液体，沸点为78.5度，有芳香气味和辛辣味。乙醇有毒，危害中枢神经系统。少量能兴奋精神，松弛肌肉。但大量则损害肌肉运动的协调和判断力，甚至导致昏迷或死亡。[1]

酒之所以能从饮食系统中独立出来，成为一种最为特殊的饮料，且之所以味道特别，具有精神影响作用，正在于其中所含之酒精成分，所以人类对此成分之关注，特别是对酒精成分产生机制之关注与有意识地摹仿，乃古代社会人类早期酿酒活动之核心知识与技术的突破。

在谷物发芽的时候，谷粒内部就会自然产生糖化酵素，自行把淀粉长碳链截断，变成麦芽糖等糖类，以供谷物生芽长根的需要。这时若遇到酵母菌，发芽的谷粒中麦芽糖等糖类就会发酵生出乙醇。啤酒就是根据这种原理，用发芽的大麦被酵母菌发酵成酒类。[2]

在人类出现以前很久很久的时候，在地球上出现谷物之后，自然界就可能存在着谷物酒。以后人类只是接触这种自然形成的谷物酒多了，才逐渐摸索出人工酿制谷物酒的方法。[3]

这就是说与果酒一样，其实谷物酒亦有其自然根源——自然条件下霉变所导致的糖

---

[1] 《不列颠百科全书》（国际中文版）第6卷，中国大百科全书出版社，2007，第151页。
[2] 阎钢、徐鸿：《酒的起源新探》，《山东大学学报（哲学社会科学版）》2000年第3期。
[3] 同上。

化与发酵，谷物酒生产的核心技术便是对此自然现象之自觉模拟。

酵母菌（yeast），某些有经济价值的单细胞真菌……酵母菌在土壤中和植物表面上到处可见，特别是在含糖物质，如花蜜和水果中很丰富……酵母菌的无性繁殖方式为芽殖：在母体上产生芽体，生长、成熟，然后脱落……在食品工业中，酵母菌用于产生发酵和发泡作用。该真菌以糖类为食物，产生酒精（乙醇）和二氧化碳。[①]

酶，旧称"酵素"。生物体产生的具有催化能力的蛋白质。这种催化作用称为酶的活性。生物体的化学变化几乎都在酶的催化作用下进行。酶的作用具有高度的专一性。酶的催化效率很高，一个酶分子在一分钟内能催化数百至数百万个底物分子的转化。酶的作用一般在常温、常压、近中性的水溶液中进行，高温、强酸、强碱和某些重金属离子会使酶失去活性……酶的研究，对于生命现象本质的了解，疾病的诊断和治疗以及工农业生产具有重大意义。约在四千年前，我国在酿酒等生产实践中就广泛应用了微生物提供的酶。[②]

值得称道的是，在谷物酿酒这一领域，中国人很早就对此核心技术有所斩获，此之谓"酒曲"。汉代许慎的《说文解字》中便有酒曲之专名，谓之"酴"，亦谓之"麹"或"麯"：

酴，酒母也，从酉，余声。[③]
聚酒千钟，积麹成封；望门百步，糟浆之气逆于人鼻。（《列子·杨朱》）

宋人对酵母的应用有专门总结：

用酵四时不同，寒即多用，温即减之。[④]

简言之，以酒曲为标志的发酵技术乃是古代社会人类酿酒业得以产生和发展的核心技术，中国人在此技术上有不俗的基础性贡献，此乃中国古代酒文化得以产生、发展的核心技术支撑。

[①] 《不列颠百科全书》（国际中文版）第18卷，中国大百科全书出版社，2007，第434页。
[②] 《辞海》（缩印本），上海辞书出版社，1989，第2202页。
[③] 许慎：《说文解字》，中华书局，1963，第312页。
[④] 朱肱：《北山酒经》上，载宋一明、李艳《酒经译注》，上海古籍出版社，2010，第16页。

蒸馏技术

蒸馏酒（distilled liquor），一类酒精饮料（如白兰地、威士忌酒、朗姆酒或烧酒）。由葡萄酒、其他发酵的果汁及植物液或先经发酵的含淀粉物质（如各种谷粒）蒸馏获得。蒸馏酒所用的原料一般是天然糖或容易转化为糖的淀粉质。葡萄是生产蒸馏酒白兰地的主要原料……最常用以生产朗姆酒的是甘蔗和甜菜。玉米是应用最广的谷物，也使用黑麦、稻谷和大麦。由谷物制得的蒸馏酒通常称为威士忌。蒸馏过程利用水的沸点（100度）与酒精的沸点（78.5度）之差，发酵液体沸腾时产生的酒精浓度高得多的液体。所生成的馏出液通常要陈酿若干年后才进行包装和销售。[①]

世以水火鼎炼酒取露，气烈而清，秋空沆瀣不过也，虽败酒亦可为。其法出西域，由尚方达贵家，今汗漫天下矣。译曰"阿剌奇"云。[②]

关于蒸馏酒在我国最早出现的时间，有起源于唐代、宋代与元代不同的说法，至于此项技术到底是中国人的自主发明，还是从国外引进，以及从哪里引入等问题，国内学术界尚无定论。但现在可以肯定的是：至晚到元代，我国已然成功地掌握了谷物酒的蒸馏技术，它有力地提高了酒的烈度，使酒精的神经刺激作用十分明显。至此，中国古代酒的品类中又增添了一种——"白酒"。此品种最终后来者居上，成为中国酒家族之主流。以白酒为例，若从纯技术角度考量，整个人类酿酒史似可分为三个阶段。

一曰发酵技术阶段，此技术之发明使人们可以用人工手段制造酒精成分，使酒液成功地与其他饮料区别开来，产生气味强烈、味道独特，可致人兴奋的神奇魔液——"酒"，人类古代酿酒史第一个阶段的核心任务正在于此，这个阶段的历史性任务是"使酒成为酒"，这一任务大约在两千年前已然完成，至少对中国酿酒史而言如此。这是人类酿酒史上第一项核心技术的突破，其标志性成果便是"酒曲"这一专门性化学发酵媒介之发明与应用。

二曰蒸馏技术阶段，此技术之发明是古代酿酒技术在量上的新突破，它围绕致醉物——酒精成分而展开，致力于提高致醉效率，使酒精纯度日益提高。在中国，此项任务历史性地落在白酒的肩上。中国人大致在1000年前左右，即唐至元的阶段成功地实现

---

① 《不列颠百科全书》（国际中文版）第5卷，中国大百科全书出版社，2007，第343页。
② 许有壬：《咏酒露次解恕斋韵序》，载《至正集》卷十六，收入《文渊阁四库全书》集部别集类金至元第1211册，台湾商务印书馆，1986，第120页。

了此项技术的突破。这导致中国酿酒史上谷物酒的主流从黄酒到白酒的转移。只有发酵，没有蒸馏环节的黄酒因其为低度酒不得不退居其次，因新的蒸馏技术兴起的白酒逐步占居谷物酒之主流，直到现代社会仍如此。那么，第三个阶段的情形又当如何呢？

味的精致化

进入20世纪，在蒸馏技术已然稳定、普及的情形下，现代酿造技术，特别对白酒领域而言，其历史性的任务是再次回归饮食史之主流。如果说发酵技术的产生使酒这种饮料脱离饮食主体，成为一种特殊饮品，与饮食史主流分离的话，那么蒸馏技术便是使这一独立路线走向极致的催化剂，但也因此使酒的酿造陷入新的困境。从技术上来说，用蒸馏手段不断提升酒精纯度已然不是问题。相反，蒸馏酒所面临的困境是：蒸馏技术所能提高的酒精纯度已大大超越了饮酒者口味之所需，及其生理神经所能忍受之界域，所以，白酒业最终清醒地意识到：并非酒精度数越高越好。虽然他们的技术毫无问题，但是白酒消费者已然不需要，甚至受不了这项技术。若酒精度数不断提高就会对饮酒者的生理健康构成威胁。曾以蒸馏技术独步胜境的白酒，现在则因其核心技术的巨大进步而面临绝境。以茅台酒为例，业界已取得如此共识：54度很可能是从味觉到生理健康所需之最佳酒精度。比之更高的酒精度，人的身体不仅不需要，反而还会产生不利影响。

至此，现代蒸馏酒进一步前进的方向何在？很可能是在酒精纯度方向上见好就收，适可而止，反过来重新回到人类饮食文化史之主渠道——对味的追求上来。由于发酵技术的进步，人类已然实现了酒的个性——因发酵而得到酒精，使酒味卓然突出。在此基础上，现代蒸馏酒发展的新方向便是走酒味的精致化路线，不是纵向无限制地提高酒精的纯度，而是横向拓展酒精气味与味道之宽度。以酒精为基础，追求酒味之个性化或多样化，以气味、味道的丰富化实现酒味之精致化。与之相比，只追求酒精浓度之提升便显得内涵单一，走不了太远。

在此方面，20世纪中国白酒业成绩不俗。以茅台酒为例，在20世纪60年代，茅台酒厂在其技术攻关中，李兴发等技师归纳出茅台酒的三种经典香型，从而根据其主体香型，将茅台酒确定为"酱香型"白酒。茅台酒厂的这一创举最终得到全国白酒行业的普遍认可，成为现代中国白酒行业技术努力的主导方向。[①]

1979年，全国第三届评酒会提出新的评酒方案——根据香型、生产工艺和糖化剂指

---

① 黄桂花：《为什么是茅台》，贵州人民出版社，2017，第76页。

标将所有参评酒划分为大曲酱香、浓香和清香,麸曲酱香、浓香和清香,米香,以及其他香型及低度组。1989年,第五届评酒会将白酒的香型划分为浓香、清香、米香、酱香、其他香五类,并将其他香型细分为六种——药香、豉香、兼香、凤香、特型和芝麻香。

至此,中国酿酒业在白酒(蒸馏酒或高度酒)领域确立了香型概念,这意味着现代白酒酿造业的核心技术目标是实现白酒香型(酒味)的独特化,以及在此基础上的丰富化——新香型的拓展。于是,因为"味"的自觉,现代酿酒业的主导思路便再次与人类饮食史重合——味的精致化:先求个性,再求丰富性。

我们贵州醇酒厂是五十年代才建起来的,没有各大名酒厂的悠久历史文化可挖,但就在改革开放初期,我们仅仅在浓香型传统白酒的基础上首先想到优质白酒低度化,开创了全国以"醇"字为代表的白酒低度化潮流。因此,我们一直在探索中国白酒发展的方向,我们的出路绝不是追随国内老大哥们的香型和品质,而是应该把握更高层次的白酒创新方向才有可能走出自己的道路。①

提倡白酒的香味优雅、细腻,口感醇、甜、爽、净、后味悠长舒适、空杯留香、淡雅。这是以乙酯类物质作为主体香型的现在中国白酒难以做到的,而根据原有的各大香型的乙酯类香味物质含量作为标准,在各个香型中树立一块老大的招牌的评价制度,束缚了白酒的创新和进步。在商品化进程中,我们把白酒的评价在白酒专家手里搞得十分神秘,在很大程度上误导了消费者。如果采用比较法,打破白酒香型分类的格局,只认好、中、差。让消费者自己去用各种不同的品牌白酒,相互比较,得出自己的结论。让更多的消费者懂酒。②

简言之,以气味与口味的个性化与丰富化为核心内涵的酒味精致化,乃人类酿酒业发展的第三个阶段——酒味技术阶段的主要任务。前两个阶段的主要任务是将酒与人类饮食文化系统中的其他食物(饮料)区别开来,第三个阶段的任务则是在酒的王国内部,各种酒类,以及同一酒类内部的各种品牌中,每一家酿酒企业都致力于将自己所生产的酒与其他同类产品在酒味(气味与滋味)的层次上区别开来,努力地突出个性,充分地实现酒味(气味与口味)的丰富化,即不断地拓展现有酒味之新领域、新类型。与酒精度的纵向提升方向不同,这种酒味的横向拓展并无限制,因而前景极为广阔。

---

① 鄢文松:《酒税调整暴露白酒危机》,《中国食品质量报》2001年10月13日,第3版。
② 同上。

自然的成全与制约

我们虽然在整体上将酒理解为人类重要的器质文化成果,将酿酒技术的发展作为酒业之核心要素,然而我们仍然不能将酒单纯、绝对地理解为一项人类文化成果,那样并不符合实际,且容易在人类酒文化的继承与发展过程中犯重大错误。

诚然,酿酒的核心技术有三:一曰发酵,二曰蒸馏,三曰致味,这三项技术对现代酒业而言已然不成问题,已经得到了普及。然而,它们只能保证我们可以酿造出酒来,且最多只是合格的酒,并不能保证人们所酿造者确为美酒,确实可以成为最让饮酒者喜爱的酒。我们可以反思一个现象:天下几乎处处有酒,然而无论中外称得上"名酒"的却屈指可数。这是为什么?

上面提到人类酿酒业第三个阶段的核心任务是酒味之个性化。然而,酒味个性化如何可能,难道仅依赖于不断更新的人类酿酒技术吗?现在,我们暂时忘掉人类酿酒技术,从完全相反的路径思考这一问题。

和希腊人一样,罗马人也从未真正对啤酒产生过兴趣。这指出了"啤酒地理"中的一个关键事实:在某条分界线以南生产葡萄的地方,葡萄酒是居主导地位的饮料;在这条线以北,古罗马人在罗马帝国边缘邂逅了热情的啤酒爱好者。①

风土条件是一个术语,用来描述一个地区各种对葡萄酒或其他传统产品产生影响的因素的总和。气候、土壤、湿度、地质情况、微量营养素等都包含在其中。②

最著名的酿造用水之一就是英国特伦特河畔伯顿地区富含矿物质的井水,它为很多伯顿啤酒增添了一种清脆的干感和泥灰味儿。现在已经罕见的多特蒙德出口型啤酒那独特的矿物质风味便来源于一种混合了硫酸盐、碳酸盐和盐的水质。③

比如,我们可以从对制酒原料的反思说起。对谷物酒而言,所用到的原料有稻谷、大麦、高粱、玉米等。这些谷物似随处可见,但是就果酒看,以葡萄酒为例,从原料这一端看,并非世界各地都可以种植葡萄,世界上只有特定纬度(北纬30-50度)的地区才最适于葡萄生长。也并不是所有葡萄品种均适于酿酒,其中只有少数品种的葡萄用来

---

① 兰迪·穆沙:《啤酒圣经:世界最伟大饮品的专业指南》,高宏、王志欣译,机械工业出版社,2014,第11页。
② 同上书,第57页。
③ 同上。

酿酒的效果才最佳。特定区域的葡萄品种，再加上特定区域的特殊土壤、气候条件，才会成就葡萄佳酿，这也就大大限制了葡萄酒名品的区域和数量。对谷物酒而言，自然条件的特殊限制似乎并不表现于粮食作物（这方面的因素也有，比如茅台酒便特别中意于高粱中的小红粱，而不是所有高粱），而是特别讲究水源地与水的质量。同样的谷物原料与酿造工艺若是换了地方、换了水，酿造出来的酒其味道与品质也会大不相同。从古至今，可做酒的地方无数、酒品无数；然而知名度最高、酒名持续者则寥寥无几。为什么？这是因为酿酒原料中的另一因素——水，极大地限制了酒的品质。

回顾中国白酒酿造史，重温那些古今名酒，我们会发现一个规律：几乎所有名酒均得益于水。它们对用水均十分讲究，它们均源于名水，非取之于名河，便取之于名井、名泉，无一例外。茅台得益于赤水河，汾酒与古井贡酒均得益于上乘井水，杜康酒则得益于甘泉水。

随着人们对酿造化学认识的深入，现在我们意识到：对酒的发酵环节而言，决定酒质的不仅是发酵技术与工艺，还有一个十分重要的因素，那就是发酵环境。在酒曲与发酵工艺、标准不变的情形下，酿造和储藏酒料所处的不同地理与气候环境也会对酒质产生极其微妙的影响。不同地理、气候条件会形成肉眼观察不到的微生物环境，特定地区的众多无机物与有机物会形成一个综合性的特殊生态环境，对酒的发酵与储藏过程产生微妙影响，最终影响到酒液的气味、口感，甚至营养成分。茅台酒所处的赤水河畔属于低热河谷地带，冬温夏热，雨少，两岸高耸，微生物活跃，它们参与了茅台酒的发酵、储藏过程，这种特殊的地理、气候条件在其他地方是不可复制的。

于是，我们从酿酒原料，所用水之源地，以及酿酒、储酒区域整体生态环境等方面，清醒意识到自然因素对人类酿酒业的深刻影响。我们从诸名酒的创业史看到自然对人类酿酒业之成全。对名酒的成长、发展史，特别是对其他地区众多不知名酒业而言，我们看到自然条件对酒业的严格制约。我们要感恩自然之成全，也要尊重自然之制约，在充分尊重自然的基础上，发挥人类的文化创造性，不能违背自然规律，肆意妄为。

于是，我们对酿酒业有了全新认识：千万不能将酒单纯地理解为人类文化产品，它并非纯然地是一项人类文化成果，并非单凭人类的勤奋与聪明，也并非单凭人类的酿酒技术所致，而是人工与天巧二者积极对话、合作的成果。它是人类饮食文化成果，同时也是特定自然原料、环境成全的结果。若意识不到后者基础性的成全与制约，我们对酒这种美浆便会发生本质性误解与偏见，在当代酒产业、酒文化的发展道路上，就会犯方向性错误，导致重大损失。

葡萄酒可自然形成，属于大自然的恩惠。世界上找不到两种口味完全一样的葡萄酒，即便来自同一地区、同一块葡萄园或同一种葡萄品种酿造的酒，成分和口味都有着细微的变化。①

对于葡萄酒，上帝之手被置于首位；但对于啤酒的酿造，人类之手却清晰可见。于我而言，这便是啤酒最大的魅力之一。②

诚然，从理论上说，我们可以将酒理解为人工之巧与天然之妙的结合，然而对不同的酒品，自然与人工二者所占的比重并不相同。葡萄酒对葡萄品种及种植区域的依赖性最大，似乎处于自然之一端，而啤酒对原料来源地的地理依赖似最弱，因而最国际化，而白酒则似乎处于这两者之间。以法国为代表的欧洲旧世界葡萄酒强调品种选择、栽培技术，坚持追求"风土"（terroir），正可成为中国白酒业的良好借鉴，如此方可充分发挥自然恩惠的不可替代性——区域以及其他自然条件的独特性。

拓展阅读文献

[1] 洪光住. 中国酿酒科技发展史 [M]. 北京：中国轻工业出版社，2001.

[2] 季鸿崑. 中国饮食科学技术史稿 [M]. 杭州：浙江工商大学出版社，2015.

[3] 兰迪·穆沙. 啤酒圣经：世界最伟大饮品的专业指南 [M]. 高宏，王志欣，译，北京：机械工业出版社，2014.

[4] 吴振鹏. 葡萄酒百科 [M]. 北京：中国纺织出版社，2015.

思考题

1. 古代酿酒史上曾发明的核心技术是什么？
2. 如何理解自然因素对于人类酿酒业的影响？

---

① 吴振鹏：《葡萄酒品鉴：一本就够》，中国纺织出版社，2015，第67页。

② 兰迪·穆沙：《啤酒圣经：世界最伟大饮品的专业指南》，高宏、王志欣译，机械工业出版社，2014，第39页。

第二章 酒与社会治理

群体性视野乃本编之共享性视野,但本章有一项特殊的具体任务,那便是着重呈现人类酿酒与饮酒行为对特定社会群体公共秩序之影响,特别是在发生群体性过量饮酒行为时,负责维护社会公共秩序的部门如何应对此种情况,尽量将群体性过量饮酒行为的消极影响限制在可管控的范围之内。于是,本章便有了特定的主题:酒的酿造、经营和消费与人类社会秩序之关系。

第一节 社会治理

为便于同学们更好地理解酒对人类群体的"社会"与"文化"意义,本编与下编采用了一种特殊的结构,那就是在进入关于酿酒、饮酒的社会与文化意义的讨论之前,首先相对独立地简要呈现人类社会政治、经济以及人类文化,特别是观念文化各领域的独特景观。如此结构虽然可能会给人一种偏离对酒这一主题的错觉,然其益处则有利于同学们先实现关于人类社会与文化之自觉,然后以之为基础,再进行关于酒与人类社会以及酒与人类文化的讨论。基于上述思路,本节的主题便是相对独立地呈现人类社会的结构要素及其构成原理。

社会性:人类的生存方式

社会:以共同的物质生产活动为基础而相互联系的人类生活共同体。[①]

显然,这里的"社会"是指人类社会。所谓"社会"便是指由许多个体组成的人类物种群体或组织,即指人类群体。

---

① 《辞海》,上海辞书出版社,1989,第1780页。

个体为何喜欢由多人构成群体？这似乎有违于我们的日常生活直觉。依我们的日常生活经验，每个人似乎只关心自己喜欢什么、不喜欢什么，而对他人的生活欲望并不感兴趣，凡自己喜欢之物均乐独享而生怕他人抢去。于是，在日常生活中，每个人似乎本能地是一个"个人主义者"，并倾向于将他人理解为自身利益的竞争者，所以才有了"他人就是地狱"的格言。既然自利是每个人的本性，不同利益的个体间易起纷争，那么人们为什么还要抱团生存，组成一个所谓的"人类社会"，人类"社会性"有何依据呢？

"人不为己，天诛地灭"，这是我们每个人都很熟悉的民间人生信条。这一信条肯定是对的，否则便不可能为最大多数人所接受，也不可能流传得如此久远。它是对的，因为它从个体人类欲望、本能的角度最质朴地描述了人性——每个作为生命有机体的个体人类，总是对自身的生命需要或欲望感受最强烈，总是最强烈地维护自身的各项生存利益。这是个体人类能够在世界上生存的根本理由，也是人类个体间最易引发冲突的根本理由。然而上述信条也有局限，它并未能道出个体人生之全部事实，因而它只是片面的真理。其片面性就在于：它只从人的欲望、本能的角度观察人生，只告诉我们每个人最需要的是什么，而未能告诉我们每个人如何才能获得自己所欲望者，如何才能最大限度地满足欲望，顺利地生存。

如果从一个人如何才能满足自身欲望、顺利生存的角度观察人生，我们便会发现与上述信条截然相反的东西——人的"社会性"，即个体人类之间的合作共生性。可见，自我并非全然与他人对立，从而体现出人的绝对孤立性，因而与所有他者不相容。换言之，仅从自利本能角度考察之，我们便会得出"这个世界上最好只有我一个人"的结论。然而，若我们从个体人类如何才能较为顺利地生存，或个体人类如何现实地生存的角度考虑问题，我们会发现与上述人生信条正相反的东西，即人的"社会性"，此乃人性之另一面。本节我们主要讨论人性的这后一方面——人的社会性，即实际上是考察个体人类的现实生存方式。

当我们无法理解人的社会性时，可以先将眼光投射于据说比人类更为低级的群体——大自然之动物界，看各类动物如何生存。一只羊当然只会感觉到自己的肚子饿了，而不会感觉到其他的羊也饿了，因而它只会为自己而不会为其他的羊觅食。然而，对羊这个物种来说，一只羊如果单独出来觅食，这会成为世界上最危险的事，这只羊会轻易地被狼捕获，它非但吃不饱，还会反过来成为狼的食物。正因如此我们才发现：在动物界，大多数动物物种像人类一样，也是社会性的，即它们也取抱团生存之道，很少持独身主义之生存策略。因为它们也许与人类持有相似的生活直觉：每个动物无论多强大，单个出来转悠都是件极危险的事，因此抱团才是生存之道。于是，你便会在动物界轻易地发现如此场面：一群牛小心翼翼地经过一片草原，有的在啃草，有的在喝水，而有的则在瞭望以行预警之职。一旦遇到老虎或狮子攻击，它们会迅速地挤作一团，合力抵抗。

反过来想象一下我们的先民如何与各式野兽抗争，或如何捕获体形比自己更为庞大、有力的各式猛兽？与这些猛兽相比，人类物种中任何彪形大汉若想做孤胆英雄，恐怕都无济于事，他必须将那些在体力与勇气上也许都比他自身逊色许多的男女老少们号召在一起，共同合作，才能解除性命之忧，并确有斩获。

于是，我们对人生便有了一项新认识：虽然从自利本能讲，每个人只知道自己最需要什么，最好是自己一个人独享整个世界，然而每个理性成熟的人都会同时清醒地意识到：这是一种极幼稚的妄念，因为我们就像这世界上任何其他物种中的单个动物一样，每个人的生存能力都极为有限，个体既无法确保自身之生命安全，也无法顺利地获取自己所需要的各种生存资源。不得已，自私自利的个体人类只好适当地克制自己的欲望，与身边的他人进行种种的人生合作，与许多的他人组成各式各样的人生共同体，此之谓"社会"。

无政府状态明显是一种病态现象，因为它是与社会的整个目标反向而行的，社会之所以存在，就是要消除，至少是削弱人们之间的相互争斗，把强力法则归属于更高的法则……自由（我指的是一种合理的自由，是社会应该得到尊重的自由）是一系列规范的产物。我若要想得到自由，首先就要杜绝其他人在此肉体、经济以及其领域内所享有的利益和特权，防止他限制我的自由。只有社会规范才能限制他们滥用这些权力。[①]

一个人不能独存，唯有与他人抱团才能生存，对此人生之最基本事实或道理之清醒意识、相互提醒以及代际承传，在漫长的历史岁月中会积累在人类物种每个个体成员的心里，成为其最基本的心理要素，甚至成为每个人的一种新的本能、一种情感——对同类他者的心理依恋。有同伴在侧则安，无同伴在侧则恐，这种朴素的情绪是一种出于生命安全本能需要而产生的对孤独感之焦虑与排斥，会在每个人的心里积累为一种稳定的心理倾向——对同类他者的心理依赖，这也是作为人性要素一部分的社会性心理需求。以此社会心理特征为基础，世界各民族群体均在自己的漫长历史进程中探索到建立各式有效社会组织的丰富类型，形成各种社会结构，服务于各民族的生存与文明发展。

---

① 埃米尔·涂尔干：《社会分工论》，渠东译，三联书店，2009，第15页。

人类社会的内在结构

根据唯物主义观点，历史中的决定性因素，归根结蒂是直接生活的生产和再生产。但是，生产本身又有两种。一方面是生活资料即食物、衣服、住房以及为此所必需的工具的生产；另一方面是人类自身的生产，即种的繁衍。一定历史时代和一定地区内的人们生活于其下的社会制度，受着两种生产制约：一方面受劳动的发展阶段的制约，另一方面受家庭的发展阶段的制约。劳动愈不发展，劳动产品的数量、从而社会的财富愈受限制，社会制度就愈在较大程度上受血族关系的支配。然而，在以血族关系为基础的这种社会结构中，劳动生产率日益发展起来；与此同时，私有制和交换、财产差别、使用他人劳动力的可能性，从而阶级对立的基础等等新的社会成分，也日益发展起来。①

人类物种"社会性"之要义在于"抱团生存"，因此需要将"社会性"理解为人类的生存之道。然而，"抱团"只是人类建构自身社会组织的起点，至于如何"抱团"，"抱"什么样的"团"，其中又自有道理。

首先，在"抱团"这一总的原则下，如何"抱团"，即建立人类社会组织的方式，决定着人类群体化生存的效率——最大限度地避险，最大限度地收获。于是，与"抱团"思路相异的策略——分工——出现了。以兽群为例，一群鹿出来觅食，要想顺利地实现目标，就需要有负责探路者，负责找到食物者，还要有负责警戒、观望远方者，以便最早发现天敌，以利迅速撤离，然后其他成员方可安心进食。

人类社会的组织也大致如此。抱团生存乃普遍原则，就其内部结构方式而言，则以分工为基础。人类社会组织的演进亦如作为自然物的个体有机体内部结构，体现为一种由简至繁，日益复杂化与精致化的趋势。其最初的分工，可能只表现为生产与自我繁衍两个方面的分工，其后又出现了生产领域与方式之再分工，之后则有生产与流通的分工，以及生产、管理、军事、教育、宗教等领域之分工。人类社会组织由此日益繁复与精密，其生存效率、质量也大为提升。反过来，人与人之间的相互依存度也就更高，即个体对他人的依赖性也更强。

人类群体性生存，组成各式社会组织的根本原因在于生存——安全、高效率和高质量地生存。反过来，人类社会组织的构成方式及其变化又与其自身生产能力互为因果，

---

① 恩格斯：《家庭、私有制和国家的起源》，载《马克思恩格斯选集》第四卷，人民出版社，1972，第2页。

这便是历史唯物主义所强调的生产力与生产关系所构成的定理：生产力决定生产关系，生产关系的变革又会大大促进生产力的提高。

在传统社会，人类最小的群体组织单元是家庭，这是一种生产与人类自身再生产的最小单位。家庭，即由父母及其子女构成的社会团体，首先是共同生产的组织，夫妻合力种地，共同劳动，共享财产，共同承担抚育子女的责任，子女则有赡养其年老父母之义务。20世纪之前，中国的家庭结构往往是三代或四代同堂，规模可达一二十人。进入20世纪，中国人的家庭结构日趋小型化，往往仅由父母与子女构成，养老社会化当是家庭演变之未来趋势。

比家庭更大的社会单元则是家族，即由几个有共同父系血缘关系的家庭构成。在常规情形下，每个家庭仍是独立的经济核算单位，即每个家庭自负其生产与消费之责任。家族之社会意义在于非常态情形下，它具有集中各家庭之力，对陷入困境的本家族成员进行临时性救济之功能，亦可集中众力做相关公益性工作。一般情形下，同一家族的每个成年成员均有为本家族之维持尽一定劳力或财力之责，这些捐、税性质的财产合为本家族之公产，用于紧急状态下本家族中急需资助者之救济。另一种情形则是本家族中较富裕的家庭自愿地为本家族尽一些劳力或财力之义务。作为对此义务大致平等之奖赏，自愿尽责之家庭成员一般会出面承担本家族之管理责任，享有更大或更多权利，比如担任族长等。概言之，家族乃家庭集合体，是比家庭规模更大的社会组合，它具有利益协调、救济、公益等综合性功能，是传统社会中民间自治之典型形态。

比家族更大的社会组织，当是生活于某一特定地域的许多家族群体集团，可谓之部落，现代社会则表现为村落、乡镇或城市。将这样规模的人类群体组合在一起，不是由于共同的血缘，也不是由于共同的经济利益，而是由于共同生存的地域或共同的自然生存资源。当然，对于生存于其他地域，因而另有其自然资源的人群而言，生存于同一地区的群体也共享一定的经济利益——本区域内的各式自然资源。若有来自其他地区的人群大规模地强行进入，消费本地自然资源，本区域内的部落人群一般都不会同意，甚至会联合起来与这些"入侵者"斗争，以维护其共享的自然资源。

比部落更大的人群单位当是种族，即有共同生物学基因，因而往往表现为肤色等共同的形体特征，共享同一种语言，甚至是拥有共同的生活习俗以及宗教信仰的人群组织。同一种族的人群可以分布于极不相同的世界各地。当然，生物学与文化学上的共同性暗示其祖先很可能曾生活于某一共同区域。现代社会又称之为"民族"。现代主权国家即由某一民族，更多情形下是某些民族构成，他们共同生活于特定地理区域，谓该区域为"国土"，服从同一种生存权利与义务之契约——"法律"，靠法律维持共同体之存在，协调相互利益之纠纷。

概言之，从社会组织规模看，从古至今，人类的社会单元大致由家庭——家族——部落——民族（国家）构成。如果从功能上划分，我们可以对人类社会的内在结构有新的认识。在此意义上，人类社会内在结构的变化又有一个由分而总的变化过程。

首先是由不断出现的新职业或"行当"为主导表现形式的社会分工。若从功能论的角度看，人类社会群体无论大小，最核心的社会组织首先应当是一种生产性组织，这样的组织首先在家庭中出现，比如男耕女织。因此，最初的分工也当是因生产而产生，分工应当首先在生产领域中出现。生产领域的大规模分工大多会因生活需求的多样化、产品的多样化、生产技能的多样化而产生领域划分，比如原始生产中农耕与畜牧生产的分工，由此出现了农民与牧民之划分。以后，随矿物开采规模之扩大，又出现了矿物开采、金属加工等特殊行业等农牧业之外的手工业。

人类生产领域细致的内部分工会导致各领域生产效率的提高，也会使得特定社会内部产品的日益丰富，产品种类的日益增加，于是便导致了新的问题——如何为特定产品找到合适的主人？由此而出现了新的部门——专门负责将产品送到消费者手中，即将产品运输与产品交易融为一体的新行业——商业，社会上便出现了商人。在最原始的社会中，家庭既是生产单位又是消费单位；但是就全社会的生产效率而言，同一群人既负责生产又负责煮饭，其生产效率必定低下。于是，最先在贵族家庭内部出现了生产与消费的分工——一部分人负责生产，另一部分人则负责煮饭。于是原始餐饮业开始萌芽，至传统社会市镇经济出现后，出现了专门为陌生人提供饮食服务的行当——餐饮业，它也许是服务业之鼻祖。

综上，首先是生产领域内部的分工——生产不同产品的不同行业，其次则是生产与交易的分工，即生产与流通的分工；最后则是生产、流通与消费环节之分工。

这还只是人类社会在物质生产领域的分工。其实，在人类文明早期，世界各民族便出现了观念文化生活，出现了为精神幸福而服务的职业。人类最早的精神行业大概是宗教。那些在现代人看来很古怪、神秘，甚至荒诞的装神、作法的巫师或祭师群体便是人类最早的精神导师，无论对帝王还是百姓而言均如此。确实，负责为本社会集团全体成员沟通天人的巫师群体是人类各民族最早的精神生产者，或称知识分子。随着人类文明的进步，原始巫师的社会服务日益拓展，后又分化为医师、教师、艺人等，以及现代社会人们所熟悉的从事科学技术和人生意义探索的科学家与哲学家。凡此种种，均是取悦人类社会成员的耳目与心灵的广义的艺术家。从巫师到哲学家的出现，我们又可理解为人类社会内部物质生产与精神生产的分工，它是人类自身文明进化的结果，它使人类实现了自我完善，既满足了物质生命需求，也实现了精神成长、精神幸福的需求。

此外，就人类社会群体内部正常社会秩序之维护而言，它还有一种特殊需求，因而产生了特殊的社会领域分工，这便是专为协调人类社会内部因抱团生存或社会性关系而导致的利益纷争解决机制——"社会治理"（Social Management）。所谓"社会治理"，是指群居、群处、共生性社会群体内部或社会群体之间利益纠纷的协调机制，以便维护各式共同体之间的正常秩序，从而也就维护了各式共同体本身。对社会治理而言，有两项人生事实不可改变：其一，每个个体或群体仅为自身利益或需求而努力，生活于同一时间、空间单元内部的不同利益个体或群体间势必发生利益冲突；其二，每个个体或群体均无法独立生存，人类无论作为个体还是特定群体，其生存能力均极有限，要想顺利生存，必须与其他个体或群体结成生存性合作的共同体关系。于是，社会治理的核心任务便是处理好自利人性与社会性生存方式两者间之关系，努力维持此二者间之大致平衡。

对人类社会的特定群体而言，所谓社会治理大概包括以下两方面内容。其一曰内部治理。即特定社会群体内部个体成员间利益冲突的协调。其规模可以从家庭矛盾处理延伸到民族国家内部各阶层间利益冲突之协调。在现代社会，民族国家内部统一且具最高权威的民法与刑法体系之维护与施行，便是要实现这一目的。其二曰外部治理。在传统社会，外部表现为家庭、家族及部落间之矛盾，甚至武斗。在现代社会，外部则表现为国家间之利益冲突，甚至民族国家间的战争。为维护自身利益，各民族国家均建立起尽可能强大的武装部队，以防备他国侵犯。同时也普遍地建立起各自的外交事务部门，以便尽量以和平协商的方式处理本国与其他国家的利益纠纷。无论是社会内部之治理还是社会外部之治理，现代人类达到如此共识：虽然人类个体与群体间的利益冲突是永恒的，然而暴力行为总是一种成本最高，且最为愚蠢的解决矛盾的方案，所以理性协商、和平处理才是人类社会利益冲突解决的明智之道。据此可得出：从功能论角度看，人类社会组织结构的内在机制是一个物质生产、精神生产与社会治理三者相互支持的结构。

社会治理：社会组织的凝聚剂

从个人生命欲望角度我们看到人类的自利性本能；从社会性角度我们发现了人类现实生存的基本方式，意识到共同体维持之必要性。既然社会性或共同体的维持是必要的，那么谁来维持这种社会共同体的统一性呢？社会治理任务的承担主体是谁呢？从传统社会看，我们发现了"权力"或"权威"这种东西，发现了"政治"这一特殊领域。

从社会最小单位——家庭看，负责维持家庭这一生产——消费共同体正常运行的，当然是家长，可以是父亲，可以是母亲，总之是年纪较长，生产与管理能力较强者。这一管理行为首先当理解为一种义务、一种劳作。其次，当由他或他们来处理家庭成员间利益纠纷时，由于他或他们具有无可置疑的决定权，因此也可将此种行为理解为一种权力或权威。在家庭这一最小社会单位，社会治理行为与生产行为高度融合，因而难以发现社会治理的职业性。

当人类社会群体规模日益扩大，比如扩大到传统社会的部落时，一方面，其总体功能与家庭仍然相同：包括了生产、经营与分配等任务。另一方面，无论从上述任务的哪一环节看，由于涉及人数众多，各环节的事务便更为繁杂，处理这些事务的劳动量便远远超越了任何个体能力胜任的边界。于是，从社会治理即维护共同体日常秩序的角度看，职业化即让特定人或人群处理特定事务便成为必然之途。于是，各原始部落内部便出现了社会治理的职业化：产生了专门从事社会管理的特殊阶层，产生了最具管理（实即人力与物力分配，或曰利益协商）权威的领袖人物——族长或"头人"，后来则称之为君主或国王。

这些社会治理者首先是本集团内部成员日常生产劳动环节的组织者，他们负责让谁来干什么、怎么干，等等。聪明的安排者往往会使生产效率更高，因此便会获得本集团内部全体成员之广泛认可。这些负责生产环节管理的人往往首先是生产能手，对他人有示范作用，其次才拓展为专门的组织方面的特殊才能。在原始社会，这样的领袖人物往往同时又是好勇斗狠者，即优秀战士。这样，当本集团面临外来部落竞争时，才有人可以率领本集团成员进行集体作战，维护群体利益。当然，领袖人物往往也负责本集团共同劳动成果之分配。其实，领袖的生产与战斗安排都是在尽一种集团义务，而只有在利益分配环节才典型地体现为一种权力或权威。所以，原始社会的社会治理最初表现为优秀个体的超强生产、战斗与管理能力之权威性展示，表现为以个体权威尽公共管理之义务，此乃社会治理之第一个阶段。

在传统社会，当上述三个层次的社会分工业已完成，即物质生产领域之生产、流通与分配，以及精神生产领域和社会治理领域的分工大致完成后，社会治理环节本身的任务便表现为社会治理领域自身内部的职业化——社会治理体系之建构，其内部的专业和权力划分需与上述两个领域的基本结构大致匹配。在此阶段，世界各民族社会治理的基本任务便是社会治理全覆盖，以及治理体系的合理化。换言之，则是社会治理范围与权限不等的治理主体——政府治理之形成。无论是哪一种政体，无论该政体的社会治理权利的强弱大小，其基本任务都是维护专业分工前提下社会各行业的有机配合，以及各社会利益主体利益分配之大致均衡。若评价特定时代、社会集团的社会治理水平，各级政府内部机构设置的完善与合理性便成为重要指标。

自从地球上有了生命，分工几乎就同时出现了。分工已经不再仅仅是根植于人类理智和意志的社会制度，而是生物学意义上的普遍现象，是我们在有机体本质要素中必需有所把握的条件。①

中华民族在此方面可谓世界领先。自周代，中华民族便具备了政治理性或社会治理理性。据汉儒记载，周代社会中央政府治理便实现了高度的社会分工，其官职之设置可谓完备。

在传统社会，对各民族国家而言，社会治理的最后一个阶段便是社会制度的建设。据历史唯物主义的理解，一种合理、进步的社会制度应当是一个尽可能符合其特定时代与社会生产力发展水平的政治、经济、军事、法律及文化事业制度体系。各方面制度若能合理，便会最大限度地促进本民族生产、流通与分配领域之发展，表现为民富国强，人民幸福，否则便表现为民生凋敝，内忧外患丛生，文明落后。

就现代社会而言，一种合理的社会制度应当是一种由完善的经济、政治、法律与文化规则组成，可以最大限度地激发生产力各要素的社会体系。在这样的制度安排下，人尽其才，物尽其用，货畅其流。每个人的合法生命欲望与生活权利得到平等的尊重与保障，每个人的物质与精神创造能力得到最大的保护与激发，契约精神成为每个公民的基本文明理念，因而能建立起普遍的法律保护人格与尊严。

拓展阅读文献

[1] 恩格斯. 家庭、私有制和国家的起源 [M]. 北京：人民出版社，1972.
[2] 埃米尔·涂尔干. 社会分工论 [M]. 渠东，译. 北京：三联书店，2009.

思考题

1. 社会对于个体人类的意义。
2. 社会治理的内涵与功能。

---

① 埃米尔·涂尔干：《社会分工论》，渠东译，三联书店，2009，第4页。

第二节 作为社会治理的酒政

立足于个体考察,饮酒似乎是一种纯私人性的活动,甚至可将它理解为每个人生而有之的基本需求与权利,他人似乎无须置喙。然而若立足于群体考察,那么饮酒便不全然是一种私人行为,它很可能与他人,乃至特定群体的所有人相关,特别是当发生了过量饮酒情形之时。若立足于公众利益而非个人私趣,那么同学们便需思考此类问题:一个群体理性成熟的社会团体一定需要某种应对预案,特别是群体性过量饮酒而危及他人利益的预案,这便涉及因酒而起的社会公共秩序管理。本节介绍作为政府公共秩序管理内容之一的酒类生产、交易与消费环节的管理行为,亦称为"酒政"(management of wine)。

古代酒政

"酒政",亦即对酒的管理,如同社会管理的其他领域,其在中外均有很悠久的历史。

酒正掌酒之政令,以式法授酒材。凡为公酒者,亦如之。辨五齐之名:一曰泛齐,二曰醴齐,三曰盎齐,四曰缇齐,五曰沉齐。辨三酒之物:一曰事酒,二曰昔酒,三曰清酒。辨四饮之物:一曰清,二曰医,三曰浆,四曰酏。掌其厚薄之齐,以共王之四饮、三酒之馔,及后、世子之饮与其酒。(《周礼·天官·酒正》)

《汉谟拉比法典》规定:如果酒娘欺骗顾客,就会被扔进河里淹死。[①]

在古代社会,酒政的发展经历过三个阶段——禁酒、榷酒和税酒。前者是社会治理性质酒政之核心内容,后两者则主要表现为政府的财政手段之一,即作为社会经济要素与政府财政收入的"酒政"。

普通人倾向于认为:酿酒与喝酒都是个人的事,村子里的人往往自家酿酒,自家享用,似与他人无关。然而事实往往并非如此。人类与许多其他动物一样,也是一种社会性存在,必须与他人抱团在一起,即依靠他人才会生活得更顺利些,这便需极力避免与他人的纷争。酒是一种很特殊的饮料。一方面,其浓郁的香气与醇厚的滋味对人们,特

---

① 兰迪·穆沙:《啤酒圣经:世界最伟大饮品的专业指南》,高宏、王志欣译,机械工业出版社,2014,第27页。

别是男人们有很大的吸引力，若遇到酒少人多的情形便会起纷争；另一方面，酒液所含的酒精又容易刺激人的神经与心灵，容易让人兴奋乃至失控，有些人喝多了便会发酒疯，从语言争胜到拳头相向。所以，饮酒并非总是一个人的事，因饮酒而起纷争便是社会性事件，就需要有人出来调解，以便息事宁人，维持正常的社会秩序。正因如此，对一个已然成熟的社会群体而言，只发明高明的酿酒技术是不够的，还当辅之以解决因饮酒而来的"酒问题"之社会手段，此之谓"酒政"，实即对人们饮酒行为之管理。无论古今中外，政府从公共正常社会秩序维护的角度往往会对民间酒类生产、经营与消费施行管理，最严厉的管理为"禁酒"，稍温柔或人性化的管理则表现为对酒类生产、经营与消费各环节做出种种限制，比如生产环节对酒精浓度的规定，经营环节对酒类销售场所、时间的专门规定，以及消费环节对饮酒者年龄的规定，等等。

在中国，据说周代即有管理酒的专门官员，其长曰"酒正"，其下则有"酒人""酋""浆人""鬯人""郁人""司尊彝"和"萍氏"。

酒人掌为五齐三酒，祭祖则共奉之。（《周礼·天官·酒人》）

不独中国如此，古埃及时代，其王朝亦有专门之酒官，谓之"酒政"。

法老就恼怒酒政和膳长这二臣，把他们下在护卫长府内的监里，就是约瑟被囚的地方。（《圣经·旧约·创世记》40：2-3）

从社会秩序维护的角度看，世界各国酒政的核心当是对酒液消费环节之管理，因为影响社会治安的主要是这一环节。

帝中康时，羲、和湎淫，废时乱日。（《史记·夏本纪》）
绍绩昧醉寐而亡其裘。宋君曰："醉足以亡裘乎？"对曰："桀以醉亡天下，而《康诰》曰'毋彝酒'者；彝酒，常酒也。常酒者，天子失天下，匹夫失其身。"（《韩非子·说林上》）

这些材料说明：一个成熟、负责任的政府为什么要设置专门管理酒事务的官员，要有"酒政"，因为酒是一种很特殊的饮料，它虽然可以让人享受、让人快乐，然而若饮酒无度，受到酒精的刺激，普通人也会在饮酒后产生暴力行为；政府的高级官员则可能会

因酒误政、因酒而败政，引发国家的政治危机。

中华民族是一个政治理性成熟很早的民族。周初政治家周公（姬旦）鉴于商纣王因酒失政的惨痛教训，发布了中国历史上极为有名的政治文件——《酒诰》，用以告诫政治家们要从国家政治、历史责任的角度对待酒，要用比普通人警觉万分的政治理性约束自己的饮酒行为，即使不能彻底戒酒，也必须做到节饮，做到饮而不乱，绝不能因酒误政，那样的话会造成灾难性的社会后果，会因酒失政，贻笑后世。

《酒诰》乃《尚书·周书》中之一篇。康叔被封时年龄尚幼，周公害怕他到封地后沉溺于酒，重蹈商人覆辙，故而对他特别地有所警诫，是为《酒诰》。

祀兹酒。惟天降命，肇我民，惟元祀。（《尚书·周书·酒诰》）

这是说只有举行宗教祭祀，祭奠祖先亡灵以及天地众神灵时才可饮酒。用酒祭祖盛于商，然而商人同时也开创了以酒精取悦自我，无节制饮酒的新风尚。到商末，据说纣王创为"酒池肉林"，留下了昼夜饮酒不息的著名记录，最终导致了商王朝的灭亡，此乃周公发布《酒诰》的重要历史前提。正因为商人将原本神圣的酒世俗化为人的口食——饮料之一种，导致酒的弊端显现，所以为避免此弊，周公决定反其道而行之，让酒重新回到其出发地——祭祀，规定只有祭祖时方可饮酒，杜绝其进入世俗饮食语境之可能性。

我民用大乱丧德，亦罔非酒惟行；越小大邦用丧，亦罔非酒惟辜。（《尚书·周书·酒诰》）

百姓道德败坏无非是饮酒无度之过，有些诸侯国丧失政权多是因为其国民饮酒无度闯的祸，此乃过度饮酒所造成的严重的社会、政治后果。

天降丧于殷，罔爱于殷，惟逸。天非虐，惟民自速辜。（《尚书·周书·酒诰》）

老天把灭亡的命运降临到殷人头上，不再关爱他们，为什么？只是因为他们太放肆，太贪图安逸了。并不是老天故意要收拾他们、虐待他们，是殷人自邀其祸，自作自受。

尚克用文王教，不腆于酒。故我至于今，克受殷之命。（《尚书·周书·酒诰》）

反过来说，我大周正因能谨从文王之教，上上下下没有培养起对酒精的强烈爱好，所以才稳稳当当地代替着商王朝的天命。

无彝酒……饮惟祀，德将无醉。（《尚书·周书·酒诰》）

彝者，长也。彝酒即长时间没完没了的毫无节制地饮酒。此乃《酒诰》之正式告诫：不要无节制地饮酒。再次强调只有在祭祀时才可饮酒，而且即使在此情形下，饮酒也有条件，那就是"无醉"。"无醉"方可保持有"德"，此德乃清醒的社会理性、政治理性与伦理理性。有此理性者才会饮酒而不误事，酒后不犯浑。

不敢自暇自逸，矧曰其敢崇饮……罔敢湎于酒。不惟不敢，亦不暇。（《尚书·周书·酒诰》）

作为周王朝的统治者，我们平常都兢兢业业，不敢自求安逸闲适，哪还敢尽情地饮酒？我们不沉溺于饮酒，不仅是不敢，而且也没有那么多闲工夫。此乃强调国家最高管理者需有敬业勤苦之德，即使为了不废政务也不敢沉溺于酒。

厥或诰曰：群饮，汝勿佚。尽执拘以归于周，予其杀。又惟殷之迪，诸臣惟工，乃湎于酒，勿庸杀之，姑惟教之。有斯明享，乃不用我教辞，惟我一人弗恤，弗蠲乃事，时同于杀。（《尚书·周书·酒诰》）

只要有人向你报告"有人聚饮"，你就不要放纵他们，把他们都抓起来，送到国都我这里来，我把他们杀掉。若是商之旧臣以及手工艺人们纵饮，则无须杀死，只需教育他们。有了如此明确的政令，若有人还不听从我的命令，不畏惧我的威严，不好好行政，这样的人与聚饮者一样，统统杀掉。

这也许是世界上最严厉的禁酒令，也是政府酒政的极端形式。同情地理解之，且不以现代观念要求之，我们当能理解此政令之初衷：商纣王因沉溺于酒而丢了政权，周王朝刚刚从对手那里接过政权，心有余悸，不得不矫枉而过正之，心里实在是不踏实啊。凡聚饮者杀，这只是周初的政令。事实上，《诗经》中有不少关于宴饮，即以酒待客、聚众会饮的篇章，这说明周王朝并未绝对地限制聚饮。这种极端禁酒令只有放在商周王朝更替的特殊历史条件下方可理解。

无论如何,《酒诰》已成为中国酒文化史上的一个经典文本。它既有明确的禁酒条文,又有关于为何禁酒的理性说明。总之,政治理性对前朝政治命运的深刻反思是《酒诰》这一禁酒令出现的根本原因。某种意义上说,《酒诰》乃中国酒文化之一大特色——以清醒的历史和政治理性反思人类饮酒行为的消极后果,从而积极主动地以政治理性自觉地规范饮酒行为以及社会大众的嗜酒感性心理。这一经典文本代表着理性传统,其文化意义是永恒的。今天,无论代表整个社会群体之政府还是个体饮酒者,都需要从这一经典文本中汲取理性主义立场,并将它作为自身酒缘——如何正确地对待酒的必要参照。

《尚书·酒诰》所强调的关于酒的政治理性为后世政治家所普遍继承,因而后代皇帝们身边总不乏随时提醒他们不要饮酒过量的人。

先是,黄门郎扬雄作《酒箴》以讽谏成帝。(《汉书·陈遵传》)

然而,从政治学的角度看,酒政的重心并非是针对少数人,而是针对大多数人,即普通社会民众饮酒行为之管理。一个负责任的政府不仅要求高级官员自身饮而有节,更需要建立一套面向全社会普通民众饮酒行为进行有效管理的制度,使之成为社会公共秩序治理的必要组成部分。

(惠文王)三年,灭中山……还归,行赏,大赦,置酒酺五日。(《史记·赵世家》)
朕初即位,其赦天下,赐民爵一级,女子百户牛、酒,酺五日。(《汉书·文帝纪》)
酺,王布德,大饮酒也。①

今人看到这些材料难免会感到惊奇:老百姓自己高兴了,恰好手头也略有闲钱,想请些亲朋来一起喝顿酒,当是百姓私事,官方怎么连这也要管,连喝顿酒也需要皇上特别地开恩准许,皇帝还不得忙死?要理解这一点,还需要对古代社会的特殊环境有所了解。

首先,在古代社会,中央政府最大的负担是"民以食为天"之粮食。在当时,世界各民族的粮食生产能力尚很有限,经常会因天灾人祸而发生粮荒。有粮则稳,无粮则乱,一国之治乱首先系于万民口粮之丰缺。所以,对任何一个国家来说,粮食都是维护其社会稳定、百姓安生的最重要的战略资源。粮食问题看起来是民生问题,实则是政治问题。

---

① 许慎:《说文解字》,中华书局,1963,第312页。

间者数年比不登，又有水旱疾疫之灾，朕甚忧之……夫度田非益寡而计民未加益。以口量地，其于古犹有余，而食之甚不足者，其咎安在？无乃百姓之从事于末以害农者蕃，为酒醪以靡谷者多，六畜之食焉者众与？（《汉书·文帝纪》）

唐高祖武德二年闰二月诏曰：酒醪之用表节制于欢娱……而沉湎之辈绝业亡资……方今烽燧尚警，兵革未宁，年谷不登，市肆腾踊……关内诸州官民，宜断屠酤。①

对中国人而言，无论是宋以前之黄酒，还是元以后之白酒，均由粮而成。酿酒是一极耗粮食的行业——"石粮而斗酒"。一个社会若饮酒成风，嗜酒如命，势必会由消费环节影响到生产环节，刺激酿酒业之非理性膨胀——酒坊遍地。可这些酿酒作坊都是耗粮之硕鼠。一个时期的一个地区，甚至整个国家，若酿酒业过度发达，便有可能形成酿酒业因自身行业特殊需求而与普通的粮食供应市场争粮的局面。特定时期、特定区域的粮食生产与供应能力总是一定的，百姓的一日三餐与酒坊都需要粮食，到底给谁？有最基本的政治理性的政府都会意识到：一方是必不可少的人生基本需求，另一方则是可多可少，甚至是可有可无的超越性、享受性需求。民不可一日无食，但可以多日无酒。一个负责任政府的明智选择当然是首先保证万民的一日三餐用粮，三餐所耗有余，然后才会顾及酿酒业的用粮需求。正因如此，社会性的饮酒需求便不得不受到一定程度的管控，此当是古代政府酒政的基础性原因。

从政府的角度看，民间会饮还是一种政治风险极高的群体性事件。如果说一个人独酌过量有可能在家里发酒疯，祸及其妻子；那么许多人聚在一起饮酒无度，进而发起酒疯，其后果又将如何呢？破坏性很大的群体性暴力事件便难以避免，就会伤人，就会毁物，就会危及一个地方的社会治安。于是，限制聚众饮酒似乎就成为各级政府，特别是基层政府维护社会正常秩序的有效手段之一，虽然确实消极了一点。还有让人更担心的是，若有人别有用心，有意利用民间各式酒局，在大众聚会的场合，趁人们喝得特别高兴或特别不高兴的时候，传播一些于政府不利的消息，进而鼓动人们揭竿而起，那后果就更严重了。

限制群体性饮酒已然成为定例，且久而久之已然为广大民众所适应。突然有一天，遇上新皇帝上任或是皇家有了其他喜事，诸如太上皇祝寿、皇子诞生之类，于是政府诏告天下：某天至某天，百姓们可以相聚痛饮了！如果你不但高兴，而且手上确实有余钱

---

① 王钦若等：《册府元龟》卷五百四，收入《文渊阁四库全书》子部类书类第910册，台湾商务印书馆，1986，第751页。

的话。那么百姓们内心便会生出一种莫名的幸福感，会十分地感谢浩荡皇恩。对政府来说这难道不是禁止聚众饮酒政策的额外收获吗？政府施行酒管理的最严格手段，莫过于颁布酒禁令：

  太安四年，始设酒禁。是时年谷屡登，士民多因酒致酗讼，或议主政。帝恶其如此，故一切禁之，酿、沽、饮皆斩之。（《魏书·刑罚志》）

  曩者既年荒谷贵，人有醉者相杀，牧伯因此辄有酒禁，严令重申，官司搜索。（《抱朴子·酒诫》）

  这样的法规在现代社会普遍地消失了，何故？主要原因大概有二。

  其一，现代农业科学技术极大地提高了世界各地的粮食总产量，在现代社会，各国政府已然不必担心酿酒用粮会对国民总体粮食消费量造成重大冲击。即使真的遇上大规模的天灾人祸，造成本国一时的国民用粮短缺，一方面可以利用现代运输工具，通过国内市场将全国各地粮食自由流通以缓解局面；另一方面也可以通过外贸手段，利用国际市场上的粮食资源。在此新的大背景下，现代国家才普遍地取消了对酿酒业用粮之特殊限制。

  其二，现代社会公共区域治理水平大大提高。在现代国家，基层居民社区一般均有警察等治安力量存在，再加上极为发达的现代通讯技术手段。在公共区域，酒鬼们无论在哪里发酒疯，只要有人报告，片区警察会立马赶到，这些发酒疯的人成不了气候，所以也就无须在公共区域彻底禁酒了。

现代酒政

  现代国家普遍地对酒的生产、销售，特别是消费方面有严格的管理法规。对社会公众而言，现代酒政的最典型案例大概要算交通法规中对酒驾的严格限制，因为酒驾的后果十分严重，甚至会造成命案。

  巴伐利亚于1871年被并入德意志帝国，同时也把自己限制性的"啤酒纯净法"带了进去。至1879年，"啤酒纯净法"已经在德国全国上下拥有了法律效力。[1]

---

[1] 兰迪·穆沙：《啤酒圣经：世界最伟大饮品的专业指南》，高宏、王志欣译，机械工业出版社，2014，第18页。

美国根据其宪法第 18 条修正案，于 1920 年 1 月 16 日实行禁酒。准此，公开饮酒是违法的，会受到警察的制裁。21 岁以下的国民无购酒权。年轻人买酒时需出示能证明自己年龄的证件，且只能到指定的超市或专卖店买酒。1933 年，全国性禁酒令取消，但地方性禁酒令仍在有的州存在。加拿大的禁酒令始于 20 世纪初期，止于 20 世纪中期。俄国 1914 年开始禁酒，直到苏联解体时才消失。北欧五国除丹麦外均有禁酒令。孟加拉国只有外国人才能合法地买到酒。沙特完全禁止酒的生产、销售与消费，违者处以监禁甚至鞭刑。

早在 1871 年就已经规定酒后骑马、驾驶马车和操作蒸汽机均属于违法。如今的英国，初次酒驾吊销驾驶证一年，第二次犯吊销驾照 3 年并罚款 1 000 英镑。如果十年内三次酒驾，将被吊销驾照 109 年。没错，不是 19 年，而是 109 年！如果酒后开车肇事的话，终身禁驾机动车，还会给予其他刑罚。①

俄罗斯《反酗酒法》规定：驾驶员最多的饮酒量相当于一杯啤酒的量为限，行车过程中驾车人不得喝酒，酒后行车如果是初犯，会被取消 1 至 3 年驾驶资格；再犯的话，就会受到 3 至 5 年不许开车的处罚。如果因饮酒造成交通事故，驾驶人员将受到 5 年以内监禁、罚款、吊销行车执照，剥夺终身驾驶权利等处罚。②

如果说各类酒的消费体现的是个人的饮食感性需求，那么立足于社会公共秩序管理的政府酒政体现的则是社会理性。没有如此理性之存在，酒这一"魔液"将十分地可怕，会引发出种种的人生悲剧，这大概是酒仙或酒鬼们所想不到，也不愿想的。

综合国际上现代国家的酒类管理经验，出于社会治安，以及国民健康状况而对酒类生产、销售与消费进行不同程度的限制性管理，大约有以下几个方面的手段。

其一，从产品标准立法角度明确制定各式酒类饮品的酒精含量，以使绝大部分酒类饮品的酒精含量不会对全体国民的身体健康造成危害。

其二，通过建立专买许可制度对酒类产品的销售，特别是零售主体之规模进行控制。

其三，对酒类产品的销售时间、地点，以及销售对象做出种种特殊规定，同样可以达到保护国民身体健康的目的。

---

① 本刊编辑部：《其他国家及地区关于酒驾立法的情况》，《汽车与安全》2016 年第 5 期。
② 同上。

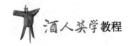

其四,对酒类生产、销售与消费各环节征收较高的特别税,以抑制社会对酒的过度需求。

据媒体23日报道,博茨瓦纳15岁至49岁人群中约有24%为艾滋病病毒携带者,其中有相当一部分人感染艾滋病病毒与酗酒有关。博茨瓦纳总统伊恩·卡马于2008年上任时强调要消除酗酒,并于当年11月1日起征收30%的酒税,多管齐下减少国民对酒类及含酒精类饮料的过度消费。①

在挪威的税收制度中规定了酒精饮料包装需交环境税,其税率根据回收和再利用率的增加而减少,如玻璃包装回收率为0时,税率为4.97挪威克朗/单位,回收率为95%时,税率为0挪威克朗/单位,回收率为90%时,税率为0.49挪威克郎/单位;另外,每个酒精饮料包装还要额外收费。还颁布了废旧饮料包装回收法令,规定任何酒精饮料的进口商和生产商都需要建立和经营或加入某个回收系统中。②

其五,针对酒类企业的促销行为,对酒类广告与赞助均给予特别的限定。

最后,也是最重要的,从消费环节,对因酗酒而造成的对他人与社会的损害行为,给予严厉惩罚,比如对酒驾和醉驾者的法律惩处。③

汽车文化与酒文化

汽车文化与酒文化是个很现代、很特殊,也很具体的话题。对我们这些已然生活于汽车时代的现代人而言,此话题的特殊功能在于,它应当让我们每个人充分地意识到:酒政也许不仅仅是政府的事,不仅与政府有关,它还应当是一个与每个个体公民有关的概念,每个人都应当有自己的酒政——以十分自觉的生活理性管理好自己的饮酒行为,至少是处理好汽车文化与酒文化之关系,否则后果将很严重。

中国是一个酒文化历史悠久,且十分发达、普遍的国度,酒文化会在当代中国得到持续地发扬光大。然而,进入21世纪,当代中国又有新景观,那就是随着国民物质生活水平的提高,汽车这一曾经的贵族阶层高档消费品开始进入到寻常百姓家,成为家家都

---

① 郭骏、罗淑珍:《博茨瓦纳用酒税反酗酒》,《新华每日电讯》2010年12月25日,第003版。
② 刘晓凤:《挪威酒精饮料税收制度改革及其启示》,《当代经济管理》2011年第8期。
③ 张巍:《<全球酒精政策状况>摘译》,《中国健康教育》2005年11月第11期。

有的最普通的交通工具,于是便产生了围绕汽车使用而来的"汽车文化"。

如果说"酒文化"以人的感性生命欲望自由释放为要义,是"酒神精神"的传统表达,那么"汽车文化"则是以人的理性意志管控感性欲望为核心要义的"日神精神"为现代化的表现形式。"酒神精神"之核心是个人生命感性意愿随心所欲地痛快抒发;"日神精神"强调的则是随时随地的精准理性监督。汽车是现代交通技术成就的典范,动力强劲、速度快捷,方便出行,然而也正因其动力强劲、速度快捷,所以一旦控制不好,便会造成车毁人亡之重大生命损失,这种严重后果是古典时代以骑马驾车方式出行的人们所梦想不到的。

据世界卫生组织统计数据,每年全球有近125万人的生命因道路交通碰撞事故而提前结束,还有另外2000—5000万的人遭受非致命伤害,许多人因伤害而致残。[1]

于是,生活于现代社会的人们,要想充分地利用汽车这种现代化的便捷交通工具,而又尽量地减少交通事故,将损失降到最小,便应当充分自觉地意识到"酒文化"与"汽车文化"的内在冲突,用心地培育自己的"酒德"与"车德",严格地奉行关于"酒文化"与"汽车文化"之"金诫"——"开车不喝酒,喝酒不开车。"

日本《道路交通法》规定,任何人不许酒后驾车;严禁为酒后驾驶员或者是疑似酒后的驾驶员提供车辆;任何人不得为即将驾车的司机供酒、劝酒;不得乘坐酒后驾驶员驾驶的车辆,违者严惩。酒后驾车分为"饮酒驾车"和"醉酒驾车"。对于醉酒驾车者处以5年以下有期徒刑或1007万日元(1美元约合95日元)以下罚款,并当场吊销驾照,3年内不核发驾照;饮酒驾车者处以3年以下有期徒刑或50万日元以下罚款。对于醉酒驾车司机的同乘者和供酒人,也要处以3年以下有期徒刑或50万日元以下罚款。[2]

如果说酒是古典社会人类诗性文化的伟大发明,其魅力在于随性与朦胧,那么汽车则是现代科技理性文明的杰作,其特征在于清醒与精准,唯有做到随时随地的清醒与精准,驾车才是一种享受,而不是犯罪。

于是,对生活于21世纪的中国人而言,汽车已成为绝大多数人的生活必需品,驾车

---

[1] 本刊编辑部:《酒驾、醉驾为何屡禁不止》,《汽车与安全》2016年第5期。
[2] 代山:《国外如何治理酒驾》,《人民政坛》2016年第2期。

已成为人们极为普遍的日常交通方式,因此需要深刻地理解汽车文化的理论内涵。

首先,汽车是现代科技文明的产物,其发明与制造需要清醒、精准的科技理性,其使用——驾车同样需要随时随地清醒、精准的日常生活实践理性,否则便会给自身与他人的生命造成重大威胁。因此,每个人驾车时必须始终明确地意识到:开车应当是一种最理性的行为,必须随时随地地做到清醒与精准。汽车文化首先意味着驾驶理性。

其次,任何一个社会要正常运行,都必须建立起码的人际交往、利益协调规范,需要一定的社会规则。在传统社会,君君臣臣、父父子子就是这样的有效规范,它维护着数千年的古代社会秩序。今天,汽车已然是最普通的日常交通工具,且多集中于城市。生活于城市,面临的就是人多、路密、车繁的现状,如何安全、高效地出行?就需要一系列交通规则。于是,对交通规则的遵守便成为当代汽车文化的重要内涵。交通规则是安全、高效出行的必要因素,每个人要想利用汽车安全、高效地出行,必须严格遵守交通规则,这是汽车文化中清醒、精准理性的另一种体现。汽车文化又意味着规则理性,即对交通规则之尊重。

最后,现代社会的交通规则所承载的不仅是安全与效率,同时也承载着权利与义务。理论上说,在特定时段与地域,每个正在路面上行驶的司机均有权通过这条路,然而由于车多路窄,且方向不同,这些诉求不可能同时得到实现,需要相互妥协,于是才有了红绿灯之制度安排:在特定时段,总有一些人可以实现其通行权,另一些人则需要暂时性地向他人让渡自己的权利,以换取另一时段、区域,他人的同样让渡。于是,以红绿灯为标志的现代交通规则实际上是整个现代社会秩序安排之绝佳隐喻——人与人之间权利和责任相关联的社会规则。每个驾驶员需意识到:每个人的权利都是相对的,个人权利的实现需以承担一定的义务——对他人同等权利之尊重为前提。汽车文化中对交通规则之习惯与遵从具有培育现代社会公民基本素质——"契约精神"的意义。所谓"契约精神"要义有二:其一,权利均等,每个人的权利均不比他人更多,也不比他人更少;其二,权利与义务相随,每个人要想实现权利,必须同时承担与之相关、相等之义务,不愿履行自己对他人之特定义务者,也将同时失去其自身之权利。对驾驶汽车出行的人们而言,要想安全、高效地出行,充分地实现自己的自由权,就需先尽对他人生命安全负责之义务,就需严格地遵守各项交通规则。相反,以随意闯红灯为代表的不遵守交通规则之行为,便不仅只是随意、粗心,想占小便宜之举,乃是不尊重他人生命安全,不尊重他人路权的严重侵权行为。随意侵犯他人权利者必承受社会之法律惩罚,且有可能付出车毁人亡之惨重代价,自身之诸项大小权利也就不可能实现。因此,汽车文化还意味着关于个体间权利义务平等关系的契约理性、公民意识,意味着先尽尊重他人权利之义务，然后方可实现自身权利之现代公民理性。

  鱼我所欲也，熊掌亦我所欲也。二者不可得兼，舍鱼而取熊掌者也。（《孟子·告子上》）

  以汽车文化为参照，我们方可真正体验到酒文化之内涵及其局限。我们可以设想：若刘伶、李白再生，他们是否可以整天拎着酒壶驾车出行？如果你在路上遇上这样的酒仙，会有怎样的表现？显然，汽车文化与酒文化是两种内在气质截然相反且势同水火的文化形态。在现代社会，我们要享受汽车文化带来的高效、便利，便不得不对诗意盎然的酒文化有所割舍，有所限制。

  当然，汽车文化的普及并不会彻底剥夺酒文化的生存空间，而只是对它有所限制。宏观上，此二者完全可以并行不悖、相互补充，使我们的人生更为完善、丰富。但在具体的层面，我们需要清醒地意识到此二者间的内在冲突：我们绝不可能同时享受与应用这两种东西。在特定时空内，对酒与汽车我们只能二者必居其一，要么捧起你的酒杯，要么握住你的方向盘。请再次记住："开车不喝酒，喝酒不开车"，这是生活于汽车时代每个人的第一条人生诫令！

  作为一名司机，若你实在放不下对酒的惦记，最佳方案是先格外清醒、精准地驾车，然后将车稳稳地停在一个酒吧，美美地喝一顿。但是记好了，今天就别开车回家了，让别人为你服务，这对你与他人都是种福分。

  我们不得不意识到：其实，对整体人生而言，酒神虽美好，可他并不足以与日神等量其观。它们的准确关系似乎应当是：酒神是个永远长不大，也无须长大的天真烂漫的儿童，而日神则是随时随地在其侧的监护人。日神为主，酒神为辅，方为有福，否则危矣。

拓展阅读文献

[1] 王世舜，王翠叶. 尚书译注 [M]. 北京：中华书局，2012.

[2] 薛军. 中国酒政 [M]. 成都：四川人民出版社，1992.

思考题

1. 对酒的社会性管理为什么是必要的？
2. 如何理解酒文化与汽车文化之间的关系？

第三章 酒与经济

若立足于经济学视野，我们可以对酒获得一种新的理解。立足于饮酒者看，酒是一种可以满足其饮食之欲，具体指其口味之欲的利益。在正常的社会秩序下，为了满足自身的此种欲望，他需要用自己的特定利益，比如一定数目的金钱去交换或购买某种酒液。立足于酒的生产者看，某人酿造一定数量，特别是超过其本人饮用需求的某种酒液，一定付出了他的特定物质成本与劳动。这种活动要想持续，便需要他将此酒液与他人的其他物资或等量的货币进行交换，以此换回其生产成本以及一定的利润。若立足于特定社会，比如能够代表某种公共利益的机构的角度看，某种群体性的酒液生产与消费行为，一定会产生特定的物质成本与利润，因而与人类其他物质生产与消费一样，典型地属于人类的经济活动，因而需要以某种方式介入。因此，本章的视野是双重的，一方面仍然维持本编之群体性视野；另一方面，引入一种很独特的角度——经济，将人类的酿酒与饮酒行为根本地理解为一种物质产品的生产、经营与消费活动，因而专门考察此种活动对特定社会群体整体经济效益的影响。

第一节 社会经济

如我们在前面关于社会治理一节所介绍的：本章的思路仍然是先呈现人类社会经济领域之基本轮廓，然后才转入关于人类酿酒与饮酒活动对人类社会经济领域整体影响之讨论。因此，本节简要介绍人类社会群体经济活动的基本要素及其内在机制。

经济的观念

足下沉识淹长，思综通练，起而明之，足以经济。（《晋书·殷浩传》）
令弟经济士，谪居我何伤。（李白：《赠别舍人弟台卿之江南》）

在古代汉语中,"经济"一词乃"经国济民"之义,它同时包括了现代汉语中"政治"(社会治理)与"经济"两个概念之内涵。

经济活动,包括物质资料的生产、分配、交换和消费等活动。一国国民经济之总称,或指国民经济的各部门,如工业经济、农业经济等。[①]

经济学(economics),分析和阐述财富的生产、分配和消费的社会科学。经济学考察的领域同其他社会科学特别是政治学考察的领域相互重叠;不过经济学主要是涉及买者和卖者之间的关系。经济学成为一门独立学科,始自1776年A.斯密发表的《国民财富的性质和原因的研究》,其中包括简单的价值论、分配论、国际贸易论和货币论。他建立了古典政治经济学的理论体系……当代经济学包括如下主要领域:财政学、货币学、国际经济学、劳动经济学、工业组织、农业经济、经济增长和发展、数理经济学、计量经济学。[②]

据此,本教材此处的"经济"概念主要指人类群体,特别是现代民族国家中,一国之国民群体所从事的物质财富生产、分配和消费活动。下面我们简要介绍人类群体性经济活动所依赖的一些基本要素。

国民经济要素

经济学使我们对人类群体的物质生产与经营活动情形有了一些最基本的了解。人类个体或群体为什么要从事物质生产,以及何为财富?那是因为人类与地球上任何一个物种一样,要维持其生物体的存在和其功能的正常,总是需要消耗一定的物质或生物能量,最简单地,人类每天都需要"食物"。"食物"从哪里来?需要人类自己去找。自然界其他动物可以直接从自然界"寻找食物",而人类则利用自然界的各种物质材料"生产食物"。因此,所谓"财富",实为人类生物体所需要,而又为人类自己所生产的物质产品。因此,对人类生命体各种生命欲望或需要进行深刻、全面地认知,乃是深刻理解经济学的哲学基础。经济学只关注人类如何从事物质生产,哲学则努力理解人类为何需要生产,即人类从事经济活动的内在生理与精神动力。在此意义上,对人类生命体内在欲望或需

---

① 《辞海》,上海辞书出版社,1989,第1311页。
② 《不列颠百科全书》(国际中文版)第5卷,中国大百科全书出版社,2007,第530页。

求,即"人性"的考察当是经济学的必要哲学基础。然而,哲学对人性的研究只能告诉我们人类为何需要物质生产,即人类从事物质生产的内在动力,却无法揭示人类经济活动——物质生产何以可能?下面我们简要描述人类经济活动的基本因素。

资　料

经济首先是人类物种制造特定物质产品,以满足自身生理与心理需求的活动,然而与地球上其他动物一样,人类并不能绝对地创造他们所需要的物质财富,即不能毫无条件地从无到有地进行生产。相反,他们总是要利用自然界已然具备的某些物质条件去生产自己所需的各式产品。人类不能凭空地为自己生产食物,而只能将自然界已然存在的某种材料,比如动物的肉、植物的果实等加工成适合人类消化的食物。某种意义上说,人类一切的物质生产,或创造物质产品的活动,都可理解为利用自然界各式材料并对其进行不同程度的加工和改造的活动。这些可以为人类所利用,符合人类消费需要的自然界中的各式物质材料,我们称之为"生产资料"或"资源"。它们是人类从事一切物质生产劳动,亦即人类经济活动所必需的第一性要素。

换言之,人类从事一切物质生产的必要"生产资料"首先来自大自然,具体包括动物(野生的及由人类驯化的,它们是人类生命所需脂肪和蛋白质能量的主要来源)、植物(野生物种及人类培植物种——农作物,它们是人类生命体所需各式糖分与碳水分合物等的主要来源),以及无机物——山川、河流,以及其上之动植物与其下之各式矿藏。来自自然界的上述各式"资源"是人类各民族从事物质生产、满足自身生命需求、创造各式物质财富的第一性"生产资料"或生产要素,是人类一切财富的最重要基础,无论对个体还是对群体均如此。此类"生产资料"细言之包括了动物、植物和无机物,概言之则曰"土地",因为它们均存在于土地之上。第二类生产资源以第一类生产资料为基础材料生产出来,是对人类各式生产与生存活动有前提性支撑意义的人造物,诸如厂房、生产工具等。于是,对于人类的物质财富,简言之可分为两类:一类是自然资源性财富,它是第一财富,即一切财富的基础;一类是人工产品性财富,它以前者为基础加工出来的人工产品,比如面包。细分之则可包括三种:一曰资源性财富,二曰工具、设备性财富,即加工产品所需要的人工性物质条件,三曰产品性财富,即利用前两者生产出来,可供人们使用的各式最终产品。

对个体,特别是群体生产者,比如民族国家而言,其国民从事生产活动的最重要物质基础,首先是一个国家所拥有的基础性资源——土地,一国之富足程度,首先以其国土面积的广袤度,以及其上之植物与动物物种,还有其地下所储存矿物资源的丰富度为衡量依据。现在，我们可以理解保卫国土的意义，理解每个民族对自己的领土与领海为何"寸土必争"，因为土地及其上下所承载的动物、植物与无机物，对任何一个国家的全体国民而言，乃是其生存所依赖的第一性要素，是其从事一切物质生产、创造任何物质产品的必要前提。

人 口

人口乃人类特定群体，比如民族国家的人数总量。以土地为代表的生产资料只是人类从事物质产品生产的静态物质条件。但是，物质产品或财富最终需要更为积极主动的因素——人或生产者的创造。于是，从经济学的角度看，人口——特定人类共同体的人数总量乃是一极重要的经济指标。具体地，从经济学看来，特定规模的群体——人口，乃创造物质财富，从事劳动生产的第二大要素——生产者或劳动大军。若从主动性上说，它应当是人类经济活动最为重要的变量因素。在此意义上，所谓人口，实际上是特定民族国家从事物质生产，具备创造物质财富能力的又一重要经济要素。理论上说，对特定民族国家而言，其适合从事物质生产的人口规模越大，便意味着它能够创造更多的物质财富，这个群体的总体经济实力也就越强。因此，要成为世界强国便需要两大要素：一曰广袤之国土，二曰庞大的国民人口规模。

因此，在特定时期，一国之人口出生率代表了本国未来一段时间其国民物质财富的创造能力。劳动人口严重短缺便会成为制约其经济能力的重要障碍。对一个国土广袤的民族国家而言，若国民劳动力太少，便只能通过调整移民政策来吸引域外劳动力，以提高自身物质生产能力；国土面积小的国家在此方面便较为被动，因为它无法容纳太多的人口。

每个人既是财富消费之主体，也是财富创造之主体。一国之国民人口体量若很大，一方面意味着有大量的人口需要吃饭，需要消费，政府可以将其视为负担。然而，这只是一种消极的眼光。积极地理解应为，数量巨大的国民人口其实更是一种"资源"，而且在人类经济活动中最具主动性，因而也是最为珍贵的资源。如何平衡国民人口消费能力与创造能力间之关系？长期以来，我们曾主要从消极角度理解国民人口，因此采取了很极端的人口政策——计划生育。目前，中国的人口红利期已然结束，劳动力成本上升。提前进入老年化社会的中国将面临日本曾面临过的困境：没有足够的年轻人"养活"越来越多的老年人。发达国家可以通过优越的移民政策在全球范围内吸收高端，即最具财富创造能力的域外劳动力。对中国这样的发展中国家而言，若暂时无力大规模地吸引域外高端劳动力，便只能最大限度地提高本国国民的文化素质，提高国民单位劳动力的财

富创造能力与效率，这才是国民人口规模总体稳定情形下，改善国民消费力与创造力比率的核心环节。

生产力

生产力是指特定时代的特定群体，比如一国全体国民创造物质财富的总体能力，它与人——生产者相关，然而内涵又有差异。生产力当然是指作为生产者的人的生产能力，但是，经济学意义上的生产力，并不指个体劳动力的财富创造力，而是指特定时代或群体的整体性、平均化的财富创造能力。在更为具体的层面上，它指特定时代、群体（比如民族国家）创造物质产品的生产技术，比如劳动工具的创造与更新、新材料的发明，以及特定材料加工工艺的效率等。总之，它指单位时间内特定生产群体创造物质财富所使用的特定生产技术的生产效率。也许正因如此，考古学才将劳动工具形态的变革作为史前人类文明形态、文化类型划分的重要尺度，并据此而命名之，比如"石器时代""青铜时代""铁器时代"等。这些劳动工具成为揭示特定时代、特定人类群体劳动生产能力的关键特征。在古代社会，由石器到铁器的变革带来了世界各民族物质生产效率的巨大飞跃，大大提升了各民族物质财富的创造能力，其文化与文明成果亦大为改观。

总体而言，在古代社会，以生产工具变革为代表的世界各民族群体的生产力变革极为缓慢，数千年而未有大变者，比如汉代出现的铁犁到20世纪的中国农村还在使用。17世纪以来，率先发生于西方的近现代科学技术的发展极大地推动了世界范围内现代生产力的提升。以实验科学为支撑的技术进步为现代人类物质生产力的提高——新机器、新技术的更新注入最大活力。以蒸汽机的发明为标志，人类物质生产进入一个现代化的新时代。进入现代社会以来，人类在一两百年内所创造的物质财富超越了此前人类所有时代所创造的财富之总和。21世纪，人类所面临的是计算机、网络、人工智能、新材料、新能源和生物工程等领域更加高频率的新技术革命，其创造物质财富的能力更是日新月异，成为当代世界经济活动生产力提升的关键因素。概言之，对当代世界各民族国家而言，国土面积与国民人口总量当是变化最小的经济因素，在此情形下，各国经济实力竞争的主要途径便是通过提升本国国民整体的文化素质，从而不断提升本国国民的整体科技创新能力——生产力更新的最关键因素。

作为生产技术的生产力包括了材料、工具与材料加工方法三个方面的创造能力。围绕物质生产环节中这三个要素的技术创新会极大地提升特定时代、群体之物质财富的创造能力。在现代社会，人类在物质生产领域中所表现的生产力主要由科学技术的发展来推动，人类科学技术活动已然与物质财富生产活动高度融合。正因如此，邓小平才提出

"科学技术是第一生产力"的命题。

纵观人类历史,从生产力,即物质财富创造能力或技术角度看,迄今为止,人类社会经历过采集—狩猎文明、农耕—畜牧文明、机器文明与计算机—网络—人工智能文明四个阶段。第一种文明本质上是消极地利用自然材料的生存方式或生产力,与自然界其他动物的生存之道并无本质区别。从农耕—畜牧技术到机器技术和计算机—网络—人工智能技术,人类物质生产能力的每一步改进都是一种革命性变革,其物质生产力获得极大飞跃,人类物质财富创造的能力不断提升。

如果说人口是国民物质财富创造之核心要素,那么以生产技术为内涵的生产力的不断提升,才是一种更为内在的主动性生产要素,生产力提升才是人类物质文明进步的关键环节。于是,民族国家之间的经济竞争力便自然地表现为其国民整体生产能力在当代国际社会所处之地位,其经济活力也就关键地表现为国民物质生产技术的更新能力,支撑此能力不断提升的是其国民整体性的科学技术创新能力。

从人类主体的主观欲望讲,人类文明的物质财富需要无限制地永恒增长。从人类的创新天性讲,人类总喜欢不断地更新技术,因而我们据此可得出:只要人类在科学技术上不断创新,其物质财富的创造力便可无限增长,因而人类物质财富的增长便没有止境。然而,人类物质财富永恒增长的观念是否合理(就人类无限的物质贪欲而言,这种观念当然是合理的),人类物质财富的增长是否真的永无极限?20世纪中期出现的全球性环境危机(资源枯竭、环境污染与人类健康问题)引起思想界对上述问题之严肃反思。西方先驱思想家们开始质疑这种追求物质财富无限增长的经济发展模式,从而提出了"可持续发展"(sustainable development)的新理念。

让我们再回到人类物质生产的第一个要素——资源。如上所述,人类从事物质生产的基础性要素是得之于自然界的各式资源——植物、动物与无机物。问题的关键在于,我们需要对地球现存资源有一种新认识:对全世界,进而对每个领土与领海面积大致固定的各民族国家而言,地球上的资源并非"取之不尽,用之不竭",而是有限的。地球上现有的动物、植物物种及其种群规模是一定的,地上可利用的水资源是有限的,埋藏于地下的各种可利用的无机矿物资源也是有限的,这些资源是地球经过数十亿年积累、转化的结果。人类目前开发、利用自然资源的速度已远远超越了地球储存与转化资源的速度。在民族国家层面,许多国家的国民人口规模与其当地环境资源拥有度及生态环境可承载度间已然发生严重冲突。所有这些突出的当代环境问题都在提醒我们:近代社会以来所流行的"无限进步、无限开发、无限增长"的经济观念已然受到严峻挑战。当代人类在经济思想上急需改弦更张,从"无限增长"观念调整为"有限增长",追求"可持续

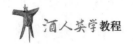

发展"的新理念。

一句话，虽然人类生产力的提升可能是无限的，然而其第一性要素——自然资源则并非无限，它是制约人类物质文明进步，具体的物质财富增长的最大因素。这是人类需要永远记住的一个基本常识，违反了这一常识，代价将十分沉重。也许，人类经济行为自此应当进入一个新阶段，从传统的无限欲求、无限提升、无限增长的"粗放式"经营，转化为一种克制性需求和"量入为出"、精细化经营的"新经济"模式。

制　度

此处之制度当然是指经济制度，即人类社会特定时代、群体关于物质生产、流通与分配环节中生产基本要素——资料、工具、人员、技术、资金等结合方式的规范性安排。历史经验证明：在其他生产要素不变的情形下，经济制度的变化将极大地影响特定时代、群体生产者的积极性，不同的经济制度将导致不同的生产效率。实际上，制度乃生产力之外对人类社会生产力产生重大影响的另一主观要素。

从经济学的角度看，人类社会的重大变革，除生产力变化之外，最为重要的便是经济制度的变革。此种变化影响着特定社会群体不同利益集团间的经济利益，发挥着不同的经济效益，因此其成为最有全局性影响的变革，成为其他社会变革之首要基础。一个时代民族国家间经济实力之竞争便有了又一重要指标：其经济制度是否能最大限度地激发其国民物质财富创造的动力与效率。

一切经济制度可简约化为两种制度：其一是关于物的制度，即生产资料及其产品——财富的制度。在此意义上，一种合理的经济制度当能最大限度地发挥物（包括材料、工具、技术、资金，以及产品）的价值，即促进财富增值潜能的制度。据现代社会市场经济的基本规律，一种合理的经济制度应当是一种能让物畅其流，即根据效率原则让各种物的因素最大限度地自由流动、合理配置的制度，一种不为各式物质生产要素人为设置障碍的生产与消费安排。评价一个社会经济制度的完善、合理度有一项重要指标，便是看它是否能让经济生产中的各种物质要素最为自由，亦即最为高效率地流动和组合。在此意义上，传统社会中对诸物质要素所设置的家庭、地域、国家间的种种限制，便是人为地阻碍了物质要素的经济增值效益，是一种必然需要变革的制度。人类经济活动中诸物质要素流动的空间谓之"市场"，从传统社会到现代社会，物质要素流动的空间日益扩大，流动的自由度亦日益扩大。当代人类的经济行为本质上已然是一种全球性市场行为。民族主权国家的政治权利边界与经济活动本能性的国际化要求间所存在的矛盾，乃当代世界经济之主要矛盾。一方面，市场自由度最高的国家走在世界经济之前列；另一方面，在全球范围的市场经济面前，生产效率最高、生产能力最强者方能从全面开放的全球经济中取得更高的收益。这既成为促进更多国家开放本国市场的强劲动力，同时也成为一些发展中国家保持本国贸易与关税壁垒的主要理由，因为各民族国家物质产品的成本、效率是有差异的。在自由经济面前并非人人获益，即使获益也并非人人相同。自由化、国际化是现代世界经济行为之总体要求，因为它是提高生产效率之不二法门，以关税壁垒为形式的民族主权国家对本国产品的保护性措施乃预防、辅助性的制度安排。不明此主次之别，就会在国民经济制度建设中犯战略性错误。

其二是关于人的制度，包括作为生产者与消费者，其财产与能力在生产活动中的制度安排。据现代发达国家的基本经验，一项合理、完善的国民经济制度当包括以下几项要件：（1）对国民（作为生产者与消费者）合法私人财富有最大限度的保护，此乃维护与激发国民经济创造能力的根本所在。（2）为每一位国民从事合法的生产、经营与消费活动提供最为自由的活动空间，此乃对经济活动中最主动因素——作为生产者的人，能使其生产效率最优化的制度安排。与上述关于物的描述一样，效益最高的经济制度当是赋予生产、经营与消费者以最大限度流动自由的制度。传统社会倾向于对国民的经济活动主体——生产、经营与消费者做出诸如性别、种族、社会地位等方面的人为设置，现代市场经济则建立起关于生产、经营与消费者从事合法经济活动最大限度自由的制度安排。于是，作为最具主动性的生产要素，像物质要素一样，人也出现了全球范围的自由流动。因此，在当代国际范围的经济竞争中，哪个国家实现了生产、经营与消费者最高程度的自由流动，便具备了最佳的经济环境，便能在全球范围内吸引更多的高素质生产与经营者。人身自由，即生产者与经营者在经济活动中根据效益原则进行流动的自由度，是衡量一个社会经济活动质量与效率的重要指标。

从法律层面上说，现代社会合理的经济制度当是指基于自由市场的经济模式，具体地，它包括建立起诸生产要素可以根据效率原则最大程度地自由流动，生产与经营者在其经济活动中实现产权明晰、法律地位平等、相关责权对等的制度。

换一个角度看，我们又可将人类的经济制度区别为生产制度与分配制度。前面所言基本上属于生产制度。生产制度规范人类特定群体如何高效率地组织生产与经营过程，效率乃其核心，而最合理的经济制度当理解为最能促进经济生产与经营效率的制度。分配制度则是对人类经济活动成果——劳动产品的配属规范。就像生产制度中关于财产要素的安排一样，分配制度的合理与否同样极为重要地影响人类经济活动中生产环节之效率。人类经济分配制度的核心是公正。作为经济分配制度的公正观念有两个层次的含义。

其一，指经济活动中生产主体在生产活动中的贡献与回报——经济利益收获间的匹配度。一种合理的分配制度应当能忠实地反映生产者在生产活动中的贡献率，特定主体在消费环节中的收益应当与其在生产环节中的生产能力、实绩基本匹配。简言之则曰原则上为劳者得，不劳者不得；细节上为多劳多得，少劳少得。此乃维护生产和经营者物质财富创造的积极性，以及激发其财富创造活力的根本之道，亦乃国民财富初次分配所贯彻的基本原则。

其二，指国民财富在全体国民各阶段中宏观均衡分配的原则。本质上讲，这并非一种经济学理念，而是一种政治学，即关于社会治理的理念。经济学的核心观念乃效率原则：最高效率者为最佳。然而，国民个体之间以及不同群体之间，其创造财富的能力总有差异，特殊情形下，此种差异会越来越大。于是，完全市场经济状态下便会出现马太效应——贫者愈贫，富者愈富。贫者不足以自力生存，富者则会过度浪费财富。此种局面从伦理学上来说是不应当的，它有违于人类同物种内部所应有之同情心。从政治学上考虑则是不安全的：最贫者也要生存，最低能者也需要吃饭、穿衣。若一个社会的贫富悬殊被无限拉大，积累出越来越大的赤贫者群体，社会便会分裂、不安定，甚至会出现贫民暴动，最富裕阶层及其所拥有的财富便没有安全保障。在此情形下，政治学与伦理学意义上的各社会阶层经济状况宏观均衡的社会公正理念便十分必要，于是便需要在可操作性环节上实现此理念——抑富济贫之制度安排。比如税收，特别是专门针对富裕阶层而设置的高所得税、遗产继承税等，便专门用来解决特定群体内部的社会宏观公正问题。

当然，税收制度创设之本义并非扶贫或公正，而是解决设立政府，为社会提供必要公共服务，比如市政建设、公共道路，以及教育、医疗、国防等服务所需之成本。然而，成熟的市场经济国家逐渐意识到以税收手段在国民财富二次分配中解决贫富悬殊，弥补市场经济缺失，从根本上消除暴力革命的社会土壤，实现民族国家长治久安，追求全社会基本公正的崇高伦理理念的重要性。换言之，以税收为表现形式的现代国家经济分配制度，其功能有二：一曰支付市场所不愿意支付的社会公共服务成本——政府开支；二曰以特殊税种进行国民财富二次分配，以富济贫，缩小贫富阶层间之收入差距，实现社会层面的宏观公正。

通常我们区分两种本质不同的经济组织方式。一个极端是，政府制定大部分经济政策，处于统治集团最高层的那些人逐层向下发布经济指令。另一极端是，决策由市场来做出，个人或企业通过货币支付的方式自愿地交换物品和劳务……当今世界没有一个经济完全属于上述两种极端之一。相反，所有的社会都是既带有市场经济的成分也带有指令经济的成分的混合经济。[①]

从经济学的角度看，现代民族国家政府经济制度的核心问题便是如何正确地处理以效率激励经济发展和以公正调节贫富差距间的辩证关系。纯效率会引发社会公正问题，纯公正会抑制社会经济发展的动力，聪明的政府当是善于在效率与公正间玩平衡术的优秀技师。

酒的社会经济价值

立足于社会经济，实即国民经济的角度，我们需要向自己提出一个问题：这个社会为什么会产生酒业（酒之酿造、经营）？酒业为什么可以盈利，一个可以盈利的酒业对全社会（从地方到国家）有何益处？我们可以从哲学上给予一个很简要且精准的回答：这个世界上之所以会出现酒，且成为一个规模庞大的行当，根本原因在于人们需要它，因为这个世界上的许多人喜欢喝酒。如果世界各地的人们都不喜欢喝酒，酒也许根本就不会在这个世界上出现，即使出现了也成不了气候，不可能发展成一个独立、普遍且持久的经济行业。从个人的角度追问答案如此，从全人类的角度追问答案亦如此。人类到底为何需要酒，酒对人类而言有何魅力，它满足了人的哪些需要？我们从本教材的导论部分已然获得简要且明晰的认识：

人类这一特殊物种已然进化出三种生命需求——生物需求、社会需要与精神需求。酒这一神奇液体可以同时满足人类这三个层次的需求，因此它能够牢牢地立在这个世界上，且日益兴旺。作为食物之一部分——特殊饮料，酒满足了人的口、舌、鼻之欲，它色、香和味俱全，是一种很有魅力的饮品，其能够全方位地满足人的口腔、味蕾、嗅觉与视觉。因其特殊的气味和味道，特别是其可以刺激神经的作用，它成为人类社会生活之重要物质媒介。在酒精的作用下，陌生人可以熟悉起来，熟悉者可以亲密起来，酒可以让人打开话匣，敞开心扉。一句话，酒可以群，可以增进人之间的心理亲近感，促进社会和谐。作为人类精神生活的重要物质媒介，酒可以激发人进入一种特殊的放松和兴奋状态，它可以使躁者安、疲者振，人们可以借它充分地表达自我，释放情怀，激发自

[①] 保罗·萨缪尔森、威廉·诺德豪斯：《经济学》（第18版），萧琛主译，人民邮电出版社，2008，第7页。

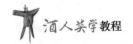

己的创造灵感，帮人们过一种精神生活。

从经济学的角度看，需求即是市场，有市场需求便有市场之供应。于是，酒业一旦自觉地意识到这一市场需要，便会积极、忠诚、持久、全方位地满足人类上述对酒的需求。

据不完全统计，目前我国共有37000余家白酒生产企业，年生产白酒676.11万吨，利润总额为63.27亿元。①

1993年，酿酒行业向国家纳税61个亿，在轻工行业中仅次于烟草工业而居第二位。在原轻工部1993年公布的《中国轻工业企业200强》中，按销售额排序酿酒企业有23家；按固定资产净值排序酿酒企业有39家；但按利税总额排序酿酒企业却有56家，占200强的28%，在轻工44个行业中独占鳌头（烟草工业除外）。②

法国1995年全国酒类税收收入达14.66亿法郎，③英国1994-1995年酒类税收收入达55.60亿英镑。④

酒业的生产环节属于食品类轻工业，其营销环节则属于服务业。若立足于社会经济之象征性主体——政府来考察酒业这一特殊行当，可以发现它对社会的经济贡献主要表现为以下几个方面：

其一，它满足社会各阶层对酒这一特殊饮料的普遍性需求，因而对社会来说，酿酒业已成为人们日常生活中不可或缺的一个经济领域、一个行当。

其二，一个地区的酒业一旦达到一定规模，它就具备了吸纳一定规模劳动人口的能力，就会为本地区提供一定的劳动市场，为相当规模的人群提供就业机会，为本地区的人群增加了一种就业途径、生存保障，此乃酒业对社会的重要贡献。

其三，从政府经济管理的角度看，任何一个从事酒类生产与销售的企业，它只要能正常经营、能够盈利，便需对当地甚至中央政府尽一种特殊的经济义务——照章纳税。于是，税收便成为酒业对社会经济的又一重要贡献。从古至今，世界各地、各级政府酒政的一项主要内容，便是对各类酒的生产与经营的企业征税。

总之，消费、就业与税收，成为体现酒业对社会经济贡献的三个关键词。

---

① 马俊丽：《对面酒厂看过来——来自白酒调税后的调查》，《中国酒》2001年第5期。
② 吴佩海：《酒税深思录》，《中国酒》1995年第1期。
③ 杨自鹏、柳燕：《访欧归来话酒税之二：法国的酒类税收制度》，《中国酒》1997年第4期。
④ 杨自鹏、柳燕：《访欧归来话酒税之一：英国的酒类税收制度》，《中国酒》1997年第3期。

拓展阅读文献

[1] 亚当·斯密. 国民财富的性质和原因的研究 [M]. 郭大力, 王亚南, 译. 北京: 商务印书馆, 1983.

[2] 保罗·萨缪尔森, 威廉·诺德豪斯. 经济学（第18版）[M]. 萧琛, 主译. 北京: 人民邮电出版社, 2008.

思考题

1. 国民经济有哪些构成要素？
2. 酒对于社会经济的作用。

第二节　作为社会经济的酒政

立足于经济学视野，我们明白了酒的生产、销售与消费与人类任何其他物质产品的生产、销售和消费一样，也是一种利益的生产与交换活动，因其中有利，故而属于经济现象。立足于社会视野，特别是代表公共利益的社会管理者立场，从古至今，任何国家的政府管理部门都不会对此种有重要利益的生产与交换的普遍性经济活动放任自流，相反，都会积极地介入。当然，政府管理部门对社会性的酒的生产、销售与消费行为的介入可以有两种方式：法律的与经济的。管理的目的在于维护公共秩序与增加公共财政收入。本节以上节对社会国民经济基本要素、结构的介绍为基础，集中讨论政府从经济效益角度，即主要的是公共财政或政府税收的角度对社会酒业的特殊管理——作为社会经济的"酒政"。

古代酒政

世界各民族早期最初成功酿酒时，往往味美而量少，故极为珍贵。酒最先被应用的领域当是宗教，先民们通常用酒来祭祀各种神灵，以酒的美味取悦神，以求得到它们对人的全方位护佑。后来，酿酒技术提高，经验不断积累，酒的产量有所增加。在祭神之外酒尚有一定剩余，其味道又如此诱人，于是，酒这种神圣而又奇妙的液体便难免转化

为人的口中之物——饮料。当然，在酒从专用于奉神的神圣液体向可取悦于人的世俗饮品的转变过程中，一开始并不足以让每个人都随时享用，而是像人间任何难得之货一样，它先是贵族集团少数人的专用品，随着酿酒技术的进一步发展，其生产量远远超越贵族集团少数人的消费量之后，始出现"旧时王谢堂前燕，飞入寻常百姓家"的局面，酒最后成为社会大众也可以接触到的日常生活的普通饮食材料，继而进入民间市场。

政府酒政的第一个环节当是控制酒类的生产。无论用于宗教祭祀还是用于贵族集团少数人的日常消费，早期的酒类生产由于其产量有限，为难得之货，所以一开始便落入政府之手。政府设置专门负责酒类生产、储藏与分配的官员，对酒类生产进行监管，此盖人类"酒政"之始。在中国，周代即有专门管理酒的官员，其长曰"酒正"，其下则有"酒人""酋""浆人""鬯人""郁人""司尊彝"和"萍氏"。

酒人掌为五齐、三酒，祭祀则共奉之。（《周礼·天官·酒人》）

仲冬之月……是月也……乃命大酋秫稻必齐，麴糵必时，湛炽必洁，水泉必香，陶器必良，火齐必得。兼用六物，大酋监之，毋有差贷。（《礼记·月令》）

物以稀为贵。酒如此，万物皆然。人类社会生活中任何一物，其出现之初均为贵族集团所垄断，很长一段时间后才流布于民间，此乃社会物质生产与消费之普遍规律。推动这种物质生产进步的核心要素便是生产力之提高，具体来说，即特定物质产品生产与加工技术之提高，进而生产效率提高，使得制作成本下降，物因此由贵而贱，最后，少数人独享之珍品转变为普通百姓也用得起的普通物品。周时官方不仅控制酒的生产，同时也管理酒业秩序：

萍氏掌国之水禁。几酒，谨酒。（《周礼·秋官·萍氏》）

出于社会秩序管理之需要，后世亦设有酒官，然除少数王朝由官方垄断酿酒产业（如宋代，但此时控酒之目的已并非供少数人享用，而是为了从中获得垄断性经济利益）外，后世中央及各地方政府酒官的责任更多是负责从民间酿酒与售酒环节中收取酒税，而非掌握制酒权。其名曰"酒官"或"酒丞"：

宜诏酒官依法制齐、酒，分实之坛殿上下尊罍。（《宋史·礼志一》）

晋有酒丞一人；齐食官局有酒吏；梁曰酒库丞；北齐有清漳令丞，主酒；后周如古

周之制，隋曰良酝署，令丞各一人，大唐因之。(《通典》卷二五)

从经济学的角度看，人类围绕着酒的活动不外有三个环节，其一是酒的酿造，其二是酒的经营，其三是酒的消费。与人类其他物质生产活动一样，这三者也构成一种完整的经济活动产业链条。因此，在一个有效管理的社会，即使仅仅从经济利益的角度考量，政府也不会对酒业置之不理，放任自流。

古者，庶人粝食藜藿，非乡饮酒腊祭祀无酒肉。(桓宽：《盐铁论》)
田家作苦，岁时伏腊，亨羊炰羔，斗酒自劳。(《汉书·杨恽传》)

在早期社会，政府参与甚至控制酒的生产，其主要目的不是为了税收，而是由于酒的产量低，属于特殊贵重的消费品，政府对其进行管控乃是为了控制货源，以满足贵族集团的特殊消费需要。

有酒湑我，无酒酤我。(《诗经·小雅·伐木》)
孔某穷于蔡陈之闲，藜羹不糁，十日，子路为享豚，孔某不问肉之所由来而食；号人衣以酤酒，孔某不问酒之所由来而饮。(《墨子·非儒下》)

自从酿酒技术稳定，酒味口感也得到了提升，且产量较大，有能力惠及普通民众后，酒与其他食物一样，成了一种面向大众的日常消费品，酒的制作与销售就成为普遍的民间经济行为。制作与售酒的作坊谓"垆"。汉高祖刘邦为泗水亭长时，好酒及色：

常从王媪、武负贳酒，时饮醉卧，武负、王媪见其上常有怪。高祖每酤留饮，酒雠数倍。及见怪，岁竟，此两家常折券弃责。(《汉书·高帝纪》)
相如与俱之临邛，尽卖其车骑，买一酒舍酤酒，而令文君当垆。相如身自着犊鼻裈，与保庸杂作，涤器于市中。(《史记·司马相如列传》)

可以买到酒的地方谓"酒市"：

王尊为京兆尹，捕击豪侠……酒市赵君都、贾子光，皆长安名豪。(《汉书·万章传》)

正月灯市，二月花市……十月酒市，十一月梅市，十二月桃符市。①

酒市经营如何乃一时、一地经济发展状态的重要标志。买酒之钱谓"酒缗"：

孙权叔济，嗜酒不治生产，尝欠人酒缗，谓人曰："寻常行处，欠人酒债，欲质此缊袍偿之。"②

有兴喝酒无钱买酒，所欠钱谓"酒债"或"酒逋"：

酒债寻常行处有，人生七十古来稀。（杜甫：《曲江二首·其二》）
朝眠每恨妨书课，秋获先令入酒逋。（陆游：《秋兴四首·其三》）

酒业兴盛的另一标志便是各家酒坊进行促销活动，于是便有了关于酒的广告，谓"酒旗"：

宋人有酤酒者，升概甚平，遇客甚谨，为酒甚美，县帜甚高著，然不售，酒酸。怪其故，问其所知。问长者杨倩，倩曰："汝狗猛耶？"曰："狗猛则酒何故而不售？"曰："人畏焉。或令孺子怀钱挈壶瓮而往酤，而狗迓而龁之，此酒所以酸而不售也。"（《韩非子·外储说右上》）
今都城与郡县酒务，及凡鬻酒之肆，皆揭大帘于外，以青白布数幅为之，微者随其高阜小大，村店或挂瓶瓢，标帚秆，唐人多咏于诗。然其制盖自古以然矣。③

前代悬旗以招酒客之习，至明代始转为悬挂匾额，与今为近。

家饶于财……一日，携上樊楼，楼乃京师之甲，饮徒常千余人。沈遍语在坐，皆令极

---

① 赵朴：《成都古今记》，载陶宗仪《说郛》卷六十二下，收入《文渊阁四库全书》子部杂家类杂纂之属第879册，台湾商务印书馆，1986，第382页。
② 胡珵：《苍梧杂志·酒债》，载陶宗仪《说郛》卷二十六下，收入《文渊阁四库全书》子部杂家类杂纂之属第877册，台湾商务印书馆，1983，第479页。
③ 洪迈：《容斋续笔》卷十六，收入《文渊阁四库全书》子部杂家类杂考之属第851册，台湾商务印书馆，1986，第529页。

量尽饮。至夜,尽为所直而去,于是豪侈之声满三辅。既而擢第,尽买国子监书以归。[①]

由此可见,历代都市酒业之盛。一旦全社会酒的产量巨大、消费普遍,对政府而言酒政便具有了新内涵、新价值,酒政管理的主要任务便不再是为体现特权而进行政治性垄断,而当是放养以培育,使之成为增加政府收入的重要税源。从经济学的角度看,政府酒政的最大益处莫过于其可观的经济效益,酒政管理的最便捷手段就是对酒征税,形成关于酒的特殊税种——酒税。实际上自古以来,政府对酒均会给予高度关注,其对酒业从生产到经营与消费的各个环节进行严格控制,以便能从中得益。特殊时期,加重酒税还成为政府一时解困的有效手段。从经济学角度看,酒是一种特殊商品。它是一种享受型消费品,多为富裕阶层所使用,酒业生产、经营与消费三个环节的利润都较高,所以政府对它征以重税,并不会对最普通社会阶层的基本生活产生大的影响。

通邑大都,酤一岁千酿……此亦比千乘之家,其大率也。(《史记·货殖列传》)

把酒作为专卖的产品,实际是向有钱人征收的消费税。与盐(生活必需品)的专卖有很大不同,对酒征税是"因民所糜而税之""因民所嗜而税之"。在现代社会,酒税属于特别消费税的范围。特殊情形下,政府还会下禁酒令,虽然这对政府的经济利益并无好处。比如当遇到灾荒、战乱或粮食短缺之年,政府就会通过禁酒令以节约粮食。汉景帝时就曾因旱灾禁酒四年。

(北魏孝明帝时)四方多事,加以水旱,国用不足……有司奏断百官常给之酒,计一岁所省米五万三千五十四斛九升,蘖谷六千九百六十斛,面三十万五百九十九斤。(《魏书·食货志》)

国外亦然:

1441年,勃艮第公爵下令禁止使用良田栽培葡萄,葡萄种植业和葡萄酒酿造业进入萧条期……1731年,路易十五国王废除了1441年勃艮第公爵禁止使用良田种植葡萄的

---

① 周密:《齐东野语》卷十一,收入《文渊阁四库全书》子部杂家类杂说之属第865册,台湾商务印书馆,1986,第751-752页。

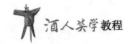

一些禁令，促进了葡萄种植业和葡萄酒行业的发展。①

在我国，汉武帝天汉三年（公元前 98 年）"初榷酒酤"，对酒类实行专卖。

（天汉三年二月）：
初榷酒酤。（《汉书·武帝纪》）
东汉王莽时期：
"令官作酒，以二千五百石为一均，率开一卢以卖。"（《汉书·食货志》）
酿制出来的酒，通过酒肆销售出去：
"计其利而什分之，以其七入官"。（《汉书·食货志》）

唐中叶至宋末以专卖为主，征税为辅。唐设酒坊使，宋仍之。元初实行专卖，后改为征税。清初禁酒，禁令解除后未征税。咸丰时，百货抽厘，酒亦在内。清末各省征收烟酒税捐。北洋政府于1915年创办烟酒公卖，收公卖费。民国政府于1932年对各式酒统一征税。酒税先从量征，后从价征。②

元和六年六月，京兆尹奏："榷酒钱除出正酒户外，一切随两岁青苗，据贯均率"。（《旧唐书·食货志下》）
宋榷酤之法：诸州城内皆置务酿酒，县、镇、乡、间或许民酿而定其岁课，若有遗利，所在多请官酤。三京官造曲，听民纳直以取。（《宋史·食货志下》）
中书省臣言："在京酒坊五十四所，岁输课十余万锭。比者间以赐诸王、公主及诸官寺。诸王、公主自有封邑、岁赐，官寺亦各有常产，其酒课悉令仍旧输官为宜。"从之。（《元史·文宗本纪》）

这是中国历史上关于酒税的一些记录。由此可见，酒税对政府而言有着重要的意义。现代学术研究也揭示了这一点：

宋代，我国酿酒事业得到很大发展，随着酿酒业的繁荣，酒利丰厚。宋王朝面对外

---

① 吴振鹏：《葡萄酒百科》，中国纺织出版社，2015，第174-175页。
② 《辞海》（缩印本）"酒税"条，上海辞书出版社，1989，第1053页。

患北方少数民族的军事进攻，内忧冗兵冗宦、财政枯竭之累，不得不对高利润的酿酒业实行比前朝更为严密的专卖政策，国家垄断，课重赋，取暴利，以供养兵之用，特别是南宋，更甚之。同时，各军队将帅也紧盯酒利不放，纷纷建立酒库、酒坊，经营酒业，谋其利以养兵。①

酒课作为赋税的重要项目之一，在元代国家财政收入中所占的地位十分突出。世祖朝后期，国家赋税来自酒课的收入高达70—80余万锭。约占全部钱钞收入的25%。远远高于商税和茶课，次于盐课，占第二位。②

政府从酒业的生产、经营与消费中得益的路径，历史上有两种形式。一是由官方垄断酒的生产与销售，谓之"榷酒"，此方法始自汉武帝天汉三年（公元前98年）；二是允许民间私酿私售，由政府征税，此始自汉昭帝始元六年（公元前81年）。在古代社会，立足于社会经济考量的酒政，其变化体现出如此规律：其一，从禁酒到榷酒。即政府仅在天灾或人祸之特殊时期禁酒，正常时期则允许酒的酿造、经营与消费。这是因为一方面社会对酒的需求不会消失，更重要的是酒业不止于百姓有益，于政府亦有利，政府可以通过涉足其中，以垄断酒的生产与销售，进而从中取利。其二，榷酒乃古代社会前期，从汉至宋的酒政的主导形式，也是政府从酒业中得利的主导形式。所谓榷酒即是由官方主导酒之制造与经营。这其中既可以有官设酒坊，垄断生产与经营的完全垄断型；亦可有官方授权某些特定的民间酒坊进行酒的生产与经营，官方收取一定的特许经营费用，其他未得授权者从事酒业则为违法，此为部分垄断的榷酒形式。其三，从宋代开始，政府向民间酒商（生产者与经营者）征税，以向民间酒业进行征税代替政府对酒的垄断性生产与经营，最终税酒成为政府酒政之主导形式。这其中又可细分为向酒的最后消费品征税与向酒生产的中间环节——酿酒所必须的原料之一——酒曲征税两种形式。简言之，从禁酒而榷酒，由榷酒而税酒，酒政如此的发展方向体现了古代社会政府酒业管理的基本思路及其成熟过程，也体现了社会经济水平的不断发展。现代社会酒政则直接继承了这一积极成果——以税酒为主，以禁酒为辅的酒政基本理念。

汉唐是一个榷酒制为主体的时代，宋则是榷酒与税酒双轨制的时代，宋后则以税酒制为主体。榷酒制之益在于政府对酒业的监管程度高，然而官营酒业管理成本也高；另一方面，由于酒业利润高，政府特许之外的私营酒坊难禁，政府便会失利。不得已，

---

① 钟立飞、宋燕辉：《宋代的酒利与养兵问题初探》，《江西社会科学》1996年第1期。
② 杨印民：《元代酒课收入及其在政府财政中的地位》，《中国社会经济史研究》2013年第3期。

政府只能最终放弃对酒业的直接管理，改为间接性，然更为普遍化且高效的管理——税酒制。

  榷法自祖宗以来行之久矣，至嘉祐末年，流弊之久，民间苦官务酒恶不可饮，比户私酝，故官中每岁酒课不敷，而民间犯法者亦众，此公私通患也。吾乡陈氏名广者，乡人目为陈万户。经由朝廷献利害，乞会计每岁官中所得酒课若干数目，均在人户作酒利钱送纳。吾郡合五邑人户，裒金资以往朝廷，下有司相度，从之。迄今六十余年，上下安便，官中无一毫之费，而坐收厚利，民间亦免冒禁抵刑之患，此公私两利也。①
  明初，明太祖朱元璋因粮食不足，曾经禁过酒。不仅如此，连造曲所用的糯米，亦禁止种植。甚至连不用曲的葡萄酒也有限制。但是，禁酒之令，很快就废止了。明王朝不实行酒专买政策，而在据有江左之地时就开始实行税酒政策。②
  清初酒税较轻，所以清初制酒业发展迅速。但酒业的发展，必然导致粮食的大量耗费，所以清朝前期，政府一直坚持推行禁酒或限酒的政策。清后期，由于财政困难，酒税逐渐加重，并且进一步推广了酒户领照的特许制度，税酒政策逐步向榷酤靠拢。③

  且看明人对中国酒政史之总结：

  酒禁自古至今大约有三变：禹恶旨酒及周公《酒诰》，此是最初禁酒，只是恐人伤德败性。至汉文帝为酒脯，景帝以岁旱禁民酤酒，是恐有用为无用之物，耗民谷而遗民食，已与古意不同，然犹有崇本抑末之心。自桑弘榷酒之法起，与往昔太相反。相反不过榷其利为富国计耳，隋唐皆如此。大率古人惟恐人饮酒，后来惟恐人不饮酒。至王荆公青苗法，散青苗时多张酒肆，广为声乐，谓之设法，直欲纳民于有过之地，又在弘桑之下。④

  上面这段话的作者对中国酒政史的考察角度是消极的，因为在他看来，这就是一部政府伦理立场倒退、堕落的历史，从严禁百姓饮酒发展到似乎是鼓励百姓饮酒，但是作

---

① 杨时：《与梁兼济》，载《龟山集》卷二十二，收入《文渊阁四库全书》集部别集类南宋建炎至德祐第1125册，台湾商务印书馆，1986，第323页。
② 薛军主编《中国酒政》，四川人民出版社，1992，第14页。
③ 杜锦凡：《清朝酒政概述》，《群文天地》2012年第3期下。
④ 冯时化：《酒史》，载陈湛绮、姜亚沙辑《中国古代酒文献辑录》（一册），全国图书馆文献缩微复制中心，2004，第166-167页。

者对中国酒政演变历史节奏的总结则是清晰、可靠的，那便是从政治性治理到经济性治理，从严禁饮酒到有节制性饮酒。但其实，作者对最后阶段——宋代酒政的总结是有失偏颇的。宋代乃至其后代酒政立足于经济，其主观意图也并非鼓励百姓饮酒，而只是想让政府能从百姓酒业——酒的制作与消费活动中共享其利而已。至于在如此思路下，酒业愈为发达，百姓饮酒愈为便利，那只是此种酒政下的客观效果而已。总之，一部酒政史从立足于伦理与政治到立足于经济的总结思路还是中肯的。然而古代酒政似乎存在伦理与经济利益之纠结情形。进入现代社会，各国政府从法律上厘清了酒法与酒税的边界，也就无此困扰，不再有怂恿百姓饮酒之嫌疑了。

现代酒政

英国对酒类产品征收特别税的历史可以追溯到 600 多年前。1303 年，英国政府首次向葡萄酒征收特别税；1642 年，为支付英国内战期间的军费开支，英国政府将特别税扩至啤酒和烈性酒；1736 年，为控制过量生产杜松子酒，通过了"杜松子酒法案"使烈性酒税提高，1976 年开始向果露酒征收特别税。[①]

日本从明治（1868 年）时期以来，在相当长的时间里，酒按产量课税。昭和 37 年（1962）改为纳税人申报自己的生产数量来决定税额，即申报纳税制度。现在采用出库量课税，即酒酿造后，进入流通领域的最初阶段，也就是酒出库时课税。[②]

酒精产品在 1984 年以前缴纳工商统一税，税率为 5%；1984 年至 1993 年缴纳产品税，税率为 10%；1994 年税制改革后，缴纳 5% 的从价消费税和总价约 8%～9% 的增值税。[③]

进入 20 世纪，无论是粮食产量还是酿酒技术，世界各地的情形均今非昔比。除少数国家因宗教原因对酒业进行特别严格的禁止和限制外，在大多数国家，酒都实现了最大程度的世俗化，成为一种与矿泉水相差无几的普通饮品。当然，出于对国民身体健康和社会公共秩序安全角度的考虑，现代社会各国政府仍然会对酒的消费环节，比如对饮酒者的年龄、饮酒场所、时段等有所限制。实际上，酒业在大部分国家已然成为一种极普

[①] 杨自鹏、柳燕：《访欧归来话酒税之一：英国的酒类税收制度》，《中国酒》1997 年第 3 期。
[②] 徐洪顺：《日本的酒税——赴日札记》，《酿酒科技》1984 年第 3 期。
[③] 吴佩海：《酒税改革进入攻坚战》，《华夏酒报》2014 年 12 月 23 日，第 A06 版。

通的食品行业。由于酒精本身的特殊魅力，酒成为普通食品中的宠儿，受到广大饮酒爱好者的执着追捧，故而酒业在世界大部分地区十分兴旺，利润可观。

中国古代酒政体现为从禁酒到榷酒，再到酒税的发展路径。历史的经验证明：从政府经济效益讲，税酒是成本最低、效益最高、管理最为简便的酒政安排。所以，现代国家均走上以税治酒的酒政路线。然而，如何制定既能稳定甚至增加政府税收，同时又顾及酒类企业与酒类消费者权益，科学合理的酒类税收方案，对酒确定恰当税率，正是现代世界各国治理水平面临的考验。

白酒业真的会因五毛钱而崩溃吗？说者和听者绝对不会相信，但在白酒消费税调整的同时，做了明确的规定：取消原来买酒勾兑可以用原已上税的发票抵扣25%消费税政策，这才是比增加五毛钱的从量征收后面更大的一笔消费税，要一文不少的征收，这才是真正会使那些本来就靠政策避税转成利润作为基本生存、发展条件的大酒厂说不出的苦。大规模避税使全行业失去了真正意义上的技术进步，错误的市场观念导致白酒业整体上漠视技术创新，各门派工艺停滞不前甚至出现盲目倒退现象，简单的重复将中国白酒业的竞争全面庸俗化、低层次化。①

2001年，酒类税收政策调整的又一内容是：停止执行外购或委托加工应税消费品准予抵扣消费税款的政策。这一规定的实施一方面造成大中型企业重复纳税，有悖于公平税赋原则；另一方面也不利于全社会资源的合理配置，不利于盘活存量资产，不利于避免重复建设，不利于社会经济协作和企业集团化发展。这一规定既增加了大中型企业的负担，也没有真正起到抑制小酒厂的作用。因此，建议尽快恢复酿酒企业外购应税消费品准予抵扣消费税款的政策。②

可见，酒税作为酒政的经济手段之一，它影响的不仅是政府的财政收入，还会对酒业的生产、经营与消费诸环节产生复杂、相互关联的影响，且往往为酒税政策制定者始料所不及。在此意义上，酒政不仅是向酒企业征税这么简单，它实际上体现的是现代政府施行社会经济管理的政策水平与管理艺术，有牵一发而动全身之效，可不慎欤？

诚然，兴旺的酒业会给各国、各地政府带来可观的税收收入，然而从国民经济的整体局面来看，酒业对现代社会的意义绝不止于其税收。由于它是一个很完整、稳定的产

---

① 鄢文松：《酒税调整暴露白酒危机》，《中国食品质量报》2001年10月13日，第3版。
② 吴佩海：《酒税改革进入攻坚战》，《华夏酒报》2014年12月23日，第A06版。

业链条，自有其较为广泛、稳定的从业群体。除税收之外，酒业的巨大社会意义还在于其作为轻工业与服务业，在生产、经营与消费各环节上，均可吸纳较为可观的就业人群，因而可以为地方与国家的经济与社会的发展做出独特贡献。特别是对世界各地名牌酒业的所在地而言，酒业乃当地举足轻重的就业重镇、利税大户，极大地影响着当地的经济与社会发展。

政府对酒业征税当然是为了增加财政收入，然而政府有时候又会打另外一种算盘：故意对酒免税，以换取其他方面的经济利益：

《星岛日报》消息，为了打造香港成为"红酒之都"，在亚洲区内担当储存、拍卖及发行的枢纽地位，我国香港特区政府本年初落实"零酒税"，政务司司长唐英年坦言，政策促使香港成为邻近主要经济体系中唯一零酒税的酒港。他透露，零酒税措施已对香港酒市场起了正面及鼓舞的作用，在过去的两个月，香港红酒入口量比去年同期上升了12倍，以入口价值计算增长更高逾2倍。①

政府是否应该提高酒税取决于政府的目标。在某种意义上，你不可能二者兼得——征税不可能既显著增加税收又显著减少酒类消费。人们要么少喝酒从而少交税，要么继续喝酒并多交税。②

就现代社会国际性酒政管理经验而言，税收诚然是政府酒政最主要的经济目的与手段，然后又不尽于此。各国通过各种政策与法律手段，促进本国酒业的健康发展，这也是现代国家酒政的又一重要任务。

1919年，法国官方第一次通过了葡萄酒原产地保护法，并做出了详细的管制规定。1935年，法国原产地控制命名管理局（INAO）成立，同年通过了大量关于控制葡萄酒质量的法律条款，在此基础上建立了原产地控制命名AOC系统，这是世界上最早并最完善的葡萄酒原产地命名系统。③

20世纪60年代，欧洲各主要葡萄酒出产国陆续在法国葡萄酒分级基础上建立了自己的分级系统……欧盟对葡萄酒市场进行统一分类管理的核心是为了提高和保证成员国

---

① Timk、Rephotography：《红酒之都香港制造》，《市场瞭望》2008年7月上半月。
② V. Brian Viard：《中国的酒税应该更高点吗》，宋全云译，《经济资料译丛》2015年第2期。
③ 吴振鹏：《葡萄酒品鉴：一本就够》，中国纺织出版社，2015，第228页。

的葡萄酒质量，加强各成员国在国际市场上面的竞争力，促进行业快速发展。[①]

此乃政府酒政的高级形式——从制定合理、高明的酒业政策入手，培育和促进酒业的健康、持久发展，这就为政府的税源做了最好的保护工作，体现了高明酒政的战略思维与精细技术，值得世界各国借鉴。

拓展阅读文献

[1] 薛军. 中国酒政 [M]. 成都：四川人民出版社，1992.

[2] 徐兴海. 中国酒文化概论 [M]. 北京：中国轻工业出版社，2017.

思考题

1. 中国古代酒政演变的基本内涵。
2. 现代酒政的核心功能是什么？

---

① 吴振鹏：《葡萄酒品鉴：一本就够》，中国纺织出版社，2015，第228-229页。

第四编　酒与文化

　　本编集中介绍酒与狭义的"文化",即人类文化系统中属于观念部分的文化子系统的关系,具体地,讨论酒与人类观念文化部分中的语言(以古代汉语为例)、宗教、艺术以及哲学四者间的相互影响,由此呈现酒对人类观念文化的普遍意义。

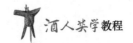

第一章 酒与文字

本章集中展示酒与人类观念文化中之一部分——语言文字的关系。具体地，本章一方面从相关汉字的整理中呈现中国古代酒业的发展史，另一方面个案性地描述酒在中国古代汉语中所留下的些许印迹，从而在一定程度上影响了古代中国人的思想观念。

第一节 语言与文字

如上编引言所介绍：本编亦采取特殊的结构：先相对独立地呈现人类观念文化各领域之基本情形，然后再转入酒与此诸领域关系之具体讨论。这样安排的好处是有助于同学们先奠定对人类观念文化各领域内在要素及其构成机制之整体性理解，然后以之为基础，再进入对酒与上述领域相互关系之具体考察。基于如此思路，本节将介绍关于人类语言文字的基本观念，及其对人类文化、文明之意义。

语言：人类文化标志

语言（language）

一种约定俗成的口头或其书面符号系统，人类作为社会群体的成员及其文化的参与者以之进行交流活动。如此定义的语言是人类所特有的。其他动物以声音或形体动作相互影响，有的动物还能有限度地懂得人的一些话语。不过其他生物并不能将其叫唤声进行约定俗成从而建成像人类语言一样的有系统的符号。就这点来说，人类可被看作是一种能说话的动物。[①]

语言是人类最重要的交际工具，因为人类是一种群居性动物，语言用于人类群体成

[①] 《不列颠百科全书》（国际中文版）第9卷，中国大百科全书出版社，2007，第485页。

员间相互表达意愿、交流信息，以便在日常生活中顺利地相互合作。群居、社会性存在是人类语言产生的最基本原因——惟群居方有彼此交流之需要。当然，群居并非语言产生的充分条件。

自然界大多数其他动物也是群居性的，因而既有相互协作之需要，也有彼此交流之事实。其交际方式主要通过其喉道发声、四肢体态动作，乃至由身体某些部位散发出特殊气味——化学信息而实现交流，达成生存性协作。如果说这些手段客观上也是具有特定"意义"的符号，也能在其成员间成功、清晰地传送特定信息，协助动物间相互合作，它们也可在一定程度上被理解为应用于动物中的某种交际语言，因为它们与人类语言的基本功能相同。然而，有两项重要事实需特别指出：一是动物世界的交际语言并非有意识设计的结果；二是动物语言在系统性与复杂性上当逊于人类社会各民族的语言。也有人认为：动物界所应用的交际工具仅可称之为"信号"，只有人类的语言方可称之为"符号"。

语言的产生

语言是在劳动中并和劳动一起产生出来的，这是唯一正确的解释，拿动物来比较，就可以证明。动物之间，甚至在高度发展的动物之间，彼此要传达的东西也很少，不用分音节的语言就可以互相传达出来。[①]

首先是劳动，然后是语言和劳动一起，成了两个最主要的推动力，在它们的影响下，猿的脑髓就逐渐地变成人的脑髓；后者和前者虽然十分相似，但是就大小和完善程度来说，远远超过前者。在脑髓进一步发展的同时，它的最密切的工具，即感觉器官，也进一步发展起来了。正如语言的逐渐发展必然是和听觉器官的相应完善化同时进行的一样，脑髓的发展也完全是和所有感觉器官的完善化同时进行的。[②]

语言在人类自身进化过程中有极为重要的作用。依照历史唯物主义的理解，语言与劳动共同促进了人类的进化，铸造了人类最终从自然界分离出来的独特命运。首先，在人类诞生之初，地球自然环境的巨大变化促使人类祖先离开原来的生存环境，在全新的地理条件下生存。环境的逼迫使其不得不以更为积极的方式应对环境挑战，以便能顺利地获取各式生存资源。这种更为积极、艰难的获取生活材料的活动便是劳动。只有有意

---

① 恩格斯：《自然辩证法》，载《马克思恩格斯选集》第3卷，人民出版社，1972，第511页。
② 同上书，第512页。

识地制造工具,进而自觉地利用和改进工具,使用工具以获得各式生活资源的生存性活动才叫劳动,自然界其他动物顺应自然式的捕食行为则不能称为劳动。所以,"劳动"乃是人类的一种特殊生存活动,它必须是自觉、积极,不同程度地发明工具、利用工具以改造自然,实现生存的活动。劳动也是人类自我进化的第一因素。

比之于自然界其他动物被动顺应自然式的生存方式,人类这种积极地发明、改造和利用工具的生存行为当更为复杂、艰难,它对共同体内部成员间相互合作的要求也就更高,这便客观上要求人类像制造物质生产劳动的工具那样,去发明,至少是改进一种比动物语言更为精准、丰富、复杂的交际工具,它要求人类以更复杂的发音方式去创设更多的名词、动词、形容词,以描述这个世界的丰富对象、人类日益复杂的精神世界,以及自身为生存而不得不从事的更多活动。换言之,正是劳动这种更复杂的生存活动才催生了比动物语言更自觉、复杂的人类语言。

劳动与语言要么不出现,一旦出现了,它们必然标志着另一项新成果——人类大脑的进化,人类智力与自由意志之产生。反过来,人类大脑的进化,其智力水平与自由意志之发展,又会大大促进人类生产劳动之效率,同时也会促进人类语言系统之复杂化与精细化。群居(社会性)、劳动、语言和大脑进化四者是铸造人类自身独特命运,最终将自身从自然界中分离出来的关键因素。于是,我们对语言的意义便有了一种本质性的理解——它是将人与自然界其他动物区别开来的关键环节之一,是构成"人性"(humanity)的基本要素。

象征(symbol):语言的构成原理

象征:旨在表达或代表一个人、对象、群体、过程或想法的交际因素。象征可以图形的形式呈现(比如用红十字与新月代表世界性人道机构),也可以再现性地表示(比如用一头狮子代表勇气)它们涉及相关联的文字(比如用 C 代表化学元素碳),也可以被任意地设计(比如用数学符号∞表示无限)。设计符号的目的是要在共享同一种文化的人之间传达观念。每一个社会都进化出一种符号系统,反映出一种独特的文化逻辑。每一种符号系统都发挥着在特定文化内部成员间交流信息的功能。符号与传统语言发挥功能的方式很相似,然比后者更精微。随着其意义与价值之增加,符号倾向于成群出现,且相互依赖。[①]

---

① 《不列颠简明百科全书》(英文版),上海外语教育出版社,2006,第 1610 页。

现在我们思考如此问题：为何语言会成为人类最重要的交际工具？首先，与从事物质生产劳动的各式器具——斧头、铁铲一样，语言也是人类生存所必需的工具。然而，语言这一工具自有其构成原理。语言，这里首先是指口语，是人类用口腔发出的不同声音——音节指称（代替）现实生活中特定的对象、事件，以及人类内心意识的符号系统。简言之，语言是一种符号。符号是人类的一种指称行为，即用某物指称或在心理意识上代替另一物的观念性活动。任何符号均由两种要素构成，一曰能指（referring），一曰所指（referred），能指与所指构成人类符号的基本结构。

由于符号仅是一种观念性指称、替代行为，它与人类现实活动中对所指称对象、事件的物质性操作有本质差别。而且，口头语言（符号）指称仅是使用者用特定声音（音节）在心理意识上或意念中指称特定对象，从物理事实与效果上说，这是一种物质成本最低，效率最高的交际媒介。就其用物质因素（特定的声音，音节）表达或呈现人类内在的观念世界（情绪、意志、理性等）而言，这又是一种神奇的以物达心的事件。所以，以 A 指称（或意识性代替）B 的指称性，是人类语言的第一项构成原理。

语言是人类所创设的一种以物质性媒介指称（代替）物质与观念性对象的符号行为。那么，这种符号如何构成？一项核心事实是：用什么媒介（能指）指称（或意识性代替）什么对象（所指、意）是随意的，即语言概念的能指与所指间并无必然的惟一（排它）性联系。理论上说，人类口语中的某个音节可用来指称这个世界上的任何对象、事件或人内心的任何特定观念，其惟一的必要条件就是这种特定的指称行为能获得使用这一语言的特定共同体内部所有成员之一致认可。正因如此，生活于不同区域的各民族共同体能够对现实世界中大致相似的无机对象、植物与动物对象，以及大致相似的人类内心情绪、欲望、理性等，给予不同的命名。在人类文明早期，不同部族生活于不同区域，由于山川之阻隔，交通不便，未能充分地相互交流，于是就有了不同的民族语言，甚至同一语言系统下的诸多区域性方言。直到现在，世界各民族间的相互交流还需要翻译这一衍生性环节。名无固宜，约之以命，约定俗成谓之宜，异于约则谓之不宜。（《荀子·正名》）随意性或约定俗成性，乃人类语言的第二项构成原理。

语言因人类现实生活的交际需求而产生，亦因其现实生活环境、状态之改变而进化，正是人类现实生存的进化程度决定了人类语言的复杂性。人类语言是一个自身要素众多的复杂系统。一方面，随着人类现实生活的日益复杂化，反映此种情状之语言词汇便越来越多，概念也日益增加；另一方面，随着人类自身内心世界之复杂化，思维能力之提高，人类表达自我与世界的方式亦日益复杂，且语言的语法结构也复杂化。同时，语言的发音方式也在变化，音节亦趋多样化。在此情形下，人类要提高语言的使用效率便需秩序化。独立地看，特别是在语言初创期，某个音节用来指称什么是随意的；然而任何一个语言概念的能指与所指关系一旦确定下来，便不宜再随意更改，当有相当的稳定性。更重要的是，众多概念间又须相互协调，不宜相互矛盾。于是，特定民族语言内部的词语之间便会形成相互关联、制约和补充的关系，最终形成一个相互区分而又相互支持、合作的系统。因此，系统或相互制约性乃是人类语言之第三项构成原理。

以语言为代表的符号是人类以物质性媒介（声音及书写形态）区别外在世界各类对象，传达内心世界情感与理性的便捷手段，它是人类观念文化交流与传承的现实途径以及人类精神生产的基本工具。

符号是人类自觉发明的关于外在对象、内在意识的简约化指代系统，是人类一切精神生产、观念文化活动必须凭借的物质性媒介工具。它对人类精神生产、观念文化活动的意义，正如同人类物质生产领域中劳动工具的创造发明。符号是人类一切精神文化活动外在的物质性基础环节，它使人类以简约化的方式把握内外主客观世界成为可能，也是人类观念文化生产外化、物化自身内在生命意识的现实物质手段。

语言的表达优势

符号化的思维和符号化的行为是人类生活中最富于代表性的特征。①

索绪尔以语言为例，找出了人类符号系统的基本结构：A 代表 B。"A"是能指，指符号的外在物质存在形式；"B"是所指，是"A"这一特定物质存在形式所要指称的内外在特殊对象。符号的最主要功能便是对世界的自由指称、代替。有了这一套指代系统，世界在人的面前不再是混沌的，而是成为了一个可言说、可分别、有章可循的世界。早期人类正是靠着这一套指称系统对外在世界和人类自身的内部精神世界——对这个外在世界的感受和经验逐渐画出一个日益明晰的图画。没有这一套成系统的符号，人类面对世界便无法理出头绪。

由于符号的主要功能只是指称、标识这个世界，而非如物质劳动生产那样现实、全方位地操作这个世界中的对象。因此，它对这个世界的把握是经济、高效的。一方面，符号也是一些物质性存在，但它只是一些指代内外在对象的标识、线索，而非那些被指代对象本身。因此，这些符号作为物质材料，在物理时空规模上总可以很小，如一个单词所占的时间和空间，如一幅画以咫尺呈万里之势。符号功能上的指代性决定了其物质

---

① 恩斯特·卡西尔：《人论》，甘阳译，上海译文出版社，1985，第35页。

材料上的简约、经济性。符号把握世界只是指称、象征性的，而非对现实对象的直接、全面操作，这正是符号操作与人类物质生产活动的本质区别。因此，符号操作活动是人类把握内外世界的特殊方式——观念性方式，因而创设与应用符号的活动在本质上就成为了一种观念性文化活动。

与纯观念形态的内心意识相比，符号是物质性材料；与物质劳动对现实对象的全面操作相比，符号又是一种对世界的象征性、观念性把握，这便是符号的独特之处。符号的能指与所指随意组合，是对内外世界的一种简约化的把握，这使它与人类物质活动相比，具有极大的自由度。符号操作活动，它对内外世界的指称为人类开拓了一个新的广阔精神时空——它摆脱了物质活动中现实时空条件的规定，进入一个新奇的自由境界，这便是符号创造对人类精神世界的巨大意义。

用某一特定物质材料、形式（能指）去指称另外一个特定对象，实际上就是赋予某一特定物质材料以超物质的精神性意义，因为这些特定物质材料本来并没有这样的意义，它们只是一些物质性存在而已。从这个意义上说，符号的创造与应用是人类心灵自由地赋予这个世界以意义的行为，以物质手段自由地传达、投射精神意义，这便是人类符号活动的核心原理。这一原理同时也成为人类一切交际性观念文化活动的基本原理。

符号是人类观念文化的最初创造，为人类所独有。在成熟的符号系统——语言产生之前，人类已有了符号式的心理活动与能力，可称之为内符号活动。所谓符号，便是在不同对象间建立起心理联系，其心理基础是人的联想、想象能力。成熟的符号活动便是一种心物联系——以物达心，或以经济的物质形式承载主观精神意蕴。

内符号活动是指在成熟的外在符号系统产生之前，先民对各类外在现成物质对象的主观心理投射，原始巫术、宗教往往如此，自然审美亦往往如此。"移情"便是主观心理情感、意志之外射、投放，便是以心染物的心理赋予性行为——符号行为。

在人类一切观念文化工具——符号的发明创造中，语言也许是人类所有符号系统中最典型、高效、成熟、复杂的符号体系。因其有明确的概念内涵和外延界定、规范的语音和语法系统，以及日益丰富的词汇，人类观念文化活动对它也最为倚重，特别是以明晰、逻辑性见长的科学、哲学活动。符号是人类一切精神生产的核心秘密。艺术生产的心物关系在最抽象层面可以理解、转换为符号能指与所指的关系，因此艺术创造、欣赏活动亦可理解为符号的创造、应用和解释活动。

文字：人类文明标尺

文字（writing）

人类用语言符号或代号进行视觉交际的系统，与语言单位的意义或声音有约定俗成的关系，可记载于纸、石、泥板或木上。文字的前驱是使用图形符号即以图画式的手段去表现具有某些传统含义的客体。图形符号或象形符号和图画的区别在于它仅表现交际中的主要内容而不表现美学上的修饰细节。图形符号实际上就是一种象征性符号，用以记述一个人或一件事物，目的在于识别其各不相同的特性。某些象征性符号和某些事物和人之间建立起彼此的对应关系并逐渐形成惯例，共同遵守。这些事物和人在口语中都有名称，因而对应关系就进而在书写符号与其口语中同样的人或物之间也得以建立。人们一旦发现可以用书写符号表示话语时，就再也无必要将诸如"一个男人杀死一头狮子"的事件用画"这个人手持长矛刺死狮子"的方式表现了。相反，口语中"人杀死了狮子"这句话可以用传统的象征性符号来代替"人""刺杀"及"狮子"这三个词。与此相类，5只羊也不必单个地画5只羊来表示，只需要用与这两个词相对应的两个象征性符号来代替它就可以了。①

人类语言进化的最伟大成就莫过于从口语时代进入到书面语时代。口语是人与人之间的当下、直接交流，其成果即生即灭，对因时空距离而不在场的其他人无法发生影响。书面语——文字的发明则超越了这种局限，人类已有的对这个世界的认识，以及自己的内心世界经验正是凭借书面文字的记录而超越当下情形，能够更为持久地传承下去，使人类的已有生活经验实现代际传承，大大地加快了人类文明积累和改进的步伐。

在象征、指代的思维原则上，书面语与口语相同，因而它们都是一种交际符号系统。然而，文字的发明创造是人类自我进化史上的又一伟大进步，它体现了新的文明成果。首先，书面语使人类的交际工具从声音符号系统转化为视觉符号系统。在此意义上，文字的书写行为与美术等艺术行为有同源关系。然而，文字创设的思维却在本质上与美术不同。前者是一以当十的指称性象征思维，后者则是对现实对象、事件与想象性观念的细节性再现行为。更为重要的是，每个书面概念对它们所指涉的对象而言，都是一种类的指称，而非具体地刻画某个特定个体对象。于是，文字的发明、书面概念的产生，实际上标志着人类思维能力的极大提升，代表着人类对现实世界的秩序性、概括性认识。

---

① 《不列颠百科全书》（国际中文版）第18卷，中国大百科全书出版社，2007，第348页。

每个文字概念都代表着人类对现实世界万千现实个体之共性指认——类的指认。在此方面，关于数的概念当是典型代表。

文字与文明、文化

正因为文字在空间上概括现实对象，在时间上超越即时性交流的巨大优势，所以，历史学家倾向于用书面语言——文字的有无作为人类自身文明进步的重要标尺，将有文字的时代称之为"文明时代"，而将前文字时代称为"野蛮时代"。下面，我们以汉字为例，呈现人类书面语的一些理性特征。

汉字/甲骨文（bone and shell script, Chinese writing system）：汉字基本上是象形文字系统，由图形符号演化形成。字典中收录的字达4万，但其中1万个字便足以表达所有意思，而常用字大概在2000字左右。每个单字或由单个形符，或2个以上形符组合而成。汉字的发展约始自公元前两千年。最早的文字是商朝（公元前17—前11世纪）的甲骨文，这类文字刻在兽骨和龟壳上，每一甲骨上有10-60个单字。其后的文字发展阶段包括在鼎铭上发现的商末周初的金文，旧称钟鼎文；周朝（公元前11世纪—前256）的主要文字大篆亦称籀文，秦（公元前221—前206）统一天下后通行小篆，大篆、小篆都属篆字；汉代隶书通行；其后逐渐简化，又由隶书发展为现在的楷书……[①]

依汉代许慎《说文解字·叙》的概括，汉字在构成方法上体现了以下六种原则，称之为"六书"：一曰"形声"，一字由两部分构成，一为形旁以表义，二为声旁以表该字之发音，如"河"；二曰"象形"，即摹写对象之外形，如"田"字，拟一块田地里有纵横交错的耕种之状；三曰"指事"，如"刃"，其中之"一点"以强化刀边缘之最锋利部分；四曰"会意"，多字为一字，以生新义，如三人为"众"，以示多人；五曰"转注"，义同而形近者，如"考"与"老"之类；六曰"假借"，音近之字可借用为它义之新字，如下肢之"足"被转借为富裕之"足"。最后一项实非新字产生之法，而是旧字衍生新义之法。

以上"六义"，前四项为汉字构形之最基本方法。此足以说明：虽然汉字在外在形态上整体体现为象形文字，然而其核心构字原则却并非象形，而以形声、指事、会意为主导，正因如此，汉字象形而不绘形，走上一以当十的象征、符号之路，自觉地区别于美术再现，是一条极为明智的书面语言发展路线。

[①] 《不列颠百科全书》（国际中文版）第4卷，中国大百科全书出版社，2007，第175页。

拓展阅读文献

[1] 费尔迪南德·索绪尔. 普通语言学教程 [M]. 高名凯, 译. 北京：商务印书馆, 1999.

[2] J·G·赫尔德. 论语言的起源 [M]. 姚小平, 译. 北京：商务印书馆, 1998.

[3] 唐兰. 中国文字学 [M]. 上海：上海古籍出版社, 2017.

[4] 孟世凯. 中国文字发展史 [M]. 北京：文津出版社, 1996.

思考题

1. 人类语言构成的核心原理是什么？
2. 文字对于人类文化、文明的意义。

第二节　酉部汉字

本节介绍酒对汉语语汇之影响，以个案方式解说酒对人类观念文化诸领域之意义。由于文字乃一民族、时代观念文化之基础性工具，故而反映汉民族酿酒与饮酒行为的酒系汉字，即与酒有关的汉字，一方面是酒文化的具体成果，因为它们承载了有关中华酒史的珍贵历史信息，另一方面又成为酒影响中华观念文化各领域的重要表现，比如用酒类词语表达非酒信息。

酉部汉字指汉代许慎《说文解字》中之酉部汉字，即带酉偏旁之汉字。后世汉语词汇发展中，言说人类与酒有关行为的词语实不限于带酉旁者，故而酉部汉字仅为与酒有关的汉语词汇之一部分，当然乃其核心部分。如何理解以《说文》酉部汉字为代表的酒系汉语词汇？我们可以从以下两个方面理解其意义。

其一，酉部汉字乃中国古代酒文化史之重要间接证据，其中每个汉字的本义、原始义，均包含中国古代酒业、酒文化产生与发展之重要历史信息。

其二，需要高度关注酉部汉字之引申义，即酉部汉字之抽象、普遍义，此乃中国古代酒业、饮酒行为对中华观念文化各领域产生广泛、持久、深刻影响的重要语言学材料证明。

酉部汉字与中国酒史

汉代许慎著的《说文解字》一书共收酉部汉字 75 字,《辞海》中的酉部汉字则有 96 字。

> 酒,就也,所以就人性之善恶。从水从酉,酉亦声。一曰造也,吉凶所造也。古者仪狄作酒醪,禹尝之而美,遂疏仪狄,杜康作秫酒。①

汉语之"酒"字,其音旁从"酉",义旁从"水",示其为液体。然而,这只是现代人对此字之最初印象。深入考察之,我们还需关注两项更为基本的重要事实。

其一,除了"酒"这个总名外,《说文》所整理的几乎所有与酒有关的汉字实际上均将"酉"的使用表达为其意义领域——"酒"或与"酒"相关之义旁,而非体现其读音之音旁。而且,以"酉"为义旁的汉字如此之多,在汉字体系中已形成一较大部类——酉部字。

其二,即使对"酒"字而言,"酉"也绝非仅止于表达其读音,同时也规范其意义。这可从《说文》对"酉"字本身之解释中见出:

> 酉,就也。八月黍成,可为酎酒。②

许慎对"酉"字的解读揭示了"酒"与"酉"的超读音的内在关联——"酉"字本身就是一个与酒在意义层面高度相关的字。这两个字的因缘也许如此:"酉"也许就是"酒"之本字,即先有"酉"而后有"酒"。由于酿酒与饮酒是一种极为复杂、重要的物质、社会与观念文化活动,一个"酉"字,即关于"酒"之最初总名不足以细致地言说此类活动、现象,所以后世才以"酉"为核心,创制出一系列的相关汉字。又由于"酉"乃"酒"之意义原型,可高度类型化,因而每个字之读音则需尽量有所差异。故而有了"酉"以及"酒"这两个总名后,此后之酒类字,便转而以"酉"为义旁,其余则各另寻音旁了。正因如此,对中国酒史研究而言,"酉"比"酒"有更为原始的根源性意义。简言之,"酒"据"酉"而来,"酉"乃上古关于"酒"之总名,"酒"乃"酉"后关于

---

① 许慎:《说文解字》,中华书局,1963,第 311 页。
② 同上。

"酒"之新的总名。至少，在许慎《说文》汉字体系中，"酒"已取代"酉"，成为新的酒类总名，"酉"则成为创制其他酒类新字的义旁规范手段。

许慎对"酉"做了两个层次的解读：其一曰"就"；其二曰"酒"，具体言之，乃指正月初用黍所酿，至八月而成之醇酒，谓之酎（zhou）。据此，我们可以意识到：其第一义项"就"乃许氏之引申。至于他对"酒"的释读："就也，所以就人性之善恶"，乃更远之主观发挥。当属于酒文化的讨论范围，与"酒"之本义无关。其第二义"八月黍成，可为酎酒"才是酒之本义。

酿酒乃一复杂事件，由许多动作构成，且其最终成果——酒是易流失、难成形，因而也难以刻画、描述之液体。故而，"酉"何以与酿酒这一事件发生联系，何以用"酉"言酒，仍未说清。最多，我们可以知道"酉"音"you"而已。现代人对甲骨文之释读则较为确切地揭示出"酉"与"酒"之感性直接关联：

酉：象酒尊之形：上象其口缘及颈，下象其腹有纹饰之形。①

通过现代学者对甲骨文"酉"字的释读，我们意识到："酉"之本义乃是瓶状盛器，当然亦可用以盛酒。由于酿酒是一种复杂的活动，酒乃易流动且无确定形状之液体，酒味虽然强烈然亦难以描述。故而要描述酒本身，无论是活动、形态或味道，均难以清晰描述。所以，先民对酒这一十分重要的神秘液体、神圣饮料，只能转而以盛酒之具——"酉"间接地指代之，因为"酉"这种盛酒器有明确固定的形态，易于刻画。后起之"酒"借用"酉"旁，表面上只借用其音，实亦借用其义。这也间接说明：酒具——"酉"的发明对酒这种液体饮食制造活动的重要性——没有有效收集液体饮料的器具，这种成果便难以有效地保存。我们有理由相信：人类新石器时代的重大、普遍发明——陶器之制造并非专因酒而产生，先民对最普通饮料——水的收集需求当远大于对保存酒的需求。然而，一旦陶器制作技术普遍应用，酒这种人类饮食文化的特殊成果也就极大地受惠了，可借以长久、大量地储存这种美味。于是，关于中国古代酒史，我们便可有重要的间接推理——没有新石器以来以仰韶文化陶器为代表的伟大成果，我们便很难想象酒技术与酒成果之出现、推进，因为在此之前，即使有能力酿出美酒也难以保存。一种无法保存其成果的技术还有继续推动的必要吗？这便是辅助性技术对核心技术的制约作用。

下面我们对《说文》中的酉部字作简单的介绍与讨论。《说文》中"酉"部汉字共

---

① 徐中舒主编《甲骨文字典》，四川辞书出版社，1998，第1600页。

75个，均与酒有关。其一，这足以反证中国古代酒业晚至汉代之发达程度，因为用书面文字来标识日常生活中某一领域之关键环节，总是最晚的事；其二，它可以间接证明酿酒与饮酒在中国古代不仅是一种普通的日常饮食行为，也是一种至少与国家之政治与宗教高度相关的文化活动，否则在成熟的汉字刚刚定型的年代，不会集中出现这么多与酒相关的"酉"部汉字。

（一）关于酒的名称。

除"酉""酒"二者外，尚有以下诸种：

酏（yi） 黍酒。

醾（mi） 即酴醾，酒名。

醽（ling） 即醽醁，酒名。

藜藿佳于八珍，寒泉旨于醽醁。（《抱朴子·嘉遁》）

其中关于白酒之名，共有三种。

醙（sou）：

醙、黍、清皆两壶。（《仪礼·聘礼》）

醆（zhan）：

玄酒在室，醴、醆在户。（《礼记·礼运》）

醝（cuo）：

苍梧竹叶清，宜城九醞醝。（张华：《轻薄篇》）

以上乃酒之别称，其总名则曰"酤"、曰"醍醐"。

既载清酤，赉我思成。（《诗经·商颂·烈祖》）

更怜家酝迎春熟，一瓮醍醐迎我归。（白居易：《将归一绝》）

对中国古代酒史研究而言，酒名中尤需关注者，是关于酒曲或酒母的概念。

酴 酒母也。①

酵 用酵四时不同，寒即多用，温即减之。②

还有"酶"。古代酿酒史上有两项关键技术。在酿造高度酒所需之蒸馏技术出现之前，酿造酒最需要的核心技术是发酵。酒曲乃中国古代谷物酒酿造之关键因素。"酴"以及后来的"麴"（糀、麯）字便以书面文字的形态标定了这一独特饮食实用技术的发明，这在中国古代酿酒史上有特殊的意义。

关于酒材料者有：

醣 即酒糟。甚至关于酒沫也有专名，曰"醭（bu）"。

酒瓮全生醭，歌筵半委尘。（白居易：《卧疾来早晚》）

其时，酒已有不同类型之划分。

醴 乃一夜酿成之米酒，味甜。

以御宾客，且以酌醴。（《诗经·小雅·吉日》）

酎（zhou） 经多次酿造而成的酒。

是月也，天子饮酎，用礼乐。（《礼记·月令·孟夏之月》）

在酒类家族中，甚至还出现了专用的毒酒概念，曰"酖（zhen）"，同于鸩酒。

宴安酖毒，不可怀也。（《左传》闵公元年）

此可见当时酒的品类已多，出现了据不同工序而对酒的分类，此乃当时酿酒技术发达之标志。

醍（ti） 浅红色清酒。

---

① 许慎：《说文解字》，中华书局，1963，第312页。
② 朱肱：《北山酒经》，载宋一明、李艳《酒经译注》，上海出版社，2010，第16页。

粢醍在堂，澄酒在下。(《礼记·礼运》)

此言酒液之色彩。
醠（ang）：

辨五齐之名，……三曰醠齐。(《周礼·天官·酒正》)

醱（po）：

遥看汉水鸭头绿，恰似葡萄初醱醅。(李白：《襄阳歌》)

醅（pei）：

盘飧市远无兼味，樽酒家贫只旧醅。(杜甫：《客至》)

醪（lao）：

钟鼎山林各天性，浊醪粗饭任吾年。(杜甫：《清明二首·其一》)

以上皆酒之未滤渣滓而浊者。
醥（piao） 此乃滤后色清洁者。

金罍中坐，肴槅四陈。觞以清醥，鲜以紫鳞。(左思：《蜀都赋》)

以上为酒液的视觉效果，具体言之，以酒液之清净、纯洁度对酒质量、品级之区分，凡滤者为清，未滤者则浊。酒乃食品，具体地属于饮品，最终是要入口的。因此，对酒味之描述，酒质之品评，最终要归于对酒液味觉效果之判断。
畲（yan）：

其篚畲丝。(司马迁：《史记·夏本纪》)

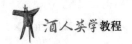

醳（yi）：

肴醳顺时，腠理则治。（左思：《魏都赋》）

以上两者为味苦之酒，当非美酒也。

醲：

肥醲甘脆，非不美也。（《淮南子·主术训》）

釅（yan）：

送雪村酤釅，迎阳鸟哢新。（苏辙：《次韵子瞻招隐亭》）

醹（ru）：

曾孙维主，酒醴维醹。（《诗经·大雅·行苇》）

酷　酒味厚也。[①]

醰（tan）：

淋浴福应，宅心醰粹。（左思：《魏都赋》）

以上诸种，皆言酒味之厚、浓而味长，乃美酒也。

醨（li）：

众人皆醉，何不餔其糟而歠其醨？（屈原：《渔父》）

此乃言薄酒，即酿简储暂、味道单薄，不耐回味之酒，乃恶酒也。我们据此可意识到：酉部汉字已然概括了先人对酒的多方面感知与体验方式，其已然奠定了至今适用有

---

① 许慎：《说文解字》，中华书局，1963，第312页。

效的品酒路径，形成了一个关于酒品鉴定的感受技术系统。

（二）关于酿酒操作环节的概念

醖（yun）：

酒则九醖甘醴，十旬兼清。（张衡：《南都赋》）

酿：

得息钱十万，乃多酿酒，买肥牛。（《史记·孟尝君列传》）

醖酿：

布怒曰："布禁酒而卿等醖酿，为欲因酒共谋布邪？"（《后汉书·吕布传》）

酘（dou） 即酒再酿：

犹一酘之酒，不可以方九醖之醇尔。（《抱朴子·金丹》）

此言酿酒。

醡（zha）：

嘉客日可携，寒醅青新醡。（欧阳修：《秋晚凝翠亭》）

此言榨酒。

醡头夜雨排檐滴，盅面春风绕鼻香。（黄庭坚：《次韵杨君全送酒长句》）

此言榨酒具。

酾（shi）：

伐木许许，酾酒有藇。（《诗经·小雅·伐木》）

醑（xu），同"湑"。

有酒湑我，无酒酤我。（《诗经·小雅·伐木》）

此言滤酒。
酤（tian）：

燀以秋橙，酤以春梅。（张协：《七命》）

配，酒色也。①

此言将不同色彩的酒进行搭配，形成新色彩之酒，类似于今天洋酒中之鸡尾酒。只不过，鸡尾酒之调和众酒是为了味道，"配"则是为了色彩。它虽然是关于酒色的一个概念，但同时也是一个关于制酒技术的概念，是酿造之外的另一种方法——调制，即利用已有成果产生新成果的一种更简易方法，是对酿酒成果之再利用。在有关酿酒工艺过程的文字中，"酿"与"酝"之使用保持至今，特别是"酿"字，成为当代食品发酵技术与生产过程之典范性概念。

关于饮酒活动。

（1）群体性饮酒活动：

醊（zhui） 谓祭祀时以酒酹地：

男女老壮皆相与赋敛，致奠醊以千数。（《后汉书·王涣传》）

酹，以酒浇地以祭神。

上述两个概念，是酒在人类文明早期积极参与建构人类宗教生活的极好证明。

酌 斟酒与劝酒。

酭（you） 劝酒：

斐然作歌诗，惟用赞报酭。（韩愈：《南山诗》）

---

① 许慎：《说文解字》，中华书局，1963，第312页。

酢　客酌主人：

或献或酢，洗爵莫罪。(《礼仪乡饮酒录》)

酬　主答客而劝酒：主人实觯（zhi），酬宾。(《仪礼·乡饮酒礼》)
醻　主人复酌宾劝酒。
醮　婚礼或冠礼中卑者将尊者所敬之酒饮尽。
上述概念乃是关于群体性会饮场合酒礼仪的重要概念。
醵　乃众人凑钱聚饮。
醞　私宴。
酺（pu）　谓国君恩准百姓聚饮。
醼（yan）　同宴、燕，聚饮：

淮南旧俗，十日飨会，百里内县皆赍牛酒到府醼饮。(《后汉书·郅恽传》)

上述概念乃群体聚饮的别称。
（2）个人性饮酒活动。
酌　斟酒、饮酒：

我姑酌彼金罍，维以不永怀。(《诗经·周南·卷耳》)

酤　卖酒：

有酒湑我，无酒酤我。(《诗经·小雅·伐木》)

醚（mi）　饮酒俱尽。
酗　滥饮：

覆溺者不可以怨帝轩之造舟，酗醟者不可以非杜仪之为酒。(《抱朴子·论仙》)

关于个体饮酒动作词语之丰富，说明饮酒活动已进化为一种细致复杂的活动。

（3）关于酒态的字。
酣（han） 言酒乐。

今招客者，酒酣歌舞，鼓瑟吹竽。(《吕氏春秋·分职》)

酖（dan） 谓嗜酒。
醟（yong） 酗酒。
醉 本义为尽量而饮，不至于乱。
醺 谓满身酒气，乃从酒之气味言醉。

青门酒楼上，欲别醉醺醺。(岑参：《送羽林长孙将军赴歙州》)

酗（xu） 饮酒无节。
酕醄（mao tao） 大醉。
酡（tuo） 酒醉颜红。

美人既醉，朱颜酡些。(宋玉：《招魂》)

酩酊 谓大醉。

汉山简在荆襄，每饮于习家池，未尝不大醉而还，曰："此是我山高阳池也。"襄阳小儿歌之曰："山公时一醉，径造高阳池。日暮倒载归，酩酊无所知。"①

酲（cheng） 乃酒病。

忧心如酲，谁秉国成？(《诗经·小雅·节南山》)

---

① 沈沈：《酒慨》，载陈湛绮、姜亚沙辑《中国古代酒文献辑录》（二），全国图书馆文献缩微复制中心，2004，第228页。

酒态词之出现说明古人已对酒精所导致的饮酒者之生理与心理效果有明显的观察与认识。总之，通过上面的简单介绍可知：至晚到东汉时代，中国古代的制酒业已相当发达，汉字酉部系列的字群从酒名、制酒环节、饮酒动作、饮酒效果等不同方面凝结了中国人制酒与饮酒活动的成果与经验，成为我们了解中国古代酒史的必要参照。

需补充者有二：其一，汉语酉部字不仅与酒有关，还与整个饮食领域有关，凡饮食制作中与发酵相关者大多亦以酉部字出之，诸如醋、酱、酸、酪、酥等；其二，古代汉语中与酒有关的词语并不限于酉部字，酉部字仅能反映与酒相关词汇之最初情形，而非其全部信息。历代酒文化之许多重要信息，甚至基本信息亦可用其他汉字表达，这一点在中国酒文化研究中尤当注意，故而我们最终用酒系汉字这一概括对"酉部汉字"进行扩容，以前者笼罩后者。

酉部汉字与中国酒文化

要讨论酉部汉字对中国酒文化的影响，最典型的还不是上节所介绍的这些汉字的基础义，因为它们只包含着中国汉代以前古代酿酒与饮酒史的基本信息，并不足以说明酒对中国古代文化的广泛性影响；其二，汉语史后面的发展实际上已超出了酉部汉字，会有新字与新词以表达相关成果。什么叫"酒"文化，乃言酿酒与饮酒活动超越自身而辐射到人类生产与生活的其他领域，换言之，是一种酿酒与饮酒活动对人类其他生活领域产生影响的现象。文字是人类言说世界与自我的基础工具，酉部汉字以及其他非酉部却也与酒相关的汉字，这些本来用以言说人类酿酒与饮酒活动的文字被引申出更广泛意义，用以言说人类其他非酒性对象与活动时，这些词语的文化功能便从关于酒的概念转化为酒生产与酒消费活动对人类其他领域生产与生活的辐射性概念，进而成为我们考察酒文化的重要工具，同时，这些汉字的引申义也成为中国古代酒文化的重要组成部分，我们在此将作专门的简要介绍。

如前节所论，酉部汉字本来是为了描述中华民族酿造与饮用酒液而创设的文字，其中绝大部分乃关于酒的信息，少部分则是关于其他食物制作与储藏的信息。然而有意义的是，这些酉部汉字在后来的应用过程中，其意义发生了极重要的变化，生发出远超越酿酒与饮酒活动本身，用以指涉更为广泛的日常生活经验的新内涵，并因此而在古代及现代汉语中得到更为广泛的应用。在我们看来，这正是中华酒生产与消费从特殊的饮食活动向酒文化的升华，是酒的价值扩散、提升，进而转化为一种酒文化的重要历史信息，它既是酒文化的一个重要分支，同时也是广义上的酒文化得以产生、传播的重要媒介，

而不仅是酉部汉字词义扩张的语言现象。在此情形下，酉部汉字词义演化的基本轨迹是从专言酒生产与消费的特殊本义转化为泛言酒领域之外人们日常生活中其他活动的普遍性引申义。下面略举数例。

配　本义为将不同色的酒液调和在一起以产生新色之酒，后引申为任何将不同之物结合在一起的融合性行为，同时有结合与分别两义，前者如"配合"，后者如"分配"。

酌　本义为斟酒，后引申为酒杯。

> 主人受，酌，降。（《仪礼·有司》）

再引申为认真、仔细考量之义，如"斟酌"。"酌量"乃量化考核义。"酌情"则言对具体情形之考察。

酣（han）　本义指尽情饮酒，后引申为一切活动之尽情尽兴，如"酣畅淋漓""酣战""酣睡"等。

酬　本义为主答客而劝酒，后引申为抽象之回报，如"酬谢""酬劳""酬金"等。

醇　本义为酒味道浓厚，引用为一切之美酒，再引申为抽象意义之浓郁、纯粹、纯正、质朴等，如"醇香""醇儒"。

酷　本义为酒味浓烈，引申为抽象意义之程度副词，如"酷热""残酷""酷似""酷烈""酷吏"等。

醍醐　本义为美酒，后佛家有"醍醐灌顶"之说，喻顿悟，得突然降临之大智慧：

> 君不见少年头上如云发，少壮如云老如雪。岂知灌顶有醍醐，能使清凉头不热。（顾况：《行路难三首·其二》）

酉部字中有两个字很特别："丑"与"医"。表面上看它们与酒似无任何关系，实则不然。

醜　即"丑"之繁体。《说文》所无，有数义。

一曰面貌丑陋：嫫母有所美，西施有所丑。（《淮南子·说山训》）
二曰凶恶：日有食之，亦孔之丑。（《诗经·小雅·十月之交》）
三曰厌恶：恶直丑正，实蕃有徒。（《左传·昭公二十八年》）
四曰惭愧：吾将死之，以丑后世人主之不知其臣者也。（《吕氏春秋·恃君览》）

五曰低贱之人：执讯获丑，薄言还归。(《诗经·小雅·出车》)
六曰肛门：鱼去乙，鳖去丑。(《礼记·内则》)

　　以上诸义，似均与酒无关。然而它们都有一些消极意义。我们可以问这样一个问题：为何丑字有如此造型？它仍属酉部字，义旁则为鬼。我们的解读是：首先，此字当后出，它与"酒"字一样，虽然酉表现为音旁，实有更深层次的意义关联。其次，义旁之"鬼"明确表达了其消极意义。鬼神乃阴阳不测的超越性存在，人与之产生心理关联时，所拥有的当是恐惧、逃避之消极性心理体验。然而，作为音旁的"酉"则在更深层次上暗示出造字者意在指涉或言说人类之饮酒体验，即饮酒之后的朦胧醉态如同遇鬼，这便是饮酒过量后的言行失态、丑样百出、肠胃疼痛等情况。因此，我们在此倾向于将"丑"的本义理解为一个关于饮酒的经验——酒态的概念，如同上面所提及之"醒"。若此不谬，则上述关于"丑"之六义均为引申义，非本义也。其本义则当为一个酒鬼或醉鬼，因过量饮酒而丑态百出的状态，即一种关于人类饮酒的消极性经验之记忆。

　　醫　即"医"之繁体。

　　治病工也，殹恶姿也。医之性然得酒而使，从酉……一曰殹病声，酒所发治病也，周礼有医酒，古者巫彭初作医。①

　　这是中国医学史上以酒作药治病经验之凝结，为医食同源说之又一证。最初的医生大概是经常拎着一个酒壶，以酒给病人外涂或内饮，以减轻人的病痛。当然，这样的医生当治病无效时，也免不了要做一番法术，略似于今天的临终关怀，主要功能在于对患者进行心理安慰，而非去病。医巫一家，既尽人力，亦安天命，此乃人类早期医学情态之大端。至于信医不信神，信神不信医，则是后来的观念。因此，汉字"医"之字形本身正透露出人类早期医学之珍贵信息：一曰医巫一家，二曰以酒医疾。

　　醖酿

　　酒的制作过程曰"酝"曰"酿"，即发酵。然而，"酝酿"最后则演化成为一个抽象动词，其核心内涵不再是酒的制作，甚至不再是制作，而取酿酒所需长久时日之义，转化为渐积、细致思考和讨论之义。

---

① 许慎：《说文解字》，中华书局，1963，第313页。

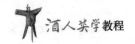

诗书与我为曲糵，酝酿老夫成缙绅。（苏轼：《又一首答二犹子与王郎见和》）

关于饮酒环节，有两个基本词汇亦被普遍化。一曰醉，一曰醒。
醉，"醉"之本义乃喝酒喝好，如同吃饭吃饱一样。

既醉既饱，小大稽首。（《诗经·小雅·楚茨》）

后引申为过量饮酒，义为喝坏、喝糊涂：

曰既醉止，威仪幡幡。（《诗经·小雅·宾之初筵》）

又引申为一切之沉迷：

列子见之而心醉。（《庄子·应帝王》）

醒，其本义为从醉酒状态中清醒过来。

世人皆浊我独清，众人皆醉我独醒。（屈原：《渔父》）

后引申为从梦境中清醒过来：

朝曦入牖来，鸟唤昏不醒。（韩愈：《东都春遇》）

再引申为理智上之醒悟、觉悟：

故昭然先窹乎所以存亡矣，故曰先醒。（贾谊：《新书》卷七）

在此，我们将酉部汉字之引申义——从关于酒之制作与饮用的特殊性本义向超越酒领域的方向发展，其内涵之普遍化或抽象化现象，应理解为中国酒文化史上酒之制作与饮用活动向日常生活其他领域发生普遍性转化与浸透的影响，亦即从酒至酒文化，或酒文化产生与发展的重要的特殊表现形式。另一方面，由于语言文字乃文明阶段人类各民族群体表达自我、相互交流和描述世界之最重要媒介，所以，酉部汉字词义之普遍、抽象化，对中国人日常生活各领域所发生的影响便更为久远、广泛与深刻，这一问题值得我们进行深入地讨论。

拓展阅读文献

[1] 邹晓丽. 基础汉字形义释源——《说文》部首今读本义（修订本）[M]. 北京：中华书局，2007.

[2] 胡洪琼. 汉字中的酒具 [M]. 北京：人民出版社，2018.

思考题

1. 如何从汉语相关字词理解中国古代酒史？
2. 如何理解与酒相关字词对中国古代文化各领域的意义？

第二章 宗教学视野下的酒

本章讨论酒与人类观念文化中的一个重要领域，人类精神生活典型形态之一——宗教的关系。在人类文化史上，一方面，酒是世界许多早期宗教之重要物质媒介；另一方面，酒液的神经刺激与心理激发作用又很好地营造了宗教所需之特殊心理气氛。

对酒而言，人类早期文明最重要的物质基础便是农耕文明之诞生，它解决了人类早期酿酒行为如何得以产生、怎样产生的问题。与古典社会及当代社会不同，在人类早期文明的时代，在酒质不是太好，尤其是酒产量不是太高的历史时期，酒虽然是人类饮食文化的重要成果，且伴随人类饮食技术的发展而产生，但是酒最主要的应用领域并非平常人的日用饮食，其并不作为日常生活食物而存在，而是作为先民观念生活的重要物质媒介而存在。酒最早进入人类的精神世界，乃始于原始宗教。

第一节 早期宗教崇拜中的酒

在狩猎采集社会中，农耕技术和酿造技术的起源是两个相对独立但背景类似的事件，促成酿造学或者酒的规模化生产的动因，即将酿酒从自然发生，转变为人工控制，到规模化生产的发展程式……主要是上层社会的需求所致。酿酒之道与问天之学都是社会上层掌握政权所需要的工具，是神灵、城邦、国家、帝王、贵族出现以后，或天地相通、或人神相接、或政权维持的技术支持之一。①

与在人类观念文化生活其他领域所见到的情形大致相同，酒的独特之处在于：作为人类饮食文化的基本材料，酒同时也广泛、深入地参与了世界各民族的宗教信仰这一精神生活领域，并发挥着不可替代的作用。深入考察酒在人类宗教生活中所扮演的特殊角

---

① 方益防、江晓原：《通天免酒祭神忙——＜夏小正＞思想年代新探》，《上海交通大学学报》2009年第5期。

色，自觉了解世界各大宗教对于酒的不同见解，对酒人类学而言又是一重要课题。本节的主题便是集中展示酒服务于人类各宗教生活的基本情形。

酒神崇拜

随你们流去；我们只沙沙地绕着山峦，
那蓊郁的山峦，棚架上有葡萄绿遍；
在那里每日每时都能看到园主，
满怀热情地操劳，只怕收成难盼。
时锄时铲，时而又绑架、培土、剪枝，
求告一切神祇，尤其是日神恩典。
酒神疲疲沓沓，不关心忠实的仆人，
亭中卧洞里躺，和年轻的法翁扯淡，
必备的能使他醺醺入睡的酒浆，
却总是盛满革囊，盛满坛坛罐罐，
凉窖里左右陈列，永远不会短欠。
而当一切神祇，尤其是日神，
送风送暖，曝晒滋润，使收成丰满，
园主默默操劳的园子就一下活了，
葡萄架的密叶下到处人语喧喧，
大筐小筐一片响，背桶在嘎吱，
都送进大桶让榨酒人用力踹践，
于是纯种多汁产量极多的浆果，
泡沫溅涌，恶心地被狠劲踩得稀烂。
这时有铜铙钹的声音震耳欲穿，
因为狄奥尼索斯从神秘中显身，
引着羊蹄的男女蹒跚地来前，
西勒诺斯的长耳兽还死劲叫唤。
迈开偶蹄不顾一切踩践风俗，
震得人头昏眼花，更是听觉错乱。
醉鬼们摸索杯盘，灌得肠肥脑满，

有几个忧心劝阻，只是徒增纷乱，

因要革囊盛满，陈酒得赶快喝完。①

狄奥尼索斯（Dionysus）在古希腊罗马宗教中被奉为酒神，负责酒与狂欢，也是丰产与植物之神。据说他是天神宙斯的儿子之一。古希腊时代曾专有为他而设置的酒神节，这是一个大众狂欢的节日。届时，妇女们会身披羊皮，头戴藤冠，结队狂欢游行。作为酒神，他的标志是一个常春藤的花环、酒神仗和双柄的大酒杯。他曾是一个长着胡须的男子，但后来被描绘成一个具有女性气质的青年。总之，他是丰产、快乐、长青与热情奔放的象征。②

宁卡斯，是你将煮熟的麦醪铺在大片芦苇毯上，

使其冷却。

是你双手捧着伟大甘甜的麦汁，

用蜂蜜和葡萄酒将其酿造。③

关于酒与人类早期文明的关系，酒神狄奥尼索斯是个绝好的象征。一方面，酒神同时也是植物与丰产之神。如我们在关于农耕文明的讨论中所指出者，酒乃人类农耕文明发展的副产品，待人类农耕技术发展到一定程度，人们方可期望于酒的发明与酿造。对古希腊文明而言，这种相关的农耕文明的成就便是葡萄这种野生植物的驯化与栽培技术，就是以此技术为基础的葡萄产量的扩大与稳定。只有当此农作物的丰产已超出日常食用的需要，出现了令人可惜的浪费时，人们才会想到将过剩的葡萄榨汁，以便长期保存这种味道不错的植物果实，于是才有了这种以葡萄为原材料的酿酒业。因此，酒神乃古希腊早期农耕文明伟大成果的一个证明，也是当时酿酒技术与成果之证明：待当时的葡萄酿酒技术高度成熟、稳定，可以产生出一定量的葡萄酒，且质量优良、味道甘美，受到人们普遍欢迎，而且当地的人们对此种饮料喜欢到不可或缺，成为当地人们饮食之必需品时，人们才需要一位尊神守护之，以免遭受不必要的损失。另一方面，葡萄酒的甘美味道诚然满足了古希腊人的口腹之欲，更重要的是其独特、神奇的神经刺激作用，能让人们进入一种日常生活难以体验到的特殊美妙状态——醉：一种不期然而然的快乐、放松与迷幻，这种状态对人类的精神生活，特别是对宗教崇拜与艺术表

---

① 歌德：《浮士德》，樊修章译，译林出版社，1993，第 532-533 页。
② 《不列颠百科全书》（国际中文版）第 5 卷，中国大百科全书出版社，2007，第 329 页。
③ 《宁卡斯颂》，米盖尔·塞弗译，载兰迪·穆沙《啤酒圣经：世界最伟大饮品的专业指南》，高宏、王志欣译，机械工业出版社，2014，第 9 页。

达来说，是一种难得的催化剂。于是，酒神又成为宗教崇拜与文艺狂欢——唱歌与舞蹈的重要引路人。

一部葡萄酿造史表明：教会可谓功不可没。

中世纪后期（13世纪之后），欧洲大部分葡萄园由教会掌控，葡萄酒成为天主教弥撒庆祝活动的必需品。这一时期，本笃教会（Benedictine）成为最大的葡萄酒生产者，在教会僧侣的不懈努力下，葡萄栽培和葡萄酿造技术突飞猛进，并驯化出许多优良葡萄品种，葡萄酒的质量得到了大幅提高，为葡萄酒的发展做出了巨大贡献，并将这一文化有序的传承下来。[①]

从罗马人入侵开始，在法国这片土地上的葡萄园便与宗教结下了不解之缘，之后，经宗教人士的千年耕耘，葡萄种植业飞速发展，传遍法国各地……公元816年，戴沙拉佩理事会（Le Concile d'Aix-la-Chapelle）鼓励主教和修道院发展自己的葡萄园。1098年，西多修道会（Monastere de Citèaux）建立，标志着葡萄园从此完全由宗教掌控。在宗教理念的影响下，修士们极力热衷于葡萄栽培技术与葡萄酒酿造技术的研究，葡萄酒业得到了前所未有的发展。[②]

狄奥尼索斯对古希腊人精神生活的重要性在于它是文艺之神。古希腊人在崇拜狄奥尼索斯的狂欢游行与歌舞活动中，转化与提炼出一种综合的文艺形式——戏剧。为此，雅典卫城曾专门建设狄奥尼索斯剧场，用以在此崇拜酒神，举行狂欢活动，同时也表演悲剧与喜剧。

宗教礼仪中的特殊物质媒介

宗教是人类对超越性外在力量表达信仰和尊崇的精神性活动。然而，作为一种现实的活动，精神性质的信仰和尊崇又需要一系列特定的外在身体操作行为来表示，比如祭祀即是向特定的崇拜对象——神灵表达尊敬和虔诚，奉献贵重之物的活动。

一方面，由于事关神灵的态度——神是否喜欢人的崇拜行为，是否愿意接受信徒们所献的祭品，从而是否愿意对信众们给予特殊的庇护等。所以对任何成熟的宗教而言，

---

① 吴振鹏：《葡萄酒品鉴：一本就够》，中国纺织出版社，2015，第11页。
② 吴振鹏：《葡萄酒百科》，中国纺织出版社，2015，第174页。

这种敬神的活动均不会随意进行，而有一套特定的高度稳定、细节安排严谨的活动规程。另一方面，虽然宗教祭祀的目的是取悦神灵，但是，如何才能使神灵欣悦？一般都要涉及特定的物质媒介——宗教中之圣物。这些圣物一般由核心祭品——特定时代、族群中较为贵重之物（比如以特定动物为牺牲）或难得之货（比如珠玉、金银等），以及附属的规程性助祭物（鲜花、香料、烛火等），酒便属于此类附属性助祭物。

夏后氏尚明水，殷尚醴，周尚酒。（《礼记·明堂位》）
除了预言家摩普索斯以外，甚么人都不明白这鬼魂要求甚么。他劝他的伙伴们为使死者的灵魂得到平安，应为他举行一次奠酒礼。于是他们落帆，将船停住，围在墓前，灌酒于地，并且杀羊，将它焚化。①

为什么酒能成为此类助祭物？大概因为在人类早期的物质生活中，酒是人类饮食成果中之难得珍品，其气味与口味又很独特。于是先民们推定：人类的难得且喜爱之物，神当必喜之，故而以之奉献于神，以期能取悦于神。古代汉语中便有一些相关词语，可成为酒作为人类宗教活动特殊物质媒介之绝佳证明。

男女老壮皆相与赋敛，致奠醊以千数。（《后汉书·循吏列传》）

醊（zhui）为祭祀时以酒浇地。又曰"酹"。

举觞酹巢由，洗耳何独清。（李白：《山人劝酒》）

《诗经》几乎凡祭必言酒：

为酒为醴，烝畀祖妣，以洽百礼。（《诗经·周颂·载芟》）
烝衎烈祖，以洽百礼。（《诗经·小雅·宾之初筵》）

其中有一种特别的祭礼种仪式叫"祼"。

---

① 斯威布：《希腊的神话和传说》（上），楚图南译，人民文学出版社，1984，第90页。

殷士肤敏，祼将于京。（《诗经·大雅·文王》）
厥作祼将，常服黼冔。（《诗经·大雅·文王》）

《说文》："祼，灌祭也。"① 此即于神主前铺白茅，覆酒于茅，象征神饮酒。这样的礼仪在当代民间祭祀活动中依然流行。

阿耳戈斯英雄们各从头上割下一绺头发，而阿喀琉斯所宠爱的布里塞伊斯也剪下他的一大束美发作为对于她的主人的最后的赠礼。在火葬堆上他们又倾注各种的膏油，并将大碗的蜜，美酒和各种的香料放在木材中间。在火葬堆的顶上则放置死者的尸体。然后他们大家全副武装，有的步行，有的骑马，绕着火葬堆环行，最后则将火葬堆点火。②

赫卡帕怀着沉重的心情将预备举行灌礼的金杯交给国王。一个奴隶将盆和水罐携来，国王就在净水里洗濯双手，然后端着金杯，站立在朝堂当中，灌酒于地并高声向宙斯祈祷。③

看来，中西英雄们对于酒的妙用所见略同。

第二节 宗教对酒的利用与反思

进入文明时代，世界各大宗教培育起对于酒的成熟的理性态度。一方面，有些宗教自觉地利用酒这一特殊的物质媒介以诱导特殊的宗教情感；另一方面，又出现了对酒的自觉反思，对于酒的消极作用——它对于饮用者的生理和心理刺激作用，特别是对过度饮酒所产生的消极性社会影响，各大宗教表现出普遍的高度警惕。诸经典文本均有对过度饮酒之严厉批判，有的宗教则对酒的生产、交易与消费行为采取严格的禁绝立场。这些现象可理解为人类宗教理性的重要体现，是酒文化的重要组成部分。

---

① 许慎：《说文解字》，中华书局，1963，第8页。
② 斯威布：《希腊的神话和传说》（下），楚图南译，人民文学出版社，1984，第542页。
③ 同上书，第512页。

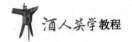

作为宗教情感媒介的酒

酒精具有令生物体发热、兴奋和迷幻的功能，不仅是人类日常生活中一项开创性的高新技术产品，也恰好被赋予了绝地通天的社会功能……酒已经成为先民们构建意识与神灵沟通之道，打通身体与上苍通天之路中不可缺位的实用工具之一。①

酒也是一方面供祖先神祇享用，一方面也可能是供巫师饮用以帮助巫师达到通神的精神状态。②

为什么酒会成为人类宗教活动中的重要物质媒介？在人类文明早期，也许是由于其难得，由于其独特的气味与滋味。然而，它之所以能在人类宗教活动中持久地存在下去，则有更为深刻的原因，那便是其中之酒精成分，是由于酒精对饮酒者神经与心理的特殊刺激与感发作用。它能在人类宗教崇拜活动中帮助参与者，特别是帮助专职的宗教神职人员进入一种极为特殊的兴奋状态，同时也便于制造一种群体性相互心理暗示、感染的特殊氛围，有益于强化宗教活动的神秘感与超越性。

巫师也被称为萨满。这是一群格外需要酒的人，他们饮酒后的疯狂跟他们一生的神圣和荣耀都联系在一起，是美酒帮助他们贿赂神灵和魔鬼，赐予他们无边的魔法。在所有巫术仪式之中，很少发现不需要酒作为道具的仪式，可以说是美酒催生生命，将生命从大地与母体的深处呼唤出来，带来生命的繁荣昌盛并保持这种繁茂。③

在经过一系列其他程式后，他们开始舞蹈，较长时间起舞诵唱后，情绪逐渐激动，舞步越来越狂烈，此时有人向他敬酒，他们喝完酒以更加狂烈舞步继续请神，同时开始抽搐颤抖，口吐白沫，两眼翻白，达到高潮时，暴烈狂躁，悲怆凄凉，最后奔向门外，作扑倒搏斗状。也就是说，萨满是在强烈日神梦幻心理暗示下，通过服饰、法器、音乐、舞蹈等来诱发人类的潜在酒神沉醉，从而进入昏迷状态完成其义务的。④

这里所描述的情形与古希腊时代人们的酒神崇拜极为相似：既是一种宗教崇拜，也

---

① 方益防、江晓原：《通天免酒祭神忙——〈夏小正〉思想年代新探》，《上海交通大学学报》2009年第5期。
② 张光直：《商代的巫与巫术》，《中国青铜时代》，三联书店，1999，第277页。
③ 吕萍：《满族萨满祭祀与酒》，《满族研究》2007年第1期。
④ 刘孟子：《日神梦幻与酒神沉醉——萨满昏迷状态探析》，《安徽文学》2007年第9期。

是一种文艺活动，其相通者便是酒对所有参与者的神经与心理状态之激发与导引，让人们进入一种迥然区别于日常生活语境的莫名兴奋状态，此之谓"醉"，此之谓审美，此之谓虔诚。

还有在另外的情形下，那便是在特定的宗教中，人们还可以赋予酒一种特定的宗教观念，使它成为一种特定宗教观念之感性代言人，使酒最终脱离世俗语境，成为一种特殊的符号，一种"有意味的形式"。

"你们来，吃我的饼，喝我调和的酒。"(《圣经·旧约·箴言》9：5)
1553年，亨利四世（Henri Ⅳ）诞生，选用朱朗颂（Jurancon）葡萄酒洗礼。[①]

在基督教教义中，酒，这里指的是葡萄酒，乃基督之血，即主的奉献精神之隐喻。于是圣餐仪式上饮用葡萄酒，便成为信徒们重温基督自我奉献，为人类赎罪之精神，并对此感恩、记取的一种重要仪式，是强化基督教观念的活动。

从理论上说，酒一旦被赋予特定的观念性内涵，成为一种承载与传达特定观念的符号，它便不再仅仅是一种纯物质对象、世俗饮料，而是进入人类观念文化活动范围，成为一种观念文化产品，从酒进入到酒文化的序列。

作为宗教理性的酒禁

并非所有的宗教都积极地利用酒，将酒纳入其宗教礼仪之中。相反，佛教与伊斯兰教对酒均持有严厉禁绝的态度。这是因为它们意识到酒的另一面——酒精对于人类生理与心理的消极性干扰、破坏作用，即我们前面所论及之"酒累"。

先看佛教对酒的意见。

佛教是反对饮酒的，无论在家、出家，戒律上都一律禁止饮酒。严格地说，但凡有酒色、酒香、酒味，或仅具其一而能醉人的，不论为谷酒、果（木）酒、药酒、甜酒（蜜、糖、葡萄等酿制）、清酒，乃至酒酢、酒糟，皆在禁戒之列，饮咽即犯。戒酒为大、小乘共同的律制，出家、在家四众皆须恪守。原始佛教经典《阿含经》就记载佛陀所立"不饮酒，不杀生，不偷盗，不邪淫，不妄语"之戒。可见，对酒的禁忌已属于佛教最基本戒律之一。

---

① 吴振鹏：《葡萄酒百科》，中国纺织出版社，2015，第174页。

问曰:"酒能破冷益身,令心欢喜,何以故不饮?"答曰:"益身甚少,所损甚多,是故不应饮。譬如美饮,其中杂毒,是何等毒?如佛语难提迦优婆塞:酒有三十五失,何等三十五?一者现世财物虚竭。何以故?人饮酒醉,心无节限,用费无度故。二者众病之门。三者斗诤之本。四者裸露无耻。五者丑名恶声,人所不敬。六者覆没智慧。七者应所得物而不得,已所得物而散失。八者伏匿之事,尽向人说。九者种种事业,废不成办。十者醉为愁本。何以故?醉中多失,醒已惭愧、忧愁。十一者身力转少。十二者身色坏。十三者不知敬父。十四者不知敬母。十五者不敬沙门。十六者不敬婆罗门。十七者不敬伯、叔及尊长。何以故?醉闷恍惚,无所别故。十八者不尊敬佛。十九者不敬法。二十者不敬僧。二十一者朋党恶人。二十二者疏远贤善。二十三者作破戒人。二十四者无惭、无愧。二十五者不守六情。二十六者纵己放逸。二十七者人所憎恶,不喜见之。二十八者贵重亲属,及诸知识所共摈弃。二十九者行不善法。三十者弃舍善法。三十一者明人、智士所不信用。何以故?酒放逸故。三十二者远离涅盘。三十三者种狂痴因缘。三十四者身坏命终,堕恶道泥梨中。三十五者若得为人,所生之处,常当狂骋。如是等种种过失,是故不饮。"[①]

在对酒持有足够戒心这一点上,佛教与儒家一样,表现出清醒的理性精神或曰神精神。再看伊斯兰教对于酒的意见。

他们问你饮酒和赌博[的律例],你说:"这两件事都包含着大罪,对于世人都有许多的利益,而其罪过比利益还大。"(《古兰经》第二章219节)

信道的人们啊!你们在酒醉的时候不要礼拜,直到你们知道自己所说是什么话。(《古兰经》第四章43节)

信道的人们啊!饮酒、赌博、崇拜像、求签,只是一种秽行,只是恶魔的行为,故当远离,以便你们成功!恶魔惟愿你们因饮酒和赌博而互相仇恨,并且阻止你们纪念真主,和谨守拜功。你们将戒除[饮酒和赌博]吗?(《古兰经》第五章90-91节)

在世界三大宗教中,伊斯兰教对酒的禁忌也许最为严格、全面。它不仅严格禁止信徒们的饮酒行为,还禁止在伊斯兰饭店饮酒,同时还禁止经营酒品,禁止信徒们以酒作礼品,要求信徒们远离酒店。它认为酒乃毒物,而非药品。实际上,不仅是狭义的酒液,

---

① 龙树菩萨造:《大智度论》,鸠摩罗什译,上海古籍出版社,1991,第90-91页。

凡是有神经麻醉效果的东西均被当作酒一样严格禁绝。

在伊斯兰教出现之前，阿拉伯半岛葡萄酒贸易十分繁荣，当时的葡萄酒被称之为圣酒。公元5—6世纪，穆斯林征服阿拉伯半岛，酒精饮料被禁饮用，葡萄酒消失，而葡萄园却保留下来，葡萄成了主要食用水果之一。[①]

伊斯兰教极为严格地禁绝了酒，对酒持一种绝对的理性主义态度。然而，它并未因此而拒绝作为水果的葡萄，这其中体现出一种恰当、审慎的生活智慧。我们可以将伊斯兰教的严格酒禁理解为人类宗教理性在酒文化领域的典型表现。作为一种有着悠久历史的宗教文化传统，它自然应当获得来自其他文化传统的人们的尊重，虽然其细节上的规定体现了其宗教特色，但是，其面对酒的自觉反思意识与理性态度则是普遍性的，为世界各大文化传统所接受。

最后，需要补充者，虽然基督教在其宗教礼仪中接受了酒，但它对过量饮酒仍有明确的批判态度：

谁有祸患？谁有忧愁？谁有争斗？谁有哀叹？谁无故受伤？谁眼目红赤？就是那些流连饮酒，常去寻找调和酒的人。酒发红，在杯中闪烁，你不可观看，虽然下咽舒畅，终久是咬你如蛇，刺你如毒蛇。你眼必看见怪异的事，你必发出乖谬的话。你必像躺在海中，或像卧在桅杆上。你必说："人打我，我却未受伤；人鞭打我，我竟不觉得。我几时清醒，我仍去寻酒。"（《圣经·旧约·箴言》23：29-35）

总之，我们可以得出这样的认识：虽然人类早期宗教乃至后来的某些成熟宗教，如基督教在其宗教礼仪的某些环节中保留了酒的因素，并以之为特定宗教礼仪之必要媒介。然而出于总体上的宗教理性，宗教家们都能清醒地意识到酒对于人类生理和心理的强大刺激作用，意识到过量饮酒对信徒日常生活行为的重要消极影响，所以在对信徒日常生活行为规范方面，各大宗教均普遍表现出严格的批判和限制态度，这可以理解为宗教理性对酒的反思性批判。

[①] 吴振鹏：《葡萄酒品鉴：一本就够》，中国纺织出版社，2015，第8页。

拓展阅读文献

[1] 詹·乔·弗雷泽. 金枝 [M]. 徐育新、汪培基、张泽石, 译. 北京：中国民间文艺出版社, 1987.

思考题

1. 酒在人类宗教活动中的作用。
2. 各大宗教对于酒的立场。

第三章 酒与艺术

以美的创造与欣赏为内涵的审美属于人的感性精神世界，是人类精神生活的起点，社会大众最为世俗的精神生活形态，而艺术则是人类审美创造与欣赏的重镇。对于这一人类精神生活、人文价值实现的基础领域，酒义不容辞地参与其中并演绎得极为精彩。在德国哲学家尼采看来，艺术是酒神精神自我实现的最重要领域。依中国古代诗人与书画家们的理解，成为一个酒仙几乎是一位优秀艺术家的必要条件。由此可见，酒在人类艺术世界留下了多么深刻的印痕。本章的主题正围绕酒与艺术展开，集中讨论酒对人类各门类艺术普遍而又深刻的影响。

第一节 艺术

依本编导言所确定的基本框架，在具体讨论酒与艺术的关系之前，本节先呈现人类艺术世界之基本轮廓，简要介绍人类艺术的概念、形态及其功能。本节的介绍将成为我们完善、深入地理解酒与人类艺术内在关系必要的知识基础。

艺术的概念

用技巧和想象创造可与他人共享的审美对象、环境或经验。艺术一词亦可专指习惯上以所使用的媒介或产品的形式来分类的多种表达方式中的一种，因此我们对绘画、雕刻、电影、舞蹈及其他许多审美表达方式皆称为艺术，而对它们的总体也称为艺术。艺术一词亦可进一步用于特指一种对象、环境或经验作为审美表达的实例，例如我们可以说"那张"画或壁毯是艺术。传统上，艺术分成美术与语言艺术两部分。后者指语言、讲话和推理的表达技巧。美术一词译自法语 beaux-arts，偏重于纯审美的目的。简单说，即偏重于美。许多表达形式兼有审美和实用的目的，陶瓷、建筑、金属工艺和广告设计可为例证。这样设想是有益的：从纯审美目的这一端到纯实用目的的另一端是一个连续统一体。①

艺术是人类观念文化的重要形态，它与宗教、哲学和伦理一起，构成人类价值世界与精神生活的基本领域。艺术属于审美，它以感性的物质媒介表达人类内心的价值观念，是人类生命追求的即时感性显现。虽然近代社会以来，美成为艺术价值之重心，然而在人类早期文明与古典文化时代，艺术的观念性追求是综合的，它既可以承载物质实用的目的，同时也可以表达宗教、伦理、政治等观念性的功利目的，当然同时也可以表达特定时代、民族的审美趣味。

艺术的基本类型

原始的艺术是综合性的，载歌载舞乃其典型形态。进入古典时代，人类各民族艺术开始分化。我们可以根据不同的标准将艺术划分为不同的类型。其划分方式主要有以下三种。

其一，根据艺术品存在的外在物质形态进行划分，我们可将艺术区分为空间艺术（比如绘画与雕塑）、时间艺术（比如音乐）、时空艺术（比如戏剧、电影和电视）与观念艺术（比如文学）四种类型。

其二，根据艺术品创造所应用的具体物质媒介划分，则我们可以将艺术更为细致地区别为绘画、雕塑、音乐、舞蹈、戏剧、文学、电影、电视等八种类型。

其三，根据艺术品欣赏者感知艺术品的方式，我们可将艺术区分为视觉艺术（如绘画与雕塑）、听觉艺术（如音乐）、视听艺术（如戏剧、电影和电视）与想象艺术（如文学）四种类型。艺术分类的外在客观依据当是其所利用的特定物质媒介与艺术作品存在的物质形态。

只要当我们成功地了解到——直截地，而非仅是确定而已——艺术是由于它的阿波罗与狄奥尼索斯（Apollonian-Dionysiac）的双重性格，才产生了不断的革新。甚至于，一切"物种"也是由于"两性"之不断的折冲与周期性的调和行为才得以繁殖的。我从希腊人那儿得到了我的形容词。希腊人藉着体现（embodiment）的巧慧，而不是仅靠着知觉手段，发展了他们的艺术的神话主义。由于这艺术之神祗——阿波罗与狄奥尼索斯，

---

① 《不列颠百科全书》（国际中文版）第1卷，中国大百科全书出版社，2007，第521页。

我们才认识了"造型的艺术"(Plastic art，亦即阿波罗的艺术）与"非视觉的艺术"(non-visual art)——音乐（狄奥尼索斯式的艺术）之间在起源上与对象上所造成的鸿沟。这两种创造的倾向，并行发展，有时是极端相对的，互相嘲弄甚于能力上的生成。然而此二者也由于过去之不断的不调和与调和，才得以在艺术，这软弱的命名下，成为不朽。最后，在希腊人的意志行为里，这两者才联姻而成为配偶，因此才产生了希腊雅典的悲剧（Attic Tragedy），这种悲剧很突出地展示出他的双亲的性格。[①]

此乃立足于人类精神世界内部的两种不同的心理冲动或需要——主观表现与客观再现解释人类不同的艺术类型，比如音乐与绘画的起源。立足于艺术哲学，我们应当意识到：人类上述诸艺术类型之产生，一方面基于人类主观的内在心理与生理需求，同时也当以人类已然掌握的外在世界的各式可利用物质媒介为条件。惟有将此两种因素综合起来观照，方可对人类各门类艺术之产生有一种较完善的理解。

艺术的功能

所谓艺术，就是以感性物质媒介表达人类对自身和世界之感受、体验与理解的一种观念文化形式。人类自身生命有什么样的需要，都会以艺术的方式，即物质感性媒介的方式表达出来，人类对这个世界有怎样的理解，也会以艺术的形式表达出来。在此意义上，我们可以说，艺术即人类对自身与世界的一种投射。具体来说，艺术到底是干什么的、它可以干什么，以及不可以干什么？关于艺术的功能，我们可以概括为以下几个方面。

以艺观世

人类作为一种理性生物，它不仅与其他物种一样也来到这个世界、也生存过，还追求了解或理解这个世界，想知道这个世界到底是什么样的，想让自己活得更明白些。当然，人类与其他动物一样，首先要生存、要讨生活。但是，一个人的一生如果每天都在忙碌地讨生活中度过，那么他只是来过、生存过，并没有自觉、明白过，不知道自己的一生到底是怎样的一生，不知道自己曾经来过的这个世界到底是怎样的世界。于是，人类作为自觉的生物，他在进行讨生活的物质生产劳动之余，还利用自己的闲暇时间开始

---

① 尼采：《悲剧的诞生》，李长俊译，湖南人民出版社，1986，第19-20页。

理性地观察、思考和认识这个世界，以科学研究的方式，以解决实际生活问题的方式，同时也以艺术的，即物质感性媒介的方式表达自己对这个世界的理解。

艺术家是人类社会各民族的物质生产水平达到一定地步，即不再需要人人都从事物质生产劳动时，从总体生产大军中分化出来的一部分精神生产者。这些精神生产者包括医生、牧师、教师、科学家以及艺术家，他们代表全人类专职地做深入、细致、广泛地认识世界与认识自我的工作。于是，我们可以从摄影、绘画、小说、散文、戏剧、电影、电视等各门类艺术中看到自然景观，看到世界各地人群的生活故事。通过这些艺术作品叙述的关于这个自然界和人类各民族的故事，我们更加完善地理解了自己所生存的这个世界，增加了我们的见识，拓展了我们的视野。每个人的生命及其精力都很有限，大部分人不可能跑遍全球，不可能从事这个世界上所有的行当，更不可能一直赖在这个世界不走，因而他对这个世界的见识便很有限。如何超越自己有限的人生？自觉地利用艺术这个窗口，广泛接触各门类艺术，耐心地观赏各门类艺术家所叙述的关于这个世界和他的故事、他们的故事，以及人类的故事，也就一定程度上丰富了自己，可以让你更加广泛、深入、细腻地理解这个世界，自己也就活得更丰富。

以艺观己

古希腊先贤有一句名言："认识你自己！"以俗见，每个人最懂得的当然是自己，哪会自己不认识自己、何需认识自己？其实，对于自我与世界，我们常有的只是浅见、偏识而已。超越日常生活中的自我印象——比如对自我欲望的本能式感知，还需要专业化的工作，就像我们需要科学家代表全人类去更为深入地认识自然那样，我们也需要包括艺术家在内的职业人文工作者更加全面、深入地认识自我。

如果说艺术是一面镜子，那么这面镜子有时候对着世界，面向自然，让我们对外在的世界有一个较为清晰的影像，好让我们明白自己到底活在一个怎样的空间里。然而更多的时候，这面镜子好像更愿意面对我们自己的内心世界，好让我们自观，从而更深入、细致，甚至是严厉地认识自己的欲望、期许、无奈、小聪明，等等。在此意义上说，所有的艺术只叙说一个故事，那就是关于人类的故事。他的故事、我的故事，其实都是你的故事。我的丑陋、他的愚蠢，其实也就是你自己鼻子上的那个白点，因为人同此心，心同此理，我们都拥有共同的人性，共享某些优长与弱点。如果我们习惯了将所有他人的故事都当成一面自我观照之镜，当成自己的故事，那样的艺术欣赏将会使我们更加受益。

再强调一下：艺术的主题是人类的欲望与命运。人类在自己的现实生活中经历什么便会在艺术中叙述什么,在现实生活中追求什么便会在艺术中歌颂什么,在现实生活中厌恶什么便会以艺术的名义谴责什么。因此,艺术是人类生命意识的表达(封孝伦语)。如果说每天起来,出门前看看镜子是一个不错的生活习惯,那么把艺术当作一面自我观照的镜子,使自己活得更为自觉、清醒,应当是一种关于艺术的明智态度。

以艺释己

当精力的充沛是它活动的推动力,盈余的生命力在刺激它活动时,动物就是在游戏……像人的身体器官一样,人的想象力也有它的自由运动和物质游戏。①

这便是以"剩余精力发泄"解释文艺之所以产生,并没有错误。某种意义上说,人类的一切精神活动都是人类进行物质生产劳动后剩余生理、心理能量之释放;然而这样的理解尚未进入人类精神世界内部,因而只是一种边缘性阐释。艺术是人类的一种观念文化生产,属于人类的精神生活,因而从人类精神需求的角度看,我们可以从两个角度考察艺术的功能。

其一,积极地理解。人类以艺术的名义或艺术的形式,充分发挥自己在物理世界受限制的诸心理能量,比如其联想、想象的心理能力。当艺术家们在各门类艺术中充分地发挥了这种心理能量时,便会体验到一种精神性愉悦,使自己的精神生命得到拓展与解放,当读者们阅读这些作用时,也会得到一种与之大致相似的精神愉快。对那些理想主义、浪漫主义气质的艺术作品,似均可作如是观。此类作品的创作与欣赏可以让人感受到一种淋漓痛快之美,引人畅想、引人激越、引人飞扬。

其二,消极地理解。由于现实物理时空的种种限制,绝大多数人都会在现实生活中遭受和体验到种种不自由感或压迫、挫折感。长期积郁便会成疾。在此情形下,以艺术的方式充分地表达自己(无论是创作,还是欣赏)在日常生活中感受到的诸种消极性经验,将它们表达出来,释放出来,将会产生积极的心理效果,有益于人们的心理健康。悲剧之所以不可替代,正在于它通过充分展示诸种消极性的人生经验,最终帮助人们实现心理平衡,此之谓"净化"。文艺的这种心理能量的积极与消极释放功能,从心理学的角度看,便是一种自我调适,从而保持心理健康之功能。在此意义上,艺术是人类必备的自我心理调节工具,是一种精致的人生艺术。

---

① 席勒:《美育书简》,徐恒醇译,中国文联出版公司,1984,第140-141页。

以艺反思

站在精英文化立场，亦即关于艺术的理性主义立场，我们又会发现：对人类而言，艺术具有追求和实现自我越超的功能。社会大众往往会满足于当下现实之自我与世界，沉溺于此，不求突破。精英知识分子则会以艺术为武器，谋求对世界与自我的新认识，努力地超越传统、超越俗见，以艺术创新的名义不断地更新自己对世界与自我的认识。在此意义上，艺术会超越传统审美趣味，变得很怪、难懂，甚至令人厌恶。在此情形下，精英艺术家有时会像宗教先知、启蒙思想家们一样，对现实社会秩序与主流价值观念持严厉的批判态度。这样的艺术，在一段时期内会成为极为怪诞，甚至令人讨厌的艺术，审美形式上也不令人愉快，思想内容上又为主流价值观念所不容。然而数十年、数百年后，情形也许会大为不同。这样的艺术也许又会成为一种新的时尚或主流艺术，成为人类艺术史上的重大创新。这些艺术所倡导的怪异、甚至消极性的世界观和价值观也许会成为新时代的主流世界观与价值观。

在此意义上，这种以现实反思为宗旨的艺术，就如同严肃的科学与哲学探索一样，承担着人类不断地自我反思、自我超越，不断地更新自己对世界与自我新认识的文化进化功能，这是一种庄严的文化使命。对这样的艺术即使我们一时无法理解、喜欢，也需要持足够冷静的同情态度，切不可以当下的审美趣味与文化态度野蛮地压迫它们，如此这般的文化短视将会遭到历史耻笑，就像我们曾经在对待孔夫子时所产生的笑话那样。若一时不能理解、不能喜欢，我们至少可以容忍、可以静观、可以等待。

拓展阅读文献

[1] 薛富兴. 画桥流虹——大学美学多媒体教材［M］. 合肥：安徽教育出版社，2006.

[2] 封孝伦. 人类生命系统中的美学［M］. 合肥：安徽教育出版社，2013.

思考题

1. 艺术的基本类型。
2. 艺术的功能。

第二节 艺术中的酒

在人类文化系统的观念文化领域中,有两个部分对酒而言也许最为重要:一个是宗教,另一个是艺术。在人类早期文明阶段,酒进入人类观念文化生活的典型表现是宗教;进入古典文明阶段后,酒对人类观念文化领域发挥显著作用的典范性舞台则是艺术。本节将以写意画的手法概要性地呈现酒与人类各门类艺术的内在关系,由此揭示酒对人类艺术,具体地艺术创造的独特功能,说明酒这种神奇液体对各门类艺术家的重要心理影响。在此意义上,酒这种魔液已然成为我们深入走进艺术家内在精神世界必不可少的特殊媒介。实际上,对艺术家与缪斯女神的姻缘而言,酒的价值实同于丘比特之箭。

本节所讨论的酒与艺术的关系从逻辑上说包括两种:其一,酒对人类各门类艺术之影响;其二,人类各门类艺术对酒的影响。前者主要表现为酒在人类艺术创作与表演活动中的激发作用,后者则主要表现出各门类艺术对人类饮酒活动文化内涵的丰富、拓展与深化。

只要当我们成功地了解到——直截地,而非仅是确定而已——艺术是由于它的阿波罗与狄奥尼索斯(Apollonian-Dionysiac)的双重性格,才产生了不断的革新。甚至于,一切"物种"也是由于"两性"之不断的折冲与周期性的调和行为才得以繁殖的。我从希腊人那儿得到了我的形容词。希腊人藉着体现(embodiment)的巧慧,而不是仅靠着知觉手段,发展了他们的艺术的神话主义。由于这艺术之神祇——阿婆波罗与狄奥尼索斯,我们才认识了"造形艺术"(Plastic art,亦即阿波罗式的艺术)与"非视觉的艺术"(non-visual art)——音乐(狄奥尼索斯式的艺术)之间在起源对象上所造成的鸿沟。这两种创造的倾向,并行发展,有时是极端相对的,互相嘲弄甚于能力上的生成。然而这二者也由于过去之不断的不调和与调和,才得以在艺术,这软弱的命名下,成为不朽。最后,在希腊人的意志行为里,这两者才联姻而成为配偶,因此才产生了希腊雅典的悲剧(Attic tragedy),这种悲剧很突出地展示出他的双亲的性格。[①]

作为一位哲学家,尼采发现了古希腊时代酒神崇拜活动与悲剧这种特殊的戏剧类型,

---

① 尼采:《悲剧的诞生》,李长俊译,湖南人民出版社,1986,第19-20页。

以及音乐的内在精神关联。这促使美学家进一步正面考察酒与人类各门类艺术的全面互动关系。

  旭，苏州吴人。嗜酒，每大醉。呼叫狂走，乃下笔，或以头濡墨而书。既醒自视，以为神，不可复得也，世呼张颠。(《新唐书·文艺中·张旭传》)
  王墨，师项容。风颠酒狂。画松石山水，虽乏高奇，流俗亦好。醉后，以头髻取墨，抵于绢画。①

  中国古代艺术史上有一个奇怪的现象：人们喜欢用酒来奉承优秀的艺术家，比如称诗人李白为"醉圣"、称书法家蔡邕为"醉龙"，称书法家张旭为"醉墨"，好像这些人成为优秀艺术家只是因为他们特别能喝似的。

  酒狂又引诗魔发，日午悲吟到日西。(白居易：《醉吟二首·其二》)
  酒量已随诗共退，客愁仍与病相乘。(陆游：《傲装》)

  诗人们在此展示的是酒与诗歌之间严格的对称关系：它们似乎总是同时出现、共进共退，二者相处得如此和谐，美学家便需严肃思考酒与艺术到底有何关系、为何如此？
  若概论酒与艺术的深刻、普遍因缘，它们似乎包括以下几种：
  (一)酒激发了艺术家们的创造灵感，是文艺创作的重要物质媒介，此乃酒积极推动文艺创造最重要的表现形式。

  应呼钓诗钩，亦号扫愁帚。(苏轼：《洞庭春色并引》)
  敏捷诗千首，飘零酒一杯。(杜甫：《不见》)

  至少对中国古代的优秀诗人而言，酒乃其文学创造活动中必不可少的陪伴，成全其诗人荣誉的极重要因缘。
  (二)酒及饮酒活动进入艺术，成为文艺的重要表现材料以及文艺作品的内容之一。酒乃人类各民族饮食文化中的基础性因素、百姓日常生活的基本材料。日用饮食是人类现实生活的最基本行为，于是文艺作品在表现生活、描述百姓的日常生活情态时，便会

---

  ① 张彦远：《历代名画记》卷十，辽宁教育出版社，2001，第93页。

涉及酒，特别是饮酒场景，以酒为核心的故事亦属自然。酒并非一般的纯物质性果腹解渴之物，其乃对人类内在心理状态有重要影响的特殊饮料。艺术家们很早便观察到酒影响人类精神世界的特殊功能。于是，作为"人学"的艺术便会自觉地通过描写人类的饮酒行为深入探测和展示人类的内在精神世界，为令人信服地展示人物个性、行动因缘提供有力的内外在依据。透过对人类饮酒行为的描述，艺术家们既可展示风土人情，又可探测人的内在精神世界。

比如，《水浒》是一部以动作、情节取胜的小说，然而细心的读者会发现：这部动不动就打打杀杀的"武戏"随时有酒影相随。对于酒，实际上是对饮酒场面的描写在《水浒》中到处可见。在此意义上，我们甚至可以将《水浒》视为一部酒小说。何以故？就因为对饮酒的描写在小说中具备了揭示人物精神个性和推动情节发展的重要叙事功能。且看其中很著名的"武松打虎"一节：

酒家那里肯将酒来筛。武松焦躁道："我又不白吃你的！休要引老爷性发，通教你屋里粉碎！把你这鸟店子倒翻转来！"酒家道："这厮醉了，休惹他。"再筛了六碗酒与武松吃了。前后共吃了十八碗，绰了哨棒，立起身来，道："我却又不曾醉！"走出门前来，笑道："却不说'三碗不过冈'！"手提哨棒便走。

酒家赶出来叫道："客官，那里去？"武松立住了，问道："叫我做甚么？我又不少你酒钱，唤我怎地？"酒家叫道："我是好意，你且回来我家看抄白官司榜文。"武松道："甚么榜文？"酒家道："如今前面景阳冈上有只吊睛白额大虫，晚了出来伤人，坏了三二十条大汉性命。官司如今杖限猎户擒捉发落。冈子路口都有榜文；可教往来客人结伙成队，于巳、午、未三个时辰过冈；其余寅、卯、申、酉、戌、亥六个时辰不许过冈。更兼单身客人，务要等伴结伙而过。这早晚正是未末申初时分，我见你走都不问人，枉送了自家性命。不如就我此间歇了，等明日慢慢凑得三二十人，一齐好过冈子。"

武松听了，笑道："我是清河县人氏，这条景阳冈上少也走过了一二十遭，几时见说有大虫，你休说这般鸟话来吓我！——便有大虫，我也不怕！"酒家道："我是好意救你，你不信时，进来看官司榜文。"武松道："你鸟做声！便真个有虎，老爷也不怕！你留我在家里歇，莫不半夜三更，要谋我财，害我性命，却把鸟大虫唬吓我？"酒家道："你看么！我是一片好心，反做恶意，倒落得你恁地！你不信我时，请尊便自行。"那酒店里主人摇着头，自进店里去了。这武松提了哨棒，大着步自过景阳冈来。约行了四五里路，来到冈子下，见一大树，刮去了皮，一片白，上写两行字。武松也颇识几字，抬头看时,上面写道:"近因景阳冈大虫伤人,但有过往客商可于巳午未三个时辰结伙成队过冈,请勿自误。"

武松看了笑道:"这是酒家诡诈,惊吓那等客人,便去那厮家里歇宿。我却怕甚么鸟!"横拖着哨棒,便上冈子来。那时已有申牌时分,这轮红日厌厌地相傍下山。武松乘着酒兴,只管走上冈子来。走不到半里多路,见一个败落的山神庙。行到庙前,见这庙门上贴着一张印信榜文。武松住了脚读时,上面写道

……

武松读了印信榜文,方知端的有虎;欲待转身再回酒店里来,寻思道:"我回去时须吃他耻笑不是好汉,难以转去。"存想了一会,说道:"怕甚么鸟!且只顾上去看怎的!"武松正走,看看酒涌上来,便把毡笠儿掀在脊梁上,将哨棒绾在肋下,一步步上那冈子来;回头看这日色时,渐渐地坠下去了。此时正是十月间天气,日短夜长,容易得晚。武松自言自说道:"那得甚么大虫!人自怕了,不敢上山。"武松走了一直,酒力发作,焦热起来,一只手提哨棒,一只手把胸膛前袒开,踉踉跄跄,直奔过乱树林来;见一块光挞挞大青石,把那哨棒倚在一边,放翻身体,却待要睡,只见发起一阵狂风……那一阵风过处,只听得乱树背后扑地一声响,跳出一只吊睛白额大虫来。武松见了,叫声"阿呀",从青石上翻将下来,便拿那条哨棒在手里,闪在青石边。那大虫又饿,又渴,把两只爪在地上略按一按,和身望上一扑,从半空里撺将下来。武松被那一惊,酒都作冷汗出了。

说时迟,那时快;武松见大虫扑来,只一闪,闪在大虫背后。那大虫背后看人最难,便把前爪搭在地下,把腰胯一掀,掀将起来。武松只一闪,闪在一边。大虫见掀他不着,吼一声,却似半天里起个霹雳,振得那山冈也动,把这铁棒也似虎尾倒竖起来只一剪。武松却又闪在一边。原来那大虫拿人只是一扑,一掀,一剪;三般捉不着时,气性先自没了一半。那大虫又剪不着,再吼了一声,一兜兜将回来。

武松见那大虫复翻身回来,双手轮起哨棒,尽平生气力,只一棒,从半空劈将下来。只听得一声响,簌簌地,将那树连枝带叶劈脸打将下来。定睛看时,一棒劈不着大虫,原来打急了,正打在枯树上,把那条哨棒折做两截,只拿得一半在手里。那大虫咆哮,性发起来,翻身又只一扑扑将来。武松又只一跳,却退了十步远。那大虫恰好把两只前爪搭在武松面前。武松将半截棒丢在一边,两只手就势把大虫顶花皮胳嗒地揪住,一按按将下来。那只大虫急要挣扎,被武松尽力气捺定,那里肯放半点儿松宽。

武松把只脚望大虫面门上、眼睛里只顾乱踢。那大虫咆哮起来,把身底下爬起两堆黄泥做了一个土坑。武松把大虫嘴直按下黄泥坑里去。那大虫吃武松奈何得没了些气力。

武松把左手紧紧地揪住顶花皮,偷出右手来,提起铁锤般大小拳头,尽平生之力只顾打。打到五七十拳,那大虫眼里,口里,鼻子里,耳朵里,都迸出鲜血来……更动弹不得,只剩口里兀自气喘。武松放了手来,松树边寻那打折的哨棒,拿在手里;只怕大虫不死,把棒橛又打了一回。那大虫气都没了。武松方才丢了棒,寻思道:"我就地拖得这死大虫下冈子去……"就血泊里双手来提时,那里提得动!原来使尽了气力,手脚都酥软了。①

在此,作者对武松自视甚高的心理状态(即其对酒劲的轻视),以及酒液对武松生理层面的麻痹抑制和感发作用作了精准的刻画,故而有力地支撑了打虎这一核心情节之展开,成为酒小说之典范。

(三)须注意者,酒与艺术的关系不仅表现为酒对艺术创作与表演之成全,文艺对人类饮酒行为同时也具有极大的丰富、提升与烘托作用。酒本来只是一种饮料,饮酒本来只是一种饮食行为,属于粗疏的物质生活,所满足的只是人的口腹之欲。如果人们只是饮酒,在饮酒活动中只知道比酒量,那么饮酒便只是一件俗事,难有超食物的精神性文化内涵。在人类饮酒行为从单纯的物质活动向精神生活迈进的过程中,艺术发挥了重要作用。何谓酒文化?以诗与歌舞为代表的人类艺术形式与内涵向饮酒活动的渗透与融合,便发挥了关键作用。换言之,艺术乃人类饮酒行为具备观念性文化内涵的重要表现。

宝玉笑道:"听我说来:如此滥饮,易醉而无味。我先喝一大海,发一新令,有不遵者,连罚十大海,逐出席外与人斟酒。"冯紫英蒋玉菡等都道:"有理,有理。"宝玉拿起海来一气饮干,说道:"如今要说悲,愁,喜,乐四字,却要说出女儿来,还要注明这四字缘故。说完了,饮门杯。酒面要唱一个新鲜时样曲子;酒底要席上生风一样东西,或古诗、旧对,《四书》《五经》成语。"薛蟠未等说完,先站起来拦道:"我不来,别算我。这竟是捉弄我呢!"云儿也站起来,推他坐下,笑道:"怕什么?这还亏你天天吃酒呢,难道你连我也不如!我回来还说呢。说是了,罢,不是了,不过罚上几杯,那里就醉死了。你如今一乱令,倒喝十大海,下去斟酒不成?"众人都拍手道妙。薛蟠听说无法,只得坐了。听宝玉说道:"女儿悲,青春已大守空闺。女儿愁,悔教夫婿觅封侯。女儿喜,对镜晨妆颜色美。女儿乐,秋千架上春衫薄。"

众人听了,都道:"说得有理。"薛蟠独扬着脸摇头说:"不好,该罚!"众人问:

---

① 施耐庵、罗贯中:《水浒传》(上),人民文学出版社,1997,第292-296页。

"如何该罚？"薛蟠道："他说的我通（听）不懂，怎么不该罚？"云儿便拧他一把，笑道："你悄悄地想你的罢。回来说不出，又该罚了。"于是拿琵琶听宝玉唱道："滴不尽相思血泪抛红豆，开不完春柳春花满画楼，睡不稳纱窗风雨黄昏后，忘不了新愁与旧愁，咽不下玉粒金莼噎满喉，照不见菱花镜里形容瘦。展不开的眉头，捱不明的更漏。呀！恰便似遮不住的青山隐隐，流不断的绿水悠悠。"唱完，大家齐声喝彩，独薛蟠说无板。宝玉饮了门杯，便拈起一片梨来，说道："雨打梨花深闭门。"完了令。

下该冯紫英，说道："女儿悲，儿夫染病在垂危。女儿愁，大风吹倒梳妆楼。女儿喜，头胎养了双生子。女儿乐，私向花园掏蟋蟀。"说毕，端起酒来，唱道："你是个可人，你是个多情，你是个刁钻古怪鬼灵精，你是个神仙也不灵。我说的话儿你全不信，只叫你去背地里细打听，才知道我疼你不疼！"唱完，饮了门杯，说道："鸡声茅店月。"令完，下该云儿。

云儿便说道："女儿悲，将来终身指靠谁？"薛蟠叹道："我的儿，有你薛大爷在，你怕什么！"众人都道："别混他，别混他！"云儿又道："女儿愁，妈妈打骂何时休！"薛蟠道："前儿我见了你妈，还吩咐他不叫他打你呢。"众人都道："再多言者罚酒十杯。"薛蟠连忙自己打了一个嘴巴子，说道："没耳性，再不许说了。"云儿又道："女儿喜，情郎不舍还家里。女儿乐，住了箫管弄弦索。"说完，便唱道："豆蔻开花三月三，一个虫儿往里钻。钻了半日不得进去，爬到花儿上打秋千。肉儿小心肝，我不开了你怎么钻？"唱毕，饮了门杯，说道："桃之夭夭。"……于是蒋玉菡说道："女儿悲，丈夫一去不回归。女儿愁，无钱去打桂花油。女儿喜，灯花并头结双蕊。女儿乐，夫唱妇随真和合。"说毕，唱道："可喜你天生成百媚娇，恰便似活神仙离碧霄。度青春，年正小，配鸾凤，真也着。呀！看天河正高，听谯楼鼓敲，剔银灯同入鸳帏悄。"唱毕，饮了门杯，笑道："这诗词上我倒有限。幸而昨日见了一副对子，可巧只记得这句，幸而席上还有这件东西。"说毕，便干了酒，拿起一朵木樨来，念道："花气袭人知昼暖。"[①]

此乃诗文、歌舞融入饮酒行为，丰富、拓展和深化人类饮酒活动观念文化内涵的典型案例。

近来逢酒便高歌，醉舞诗狂渐欲魔。（元稹：《放言五首·其一》）
兴酣落笔摇五岳，诗成笑傲凌沧洲。（李白：《江上吟》）

---

① 曹雪芹：《红楼梦》（上），人民文学出版社，1982，第381-386页。

此身饮罢无归处，独立苍茫自咏诗。（杜甫：《乐游园歌》）

诗词如醇酒，盎然熏四支。（苏轼：《答李邦直》）

这些可能是对酒与艺术亲密关系之最佳表达。在苏轼看来，酒与诗简直密切到了难以区分，甚至无须区分的地步，因此他用一种肌肤之触觉，即饮酒后肢体的舒适感来描述诗，非善诗且豪饮者不能至此。

酒与文学

酒与抒情文学

手柔弓燥猎徒喜，耳热酒酣诗兴生。（陆游：《城东马上作二首·其一》）

据统计，杜诗1400多首中言酒者300首，约21%；李白诗文1050首中言酒者170首，约16%；白居易诗3000多首中言酒者900多首，约1/4；陶潜的120篇诗文中，言酒者56篇。据说陆游诗文乃言酒最多者。由此可见，酒与文学因缘之密切。[①]

对诗歌这种以表现人类内在精神世界和心理状态为特征的文学形式，酒的作用主要有二：

其一曰酒乃诗之媒，它是激发诗人创作灵感的重要因素。

李白一斗诗百篇，长安市上酒家眠。（杜甫：《饮中八仙歌》）

俯仰各有态，得酒诗自成。（苏轼：《和陶饮酒二十首·其三》）

其二曰在酒境、酒态中表达诗人当下的特殊人生情感。

世事一场大梦，人生几度秋凉？夜来风叶已鸣廊，看取眉头鬓上。　　酒贱常愁客少，月明多被云妨。中秋谁与共孤光，把盏凄然北望。（苏轼：《西江月·黄州中秋》）

清夜无尘，月色如银。酒斟时、须满十分。浮名浮利，虚苦劳神。叹隙中驹，石中火，梦中身。　　虽抱文章，开口谁亲。且陶陶、乐尽天真。几时归去，做个闲人。对

---

① 徐兴海主编《中国酒文化概论》，中国轻工业出版社，2017，第100页。

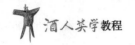

一张琴,一壶酒,一溪云。(苏轼:《行香子·述怀》)

饮酒可以创造一种特殊语境,让诗人们彻底地放松,让他们用心地反观自我、回味人生,率真地表达其人生中的喜怒哀乐。正因如此,在许多知名的抒情篇章中,我们总是能发现酒的影子。

酒与叙事文学

对于以小说为代表的叙事文学而言,酒乃营造艺术世界,以艺术之镜对观人生情态之重要媒介。小说家正可借酒述境、借酒叙事、借酒写人,并据此展示风土人情、推动情节、刻画人物性格。

一日,关、张不在,玄德正在后园浇菜,许褚、张辽引数十人入园中曰:"丞相有命,请使君便行。"玄德惊问曰:"有甚紧事?"许褚曰:"不知。只教我来相请。"玄德只得随二人入府见操。操笑曰:"在家做得好大事!"諕得玄德面如土色。操执玄德手,直至后园,曰:"玄德学圃不易!"玄德方才放心,答曰:"无事消遣耳。"操曰:"适见枝头梅子青青,忽感去年征张绣时,道上缺水,将士皆渴;吾心生一计,以鞭虚指曰:'前面有梅林。'军士闻之,口皆生唾,由是不渴。今见此梅,不可不赏。又值煮酒正熟,故邀使君小亭一会。"玄德心神方定。随至小亭,已设樽俎:盘置青梅,一樽煮酒。二人对坐,开怀畅饮。

酒至半酣,忽阴云漠漠,聚雨将至。从人遥指天外龙挂,操与玄德凭栏观之。操曰:"使君知龙之变化否?"玄德曰:"未知其详。"操曰:"龙能大能小,能升能隐;大则兴云吐雾,小则隐介藏形;升则飞腾于宇宙之间,隐则潜伏于波涛之内。方今春深,龙乘时变化,犹人得志而纵横四海。龙之为物,可比世之英雄。玄德久历四方,必知当世英雄。请试指言之。"玄德曰:"备肉眼安识英雄?"操曰:"休得过谦。"玄德曰:"备叨恩庇,得仕于朝。天下英雄,实有未知。"操曰:"既不识其面,亦闻其名。"玄德曰:"淮南袁术,兵粮足备,可为英雄?"操笑曰:"冢中枯骨,吾早晚必擒之!"玄德曰:"河北袁绍,四世三公,门多故吏;今虎踞冀州之地,部下能事者极多,可为英雄?"操笑曰:"袁绍色厉胆薄,好谋无断;干大事而惜身,见小利而忘命:非英雄也。玄德曰:"有一人名称八俊,威镇九州——刘景升可为英雄?"操曰:"刘表虚名无实,非英雄也。"玄德曰:"有一人血气方刚,江东领袖——孙伯符乃英雄也?"操曰:"孙策藉父之名,非英雄也。"玄德曰:"益州刘季玉,可为英雄乎?"操曰:"刘璋虽系宗室,乃守户之犬耳，何足为英雄！"玄德曰："如张绣、张鲁、韩遂等辈皆何如？"操鼓掌大笑曰："此等碌碌小人，何足挂齿！"玄德曰："舍此之外，备实不知。"操曰："夫英雄者，胸怀大志，腹有良谋，有包藏宇宙之机，吞吐天地之志者也。"玄德曰："谁能当之？"操以手指玄德，后自指，曰："今天下英雄，惟使君与操耳！"玄德闻言，吃了一惊，手中所执匙箸，不觉落于地下。时正值天雨将至，雷声大作。玄德乃从容俯首拾箸曰："一震之威，乃至于此。"操笑曰："丈夫亦畏雷乎？"玄德曰："圣人迅雷风烈必变，安得不畏？"将闻言失箸缘故，轻轻掩饰过了。操遂不疑玄德。后人有诗赞曰："勉从虎穴暂趋身，说破英雄惊杀人。巧借闻雷来掩饰，随机应变信如神。"

天雨方住，见两个人撞入后园，手提宝剑，突至亭前，左右拦挡不住。操视之，乃关、张二人也。原来二人从城外射箭方回，听得玄德被许褚、张辽请将去了，慌忙来相府打听；闻说在后园，只恐有失，故冲突而入。却见玄德与操对坐饮酒。二人按剑而立。操问二人何来。云长曰："听知丞相和兄饮酒，特来舞剑，以助一笑。"操笑曰："此非鸿门会，安用项庄、项伯乎？"玄德亦笑。操命："取酒与二樊哙压惊。"关、张拜谢。须臾席散，玄德辞操而归。云长曰："险些惊杀我两个！"玄德以落箸事说与关、张。关、张问是何意。玄德曰："吾之学圃，正欲使操知我无大志；不意操竟指我为英雄，我故失惊落箸。又恐操生疑，故借惧雷以掩饰之耳。"关、张曰："兄真高见！"[①]

在此，酒成为作者人物形象塑造之重要手段。曹操以酒试刘备，刘备则以夸张性的怯懦回应之。一场"煮酒论英雄"，曹之诈、刘之慎，二人精神个性可谓尽出矣。

楹　联

与酒结缘的袖珍文学形式便是楹联。楹乃堂前之柱，楹联即张贴于楹柱上之对联。所谓对联，亦称"对子"，即是前后或上下两句相邻，句式结构相同、词性相近，因而句式整齐的两个句子。在古体诗中被称为"对仗"，处于律诗中之第三、四与第五、六句，被命名为"颔联"与"颈联"。它由汉魏时期流行的赋体中之"骈体"句式发展而成。在汉大赋与魏晋抒情小赋中，赋家们喜欢成偶配对的句子，且长短交错，读起来有鲜明的节奏变换之音乐美感。进入古体诗后，颔、颈两联的对仗在工整程度上要求更为严格。对仗是古体律诗的必要组成部分，唐代以来科举考试均以诗为试，故长期以来，"对对子"成为学童们语言文学启蒙的有效手段。通过"对对子"，即编对联，小学生们培养

---

① 罗贯中：《三国演义》（上），人民文学出版社，1973，第180-182页。

了对汉语词性变化与句子结构工整感的高度敏感，接受了关于汉语音乐美和建筑美的审美教育，为其日后进行律诗创作打下坚实的语言、文学基础。以对联言酒之文字便成为"酒联"。历史上的"酒联"包括以下几种：

（一）赞酒之联

柳林千家醉，西凤万里香。（西凤）
芳流十里外，香溢泸州城。（泸州老窖）
太白若饮五粮液，唐诗定添三百章。（五粮液）
竹叶杯中万里溪山闲送缘；杏花村里一帘风月独飘香。（汾酒）
酒泉芳香眠龙凤，杜康甘醇醉神仙。（杜康酒）

以上为对具体某种品牌的名酒之赞美。

捧杯消倦意，把酒振精神。
三杯能壮英雄胆，两盏便成锦绣文。
酒气冲天，飞鸟闻香化凤；糟粕落地，游鱼得味成龙。

此乃对酒的功效、魅力的普遍性赞誉。

（二）戏戒酒之联

小酌令人兴奋，狂饮使人发疯。
酒能弄性仙家饮之，酒也乱性佛家戒之。
交不可滥，谨防良莠难辨；酒勿过量，慎止乐极生悲。

（三）酒店之联

东不管西不管酒管，兴也罢衰也罢喝罢。
为名忙，为利忙，忙里偷闲，且饮两杯茶去；劳心苦，劳力苦，苦中作乐，再拿一壶来。

酒厂与酒馆之联，乃利用中国诗歌传统中之具体因素——"对仗"趣味所作的商业广告。只要用语恰当、有趣，便会增强宣传效果。戒酒之联则利用此文学传统表达酒文化中必不可少的饮酒理性，当是一桩功德。可以将"酒联"理解为传统诗歌艺术融入酒业的通俗形式。

酒与音乐

至少在尼采这位哲学家看来，在人类诸艺术中，酒与音乐血缘最近，而不是李白、苏轼们所以为的诗歌。前者以为：音乐乃酒精神最好的体现形式，酒神狄奥尼索斯最喜欢的艺术形式当是音乐，最好是载歌载舞的聚众狂欢，因为这种艺术形式最接近于人的醉态。人喝醉了，便会不由自主地手舞足蹈，歌之、笑之、哭之。音乐与酒神精神之最切近处，正在于音乐与诗歌一样，乃是人类直接表达内心情感的典型的抒情艺术。与诗歌这种通过语言来表达自我的艺术形式相比，直接发自歌喉，直接调动人的躯体和四肢的歌舞音乐，当然更为痛快，也更为感人。

对中国人而言，酒与音乐的关系其实也并不遥远。《诗经》305篇，其中44首与酒有关。其中12首被用于士大夫乡饮酒礼：《鹿鸣》《四牡》《皇皇者华》《鱼丽》《南有嘉鱼》《南山有台》《关雎》《葛覃》《卷耳》《鹊巢》《采蘩》和《采蘋》，又称之为《风雅十二诗谱》。

吉日兮辰良，穆将愉兮上皇。抚长剑兮玉珥，璆锵鸣兮琳琅。瑶席兮玉瑱，盍将把兮琼芳。蕙肴蒸兮兰藉，奠桂酒兮椒浆。扬枹兮拊鼓，疏缓节兮安歌，陈竽瑟兮浩倡。灵偃蹇兮姣服，芳菲菲兮满堂。五音纷兮繁会，君欣欣兮乐康。（《楚辞·九歌·东皇太一》）

《将进酒》为汉乐府鼓吹曲（铙歌）之一部，歌词专写宴饮赋诗之事。后用于激励士气，享宴功臣。又如相和歌瑟调曲之《陇西行》：

请客北堂上，坐客毡氍毹。清白各异樽，酒上正华疏。酌酒持与客，客言主人持。却略再拜跪，然后持一杯。（《乐府古辞·陇西行》）

曹操诗均属乐府歌词，阮籍有古琴曲《酒狂》，李商隐有《杨柳枝》（乐曲名），敦煌乐谱中有《倾杯乐》。

琅琊幽谷，山水奇丽，泉鸣空涧，若中音会。醉翁喜之，把酒临听，辄欣然忘归。既去十余年，而好奇之士沈遵闻之往游，以琴写其声，曰《醉翁操》，节奏疏宕而音指华畅，知琴者以为绝伦。然有其声而无其辞，翁虽为作歌，而与琴声不合。又依《楚词》作《醉翁引》，好事者亦倚其辞以制曲，虽粗合韵度而琴声为词所绳约，非天成也。（苏轼：《醉翁操并序》）

宋词中与酒相关之词牌名有：醉太平、酒蓬莱、醉中真（浣溪沙）、频载酒、醉厌厌（南歌子）、醉梦迷（南歌子）、醉花春（谒金门）、醉泉子、倾杯乐、醉桃源（阮郎归）、醉偎香、醉梅花（鹧鸪天）、题醉袖（踏莎行）、醉琼枝（定风波）、醉江月（念奴娇）和貂裘换酒（贺新郎）等。

民间最本真的音乐并无独立于表演与欣赏环节之外的创作阶段，创作、表演与欣赏三者都是即兴同时产生的。酒精会刺激音乐家们的生理神经系统，首先让他们兴奋起来、动起来、跳起来，然后便是打开其歌喉唱起来，这大概是酒与音乐的最初因缘。后来音乐自身发展起来，结构逐渐复杂，便产生了器乐与声乐的分分合合。然而对酒而言，这并没有必要。只要有了酒，音乐家们就会不由自主地扭动身体，不由自主地开打歌喉，不由自主地击鼓弹弦，这便证明了酒与音乐的缘分。然而这只是原始音乐或民间音乐的情形，即最简单音乐的情形。

当音乐发展到职业化的复杂阶段，出现了创作、表演与欣赏三者的分离。此时，音乐作品因其自身结构复杂、篇制宏大、要素众多、技术难度增加，导致原来即兴式的创作与表演无法完成，由此出现了三者的分离。首先是创作与表演环节的分离，器乐演奏者与声乐艺术家无法即兴创作出体制、内涵与技巧均复杂、宏大的作品，因而新作品创作的任务不得已委之于专门的作曲家。单个或少数的音乐创作者也无法独立完成其所创作的体制宏大、要素众多的音乐作品，所以，其作品之表演也只能委之于其他的音乐表演艺术家集体——职业的器乐与声乐表演艺术家。由于音乐艺术创作与表演的专业化，更多的社会大众已无力参与到音乐的创作与表演中，不得已，只能退而转化为纯然被动的音乐作品欣赏者——音乐听众。

对此类专业化程度极高的音乐艺术创作、表演与欣赏活动而言，其中的每一个环节都是极为精细、复杂和理性的工作，本质上排斥酒这种刺激人生理与心理感性的因素。即便有，酒的参与也是极其微弱的，否则便会影响此类音乐的正常运行。

现代音乐中，大概只有其中的个别门类，比如器乐中之爵士乐，声乐中的流行歌曲演唱等，仍能较积极地容纳酒精因素，而严肃的音乐则基本上将酒排除在外，此不得不知者。

酒与音乐的第二种缘分表现为饮酒，实际上是人类的饮酒行为往往会进入音乐作品，成为音乐，特别是声乐表现的一种题材，比如歌剧《茶花女》中的著名唱段《饮酒歌》。音乐与酒的因缘的最典型体现，大概要算"酒歌"这种音乐形式。此乃酒与音乐全方位的交融——饮酒时歌唱，歌唱时饮酒，歌唱因酒而起，酒为歌之媒，歌为酒之魂。

客人来，客人来，客人今天来；路上过，古树棵棵在；路下过，马樱朵朵红。六十六座青棚为你搭，九十九道松毛为你铺；笛子对对吹起来，白酒罐罐端出来，树上马樱红起来，彝家客人今天来。①

日月相聚时，星星干一杯；云雨相聚时，彩虹干一杯；姑娘小伙相聚时，天地干一杯；亲朋好友相聚时，彝家人敬双杯；高兴来喝酒啊，高兴来喝酒。②

酒与音乐的第三种因缘，表现为因音乐的加入，人类的饮酒活动始转化为一种内涵丰富的观念文化活动，而不只是一种纯粹的物质消费行为，饮酒活动转化为一种酒文化之展示。

呦呦鹿鸣，食野之苓。我有嘉宾，鼓瑟鼓琴。鼓瑟鼓琴，和乐且湛。我有旨酒，以燕乐嘉宾之心。（《诗经·小雅·鹿鸣》）
让我们高举起欢乐的酒杯，
杯中的美酒使人心醉。
这欢乐的时刻虽然美好，
但忠实的爱情更可贵。
当前的幸福莫错过，
大家为爱情干杯。
青春好像一只小鸟，
飞去不再飞回。
请看那香槟酒在酒杯里翻腾，
像人们心中的爱情。

---

① 《彝家客人今天来》，载李剑虹《从滇中彝族酒歌中走来》，《民族音乐》2016年第5期。
② 《亲朋好友干一杯》，载李剑虹《从滇中彝族酒歌中走来》，《民族音乐》2016年第5期。

啊，让我们来为爱情干杯，
一杯再一杯。①

概言之，若论酒与人类音乐的关系，首先是酒对人类音乐创作、表演和欣赏的积极影响作用，然后表现为人类的饮酒行为作为日常生活材料而进入音乐世界，成为音乐表达生活的一种手段。

酒与舞蹈

诗者，志之所之也，在心为志，发言为诗。情动于中而形于言，言之不足故嗟叹之，嗟叹之不足故永歌之，永歌之不足，不知手之舞之足之蹈之也。②

昔有佳人公孙氏，一舞剑器动四方。观者如山色沮丧，天地为之久低昂。㸌如羿射九日落，矫如群帝骖龙翔。来如雷霆收震怒，罢如江海凝清光。（杜甫：《观公孙大娘弟子舞剑器行》）

舞蹈是一种以人的躯体和动作展示形式美与表达自我情感的艺术。外在地看，它是一种动态雕塑，讲究的是人的躯体造型之美与身体动作的协调与变化之美，是一种由人的身体动作所呈现的空间造型之美，是一种形式美。内在地看，舞蹈的一切动作由音乐节奏来调节，而舞蹈音乐节奏的内在依据又是舞蹈家们内在的情绪变化。故而舞蹈实在是以躯体为质，以心灵与情感为魂的艺术。在此意义上，它与音乐、诗歌的本质相同，都是典范的抒情艺术。

酒之醉境往往成为舞蹈艺术家们最喜欢表现的场景，因为醉所造成的狂欢之境正是舞蹈家们所神往的自由表达、尽情挥洒的艺术胜境。醉意即是人情满怀，醉意即是人心中的理想国，醉意即是自由飞翔，醉意即是忘却心伤。

酒与艺术中的舞蹈之缘，当起于人类早期的原始巫术、宗教行为。最原始的舞蹈当是巫术师因全身心的虔诚投入而导致的四肢身体之自主或不自主运动，也许还有大喝大叫，再加上无由的哭笑，后世人们将这些身体动作加以秩序化与形式美化，且移之于世

---

① 《饮酒歌》，皮阿威词，威尔第曲，苗林、刘诗荣译配，载人民音乐出版社编辑部编《外国歌曲》第二集，人民音乐出版社，1979，第185页。
② 《毛诗序》，载北京大学哲学系美学教研室《中国美学史资料选编》上，中华书局，1985，第130页。

俗语境，比如群体性交际活动的节日狂欢、宴饮等场所时，原始的宗教行为便被转化为艺术。

  吉日兮辰良，穆将愉兮上皇。抚长剑兮玉珥，璆锵鸣兮琳琅。瑶席兮玉瑱，盍将把兮琼芳。蕙肴蒸兮兰藉，奠桂酒兮椒浆。扬枹兮拊鼓，疏缓节兮安歌，陈竽瑟兮浩倡。灵偃蹇兮姣服，芳菲菲兮满堂。五音纷兮繁会，君欣欣兮乐康。（屈原：《楚辞·九歌·东皇太一》）

  现代舞台艺术呈现的酒境可以内蒙古表演艺术家们所呈现的《草原酒歌》为例。

酒与戏剧

  悲剧是从酒神颂的临时口赞发展出来的，后来逐渐发展，每出现一个新的成分，诗人们就加以促进，经过许多演变，悲剧才具有了它自身的性质，此后就不再发展了。①
  狄俄尼索斯是一个天生敏感、极易冲动的欢乐之神，对妇女特别富于诱惑力。据考证，参加狄俄尼索斯游行队伍的人基本上都是女性。她们在特定的时候身披兽皮、头戴花冠，吵吵嚷嚷、疯疯癫癫，完全沉浸在一种感性的肉体的陶醉之中。他们酒酣气振、歌舞激扬而极度兴奋的狂醉，与酒神神交，失去了自我而分享神性，这种自我丧失感与演员的情形极为相似。酒神给他的崇拜者带来了狂热的自我解脱和快乐，这种自我解脱和欢乐对喜剧的人生观来说是至关重要的；对于那些反对他的人，酒神则因为他们的不恭而带来惩罚和痛苦，带来了导致他们走向毁灭的悲剧性弱点。因此，酒神完全可以被看作希腊戏剧的精神根源和心理基础。②

  戏剧是舞蹈之充实与丰富，是古典时代最为高级的综合艺术形式，它既可应用于叙事以完善地再现百姓日常生活情境，又可走向人物的内心世界，像音乐与诗歌那样抒发感情。以戏剧来表现酒境主要有两种形态，一是人为地设置一些饮酒场面，以达到抒情的目的，如莎士比亚的《雅典的泰门》：

---

① 亚里士多德：《诗学》，罗念生译，人民文学出版社，2002，第12页。
② 凯瑟琳·勒维：《古希腊喜剧艺术》，傅正明译，北京大学出版社，1988，第11-13页。

［泰门］请大家用着和爱人接吻那样热烈的情绪，各人就各人的座位吧；你们的菜肴是完全一律的。不要拘泥礼节，逊让得把肉菜都冷了。请坐，请坐。我们必须先向神明道谢——神啊，我们感谢你们的施与，赞颂你们的恩惠，可是不要把你们所有的一切完全给人，免得你们神灵也要被人蔑视。借足够的钱给每一个人，不使他再转借给别人；因为如果你们神灵也要向人类告贷，人类是会把神明舍弃的。让人们重视肉食，甚于把肉食赏给他们的人。让每一处有二十个男子的处所，聚集着二十个恶徒；要是有十二个妇人围桌而坐，让她们中间的十二个人保持她们的本色。神啊！那些雅典的元老们，以及黎民众庶，请你们鉴察他们的罪恶，让他们遭受毁灭的命运吧。至于我这些在座的朋友，他们本来对于我漠不关心，所以我不给他们任何的祝福，我所用来款待他们的也只有空虚的无物。揭开来，狗子们，舔你们的盆子吧。（众盘揭开，内满贮温水）

［一宾客］他这种举动是什么意思？

［另一宾客］我不知道。

［泰门］请你们永远不再见到比这更好的宴会，你们这一群口头的朋友！蒸汽和温水是你们是最好的食物。这是泰门最后一次的宴会了；他因为被你们的谄媚蒙住了心窍，所以要把它洗干净，把你们这些恶臭的奸诈仍旧还给你们。（浇水于众客脸上）愿你们老而不死，永远受人憎恶，你们这些微笑的、柔和的、可厌的寄生虫，彬彬有礼的破坏者，驯良的豺狼，温顺的熊，命运的弄人，酒食征逐的朋友，趋炎附势的青蝇，脱帽屈膝的奴才，水汽一样轻浮的么麽小丑！一切人畜的恶症侵蚀你们的全身！什么！你要走了吗？且慢！你还没有把你的教训带去，还有你，还有你；等一等，我有钱借给你们哩，我不要向你们借钱呀！（将盘子掷众客身，众下）什么！大家都要走了吗？从此以后，让每一个宴会上把奸人尊为上客。屋子，烧起来呀！雅典，陆沉了吧！从此以后，泰门将要痛恨一切的人类了！（下）①

二是应用文学作品中的酒故事，以刻画人物之性格、丰富戏剧情节或深化主题，如莎士比亚的《麦克白》：

［麦克白］要是干了以后就完了，那么还是快一点干；要是凭着暗杀的手段，可以攫取美满的结果，又可以排除了一切后患；要是这一刀砍下去，就可以完成一切、终结

---

① 莎士比亚：《雅典的泰门》第三幕，载《莎士比亚全集》第 8 册，朱生豪译，人民文学出版社，1978，第 169-170 页。

一切、解决一切——在这世上,仅仅在这人世上,在时间这大海的浅滩上;那么来生我也就顾不到了。可是在这种事情上,我们往往逃不过现世的裁判;我们树立下血的榜样,教会别人杀人,结果反而自己被人所杀;把毒药投入酒杯里的人,结果也会自己饮鸩而死,这就是一丝不爽的报应。他到这儿本有两重的信任:第一,我是他的亲戚,又是他的臣子,按照名分绝对不能干这样的事;第二,我是他的主人,应当保障他身体的安全,怎么可以自己持刀子行刺?而且,这个邓肯秉性仁慈,处理国政,从来没有过失,要是把他杀死了,他的生前的美德,将要像天使一般发出喇叭一样清澈的声音,向世人昭告我的弑君重罪;"怜悯"像一个赤身裸体在狂风中飘游的婴儿,又像一个御气而行的天婴,将要把这可憎的行为揭露在每一个人的眼中,使眼泪淹没叹息。没有一种力量可以鞭策我实现自己的意图,可是我的跃跃欲试的野心,却不顾一切地驱着我去冒颠踬的危险。①

在中国的戏曲艺术中,对醉酒状态的表现还是演员们展示自身不俗表演技巧的重要手段,如京剧《贵妃醉酒》。

酒与书法、绘画

倾家酿酒三千石,闲愁万斛酒不敌。今朝醉眼烂岩电,提笔四顾天地窄。忽然挥扫不自知,风云入怀天借力。神龙战野昏雾腥,奇鬼携山太阴黑。此时驱尽胸中愁,槌床大叫狂堕帻。吴笺蜀素不快人,付与高堂三丈壁。(陆游:《草书歌》)

在中国古代艺术史中,酒缘最深的是诗歌,其次当数绘画与书法。首先,与诗歌领域的情形相同,酒对书画家也有激发其创作欲望、灵感的引发功能,这便是艺术创作心理意义上的"酒可以兴"。据言,唐代画圣吴道子"每挥一毫,必须酣饮。"其代表作《嘉陵江图》即酒后挥毫,一日而就。唐代著名书法家张旭的代表作《古诗四贴》为其醉中所书。杜甫曾如此描写张旭:

张旭三杯草圣传,脱帽露顶王公前,挥毫落纸如云烟。(杜甫:《饮中八仙歌》)

---

① 莎士比亚:《麦克白》第一幕,载《莎士比亚全集》第8册,朱生豪译,人民文学出版社,1978,第324-325页。

另一草圣怀素的名作《自叙帖》据说亦乃醉中所为，李白曾如此赞美怀素：

吾师醉后倚绳床，须臾扫尽数千张。飘风骤雨惊飒飒，落花飞雪何茫茫！（李白：《草书歌行》）

苏轼曾自云：

空肠得酒芒角出，肝肺槎牙生竹石。森然欲作不可回，吐向君家雪色壁。（苏轼：《郭祥正家醉画竹石壁上郭作诗为谢且遗二古铜剑》）

在此意义上，我们正可借用苏轼的说法，将酒称之为"钓书画钩"。其次，对画家而言，尽兴豪饮而致之醉态，算得上是"诗意的栖居"，乃人生之胜境，故而往往喜将它移植到自己的画境中，醉酒状态因而成为画家们乐此不疲的绘画题材，特别是历史上那些名人们的醉酒故事，比如刘伶、李白及"八仙"的醉酒故事。以酒入画乃是常情，酒丰富了画家们的题材。中国绘画史上有名的"酒画"有顾闳中的《韩熙载夜宴图》、马远的《月下把杯图》、陈洪绶的《蕉林酌酒图》以及《春夜宴桃李园》、《饮中八仙》等。西方美术史上的例子则如意大利提香·韦切利奥的《酒神节》、荷兰梵高的《铃鼓咖啡屋的女人》以及法国让·马克纳蒂埃的《爱情与葡萄酒的结合》。

最后，酒液有时会将书画家们带入不期然而然的最佳艺术创作状态，许多书画家最满意的作品是他们在醉意朦胧，至少是微醺的状态下完成的。至其完全清醒时，他们本人往往很难复制如此妙作，此正乃艺术创作中难以言说的神秘、理想状态。

酒与武术、杂技

酒不仅全方位地渗入精英文化的各个领域，在民间文艺，特别是动态工艺领域——杂技与武术中，也有极好的表现。

武艺（martial art），主要起源于远东的各种搏斗运动或技术，如功夫以及柔道、空手道和剑道。武艺分持械和徒手两类。前者包括射箭、枪法和剑术，后者起源于中国，强调用手脚攻击或扭打……到了现代，有些从持械的武艺中派生出来的种类诸如击剑和射箭，都是作为体育运动进行的。从徒手格斗形式中衍生出来的有柔道、相扑、空手道和跆拳道等。作为自卫方式的武艺有合气道、居合道和功夫。简化太极拳是一种中国式的徒手术，它作为一种健身运动而普及，远离了武斗的原旨。有许多持械和徒手式的派生武艺已被当作一种培育心灵的手段来实践。东亚武术最显著的共同点是受道教和佛教禅宗的影响，这使它有别于其他武艺。此种影响十分强调练功人注重心理和精神状态，摒除理念和欲望，使身心合一，对周围变化情况即时做出反应。当练功达到这一境地，日常生活中主客观二元论的感受即会消失。由于这种身心合一的状态也是道教和禅宗的核心，必须通过实践才能掌握，所以许多道教和禅宗信奉者把武艺作为他们哲学修养和心灵修炼的一部分来实践。反过来，许多练武艺的人又投身于这些哲学思想的实践。①

酒不仅可以引领艺术家进入最佳的创造状态，有时候，酒也可以让武林高手们进入一种身心合一的理想发挥状态：

鲁智深道："洒家一分酒只有一分本事，十分酒便有十分气力！"②

当然，《水浒》更多的例子是好汉们喝得过多，因酒生祸的情节。酒对武术的成全不仅仅是即时地为之助兴，它还能启发武术师们有意识地总结出一套自觉模仿醉境，因而技术与观赏效果独具的武术流派，谓之"醉拳"。"醉拳"专意摹拟人的醉态，看起来身不由己，东倒西歪，实则动作有板有眼，精致无比。这是一种欺骗对手的套路，有一点喜剧成分。当然，武林内的专家是不会上当的。在真正的对手面前，这样的套路显然有表演成分。

杂 技

表演艺术的一种，包括蹬技、手技、顶技、踩技、口技、车技、武术、爬竿、走索，以及各种民间杂耍等，通常也把戏法、魔术、马戏、驯兽包括在内。其优秀节目的共同特点是形体动作健美有力，手法灵巧迅速，技术难度很高。许多国家都有杂技。中国的杂技历史悠久，春秋战国时期已有萌芽形式出现，至汉代已初步形成。③

---

① 《不列颠百科全书》（国际中文版）第10卷，中国大百科全书出版社，2007，第544页。
② 施耐庵、罗贯中：《水浒传》（上），人民文学出版社，1997，第80页。
③ 《辞海》，上海辞书出版社，1989，第1407页。

杂技中的酒因素主要有两种表现形式，一是利用酒具——盛酒之器以展示技巧，大如酒坛，中如酒盘，小如酒杯，酒具会成为杂技表演艺术家们的常用道具，出现于各式杂技节目中。大者脚运，中者指玩，小者口衔。如杂技中的"耍酒坛"节目。二是摹拟醉态，以看似笨拙、危险的动作展示表演者的灵巧特技，当属于滑稽戏的范围。

拓展阅读文献

[1] 徐兴海. 中国酒文化概论 [M]. 北京：中国轻工业出版社，2017.

[2] 何满子. 中国酒文化 [M]. 上海：上海古籍出版社，2001.

思考题

1. 酒对于艺术的影响作用。
2. 酒对于各门类艺术影响的具体情形。

第四章　酒与哲学

本章讨论酒与人类观念文化中最为理性、抽象的部分——哲学之间的相互关系。哲学与酒的关系，似与其他文化领域之关系不同，更主要地不体现于酒对哲学有何重要影响，而体现于哲学对酒的深刻、完善的反思。在此意义上，哲学反思酒的任务有二：其一，哲学对酒给予了准确的文化定位——揭示人类饮酒活动的感性特性、感性立场，故而可将人类饮酒活动根本地理解为审美之途，将酒文化理解为一种审美文化。其二，立足于哲学的理性立场，对酒所代表的感性精神的过度发挥所造成的消极后果给以正面揭示。从哲学角度看，正确处理好人类饮酒行为中感性与理性之关系——充分张扬其感性魅力，而又不失于理性之约束，当为"酒哲学"（philosophy of wine）视野下人类酒文化之最佳策略。

酒哲学当完善地分析与讨论人类饮酒行为所体现的肉与灵、感性与理性、个体与他人等关系，从中得出中肯的结论，以引导人们的饮酒行为，正确地发展酒文化。

第一节　哲学

哲学是人类理性的典型表现，是人类观念文化领域的最抽象部分，世界各民族精神生活、人文价值追求的重要方式。就像审美是人类精神生活的感性部分那样，哲学则是人类精神生活的抽象体现。初看起来，酒与哲学这种抽象、玄远的精神生活似乎难有关联，但实际上并非如此。一方面，要对人类酒文化的内在精神有深入的理解，我们需要调动自己的哲学理性——理性中最为根基、超迈的部分；另一方面，人类酿酒与饮酒活动这一似乎完全感性的活动，有时又会激发出我们对这个世界的独特的理性反思，并以此为主题而产生一种很特殊的理性精神成果——酒哲学。其实，人类任何上乘的哲学智慧均起于对当下感性世界的自觉反思。在此意义上说，酒神精神并非全然与哲学智慧无关，而是这种智慧生发的重要土壤。

依本编之基本思路，本节的主题乃相对独立地呈现出人类哲学世界之基本轮廓，它包括哲学的观念，何为理性、哲学的核心问题，哲学智慧与哲学的领域等。

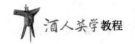

哲学的观念

哲学一词起源于希腊语philosophia,拉丁语亦为同一词形,由此传于后世,原意为"爱智"。引申为对一些基本信念的基础进行检查,并对用来表达这些信念的基本概念进行分析。哲学的探索是有史时期诸文明之学术史的一种中心成分。①

对我们最基本信念理性基础的批评性审查,对用以表达这些信念的基本概念的逻辑分析。哲学也可以被定义为对人类经验丰富性之反思,或者对不同文明中对人性最伟大关注类话题的理性、方法论和系统的考察。在许多文明的智性历史中,哲学探索乃其核心因素。对此学科的定义难以取得一致意见,部分地反映了如此事实:哲学家们通常以不同的学术背景从事本学科,且喜欢选择人类经验之不同领域以反思之。②

活着乃每个人在这个世界上的第一事实,也是最重要事实;但是一切有机体都活着,人活着与其他生物活着何不同?

仁者见之谓之仁,知者见之谓之知,百姓日用不知,故君子之道鲜矣!(《易传·系辞上》)

形而上者谓之道,形而下者谓之器。(《易传·系辞上》)

作为这个世界上众多物种中的普通一员,大多数人与其他生物并无本质区别,只是活着而已,每天都在自身生理欲望的指挥下依照生命惯性起居、忙碌,生生死死,如此而已。然而,终于有一天,这人堆里出现了一个怪人。他也忙,可他忙里偷闲中抬头望望天,低头看看地,又扭头瞧瞧自己,内心傻傻地泛起一串问题:这天到底有多高,这地究竟有多大,这世界到底有多少事物,我长得为啥与其他生灵有点不同。人来这世上走一遭究竟图个啥?于是,这人就变了,他从精神上变成一个与其他所有生灵截然不同的物种,一种会思考的动物。从生理上说,人照样很脆弱,像根芦苇,可他是一根"会思考的芦苇"。

遂古之初,谁传道之?上下未形,何由考之?冥昭瞢暗,谁能极之?冯翼惟像,何

---

① 《不列颠百科全书》(国际中文版)第13卷,中国大百科全书出版社,2007,第245页。
② 《不列颠简明百科全书》(英文版),上海外语教育出版社,2008,第1290页。

以识之？明明暗暗，惟时何为？阴阳三合，何本何化？圜则九重，孰营度之？惟兹何功，孰初作之？斡维焉系，天极焉加？八柱何当，东南何亏？九天之际，安放安属？隅隈多有，谁知其数？天何所沓？十二焉分？日月安属？列星安陈？（屈原：《天问》）

古者包牺氏之王天下也，仰则观象于天，俯则观法于地，观鸟兽之文，与地之宜，近取诸身，远取诸物，于是始作八卦，以通神明之德，以类万物之情。（《易传·系辞下》）

这便是人与世上其他动物之区别——理性的诞生。自此，人类成为一种会反思的动物：他不仅谋求生存，还会自觉地对自己以及所生存的这个世界不断地提出问题并自问自答，以揭示出这个世界的秩序，并赋予世界与自己的生活以意义。理性已然渗透到人类生活的方方面面，哲学乃其典型代表。

理性的三个层次

人类在适应与改造自然环境，以谋求更好地生存的命运历程中，激发出自己的理性能力，这种能力反过来又极大地有益于人类自身对自然环境的改造，极大地有益于人类自身生存环境之改善。人应用这种理性能力发明了日常生活工具、语言、社会组织以及各种观念精神生活。在人类观念文化活动中，最能体现其理性能力的，莫过于科学研究与哲学思考。

人类理性能力的发展有三个层次：一是解决日常生活问题的能力，积累为日常生活经验，它以各民族、时代人们的诸生活应用技术为典范；二是科学研究，它是对日常生活应用技术之提升。它不关心解决日常生活问题之特殊方案，而进一步追踪这些特殊方案背后的逻辑关联——存在于自然界和人类社会生活各领域内部的普遍性法则，亦即自然与人类社会生活的规律或曰必然法则。在古典文明时期，比如古希腊时代，研究自然规律的学问被称为"物理学"（physics）。哲学则是对以物理学为代表的众多自然科学研究成果之再提升，它追究自然界各领域特殊性法则背后更为抽象、普遍的、关于这个世界的总秩序，被称为"形而上学"（metaphysics），关于这个世界的最后法则。它是人类理性的第三种，也是最高、最抽象的表现形态。

世界各民族在其文明早期即有能力提出上述诸问题，并尝试性地解答之。然而此类问题的提出及其回答最初多以神话传说的形式，在早期宗教信仰领域中进行，表现为各民族的早期史诗。在这些早期宗教中，天地之由来往往又与本民族祖先血统、世上诸动植物之起源以及最初的善恶观念联系在一起，成为各民族初民的人生百科全书与行为指南。

　　进入古典时代，随着世界各民族生存能力的提高，日常生活技术之进步，原初粗疏的神话在细节上会被更为明确、正确的日常生活经验与技术修正、替代。与此同时，原初最抽象的关于这个世界的基本问题，一方面会在日后的成熟宗教中给出更为细致的描述与解释，当然，大多数仍是以神圣叙事的方式出现的；另一方面，这些问题又会出现在各民族优秀思想家或哲学家更为理性的抽象语言文本中，被转化为哲学的专业性问题，给予更有逻辑性的解释。关于后者，古希腊亚里士多德的《形而上学》，以及中国春秋晚期老子的《道德经》乃其典范。

哲学的核心问题

　　人类的哲学理性表现为有能力面对世界提出问题，并尝试性地回答这些问题。在哲学领域，从古至今最为核心，也最为稳定的是以下四个核心问题：（1）世界是什么？（2）人是什么？（3）人与世界之关系如何？（4）人怎样生活才有意义？

　　对于上述问题，各民族先民最初曾以神话与宗教的形式给予回答，近现代社会以来的科学家们则从科学层面给予回答。但是，有些问题仅从科学层面上是难以回答的，特别是最后一个问题，它涉及价值论与信仰层面，持不同价值观念与宗教信仰的群体会对同样的问题给予不同的答案。

　　近现代社会以来，科学技术的发展可谓日新月异、突飞猛进。特别是天文学、地质学、自然史、生物学等领域的进步给世界各传统宗教对世界秩序之古老阐释以强烈冲击。然而，我们并不能期望自然科学对上述问题给予最终的解答，因为科学家也是人，科学确实在不断进步，但仍不可能获得关于这个世界的最后与全部的真理。实际上，科学家提出问题的能力似乎远胜于他们回答问题的能力。在特定时期，科学家无法回答的问题便为宗教的生存留下必要的生存空间。简要地说，科学最多只能解释这个世界是什么样的，却无力解释这个世界为何如此，即关于这个世界的目的论（teleology）问题。但是，人类作为一种有自由意志的理性存在物，又会忍不住从目的论，即有意识的理性目的和设计的角度看待、理解和解释这个世界。世界各大宗教正围绕目的论来解释这个世界，建立起各自的神学体系。宗教对社会大众心理的终极关怀效果正源于其目的论视野。

　　哲学正间于科学与宗教之间。一方面，它努力以科学研究为基础，最大限度地尊重科学理性，容纳科学成果；另一方面，它又努力超越科学的纯自然视野，自觉引入人文诉求，将价值论理解为自己的构成要素之一，因而它亦可对宗教的诸神学系统有一种同情式的理解。然而,在理性主义立场上,它似乎更接近于科学,而非宗教。一方面,哲学家坚持对任何信仰与价值观念,以及言说这些信仰与价值观念的基本概念都要作认真、严肃的分析与论证工作;另一方面,像科学那样,哲学始终坚持有限理性原则,对任何尚未给予完善论证,找不到充分证据的信念与意见,均持谨慎的保留态度。

哲学智慧

仅用理性描述哲学仍显抽象。当然,面对世界能够提出问题、给予回答这一事实本身便足以体现人类的理性能力,在此方面,原始神话与古典宗教完全可以成为人类早期理性的卓越证明,而不是像近现代科学所理解的那样,认为它们均是非理性的产物。实际上,世界各民族早期神话与后来成熟的诸宗教都追求、寻找世界万物背后的秩序、原因,都寻求对这个世界提供一种系统性,而非零星且自相矛盾的解释,这种心理倾向本身便是理性的典型表现,其典型性在原则上并不逊于科学与哲学,即使它们在细节上对这个世界的阐释确实并不完善。

然而,对于原始神话与宗教所体现的理性立场,哲学更进一层。在此方面,哲学实乃科学之同盟军,哲学自觉继承人类的科学理性,对任何已然形成的各领域知识与价值系统,包括宗教在内,均首先存一种自觉的质疑态度,然后对它们做细致、严格的审查工作,将那些确有充分证据,且逻辑上能保持自洽性的东西,确定为人类可以依赖的客观知识;而将那些尚未找到充分证据或于理未洽者则存而疑之,留待继续检验。若论哲学智慧,即其理性的具体工作方法,有三个关键词。

一曰反思(reflection),或批判(criticism)。此乃一切哲学思考的前提性立场。哲学家面对世界,以及世界各民族已然获得的各领域的一切文明成果,哲学家原则上首先持一种严格、冷静的质疑立场,然后对这个世界,以及上述成果做独立、系统、严格的检验工作。因此,质疑乃哲学家的第一性立场,对一切既有知识与价值系统作严格的反思性或批判性工作,乃哲学家日常职业工作的首要内容。

二曰概括(theorization)。如果说科学家以一副区别性眼光看世界,其任务是对这个世界做分领域的研究与阐释工作,以便人类形成关于这个世界的门类性知识体系,因而可以让我们对这个世界了解得更为细致的话,哲学家则持贯通性眼光看世界,其任务是对科学家已然形成的关于这个世界之区域性图景作综合性工作,以便形成一副关于这个世界的全局性图景或整体性理解。正因如此,哲学方具有对社会大众类似于宗教的终极关怀功能,以其独特的世界观、方法论与价值系统为人们提供关于世界秩序与人生意义

方面的安慰。

三曰分析（analysis）。作为反思性精神活动，在具体工作中，哲学亦可应用科学的区别之智，具体的逻辑分析工具，对人类既有知识和价值系统做严格、细密的逻辑分析工作，以便更具体细致地检验其真理性之有限边界，测其谬误，为人类既有的知识与价值体系奠定坚实的基础。

何为哲学智慧？概言之则曰反思或批判之智、综合之智与分析之智。后两者由两种相反的理性能力构成：综合之智是一种将复杂的东西作简单概括的能力，分析之智慧则是一种将简单之物作更复杂解析的能力。反思乃哲学之整体立场，综合与分析乃哲学理性展开工作的思维方法或具体工具。

哲学的领域

现代哲学研究包括以下几个分支领域。

形而上学（metaphysics）或本体论（ontology），讨论物质世界的统一性质、本源，及其运行法则，它是哲学其他分支的理论基础。

认识论（epistemology），研究人类知识的来源、人类认识世界的内在心理机制、何为真理，以及如何形成正确的知识、如何避免谬误之发生，等等。

价值论（axiology），分析人类价值之根源、判断价值之是非标准，以及不同文化系统下诸价值之差异性与融合可能等。

逻辑学（logics），阐释人类理性思维的原理，正确、有效思维（形成概念、得出判断、构成推理等）的基本原则、具体形式等。

心灵哲学（philosophy of mind），关注人类生理躯体与精神世界间的关系问题，人类心灵探索的实现领域与可能性等。

伦理学（ethics），揭示人类伦理意识的根源、伦理善恶的内涵、判断善恶的标准以及不同文化传统下伦理价值观念的多样性与统一性等。

宗教学（philosophy of religion），反思人类宗教观念的根源、演化规律，世界各大宗教核心观念之异同、宗教信仰对世界各民族文化之影响等。

美学（aesthetics），聚焦于人类精神感性诸领域，比如人类审美活动基本形态（自然审美、工艺审美、艺术审美与生活审美）、特性与规律，艺术哲学乃其传统重心，又称之为"感性学"。

科学哲学（philosophy of sciences），研究人类科学技术活动的基本规律、实现条件以及它与社会生活其他领域的相互影响等。

人生哲学（philosophy of everyday life），讨论个体人类如何恰当地建立自己的世界观、价值观，以指导其日常生活，使自己的人生更为丰富、更为充实、幸福，乃为个体人类提供人生意义引导之学。

中国古代儒家与道家哲学很大程度上可归之于人生哲学。在中国当代哲学范围内，封孝伦的"三重生命"学说即可视为"人生哲学"。其生命美学乃在其人生哲学"三重生命"学说指导下的个性化美学理论体系。

参考文献

[1] 亚里士多德. 形而上学 [M]. 吴寿彭, 译. 北京: 商务印书馆, 1995.

[2] 张世英. 哲学导论 [M]. 北京: 北京大学出版社, 2002.

[3] 封孝伦. 人类生命系统中的美学 [M]. 合肥: 安徽教育出版社, 2013.

思考题

1. 哲学的核心问题是什么？
2. 哲学智慧的具体表现。

第二节　酒与哲学

"酒与哲学"这一话题本身颇令人生疑，就像我们谈论水与火那样。什么？酒与哲学还能扯上关系？一个人饮酒时所奉行的应当是感性至上主义，只求一个"爽"字；而当我们谈论哲学的时候，似乎需要让自己彻底地变成另外一个人：高度理性的态度，以及高度抽象的技术语言，不管我们是否擅长于此。然而，这只是对上述两者关系的一种主观、肤浅的印象，甚至是想象。一旦我们真正进入对此二者的深入考察便会发现：其实并非如此。只要我们有真切的意愿便可发现酒与哲学的内在因缘。这便是这个世界的奇妙与复杂之处：一些看似截然相反的东西实际上可以共存。也许，如何理解酒神感性与哲学理性之间的关系，正是哲学家们需要正面面对的基本问题之一。

也许，我们可以将酒与哲学的关系分为两种：其一，饮酒者从酒及饮酒行为中得到一种人生哲学智慧之启迪，进而此种哲学收获从某些方面或某种程度上影响了其人生观；

其二，职业哲学家从旁观者角度对人类的饮酒行为进行反思，从而得出一系列关于酒的形而上思考。

酒杯里的哲学智慧

屈原既放，游于江潭，行吟泽畔，颜色憔悴，形容枯槁。渔父见而问之曰："子非三闾大夫欤？何故至于斯？"屈原曰："举世皆浊我独清，众人皆醉我独醒，是以见放。"渔父曰："圣人不凝滞于物，而能与世推移。世人皆浊，何不淈其泥而扬其波？众人皆醉，何不餔其糟而歠其醨？何故深思高举，自令放为？"屈原曰："吾闻之：新沐者必弹冠，新浴者必振衣。安能以身之察察，受物之汶汶乎？宁赴湘流，葬于江鱼之腹中。安能以皓皓之白，蒙世俗之尘埃乎？"渔父莞尔而笑，鼓枻而去。乃歌曰："沧浪之水清兮，可以濯我缨；沧浪之水浊兮，可以濯我足。"遂去，不复与言。（屈原：《楚辞·渔父》）

在此，醉与酒已非其本意，而成为一种隐喻、一个象征，即一种人生态度。一个人对自己所面临的不完善，甚至有严重缺陷的人生处境到底该作如何反应？一种是"醉"，实即一种难得糊涂式的伪装，一种为了眼前的现实生活而放弃心中正确原则的容忍与退让；另一种则是"醒"，即坚守自己的内心原则，明知不可为而为之，为理想而艰苦地抗争的人生态度。在本文中，承担着屈原人生导师角色的渔父显然推销的是一种"醉"的人生态度。然而，当其人生理想彻底破灭后，屈原最终选择了以死明志的道路，这正是对渔父式"醉"的人生观的一种抗议。可惜，在后世的中国酒文化传统中，屈原的选择只是个异数，极少有异代知音。面对种种令人不满意的人生局面，诸多知名文人，从陶潜到白居易、苏轼，都选择了"醉"这一人生态度：即以不乏诗意的方式，以酒自我麻醉，最终放弃自己原本的生活理想与原则，与现实生活妥协：以饮酒的方式发布人生妥协状，又以赋诗的方式为自己的妥协辩护。在此意义上，"醉"之于中国传统酒文化，实在是一个绝妙的寓言，它忠实地呈现了历代文人，其实也是国民的一种心理状态——长于妥协，乏于坚守。也许正因如此，屈原式的宁可独醒而死，也不向生活妥协的人生选择，便是一种对"醉"的人生观的悲壮抗议，在整个中国文化史上便显得弥足珍贵。

对酒当歌，人生几何。譬如朝露，去日苦多。慨当以慷，忧思难忘。何以解忧，惟有杜康。（曹操：《短歌行》）

曹操从酒杯中体会出的人生哲学成为后世中国酒文化、酒哲学的主流，他提出一种不乏哲理、很漂亮的开场白，可算是刘伶酒仙之先导。曹操在此所体会者乃这样一种人生哲学：人生苦短，辛劳独多，何以自我安慰？在酒醉中暂时性地忘却现实人生中的种种令人不如意之处，进而让自己的心理略感觉到好受些，这可能是一种较为明智的选择。

这样的人生困境的解决方案从心理学角度看确实算是一种智慧，然而若真正从哲学角度来衡量则并不算高明：因为它容易培育出一种软弱的人格——长于妥协，拙于坚守。一旦妥协成为人的一种习惯性思维、人生方略，现实人生的改进也就变得异常艰难，因为每个人似乎都变得越来越机灵，都想从妥协中降低其人生成本，没有人愿意为理想而信守某种原则。最多，只是在酒场上发发牢骚而已，似乎从未有人真正做错什么，至少自己从未做错什么。于是，千年的日子重复着千年的牢骚而已，岂有它哉？

有大人先生，以天地为一朝，以万朝为须臾，日月为扃牖，八荒为庭衢。行无辙迹，居无室庐，幕天席地，纵意所如。止则操卮执觚，动则挈榼提壶，唯酒是务，焉知其余？（刘伶：《酒德颂》）

刘伶的《酒德颂》是中国古代酒文化史上的名篇。在此，他自觉地发挥了庄子的"齐物论"，即从认识论意义上的相对主义转化为一种人生哲学意义上的相对主义，认为现实人生的一切行为都是没有价值的，喝酒乃是人生中唯一有意义的事。将庄子的"逍遥游"——绝对化的精神自由具体化为一种"酒德"，一种关于酒的形而上学——从酒杯或醉态中寻找和实现自己的人格自由，以及对这个世界的自由感。这是一种建立在庄子道家哲学（价值相对主义）基础上的酒哲学（虚无主义人生哲学）——以歌颂饮酒之乐代替、对抗儒家的人生义务论。然而常识告诉我们：把自己灌个烂醉并不能真实地改变自己的现实人生处境，也无补于整个社会文明状态之改进。毫无节制的饮酒只是为自己向现实无条件妥协创造了成本最低的心理条件。于是，这种酒哲学不仅看起来潇洒浪漫，而且很实惠，能使人得到一时的口腹之乐、迷醉之乐。然而这种酒香与诗情的背后隐藏了另外两种东西。首先是极端享乐主义——不问其他，及时行乐。进一步考察便不难发现：其实，这种极端享乐主义的骨子里还隐藏了另一种始终无法彻底掩饰，极为深切、真实与悲凉的虚无主义。因为这些酒仙们在自己的内心从未建立起一种有效地安慰自己的坚卓的人生信仰。他们真实的心理状态足以告诉后人：他们的快乐都是装出来的，其低端的口食放纵实不足以从深层次的人生价值关怀上安慰自己。逞一时之快的酒乐充其量只能让自己一时地忘却其真切的人生失意，并不足以现实，以及根本性地改变自己的命运与时代之整体状况，于人于己均如此。

刘伶的《酒德颂》对后世的酒文化影响深刻，其继承者莫不以其酒哲学中的深刻悖论——以享乐主义为表现形式的虚无主义——为基本格调。在极力强调酒的重要性方面，也许只有李白的酒诗篇可与之媲美：

天若不爱酒，酒星不在天。地若不爱酒，地应无酒泉。天地既爱酒，爱酒不愧天。已闻清比圣，复道浊如贤。贤圣既已饮，何必求神仙！三杯通大道，一斗合自然。但得酒中趣，勿为醒者传。（李白：《月下独酌四首·其二》）

对那些理性高度发达、内心极为敏感的人们而言，每当他们端起酒杯，他们的兴趣其实并不全然在酒味之醇浓、伴酒佳肴之香鲜，也不在于借酒发疯恣肆，随群取乐。相反，酒杯是一种很特殊的日常生活器具，它看似世俗如常，实即鹤立鸡群，它极微妙地暗示：其实，你可醉可醒。因此，酒并非一种总是使人失去理智的饮料，它也是一种可以促人清醒地旁观与反思人生的神奇液体。于是，总有人能够手执酒杯、口含酒液而大脑发达，手里的酒杯伴其展开冷峻、深刻的人生反思，最后得到一种深邃洞达的人生智慧：

夫人之相与，俯仰一世。或取诸怀抱，悟言一室之内；或因寄所托，放浪形骸之外。虽取舍万殊，静躁不同，当其欣于所遇，暂得于己，快然自足，曾不知老之将至。及其所之既倦，情随事迁，感慨系之矣。向之所欣，俯仰之间，已为陈迹，犹不能不以之兴怀，况修短随化，终期于尽。古人云："死生亦大矣"，岂不痛哉！（王羲之：《兰亭集序》）

这是书法家王羲之在曲水流觞饮酒游戏过程中所体会到的人生哲学，可谓刘伶之知音。

今人不见古时月，今月曾经照古人。古人今人若流水，共看明月皆如此。唯愿当歌对酒时，月光长照金樽里。（李白：《把酒问月》）

明月几时有？把酒问青天。不知天上宫阙，今夕是何年？我欲乘风归去，又恐琼楼玉宇，高处不胜寒。起舞弄清影，何似在人间？转朱阁，低绮户，照无眠。不应有恨，何事长向别时圆？人有悲欢离合，月有阴晴圆缺，此事古难全。但愿人长久，千里共婵

娟。(苏轼:《水调歌头·丙辰中秋》)

李白与苏轼这两位大诗人因酒而起的人生感悟出奇地相似。他们都意识到天地之永久与人生之短暂。然而,苏轼比李白更进了一层,因为他明白:其实,天地自然也并非完善,它们与人类一样,也是一种不完善的存在,且永远如此。既如此,与天地自然相比,人类也就没有什么独特的遗憾了。要说有遗憾,这也是天地中万物所共享的一种普遍性遗憾。既然是一种普遍性遗憾,并非天地对人类的唯一性歧视,那人类还有什么难以释怀的东西呢?面对任何一种人生遗憾,我们都应当像天地间万物那样,坦然受之,这也许是人类面对这个尚有诸多缺陷的世界最明智的态度。

哲人对酒的反思

艺术家及普通饮酒者饮酒后的理性哲学收获乃是酒文化的一种积极副产品、意外收获,因为饮酒本身是一种感性行为,饮酒的直接后果是感性的张扬,而非理性的强化。职业思想家、哲学家群体对人类酒文化的旁观式反思则代表了酒与哲学的更深层关系,体现了人类对酒文化更为清醒、深刻的认识。哲学家主要从两个方面考察酒文化:其一,深切认知酒这一人类文化产品的特性与功能,特别是它对人类精神世界的双向影响功能;其二,如何处理人类饮酒行为与其他日常生活行为,以及观念文化其他成果之间的关系,亦即人类对酒的恰当态度。正是在回答上述两个问题的过程中,不同个体、思想流派的哲学家具有不同的表现。

儒家:理性主义

酒本是极普通的日常饮食材料,然而儒家从国家政治和宗族、家庭秩序建立的角度发现了其可能具有的超物质性符号价值,并成功地将它转化为一种社会秩序建立与维护的重要物质媒介,于是便有了"酒以成礼"这一核心理念。从周初开始,酒在中国古代宗教祭祀(祭祖、祭天地等)与社会交际场合就成了不可或缺的重要物品。在先秦礼仪制度建设的大背景下,儒生们拓展出了一套极为细密的酒礼仪,具体地规定了饮酒的恰当场合、内容与方式。《礼记》之《乡饮酒之义》便是儒家思想主导下中国古代饮酒礼仪的典范文本。

出于同样的社会政治与伦理理性,儒家历来对酒戒心甚深、防范至严。历代儒生都喜欢讲滥酒误政、祸国的故事。周初,由周公姬旦发布的《酒诰》,乃是儒家用政治理性

防范酒祸的代表性作品，对中国历代政治有持久、深刻的影响。

子曰："出则事公卿，入则事父兄，丧事不敢不勉，不为酒困，何有于我哉？"（《论语·子罕》）

这是孔子关于酒的代表性言论。他并不拒斥饮酒，从维护礼仪的角度讲，饮酒甚至是必要的。但是他更看重的是饮酒者在酒席上面对美酒的巨大诱惑，能否保持足够的理性，能否饮而有礼，乐及不乱，得酒之乐而不为酒所困，即不破坏礼仪，不因酒误事。孔子上述看似平常，毫无理论深度的话，其背后隐藏着根本性的制度理性与实践理性，是儒家理性主义饮酒观的典型体现。

从流下而忘反谓之流，从流上而忘反谓之连，从兽无厌谓之荒，乐酒无厌谓之亡。先王无流连之乐，荒亡之行。惟君所行也。（《孟子·梁惠王下》）

孟子曰："禹恶旨酒而好善言。汤执中，立贤无方。文王视民如伤，望道而未之见。武王不泄迩，不忘远。周公思兼三王，以施四事；其有不合者，仰而思之，夜以继日；幸而得之，坐以待旦。"（《孟子·离娄下》）

孟子上述言论更有代表性。他直接指明：主政者乐酒无度会导致亡国的严重政治后果，此乃重述周初《酒诰》之旨。如何体现面对酒的政治理性？从孟子开始，儒家树立了一个关于酒文化的典型人物——大禹。据说，仪狄最初酿出美酒，由于其气味与味道太诱人了，以至大禹对酒以及仪狄本人立即产生了一种唯有伟大政治家才会有的职业本能——厌恶式拒斥。这并非平常人所能意识到，也并非平常人所能做到。酒因味美而遭到厌恶，这是中国古代酒文化的一个重要寓言，它典型地代表了儒家面对酒的复杂态度：一方面，从普通人性的角度看，儒家不得不承认酒对人类生理感官的巨大魅力；另一方面，出于政治理性，儒家又强调与酒保持足够心理距离的必要性。

既醉以酒，既饱以德。（《诗经·大雅·既醉》）

孟子曰："世俗所谓不孝者五：惰其四支，不顾父母之养，一不孝也；博奕好饮酒，不顾父母之养，二不孝也；好货财，私妻子，不顾父母之养，三不孝也；从耳目之欲，以为父母戮，四不孝也；好勇斗狠，以危父母，五不孝也。（《孟子·离娄下》）

儒家进而又将酒文化纳入其伦理德性培养的视野内。儒家认为：饮酒不仅是一种饮食习惯，其中也包含着人性教育、伦理意识与德性培养的广大空间。比如，一个成年人若只顾饮酒之乐，心里什么事也没有，其在家中的年迈父母便可能有后顾之忧。相反，一个成年人若内心时时有对家庭的责任，便不可能整天只顾酒肉之乐，而是要去勤奋地工作，努力地挣钱。于是，我们可以从正确酒德培养上陶冶人们的伦理德性，培养人们对酒的伦理理性以及社会责任意识。

孟子曰："三代之得天下也以仁，其失天下也以不仁。国之所以废兴存亡者亦然。天子不仁，不保四海；诸侯不仁，不保社稷；卿大夫不仁，不保宗庙；士庶人不仁，不保四体。今恶死亡而乐不仁，是犹恶醉而强酒。"（《孟子·离娄上》）

在此，酒成为一个寓言，其中隐含着一种更深刻的政治理性。在孟子看来，仁爱政治乃立国之本，行政不仁将导致亡国之灾。仁与国兴民安为正相关关系，行暴政而求政久，如同缘木求鱼、抱薪救火。孟子这里所用的喻体则为酒——人不喜酒而强饮之。

人之情，食欲有刍豢，衣欲有文绣，行欲有舆马，又欲夫余财蓄积之富也；然而穷年累世不知不足，是人之情也。今人之生也，方知畜鸡狗猪彘，又畜牛羊，然而食不敢有酒肉；余刀布，有囷窌，然而衣不敢有丝帛；约者有筐箧之藏，然而行不敢有舆马。是何也？非不欲也，几不长虑顾后而恐无以继之故也。（《荀子·荣辱》）

荀子进一步分析了对酒保持戒心的内在原因——人类远视的政治理性与历史理性。从当下的感性欲望角度看，顺应各式感官欲望才能得到当下的最大快乐；然而从更长远的利益维持角度看，人类又不能将目前的食物都消费完，因有日后绝食之忧也。汤因比曾将人类所独有的这种远视理性，比如克制一时之饥，努力保持植物种子，以求来年丰收，理解为人类最终超越其他动物的根本性生命优势，良有以也。

兰茝、稾本，渐于蜜醴，一佩易之。正君渐于香酒，可谗而得也。君子之所渐，不可不慎也。（《荀子·大略》）

酒诚然是人类饮食文明之杰作，开发出人类对饮食的第二天性——对食物气味与滋味之爱好。饮美酒诚然满足了人的口腹之欲，乃人生之一大快事，然而具备理性的人应当意识到：酒也改造人。当你已经然被酒全面征服，以至离了酒便不行，一有酒便满意，以至见了酒便什么事也想不起来，什么事也不想干时，那就很危险了，这说明你已当了酒的俘虏，酒已然深刻地改造了你的内心世界，让你远离了自己本有的心性以及应有的责任与理性。从哲学上说，你很可能已然丧失了自我。所以，"君子"（有理性的人）对酒迷惑人，潜移默化地改造人的爱好、意识、观念与责任感的巨大威力，当深存戒慎恐惧之心。这是讨论酒改造人性的潜在能力，已然是一种对酒文化的哲学性观察与反思。

孟子曰："说大人，则藐之，勿视其巍巍然。堂高数仞，榱题数尺，我得志弗为也。食前方丈，侍妾数百人，我得志弗为也。般乐饮酒，驱骋田猎，后车千乘，我得志弗为也。在彼者，皆我所不为也；在我者，皆古之制也，吾何畏彼哉？"（《孟子·尽心下》）

此谓在物质利益诱惑面前，儒者如何坚持更高层次的精神追求，以保持自己的独立人格。这里所揭示的是人类价值追求的层次性问题。在此，饮酒之乐代表浅层次、粗俗的生理欲望的满足之乐，孟子坚持的则是复古主义式行仁政的政治理念，它代表一种超越当下生理欲望与个体物质利益，为天下人谋福祉的群体事业、政治理性。孟子在此正面展开了个体人类在生命意义追求上自我超越的新维度。

总体而言，儒家对人类饮酒行为的反思多立足于政治与伦理视野，即酒对人类群体利益、社会秩序所可能产生的正面与消极影响，积极发挥其在礼仪制度文化建设方面的作用，尽力避免酒所代表的感性享受对人类其他理性事业可能造成的冲击。

道家：自然主义

老子的《道德经》五千言竟未提及酒，但这并不等于道家思想对中国酒文化毫无影响。且看他的如下言论：

五色令人目盲；五音令人耳聋；五味令人口爽；驰骋田猎，令人心发狂；难得之货，令人行妨。是以圣人为腹不为目。故去彼取此。（《老子》第十二章）

为无为，事无事，味无味。（《老子》第六十三章）

我们已在前面指出：酒乃人类饮食文化发展史上的重大发明、象征性事件。酒的出现与盐的应用一样，代表着人类饮食生产与消费的一个崭新阶段——由为腹饮食到为口腔饮食，从为果腹饮食发展到为滋味、味道饮食。在前一个阶段，若不论饮食材料与加工手段之异，人类的饮食与所有动物饮食一样，都是为了满足最基本的生存需要。在此意义上的饮食便无文化可言，更谈不上向饮食文化发展，其本质上只是一种取之于自然，以最质朴、自然的方式进食而已。然而，当人类在制作饮食材料过程中特别着意于其味道（最初当然很可能是无意识的），并在能果腹的基础上，仅仅为增加对滋味的讲究而耗时费料，使饮食制作过程日益复杂、细腻、精致，乃至超越于材料之外，单单是滋味便出现了多样化——"五味"时，人类的饮食始进入一个专意于"味"的时代。

酒之所以出现并最终引起先民们的高度关注，乃至后来从众饮食材料中独立出来，成为一种特殊的神奇饮料、专用食物，正因其由发酵而产生的特殊气味、强烈味道。酒的产生最初当是无意为之。虽然身边剩饭剩菜因高温变质而产生馊味，但一般不会有人喜欢。但是田野落地果实日久自然发酵而产生的特殊气味，比如水果变甜、变酸则可能会吸引先民们的注意，他们会因此而专意地收集此类水果。人为酿酒之举正由此种自然无意发酵启发而来，最终将此发现转化为有意识地发明的人工酿酒技术，用水果与谷物酿酒。

酒引起人类各民族早期宗教家与政治家的特殊关注，他们进而发现酒精对饮酒者的生理神经，乃至心理状态有刺激作用，还对饮酒所产生的生理与心理后果——醉态有了明确的意识，这应当是酒能够最终走出厨房，进入宗教殿堂、社会宴席以及文艺作品的根本原因。

无论如何，酒代表着人类饮食活动、饮食文化的超越性阶段。普通社会大众对这种进步毫无保留地持肯定态度，因为这意味着日常饮食行为从一种不得不为之的必然义务转化为一种乐意而为之，可以产生极大、丰富快乐的人生趣味活动。

儒家思想家对酒文化的态度较为复杂，他们也承认酒味对社会大众的吸引力，意识到难以去除之，甚至也没必要去除之。儒家对酒文化的独特贡献在于，它于社会大众的生理与心理享受之外，开辟出一种拓展与丰富酒文化的独特角度——"以酒成礼"，即通过制定饮酒规则让酒成为一种能积极地有助于建立和维持社会秩序、人际和谐的有力工具，这便为饮酒活动增加了社会性内涵与价值。换言之，对儒家来说，酒既是人类饮食文化的一种重要发明，人人喜欢，去除它没必要，但是也不能随意饮用，而需要有目的、有节制地饮酒。

然而，在道家思想家看来，以酒为代表的人类饮食文化发展的新阶段——讲究味道的众食物的出现是不必要的，甚至是有害的。因为它误导了人性，让自然人性变得日益复杂，远离质朴本性，开始追求一些华丽、表面性的东西；让人们在追求生理感官刺激与心理愉快方面一发不可收拾，最终远离家园，毫无目标。我们从老子对饮食之"味"

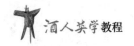

的拒斥与批判可反推出他对酒的态度——整体否定。在此原则上庄子与老子并无不同：

擢乱六律，铄绝竽瑟，塞瞽旷之耳，而天下始人含其聪矣；灭文章，散五采，胶离朱之目，而天下始人含其明矣。毁绝钩绳而弃规矩，工倕之指，而天下始人有其巧矣。（《庄子·胠箧》）

总之，依老、庄的意见，酒的发明根本上是没有必要的。包括酒在内，凡讲究味道的食物均不仅没有必要，而且有害，因而应当去除之，因为它扰乱了人性，让人类从根本上背离了原始质朴，只讲究果腹的自然人性。在此意义上，道家之于酒，从根本哲学态度与文化立场上是虚无主义的，其人性上的自然主义、历史上的复远古主义导致了对酒这一具体人类饮食文化成果的虚无主义。

幸亏，一部中华、人类文明饮食史并没有依道家的思想展开，否则我们今天便与酒无缘，也就没有必要议论酒了。问题的关键在于：酒确实出现了，而且大多数人喜欢它，只有少数人对它持有戒心。但这足以说明道家对酒的态度，乃至对整个人类文化的态度与人类文化演进史相违背，因而是极不自然的，虽然它号称自然主义（道家的"自然"实即"自然而然""顺其本然"之义。）。在理解人性与阐释人性上，道家确有方向性偏差，正因如此，荀子才批评：

"庄子蔽于天而不知人"。（《荀子·解蔽》）

须注意者，道家虽然在整体态度上对酒持一种本质上的否定性立场，不像儒家那样对酒持一种量的保留态度，但这一点也不意味着道家对酒毫无作为。在具体层面，道家也可以对酒发言。比如，人的饮酒行为确实曾进入庄子的哲学视野：

夫醉者之坠车，虽疾不死。骨节与人同而犯害与人异，其神全也。乘亦不知也，坠亦不知也，死生惊惧不入乎其胸中，是故迕物而不慑。彼得全于酒而犹若是，而况得全于天乎？圣人藏于天，故莫之能伤也。（《庄子·达生》）

在此，醉成为一种隐喻，一种因顺从自然而能全其德、全其性，因而恰当地维护其身体健康的一种象征。

颜回曰:"吾无以进矣,敢问其方。"仲尼曰:"斋,吾将语若。有心而为之,其易邪?易之者,皡天不宜。"颜回曰:"回之家贫,唯不饮酒不茹荤者数月矣。如此则可以为斋乎?"曰:"是祭祀之斋,非心斋也。"回曰:"敢问心斋。"仲尼曰:"若一志,无听之以耳而听之以心;无听之以心而听之以气。听止于耳,心止于符。气也者,虚而待物者也。唯道集虚。虚者,心斋也。(《庄子·人间世》)

先秦时代,除日常生活外,酒与肉在宗教语境下一般为祭祀之物。庄子在此提出了一个极重要的概念——"心斋"。他认为,只进行外在身体行为方面的斋戒,一个人的内在精神世界便不可能获得根本性超越。一个人真正内在的精神生活当是一种"心斋",那便是自觉关闭自己接受外界各种感性刺激信息之接收通道——"无听之以耳",甚至关闭自己对外在世界注意之自我意识——"听之以心",最终回到纯净简单的内心世界,回到毫无任何外在信息与意识,内心一片空灵、虚静的状态。

"心斋"概念的提出是中国先秦哲学的重要思想成果,它提出了个体从事高端精神生活的基本心理条件问题,它指出具备这一条件的基本途径便是自我心理状态之调节——从心理意识方面拒斥外在信息,回归虚静状态。这一见解被后代中国艺术家们普遍接受。

尼采论酒神精神

古今哲学家中,最重视酒,且将酒的功用发挥到最高理论层次的,也许要算德国的哲学家尼采。

尼采(Friedrich Nietzsche,1844年10月15日—1900年8月25日),19世纪德国哲学家和作家。弗里德里希·尼采是最有影响的现代思想家之一。他多次试图揭示对一代代神学家、哲学家、心理学家、诗人、小说家和剧作家有着深刻影响的支承传统的西方宗教、哲学和道德的根本动机。由于启蒙时期世俗主义的胜利,尼采以为"上帝已死"的言论所表达的思想,多少决定了在他1900年逝世后欧洲许多著名知识分子的议事日程。①

---

① 《不列颠百科全书》(国际中文版)第12卷,中国大百科全书出版社,2007,第182页。

古希腊人曾广植葡萄以酿酒，酒成了聚众狂饮以庆祝丰收的重要饮品，且有以葡萄酒祭献于狄奥尼索斯（Dionysus）的传统，因为据说他掌管植物之生长，既是丰收之神，亦是酒神。古希腊人在街头载歌载舞的民间娱乐形式后来演化为一种戏剧表演，既有歌舞又有对话，且分角色扮演，最后成就了悲剧这一古希腊最为著名的艺术形式。

尼采对古希腊悲剧艺术传统的特殊文化背景——酒神崇拜做了深入反思，他追踪古希腊民间宗教崇拜与戏剧艺术间所存在的内在精神关联，最后发现了它们之间的共同纽带，这便是被他称之为"酒神精神"（Dionysian Spirit）的人类感性生命欲望：

酒神祭之作为一种满溢的生命感和力感，在其中连痛苦也起着兴奋剂的作用……肯定生命，哪怕是在它最异样最艰难的问题上；生命意志在其最高类型的牺牲中，为自身的不可穷竭而鼓舞——我称这为酒神精神。[①]

他认为，表现于酒神狂欢中的宗教崇拜迷狂与表现于悲剧戏剧展演中的英雄人物命运苦难，其实是同一种东西，那便是人类自我生命意识中呈现为感性生命欲望，追求热情的原始、野性的生命力。正是这种生命力才构成上述两种活动强烈的内在推动力，使它们成为对所有参与者最大的精神吸引力。然而，作为一位成熟的哲学家，尼采的洞察力表现在：他意识到作为西方戏剧艺术典范的古希腊悲剧虽然产生时间甚早，但是它之所以能对后世产生深远影响，在于其内涵丰富，不像后来的弗洛伊德所说的仅止野蛮原始的感性生命冲动而已。古希腊悲剧之所以魅力永恒，在于它同时还寄托了人类对自身苦难命运原因的严肃、深刻的思考，其中有冷峻的理性思考成分，所以尼采正确地指出：古希腊悲剧实际上由完全相反的两种要素构成。一为激烈冲动的生命感性，二为冷静沉着的理性思索。对于后者，尼采调动了另一位古希腊神祇——阿波罗来命名之，曰"日神"（Apollo）：

我引入美学的对立概念，日神的和酒神的，二者被理解为醉的类别，究竟是什么意思呢？日神的醉首先使眼睛激动，于是眼睛获得了幻觉能力。画家、雕塑家、史诗诗人是卓越的幻觉家。在酒神状态中，却是整个情绪系统激动亢奋：于是情绪系统一下子调动了它的全部表现手段和扮演、摹仿、变容、变化的能力，所有各种表情和做戏本领一齐动员。本质的东西依然是变形的敏捷，是不能不做出反应（类似情形见之于某些歇斯

[①] 尼采：《偶像的黄昏》，周国平译，湖南人民出版社，1987，第125-126页。

底里病人,他们也是因每种暗示而进入每种角色)。酒神状态中的人不可能不去理会任何一种暗示的,他不会放过一个情绪标记,他具有最强烈的领悟和猜测的本能,犹如他握有最高度的传达技巧一样。他进入每个躯体,每种情绪:他不断变换自己——音乐,如同我们今天所理解的,既是情绪的总激发,又是情绪的总释放,然而只是一个完满得多的情绪表现世界的残余,是酒神颂戏剧硕果仅剩的一种遗迹。为了使作为特殊艺术的音乐成为可能,人们悄悄阻止一些官能,首先是肌肉的官能(至少相对如此,因为一切节奏在某种程度上都还是诉诸我们的肌肉):于是,人不再立刻身体力行地模仿和表演他所感觉的一切。然而,这毕竟是真正的标准酒神状态,无论如何是原初状态;音乐则是它以最相近的能力渐渐加工成的新产品。①

在尼采看来,酒神与日神不仅是存在于古希腊悲剧艺术中的两种要素,它同时也是两种更具普遍性的艺术因素而广泛地存在于人类艺术中。酒神是感性的,日神是理性的,前者激烈而后者宁静,这是两种极普遍的审美风格。至少,尼采给出又一种超戏剧艺术的阐释:用酒神来代表动态性很强的时间艺术,比如音乐,而用日神来指称以稳定性取胜的空间造型艺术,比如雕塑与绘画。

尼采的第一部著作《悲剧从音乐精神中诞生》(1872)标志着他从古典学术成就的装饰中获得解放……它认为希腊的悲剧产生于他所称作为阿波罗精神与狄奥索斯精神的融合体——前者代表韵律、节制、和谐,后代表放纵的激情——而苏格拉底的理性主义与乐观主义则造成了希腊悲剧的死亡……毫无疑问,"这部作品具有深刻的、想象丰富的洞察力,把一代人的学术成就远远抛落在后面",这是英国古典主义者康福特1912年所说的话。今天,在美学历史方面,它仍然是一部经典著作。②

《悲剧的诞生》只是尼采的第一本学术著作,虽然这本著作在美学、艺术哲学界产生了广泛影响,至此,"酒神精神"与"日神精神"成为一对流行概念与便当话头。然而,尼采似志不在此。他是一位思想家,不仅要反思西方文化传统的古希腊根源,而且还热衷于对现代西方文化的不理想状态做出诊断,开出药方。因此,他的学术抱负是整体性的,要对整个思想文化界发言。他得出的最著名、最具全方位影响力的诊断结论是"上

---

① 尼采:《偶像的黄昏》,周国平译,湖南人民出版社,1987,第73-74页。
② 《不列颠百科全书》(国际中文版)第12卷,中国大百科全书出版社,2007,第183页。

帝死了"。这是对自 17 世纪以来，以启蒙运动为代表的西方数世纪理性主义风行所造成严重文化后果极为精准的命名。自命不凡的批判理性真要了中世纪神学的命，造成了基督教神学与大众信仰的普遍性衰微，然而理性主义破坏有余、建设不足。一个没有了上帝陪伴的世界也许太空旷了，一种没有上帝安慰的人生也许太孤独了。自此，西方人开始活得无精打采。

于是尼采返回来问：古希腊人为什么活得那么兴高采烈、那么有滋有味、那么精神头十足呢？是因为在那个时代，酒神精神——感性生命力冲动乃时代之灵魂，人的感性生命欲望尚未受到理性的严肃审查与全面监督，故而生命活力充溢。那是一个直面世界诸多不确定性的时代，所以众神受到大众的尊敬，虽然有时候这些神们也有点不太靠谱；同时，那也是一个活得比较粗疏的时代，并未像后来一切都被理性规划得井井有条。那时，人们当然会干许多蠢事，可是，那时的人们同时也会有额外惊喜。人类的理性主义代替了上帝之后，自身生命力便不可避免地开始衰微。

一个人能否具备酒神精神，与宇宙间充溢的生命意志息息相通，从而把人生的痛苦当作欢乐来体验，归根结底取决于他的权力意志亦即他的内在生命力是否足够强盛。①

所以，尼采研究古希腊悲剧与酒神崇拜绝非发思古之幽情，而是欲返古以开新，他要重振西方文化之雄风，在一个上帝已死的年代，重邀酒神狄奥尼索斯，以便能再次激发西方久违了的原始生命冲动与感性的生命激情，故而他热情地呼唤"超人"、强调"生命强力"。历史也真跟他开了个大玩笑。尼采离世数十年，在西方世界真的诞生了一位尼采"酒神精神"的信徒，他就是阿道夫·希特勒（Adolf Hitler，1889—1945），他确实自命"超人"、确实具有"强力意志"，于是在欧洲大大地玩了一把疯狂杀人的游戏，因为他的粉丝们跟他一样，也陷入了酒神附体的迷狂状态，给德国与欧洲以重创。

于是，历史老人再次陷入深思。诚然，过度发达的理性在成全人类的同时也束缚了人类。可是，一个没有理性武装，只有感性生命冲动的人真能活得顺畅？幸亏，尼采同时也注意到以理性为标志的日神。据他的理解，对古希腊悲剧而言，酒神与日神同时不可或缺。也许，尼采在此议论的并非古希腊悲剧，而是人类的命运。人类要在地球上成功地行走，便同时需要两位尊神：酒神与日神，否则总要出状况。

---

① 尼采：《悲剧的诞生——尼采美学文选》，周国平译，上海人民出版社，2009，第 57 页。

昔者帝女令仪狄作酒而美，进之禹，禹饮而甘之，遂疏仪狄，绝旨酒。曰："后世必有以酒亡其国者。"(《战国策·魏二》)

这是一个来自中国的关于酒的寓言，也大有深意，也许足可较完善地表达尼采这位哲人的内心，他对酒的观感、对酒的核心意见。

酒不只是一种诗意，它还可以是一种智慧，一种冷静、完善地呵护人类命运的智慧解决方案。

拓展阅读文献

[1] 尼采. 悲剧的诞生 [M]. 李长俊，译. 长沙：湖南人民出版社，1986.

[2] 封孝伦. 人类生命系统中的美学 [M]. 合肥：安徽教育出版社，2013.

思考题

1. 儒家和道家对于酒的立场是什么？
2. 尼采如何阐释酒对于人类艺术与文化的意义？

结语：关于酒文化

在结束本课程之前，我们愿围绕"酒文化"这个关键词总结一下对中国酒文化的一些总体性认识与反思。这也许是我们学习"酒人类学"这门课程的最终目的。

何为"酒文化"？

"酒文化"一词可有两解。

其一，作为人类文化成果之一的酒，此其狭义也。在此意义上，"酒文化"实等同于"酒"。我们对它的认识是：酒乃人类文化成果之一，具体地说，它是人类饮食文化体系中的一项特殊成果。其特殊性在于：它一方面根植于人类饮食行为、饮食文化，乃其中之一——含酒精饮料；另一方面，它对人类饮食系统中的其余部分又有很强的超越性，似乎要努力超越人类饮食行为的基本功能——解渴需求之满足，而将自己发展为一种"不必要的"饮料，努力超越人的生理满足行为，进入到更广阔的精神生活世界，成为人类精神生活的重要媒介。

其二，酒与人类文化系统。在此意义上，"酒文化"这一概念着意强调：酒不只是一种饮料，它还是或更是一种文化液体，自有其丰富、深刻的内涵，因为它对人类文化系统诸层次——器质文化、制度文化与观念文化，特别是观念文化诸领域——哲学、宗教、艺术等有广泛影响。据此，作为文化的酒所突出者乃其超饮食之其他文化内涵，酒文化研究之主旨便是集中呈现酒对人类文化系统各层次、领域之普遍性影响力，当然亦可反过来呈现人类文化系统诸层次、领域对人类酒的酿造和饮用行为的全方位影响。此乃"酒文化"概念之广义。

生活审美：酒的文化定位

毕竟，酒仅乃人类文化成果之一，而人类文化系统则又至广。于是，"酒文化"乃一抽象概念，不便于我们对酒作更精准的理解。于是，当我们不是用"酒"，而用"酒文化"这一概念来言说酒的时候,我们到底想说什么、能说什么,最主要地发现了什么?大多数情形下,我们实际上并没有,也不想用酒言说人类文化系统中的所有方面,而只是人类文化中那些特别符合酒的气质与趣味的部分。对先民们而言,它也许就是宗教,因为酒能够让人与那些处于彼岸世界的神灵们更为接近。对古典时代以来直到今天的人类而言,它便是能使人在现实生活语境中一下子就找到一种很不一样、很放松、很愉快的感觉,即审美。因此,我们从美学中找到一个关键词,它就是"生活审美"(aesthetic experiencing in everyday life)这一概念,便是中国酒文化中"酒仙"这一概念所表达的"逍遥"(aesthetic liberation)。对因酒而来的生活美感——"逍遥",西方世界往往喜以"酒神精神"或以"迷狂"命名之,中国人则乐呼之曰"仙"。"狂"与"仙"是两种不同的审美心理状态,然而它们都属于人类在现实生活语境中所捕捉到的高峰体验或审美理想。前者描述因酒精刺激而产生的一种想痛快淋漓地干点什么的状态;后者则是在酒的引领下进入的一种安静闲散状态,欲从万事中解脱出来,可以不为所欲为的空灵。前者乃自由之积极形式,后者乃自由之消极状态。

美学乃人类感性精神现象学,它集中关注人类感性精神生活。人类的饮酒行为始于生理感官之感知与体验,终于感性精神心理之愉悦与解放。某种意义上说,美学才是人类酒文化阐释之恰当学术视野,酒与饮酒实在是美学研究之最恰当对象。据美学视野,人类审美活动施之于四大基本形态或领域:曰自然审美、工艺审美、艺术审美与生活审美,酒与饮酒则典型地处于"生活审美"之域。

生活审美乃人类最为朴素的审美形态之一——生活即审美,认为审美价值并不需要远离日常生活语境而追求之,而就存在于人类日常生活语境之方方面面,就存在于人类的日用饮食行为之中。于是,饮食之乐、杯中趣味便不仅是一种基本的物质生活需求,它同时也是对日常生活精神价值之体验与赞美,同时也是一种丰富细腻的精神生活。中国古代诗人们在饮酒作乐时留下那么多精美诗篇,便足以证明:饮酒并不必然地是一种单纯的消费行为,它同时也与人的精神世界高度相关。生活审美这一概念最为准确地揭示了人类饮酒行为的整体感性特征,呈现了人类饮酒行为从生理满足到精神解放的复杂结构,同时也张扬了"生活审美"这一概念急欲表达的即是生活即审美,或曰美善兼顾的价值立场。

正因如此,本教材将美学作为酒文化阐释的重要工具和基本视野。立足于人类早期文明,宗教是酒文化阐释的基础领域;立足于古典与现代社会,审美便成为酒体现其文化属性之典范领域。就中国古代酒文化最突出的事实而言,酒神精神主要地体现为一种审美精神:以酒释怀、以酒表达自我、以酒自我沉醉,以及以酒激发艺术家的画意与诗情,或用诗情画意丰富和拓展酒的观念文化内涵。简言之,若立足于饮酒,即酒的消费活动,我们可将酒文化基本上理解为人类审美精神之发扬、画意诗情之发扬,将酒的境界理解为审美之逍遥境界。

在美学范围内,我们可将中西酒文化之异理解为人类审美风格之异。在尼采的视野里,与安静、理性的日神阿波罗形成截然对比的酒神狄奥尼索斯,它一方面是理性的对立面,是人类感性精神极致、盲目的表达形态,另一方面,它又是强劲原始生命力的代言人,体现了人类生生不息的伟大创造精神。某种意义上,它有似于弗洛伊德所理解的原始生命本能。故而,尼采将它与悲剧这种艺术形式联系起来,实际上是将它与崇高审美风格联系起来,代表的是一种崇高、壮丽的审美境界。中国古代酒文化中的诗人、酒仙们,喝多了只是写写画画,要不然便安静地睡着了,去做庄周般的化身为蝶的梦,而不会像一头野牛那样到处横冲直撞,去闯祸。

立足于美学视野,西方的酒神与中国的酒仙均可以很好地作人类审美感性的代言人。相较之下,中国的酒仙们清丽安静,乃人类感性精神之平均状态,体现出优美(beauty)的风格,更接近于西方之日神精神,至少其表象如此;西方的酒神则是人类感性精神的极端状态,典型地处于作为理性精神的对立面,代表一种强劲、粗暴的原始生命勃发状态,最终体现出崇高(sublime)的审美风格。

如果说古希腊悲剧中的大英雄们所进行的命运抗争故事较为典型地体现了狄奥尼索斯的酒神精神,在中国酒文化史上,也许唯《水浒传》中的武松、鲁智深和李逵所代表的梁山好汉们饮酒后便打打杀杀的传奇故事略近于尼采心目中的酒神精神。与之相比,喝死便埋的刘伶以及斗酒诗百篇的李白似乎都太温柔了些,并未爆发出酒对人类原始生命创造欲望之强大推力。当然,从理性的角度看,李白的精神状态似更具有建设性,武松之流则只是一种破坏力,虽然都属于酒仙级别。

中国酒文化的特征

前面言人类酒文化之共同特征,现在看中国酒文化之个性。若简要描述中国酒文化之精神个性,以下三个方面也许最为突出。

以酒和众

在中华早期文明时代,中国人饮酒主要是为了向祖先和天地间的众神灵表达敬意,是一种宗教行为,酒乃中国人宗教精神生活之重要物质媒介。然而从周代起,中国人饮酒的最常见语境则是社会交际，这一传统被延续至今。如果说西方人喜欢独酌或两三好友对饮，中国人喝酒则更喜欢热闹些，人更多些。于是，多人聚集在一起，设宴而饮之会饮似乎成了中国人饮酒之典范形式。至少对社会大众而言，交朋友成为饮酒之最强劲理由。于是，"酒可以群"，以酒增进人与人之间的相互了解和友谊，成为中国酒文化中之首要内涵，"以酒和众"成为中国人对酒文化功能之首要理解。诚然，"以酒和众"可理解为酒在人类社会各民族群体中所发挥的普遍功能，然而中国人于此似最为用心、最有热情，应用得也最为持久、普遍，故而我们可以将它理解为中国酒文化传统中的一大特色，中国酒文化传统将酒的社会性功能发挥得最为典型。

以酒适性

在古代社会，自从酒进入士大夫精英文人阶层，中国的酒文化便在观念文化领域从宗教转入审美一路，成为个体自我精神解放的重要物质媒介。刘伶、陶渊明开其端，李白、苏轼、陆游继其绪，酒与文人结下不解之缘。自此，酒杯成为文人展示自身内在精神世界的一面重要镜鉴，成为其过精神生活的必要物质媒介。

酒用来干什么？对中国人来说，除了上面所提及的"酒可以群"或"以酒和众"，对每个人内在精神世界的需求而言，它成为个体自我生理和心理放松以及解忧、纵乐的重要媒介。它是每个人在日常生活世俗语境中发现和体验人生幸福感或人生美感的重要方式，是每个人走进自我内心，自我释放与自我表达的重要途径。

酒可以干什么？对历代文人而言，它还是饮酒者超越生活，走向艺术殿堂，激发诗情画意的重要媒介，也是用诗情与画意丰富和拓展酒文化内涵的重要手段。于是，酒与艺术（诗文、书法、绘画、舞蹈、音乐，等等）结缘，最为典型地体现了酒的审美属性和价值。诚然，酒的艺术功能也可以理解为人类各民族酒文化之普遍功能，比如酒神崇拜对古希腊戏剧之成全。然而，中国古代艺术史与酒的持久、普遍和深刻的内在联系再次证明：中国古代酒文化传统也许更典范地体现了酒的审美属性和价值，因而可理解为中国酒文化传统的又一重要特征，它同时从生活审美和艺术审美两方面展示了酒的观念文化价值。

以理节酒

感性与理性的交织是中国酒文化史展开的一个基本环境。一方面，酒精对生理神经和心理状态的刺激作用决定了酒神或酒仙的最基本个性便是审美所立足的感性精神——以生理和心理感性欲望、功能释放的形式解放自我。另一方面，远至周代，中国的政治家就清醒意识到酒精的副作用，它会对个体身心以及社会群体秩序造成毁灭性的破坏，因此人们对它历来便存有一种近乎本能的戒心，中医也很早便指出这一点。正因如此，以礼节酒，适量、有序地饮酒，以日神的清明理性随时规范和制约酒神及酒仙所代表的感性自我放纵精神，便成为中国酒文化传统中的又一永恒主题。它是中华民族发达政治、伦理和医学理性的具体表现形式，此乃民族之大幸。若失去理性对酒的忠实、持久守护，中国酒文化史所留下的便不会只有诗情与画意，恐怕要有更多的阴冷悲剧发生。一方面歌颂酒的诗情美意，另一方面提醒酒对个人身心和社会秩序的破坏性作用，提倡有节制地饮酒，这是中国酒文化传统之又一重要内涵。

总之，若论中国古代酒文化的独特贡献，则我们似乎可以这样说：在酒的饮用环节，中国人开辟了以酒结群、以酒促进人间温情的传统，更开辟了以酒促艺、以艺育酒的传统，前者是对酒的社会性功能之挖掘，后者则是对酒的观念文化价值之弘扬。

对中国酒文化的反思

酒人类学或酒文化研究绝不限于对酒的无限颂歌，而当是对酒文化功能之完善理解和冷峻反思。立足于21世纪的今天，在对世界各民族酒文化有了较为完善的了解，对历史语境与当代诉求有了对比性认识后，我们便有能力提出更高要求，对中国酒文化传统中所存在的一些消极性因素当有较明确的认识，这里我们愿提及两点。

享乐主义掩盖下的虚无主义

君不见黄河之水天上来，奔流到海不复回。君不见高堂明镜悲白发，朝如青丝暮成雪。人生得意须尽欢，莫使金樽空对月。天生我才必有用，千金散尽还复来。烹羊宰牛且为乐，会须一饮三百杯。岑夫子，丹丘生，将进酒，杯莫停。与君歌一曲，请君为我倾耳听。钟鼓馔玉不足贵，但愿长醉不用醒。古来圣贤皆寂寞，惟有饮者留其名。陈王昔时宴平乐，斗酒十千恣欢谑。主人何为言少钱，径须沽取对君酌。五花马，千金裘，呼儿将出换美酒，与尔同销万古愁。（李白：《将进酒》）

滚滚长江东逝水，浪花淘尽英雄。是非成败转头空。青山依旧在，几度夕阳红。白发渔樵江渚上，惯看秋月春风。一壶浊酒喜相逢。古今多少事，都付笑谈中。（杨慎：《临江仙 题＜三国演义＞》）

此乃中国酒文化史上广为流传的著名诗篇。其中有才华、有激情、有智慧，更有对酒的依恋与赞颂。然而，我们同时也从中感受到一种莫名的迷茫与阴冷。在数不胜数的酒诗文中，我们发现了两种似乎矛盾的东西：一方面，它们对人的饮酒之乐作了夸张性呈现，据此，似乎酒乐即人生之乐，人生之乐即是酒乐，除酒之外，人生难有其他快乐。这是一种极为狭隘的享乐主义。另一方面，我们从这些关于酒的夸张性享乐主义宣言中，仍旧读出了一些无奈、一些迷茫、一些怨恨，甚至是一种堕落，一种诗人们对此世界似乎除了饮酒之外，其实毫无信仰所导致的心灵空虚，这是一种以享乐主义面目出现的虚无主义。这些诗文足以让我们相信：酒食之乐即使是快乐也是初级、短暂的快乐。如果说它同时也可以安慰我们，使我们快乐，那也是一种消极的快乐——它仅可以让饮酒者暂时性地逃避一些东西，自欺性地忘掉一些东西。诗人们一旦从醉乡中醒来，该面对的仍需面对，该承担的仍需承担。酒并不能改变世界本身，它只能暂时性地改变诗人对这个世界的主观感受。酒仙们所表达的酒信——以酒为信仰，将饮酒视为人生安慰的必然之途，甚至唯一途径，这本身就是一种极大的悲哀。它揭示出一个更严重的事实——这些诗人在其饮酒之余的现实生活中，实未能成功建立起自己对这个世界的真诚、坚实的信仰，所以才会在其酒诗文中夸张地表达自己对酒的热爱以及酒对人类心灵的安慰价值。

酒浇不下胸中恨，吐向青天未必知。（陆游：《感事》）
醉自醉倒愁自愁，愁与酒如风马牛。（陆游：《春愁》）

以刘伶、李白等酒仙为代表的传统酒文化中，在诗人们对酒和饮酒所做的夸张、诗意般的描述和膜拜中，其实潜藏着一些病态成分。

其一，诗人们将饮酒说成是现实人生唯一的快乐之源，将饮酒视为人生之全部，以沉溺于酒作为人生的理想境界，将瘾君子的无理智、沉睡状态描述为理想的人生状态，此与西方酒文化传统中所倡导的以积极创造、开拓为要义的酒神精神判然二分。前者是对酒的功能与价值之重大误解。饮酒之乐仅乃人生享受的一个环节、片段，它既不足以代替人生的其他快乐，更不能代替人生实实在在的创造和奋斗环节，以饮酒为人生唯一要务，实乃对酒神精神的重大误解。

其二，诗人们将过度饮酒所进入的醉乡当成是人生现实问题的避风港，以对醉乡理想性、夸张性地描述代替对现实人生问题的切实解决，据此是无法培养理性、健全的人生观的。

其三，对醉乡理想性的夸张描述，真正反映的是酒仙们的另一面的真实心理状态：

内心价值世界之坍塌，表现为真切、深度的虚无主义和无信仰状态。这些足以说明，这个世界其实并不能使酒仙们真正地体验到幸福，他们其实未能成功地建立起自己对这个世界的坚定信念。于是，他们只能选择沉醉于酒乡中逃避现实，并假装自己真的很快乐。这些足以说明，酒对人的精神世界其实并没有诗人们所描述的那么伟大，人类仅靠酒无法建立起坚实的信仰大厦，也无法靠酒真正地改造和优化这个世界。在古典时代，酒曾经是人类信仰世界的重要物质媒介之一，但它也仅仅是媒介，并非信仰世界之核心。可以将醉态描述得很美，但这与真正的精神幸福尚有很大距离。

我们需要严肃、深入地反思中国的酒文化传统。在酒的社会功能发挥环节，我们需要认真反思传统酒文化中群体本位思想之极端表现——敬酒环节对人的不尊重，为满足敬酒者的虚荣与快乐的心情，想方设法强迫他人饮酒的恶习。在此环节，我们需要有意识地引进现代社会尊重个人意愿的文明理念。特别是需要坚决地摒除在酒席上强迫女性饮酒的陋习，这是很粗野，也没有同情心的表现。在会饮场合，我们需要认真反思那种用大量极不真诚的夸张性煽情言辞强迫他人饮酒的陋习，比如"感情深一口闷，感情浅舔一舔"之类的言辞。对于初识者、不善饮者以及不善言辞者，我们尤其需要避免应用夸张性言辞和强迫性手段对酒进行促销的不文明做法。

科学精神之缺乏

酒文化并不仅是关于酒的消费文化，首先还应当包括酒生产环节的文化。若立足酒的制作，即酿酒环节回顾历史上的酒文化，同时立足于当代中国酒业的国际性业务拓展，那么中国的酒文化传统到底还有哪些固有缺陷？放眼人类酿酒史，特别是近代西方酿酒史，我们能从中发现一些新的，特别是中国传统酒文化所缺少的东西。

要说中西酒文化之异，即从酒中透视中西文化的重要观念差异，饮酒环节似乎并非典型领域，而当追溯到酒的酿造环节。中国古代酒文化史更为突出的是饮酒环节所体现的酒与艺术之普遍、持久、深刻的联系，酒成全了中国古代诗文书画，中国古代诗文书画也滋润了中国古代酒史。近现代西方酒文化史更为突出的则是酿酒环节所表现的酒与科学技术之强大联系，具体地，近代西方的科学实验精神与精细量化追求对近现代葡萄酒和啤酒制造是一种巨大的推动，这种推动力量一直持续到当代西方酒产业。当代中国酒业对西方的这种酒文化特性应当给予高度关注。

就中国酿酒史而言，我们至晚在元代就有了蒸馏技术，然而直到20世纪中期，我们才建立起对白酒依香型分类的体系。我们可以了解一下西方近现代酒史的一些关键点：

与麦芽干燥相关的、最激动人心的发明是 1817 年由丹尼尔·惠勒申请专利的筒式烘炉——它使用冷却喷淋装置在谷物着火之前中止烘焙。这一设备彻底改变了酿造业。①

1742 年，摄氏温标创立。詹姆斯·贝维斯托克是首位对温度计的使用进行认真研究的酿酒者……1784 年，迈克尔·康姆布鲁恩撰写酿酒论文，详细描述了温度计在酿酒中的使用。②

1866 年，法国化学家巴斯德（Pasteur）发现了酒精发酵实质，并发明了巴氏消毒（Pasteurisation），同年发表了葡萄酒研究专著。③

1784 年，伦敦的一家酿酒厂安装了首台蒸汽机。蒸汽取代了人力、水力和马力，从事多种工作，使得大规模工业酿酒成为可能。④

1785 年，约翰·理查森撰写了第一本详述如何在啤酒酿造中使用比重计进行了测量的书籍，这强烈暗示了啤酒的酿造方法。比重计的使用逼迫酿酒商制定能提高产量的酿酒工艺，从而改变了啤酒的实际风味，这一点非其他技术所能比较。⑤

德国工程师卡尔·冯·林德发明的先进的二甲醚制冷机器于 1873 年在史班登（Spaten）啤酒厂安装……到 1890 年，人工制冷已经成为各地大规模酿酒的规范做法。⑥

长期以来，中国的白酒制造局限于小作坊式的纯经验生产，科学技术研究与创新未能进入该领域，故不能成为促进中国酒业发展的重要因素。我们的生产与饮用都长期处于模糊的经验感知阶段，没有建立起明确、可量化的分析思维与分析工具。

若此不谬，那么我们对酒文化概念便有了新认识：审美与科学实在当是我们透视和理解酒文化极为重要的两种视野；立足于审美，我们从饮酒环节看到了酒的审美精神、审美风格与审美价值；立足于科学，我们从酒的酿造环节发现了人类酿造行为对科学技术的内在依赖，这也是研究人类酒科技的重要思路。

---

① 兰迪·穆沙：《啤酒圣经：世界最伟大饮品的专业指南》，高宏、王志欣译，机械工业出版社，2014，第 17 页。
② 同上书，第 16 页。
③ 吴振鹏：《葡萄酒百科》，中国纺织出版社，2015，第 175 页。
④ 兰迪·穆沙：《啤酒圣经：世界最伟大饮品的专业指南》，高宏、王志欣译，机械工业出版社，2014，第 16 页。
⑤ 同上。
⑥ 同上书，第 17 页。

酒文化演变的规律

如何从整体上把握中西人类酒文化的发展规律？似乎可总结出以下几条。

其一，人类酒业与酒消费整体上以人类农耕文明的生产与发展为基础，并在人类饮食文化体系的庇护下得到充分的发展与超越。

其二，进入观念文化层面，在人类文明早期，宗教祭祀乃酒发挥其超饮食作用的重要场域，进入古典时代，生活审美与艺术审美则成为酒发挥其观念文化价值之主战场。

其三，就酒的酿造环节而言，在古典时代，酒的生产技术主要依赖于各民族特定时代手工业制作加工的整体技术。进入现代社会，科学技术层面的发明与应用则成为影响世界各国酿酒业发展的最重要动力。

其四，立足于美学，我们似可将人类酒文化发展的内在规律总结为审美趣味和技术两个方面的精致化，具体地表现为人类酿酒技术和品酒趣味由简而繁与转粗为精这两大演化路径，此成为世界各民族酒业发展及酒文化演变最强劲的内在观念动力。

1960年代末，英国啤酒厂的经典产品——自然起泡啤酒或散装爱尔——受到力图使其产品"现代化"的大型啤酒商的威胁：这些啤酒商用桶装已过滤、人工起泡啤酒或酒吧地窖大号酒池里的用罐车注满的啤酒来代表散装爱尔。1971年，人们组织了"争取散装爱尔运动"（CAMRA）来抗拒这一趋势。这一运动利用公众和政治压力来确保散装爱尔依然是英国酒吧里的一个可供选择的商品。该运动还出版了很多印刷品，并在大不列颠举办了几次散装爱尔节，其中包括每年八月的"大英啤酒节"。2007年CAMRA的会员已经达到六万。①

其五，立足于当代社会，全球化浪潮推动了酒的生产与消费。一方面，异域酒进入本土，丰富和拓展本土酒业将成为新常态，世界酒业地图正可谓你中有我，我中有你，从而形成犬牙交错的格局。另一方面，全球化又会激发出区域性酒业生产与消费的保守主义情结或民族、地域主义情结，因而，每一种地方性的传统酒又都有自己虔诚的信徒，因而都有自己的立足之地。

---

① 兰迪·穆沙：《啤酒圣经：世界最伟大饮品的专业指南》，高宏、王志欣译，机械工业出版社，2014，第25页。

当代酒文化精神

何谓当代酒文化精神？当代酒文化应当自觉、完善地吸收古今中外世界各民族酒文化传统中之优秀因素，应当形成对人类酒文化之完善认识、深入理解与冷峻反思，立足于当代世界全球化的现实状况，更为自觉地充分发挥酒对当代人类幸福生活之完善功能，并在此基础上丰富自我，拓展商机。

立足个体，每个人若与酒结缘则当自觉地以酒适性，以酒结群，以酒来丰富自我人生。这样，可以让自己的人生过得更丰富、更有趣味一些。同时也要清醒认识到酒的消极作用，自觉地以理节酒，方可既得酒之乐，亦避酒之害。

立足于社会，我们要充分意识到酒对人类社会生活各方面的渗透作用，以便充分发挥酒对人类社会正面的丰富作用，促进酒业的全面发展。同时也要注重对酒业的完善管理，尽力减少酒对人类社会的消极影响。

立足于酒的创造环节，所谓酒文化首先应当是一种精益求精的工匠精神，酒的生产者应当对所有影响酒液特性与品质的人工与自然因素都要细加推敲、打磨，所有从业者都应当是一个完美主义者。

所谓酒文化，应当是一种执着地探究酒世界所有奥秘，并从技术层面不断改进工艺，客观冷静地进行科学研究的态度与职业习惯，此尤为中国传统酒文化所缺乏。在此意义上，尼采以酒神精神概括西方酒文化并不完善。近代西方酿酒史足以证明：推动西方酿酒业发展的不仅有以感性生命力自由喷发为要义的酒神精神，更有以细密、客观理性分析为特性的日神精神，即科学精神，此乃近现代西方酿酒业发展的重要推动力量。在饮酒环节，我们强调酒礼与酒则，强调日神所代表的理性对饮酒活动的必要补充。现在看来，在酿酒环节引入日神精神也许更为重要，日神所代表的理性精神，特别是科学理性与研究精神需要在酒的酿造环节唱主角。

所谓酒文化还应当是一种以虔敬、感恩之心对待酿酒环节中的自然因素——比如葡萄品种特性、地域特性，尽可能地保持自然特性，尊重自然，不以人巧夺天工。这也是西方酿酒界葡萄酒文化传统中的一个重要因素，是他们成功经验中的重要组成部分。

美国有一个"家庭酿酒师协会"（AHA），主持举办世界上规模最大的自酿啤酒比赛。2008年，有5644支啤酒参加比赛。[①] 而且，酿酒爱好者可以从网上或线下买到种种标准

[①] 兰迪·穆沙：《啤酒圣经：世界最伟大饮品的专业指南》，高宏、王志欣译，机械工业出版社，2014，第89页。

化的配料，自行酿造。这样的酒文化活动对当代中国酒业有何启示作用？

拓展阅读文献

[1] 兰迪·穆沙. 啤酒圣经：世界最伟大饮品的专业指南 [M]. 高宏, 王志欣, 译. 北京：机械工业出版社, 2014.

[2] 忻忠, 陈锦. 中国酒文化 [M]. 济南：山东教育出版社, 2009.

思考题

1. 中国酒文化有哪些特征？
2. 如何反思中国酒文化传统的不足之处？

参考文献

古代典籍

[1] 陈湛绮，姜亚沙. 中国古代酒文献辑录（四册）[M]. 北京：全国图书馆文献缩微复制中心，2004.

[2] 朱肱. 酒经译注[M]. 宋一明，李艳，译注. 上海：上海古籍出版社，2010.

[3] 窦苹. 酒谱[M]. 北京：中华书局，2010.

酒史与相关史

[1] 洪光住. 中国酿酒科技发展史[M]. 北京：中国轻工业出版社，2001.

[2] 袁立泽. 饮酒史话[M]. 北京：社会科学文献出版社，2012.

[3] 季鸿崑. 中国饮食科学技术史稿[M]. 杭州：浙江工商大学社，2015.

[4] 赵荣光. 中华饮食文化史（3卷）[M]. 杭州：浙江教育出版社，2015.

[5] 尤瓦尔·赫拉利. 人类简史[M]. 林俊宏，译. 北京：中信出版集团，2017.

[6] 杰弗里·M·皮尔彻. 世界历史上的食物[M]. 张旭鹏，译. 北京：商务印书馆，2015.

[7] 马克·B·陶格. 世界历史上的农业[M]. 刘健，李军，译. 北京：商务印书馆，2015.

酒文化

[1] 徐兴海. 中国酒文化概论[M]. 北京：中国轻工业出版社，2017.

[2] 忻忠，陈锦. 中国酒文化[M]. 济南：山东教育出版社，2009.

[3] 何满子. 中国酒文化[M]. 上海：上海古籍出版社，2001.

[4] 万伟成，丁玉玲. 中华酒经[M]. 天津：百花文艺出版社，2008.

[5] 白洁洁，孙亚楠. 世界酒文化[M]. 北京：时事出版社，2014.

[6] 金小曼. 中国酒令[M]. 天津：天津科学技术出版社，1991.

[7] 袁宏道. 觞政 [M]. 郑州：中州古籍出版社，2017.

[8] 薛军. 中国酒政 [M]. 成都：四川人民出版社，1992.

[9] 邹晓丽. 基础汉字形义释源——《说文》部首今读本义（修订本）[M]. 北京：中华书局，2007.

[10] 胡洪琼. 汉字中的酒具 [M]. 北京：人民出版社，2018.

[11] 天龙. 民间酒俗 [M]. 北京：中国社会出版社，2008.

酒 类

[1] 克里斯蒂亚·克莱克. 葡萄酒百科全书 [M]. 崔彦志，郭月，梁百吉，等译. 上海：上海科学技术出版社，2010.

[2] B·范霍夫. 啤酒百科全书 [M]. 赵德玉，郝广伟，译. 青岛：青岛出版社，2011.

[3] 凯文·兹拉利. 世界葡萄酒全书 [M]. 黄渭然，王臻，译. 海口：南海出版社，2011.

[4] 兰迪·穆沙著. 啤酒圣经：世界最伟大饮品的专业指南 [M]. 高宏，王志欣，译. 北京：机械工业出版社，2014.

[5] 吴振鹏. 葡萄酒百科 [M]. 北京：中国纺织出版社，2015.

人类学与哲学

[1] 尼采. 悲剧的诞生 [M]. 李长俊，译. 长沙：湖南人民出版社，1986.

[2] 薛富兴. 画桥流虹——大学美学多媒体教材 [M]. 合肥：安徽教育出版社，2006.

[3] 林惠祥. 文化人类学 [M]. 北京：商务印书馆，2011.

[4] 封孝伦. 人类生命系统中的美学 [M]. 合肥：安徽教育出版社，2013.

[5] 王积超. 人类学研究方法 [M]. 北京：中国人民大学出版社，2014.

[6] 封孝伦. 生命之思 [M]. 北京：商务印书馆，2014.

[7] 庄孔韶. 人类学通论（第三版）[M]. 北京：中国人民大学出版社，2016.

后记

　　教材写完了,在付梓之前,我们还想再说几句话,以便于广大读者对本教材的理解。

　　首先,"酒人类学"这一人类学新兴分支学科是由本教材作者之一、贵州茅台学院首任院长封孝伦教授首倡创设的,本教程的基本任务便是第一次为这一新兴学科勾勒其基本轮廓。依本教程两位作者的理解,作为酿酒专业本专科大学生的通识性人文素质教育必修课教材,本教程的核心任务是为相关专业的大学生读者较为深入、完善地理解酒这一人类文化特殊成果提供一个有充分说服力的理论框架,从哲学人类学的高度简要地回答这样一些核心问题:作为个体的人以及作为人类整体为什么需要酒?换言之,人类为何会发明,并持续地生产与消费酒,酒到底满足了人类哪些生命需求?酒在人类文化系统中到底应当具有怎样的位置?我们有理由相信,通过本教程的学习,大学生读者们将会对酒广泛的人文价值,它对人类个体与群体的意义,以及它在人类文化系统中的地位获得一种较为系统、深刻的理解。这对相关专业的大学生群体未来的职业发展——不仅与酒业结缘,且真正能做到干一行便爱一行——十分重要。我们期望:由于这些读者从哲学和人类文化系统的高度深入、广泛地理解了酒的价值,真切、深刻地理解了自己所从事职业的意义,因此他们可以有效地建立起对自身职业的持久兴趣与尊严。

　　作为人类学的一个分支学科,本教程并非对人类学的完善呈现,而是选取了一个很独特的角度——哲学人类学,即从宏观的理性反思的角度展示酒对人类个体、社会以及文化系统的价值。具体地说,以下三种视角构成本教程酒人类学阐释的核心视野。

　　其一,立足于人类文化系统三层次结构论,为酒在人类文化系统中找到了准确的定位:从外在物质形态论,酒属于人类器质文化成果,乃此层次中人类饮食文化成果中之具体品类之一。然而,若论其现实的完善功能,则酒同时渗透到了人类器质文化、制度文化与观念文化三个领域、三种层次，此正酒之特殊性所在。当我们使用"酒文化"这一概念时，着重强调的则是作为器质文化成果——特殊物质产品的酒的观念性价值，比如它对宗教、艺术的影响。在此视角下，本教程同时展开两种相反性的阐释：一是呈现酒对人类器质文化、制度文化和观念文化诸领域之渗透，以此体现酒对人类文化各领域、层次之广泛影响；二是呈现人类器质文化、制度文化和观念文化各领域对酒的多层次影响，由此体现酒对人类文化系统各层次、领域之全方位依赖关系，其结果便是酒的文化内涵日益丰富、厚重。

其二，立足于本教材作者之一——封孝伦教授的"三重生命"学说，本教程成功、完善地回答了这一问题：作为个体，一个人为什么需要酒，酒满足了个体人类的哪些生命需求？准此学说，酒对于个体人生之所以重要，乃因为它全方位地满足了个体饮酒者三个层次的生命需求——生物生命的口舌之欲、社会生命的抱团合群之欲、以及精神生命的超越性时空建构，比如饮酒所获得的那种美妙的心灵释放感。

其三，若具体讨论酒的核心人文价值，本教程提供了一个特殊角度，那便是哲学中的美学阐释，根本地将人类饮酒活动所产生的特殊心理价值理解为一种特殊的人生美感——人生幸福感，将个体人类对酒的爱好理解为一种追求即时感性心理愉悦的审美趣味。简言之，美学乃本教程阐释酒的核心人文价值的独特途径。

以上述三种独特视角为基础，本教程提供了一个以"酒艺"（酒及饮酒、酿酒活动本身）为核心，以"酒与人生""酒与社会""酒与文化"为三翼所形成的阐释框架，期望它成为一种较为有力的酒人类学理论模型。

本教程有意识地大量称引了与酒相关的中外文学名篇，想在阐释酒的过程中让大学生读者们熟悉，且在熟悉的过程中热爱上这些经典作品，最终让这种对于文学的审美趣味成为大学生们深刻理解酒文化内涵的必要文化素养。果能如斯，我们便很成功、很愉快了。

两位作者对于能顺利地合作完成这本教程之撰写感到十分愉快，这是我们俩都想做的一项工作，认为它很有意义。我们对本教程的核心观点与基本框架的想法高度一致，将此教程之撰写视为极珍贵的学术合作、此生持久友谊的结晶。实际上，我们相互视对方为此生在人生与学术研究中的知音。

本教程两位作者原本并非人类学与酒文化研究专家，出于对中国酒文化的共同热爱、对酒人类学这一新兴学科的共同期许，便大胆地为之描绘一幅学科蓝图，其中之未确、不周处实在所难免，故在此诚望读者诸君，特别是人类学与酒文化研究领域的专家给予珍贵的深切关注，提出宝贵的意见与建议，以便我们日后补充、完善之，是所望焉。

最后，我们想对本教程的责任编辑吴亚微女士献上诚挚的感谢，感谢她为本教程所付出的所有我们知道和不知道的辛勤劳动。任何一本著作的出版都是作者与编辑共同劳动的成果，没有后者的职业性努力，每一本书都很可能充满瑕疵。

薛富兴

2021 年 4 月 16 日于天津